"十四五"职业教育国家规划教材

工业和信息化精品系列教材

Information Technology

信息技术

基础模块

第3版

张敏华 史小英 ◎ 主编

李磊 张亚维 陈慧 ◎ 副主编

人民邮电出版社

北 京

图书在版编目（CIP）数据

信息技术：基础模块 / 张敏华，史小英主编.
3 版. -- 北京：人民邮电出版社，2025. --（工业和信
息化精品系列教材）. -- ISBN 978-7-115-65210-2

Ⅰ．TP3

中国国家版本馆 CIP 数据核字第 2024P50H45 号

内 容 提 要

本书全面、系统地介绍了信息技术的基础知识及基本操作。全书共 7 个模块，每个模块下包含若干任务，分别讲解计算机的使用、文档处理、电子表格处理、演示文稿制作、信息检索、新一代信息技术概述、信息素养与社会责任等内容。

本书以"高等职业教育专科信息技术课程标准（2021 版）"为参考，采用"模块-任务"的讲解方式来锻炼学生的信息技术操作能力，培养学生的信息素养。书中任务主要按照"任务描述→技术分析→示例演示→任务实现→能力拓展"的结构进行讲解；每个模块最后安排了"课后练习"和"广识天地"，一方面便于学生对所学知识进行练习和巩固，另一方面可以开阔学生的视野，帮助学生了解信息技术发展趋势，提升综合信息素养。

本书适合作为高职高专院校计算机基础和信息技术课程的教材或参考书，也可作为计算机培训机构的教材或各行各业相关人员自学信息技术的参考书。

◆ 主　　编　张敏华　史小英
　　副 主 编　李　磊　张亚维　陈　慧
　　责任编辑　郭　雯
　　责任印制　王　郁　焦志炜
◆ 人民邮电出版社出版发行　　　北京市丰台区成寿寺路 11 号
　　邮编　100164　电子邮件　315@ptpress.com.cn
　　网址　https://www.ptpress.com.cn
　　天津画中画印刷有限公司印刷
◆ 开本：787×1092　1/16
　　印张：15.75　　　　　　　　　2025 年 1 月第 3 版
　　字数：461 千字　　　　　　　2025 年 8 月天津第 5 次印刷

定价：59.80 元

读者服务热线：(010)81055256　印装质量热线：(010)81055316
反盗版热线：(010)81055315

前　言

计算机技术的蓬勃发展，推动了人类社会进入信息化时代。现代信息技术深刻改变着人类的思维、工作、生活和学习方式。如今，数字经济蓬勃兴起，新一代信息技术快速发展，信息技术发展迈入 AI 时代；AI 技术在各个领域的实践应用促使信息技术不断创新和发展，也不断推进全球产业变革。党的二十大报告明确指出，加快发展数字经济，促进数字经济和实体经济深度融合，打造具有国际竞争力的数字产业集群。

信息技术不断推动着社会发展，这对大学生的信息实践能力与信息素质提出了新的要求。为了紧跟信息时代飞速发展的步伐，帮助大学生建立起扎实的信息技术知识体系，编者深入调研了一线教师的教学需求，深入分析了学生学习信息技术课程的实际情况，并结合"高等职业教育专科信息技术课程标准（2021 版）"的要求，在保留第 2 版结构特色的基础上对本书进行了改版修订。

改版说明

从整体上来说，本书仍旧采用"模块-任务"的讲解方式来带领学生学习，尽量将课程内容全面化、实用化。在此基础之上，编者围绕"案例贴合实际""拓展 AI 应用"等方向，对内容进行了优化，以进一步满足当前信息技术课程的教学需求。

（1）案例贴合实际。在本书中，编者选取了更适合学生学习、更便于学生实践的案例，如编辑毕业论文、输入学生信息等，让学生在学习本课程以后，可以切实地运用各种知识和工具解决学习及生活中面临的问题。此外，编者选取了环保倡议、二十四节气、中华传统文化等类型的案例，力求加强信息教育与素质教育的融合，以培养出更多具备高信息素养和全面素质的新时代人才。

（2）拓展 AI 应用。如今，以互联网、大数据、人工智能为代表的新一代信息技术日新月异，而在新一代信息技术中，人工智能正在大放异彩。AI 技术拥有广阔的应用前景，作为 AI 技术发展的见证者与实践者，我们应该积极适应、积极拥抱这些变化，紧跟时代的发展步伐。为此，编者在本书中增加了"广识天地"版块，一方面带领学生了解信息技术的发展与新的 AI 技术，并培养学生借助 AI 工具来解决各种问题的能力；另一方面，也借助该版块拓宽学生的视野，培养学生关注信息技术发展的意识，帮助学生更好地理解和适应这个信息化、数字化的世界，以提升学生的信息素养和能力，为国家的信息化建设做出贡献。

本书内容

本书紧跟当下的主流信息技术，讲解以下 7 个部分的内容。

- 计算机的使用（模块一）。该模块通过了解计算机、了解并使用操作系统等任务，介绍了计算机的发展历程、计算机中信息的表示和存储形式、计算机硬件、计算机软件、计算机操作系统、智能手机操作系统等内容。

- 文档处理（模块二）。该模块通过创建和编辑"环保倡议"文档、"二十四节气"文档、"毕业论文"文档等任务，介绍了在 Word 2016 中编辑文档、编辑文本、设置字符与段落格式、插入与编辑各种对象、设置页面、编辑长文档等内容。

- 电子表格处理（模块三）。该模块通过创建和编辑"学生信息"工作簿、"学生成绩"工作表等，介绍了在 Excel 2016 中编辑工作簿、编辑工作表、编辑单元格、设置单元格和工作表格式、输入与编辑数据、使用公式和函数、统计与分析数据、使用图表、应用数据透视表和数据透视图、打印工作表等内容。

- 演示文稿制作（模块四）。该模块通过创建和编辑与中华传统文化有关的演示文稿，介绍了在 PowerPoint 2016 中编辑演示文稿、编辑幻灯片、应用演示文稿主题、使用幻灯片母版、插入各种多媒体对象、设置幻灯片动画、放映幻灯片、打印与打包演示文稿等内容。
- 信息检索（模块五）。该模块通过认识信息检索、网络信息检索、专业信息检索等任务，详细介绍了信息检索的概念、搜索引擎的使用方法、各种专业信息检索方法等内容。
- 新一代信息技术概述（模块六）。该模块通过新一代信息技术的基本概念、新一代信息技术的特点与典型应用、新一代信息技术与其他产业的融合等任务，介绍了新一代信息技术产生的原因和发展历程，各种信息技术的典型应用，以及新一代信息技术与制造业、生物医药产业、汽车产业的融合等内容。
- 信息素养与社会责任（模块七）。该模块通过信息素养概述、信息技术发展与安全、信息伦理与职业行为自律等任务，介绍了信息素养的基本概念和要素、信息技术的发展、信息安全与自主可控、信息伦理概述、与信息伦理相关的法律法规、职业行为自律等内容。

本书特色

作为一本力求"将知识融于实践"的教学用书，本书在知识讲解、体例设计及配套资源方面，都充分考虑了课程教学需求和学生学习需求。

（1）对标课程标准，让学生学以致用，全面提升信息素养。本书按照"高等职业教育专科信息技术课程标准（2021 版）"的要求，全面贯彻党的教育方针，落实立德树人根本任务，运用理论与实践一体化的教学模式，旨在提升学生用信息技术解决问题的综合能力。

（2）任务驱动，目标明确。本书主要按照"任务描述→技术分析→示例演示→任务实现→能力拓展"的结构组织教学。每个模块下安排了多个任务，让学生可以在情景式教学环境下，明确自己的学习目标，更好地将知识融入实际操作和应用当中。

（3）讲解深入浅出，实用性强。本书在注重系统性和科学性的基础上，突出实用性和可操作性，对重点概念和操作技能进行了详细讲解，深入浅出，符合计算机基础教学的标准，满足社会人才培养的要求。

本书在讲解过程中，还通过"提示"小栏目为学生提供更多解决问题的方法和更加全面的知识，引导学生尝试更好、更快地完成当前工作任务及类似的工作任务；也通过该栏目适时地对学生进行综合素质的培养，帮助学生更好地树立正确的价值观。

（4）配有微课视频和素材文件。本书所有操作均已录制成视频，读者只需扫描书中的二维码，便可观看视频并轻松掌握相关知识。同时，本书提供相关操作的素材与效果文件，帮助学生更好地完成学习。

为了方便教学，读者可以通过 www.ryjiaoyu.com 网站下载本书的 PPT 课件、拓展视频、教学大纲、练习题库、素材和效果文件等相关教学配套资源。

本书由张敏华、史小英任主编，李磊、张亚维、陈慧任副主编。李磊负责编写模块一、模块二，张亚维负责编写模块三、模块六，陈慧负责编写模块四、模块五、模块七，张敏华、史小英负责全书案例的设计工作和统稿工作。北京四合天地科技有限公司为本书提供了部分案例，在此表示感谢。

由于编者水平有限，书中难免存在不足之处，欢迎广大读者批评指正。

编 者
2024 年 5 月

目　录

模块一

计算机的使用 …………………… 1

任务一　了解计算机 ……………………… 1
　　任务描述 ……………………………… 1
　　技术分析 ……………………………… 1
　　（一）计算机的发展历程 ……………… 1
　　（二）计算机中信息的表示和存储形式 …… 4
　　（三）计算机硬件 ……………………… 6
　　（四）计算机软件 ……………………… 8
　　任务实现 ……………………………… 9
　　（一）连接计算机的各组成部分 ……… 9
　　（二）不同进制的数据转换 …………… 10
任务二　了解并使用操作系统 …………… 12
　　任务描述 ……………………………… 12
　　技术分析 ……………………………… 12
　　（一）计算机操作系统 ………………… 12
　　（二）智能手机操作系统 ……………… 14
　　任务实现 ……………………………… 14
　　（一）启动与退出 Windows 10 ……… 14
　　（二）管理 Windows 10 中的资源 …… 15
课后练习 ………………………………… 19
广识天地——我国自研操作系统的发展
　　　　历程 …………………………… 20

模块二

文档处理 ……………………… 21

任务一　创建"环保倡议"文档 ………… 21
　　任务描述 ……………………………… 21
　　技术分析 ……………………………… 21
　　（一）了解文档处理的应用场景 ……… 21
　　（二）熟悉 Word 2016 的操作界面 …… 22
　　（三）文档的新建、打开、保存、复制 …… 23

　　（四）文档的检查、保护与自动保存 …… 25
　　（五）文档的发布 ……………………… 26
　　示例演示 ……………………………… 27
　　任务实现 ……………………………… 27
　　（一）创建联机文档 …………………… 27
　　（二）输入内容并保存文档 …………… 28
　　（三）检查文档并进行加密设置 ……… 28
　　（四）将文档加密发布为 PDF 格式 …… 29
　　能力拓展 ……………………………… 30
任务二　编辑"环保倡议"文档中的文本 …… 30
　　任务描述 ……………………………… 30
　　技术分析 ……………………………… 30
　　（一）文本的选择、移动、复制与删除 …… 30
　　（二）文本的查找和替换 ……………… 32
　　示例演示 ……………………………… 32
　　任务实现 ……………………………… 33
　　（一）打开文档并修改文本 …………… 33
　　（二）复制和移动文本 ………………… 33
　　（三）查找和替换文本 ………………… 34
　　能力拓展 ……………………………… 35
任务三　为"二十四节气"文档设置格式 …… 36
　　任务描述 ……………………………… 36
　　技术分析 ……………………………… 37
　　（一）字符与段落格式的设置 ………… 37
　　（二）编号的使用 ……………………… 37
　　（三）项目符号的使用 ………………… 37
　　示例演示 ……………………………… 37
　　任务实现 ……………………………… 38
　　（一）设置字体格式 …………………… 38
　　（二）设置段落格式 …………………… 40
　　（三）设置项目符号和编号 …………… 41
　　（四）设置边框和底纹 ………………… 42
　　能力拓展 ……………………………… 43

任务四　在"二十四节气"文档中插入
　　　　对象 ································· 43
　　任务描述 ····························· 43
　　技术分析 ····························· 43
　　（一）图片和图形对象的插入 ········ 43
　　（二）图片和图形对象的编辑 ········ 44
　　（三）图片和图形对象的美化 ········ 44
　　示例演示 ····························· 44
　　任务实现 ····························· 45
　　（一）插入并编辑文本框 ············ 45
　　（二）插入图片 ····················· 46
　　（三）插入艺术字 ··················· 48
　　（四）插入 SmartArt 图形 ·········· 49
　　能力拓展 ····························· 51
　　（一）删除图片背景 ················· 51
　　（二）管理多个对象 ················· 51

任务五　编辑"二十四节气"文档中的
　　　　数据 ························· 52
　　任务描述 ····························· 52
　　技术分析 ····························· 52
　　（一）插入表格的几种方式 ·········· 52
　　（二）选择表格 ····················· 53
　　（三）表格与文本的相互转换 ········ 54
　　示例演示 ····························· 54
　　任务实现 ····························· 55
　　（一）创建表格 ····················· 55
　　（二）编辑表格 ····················· 55
　　（三）设置与美化表格 ··············· 56
　　能力拓展 ····························· 58
　　（一）计算表格数据 ················· 58
　　（二）排序表格 ····················· 58
　　（三）自主计算表格 ················· 58

任务六　设置"毕业论文"文档的页面
　　　　样式 ························· 59
　　任务描述 ····························· 59
　　技术分析 ····························· 59
　　（一）认识各种分隔符 ··············· 59
　　（二）页面设置 ····················· 60

示例演示 ······························· 60
任务实现 ······························· 61
（一）调整文档页面大小和页边距 ······ 61
（二）利用分页符控制页面内容 ········· 62
（三）设置文档样式 ··················· 62
（四）为文档添加脚注 ················· 65
（五）插入封面和目录 ················· 65
能力拓展 ······························· 67
（一）设置页面背景 ··················· 67
（二）为页面添加水印 ················· 67

任务七　编辑并打印"毕业论文"文档 ······· 68
任务描述 ······························· 68
技术分析 ······························· 68
（一）认识不同的文档视图 ············· 68
（二）"导航"任务窗格的使用 ········· 68
示例演示 ······························· 69
任务实现 ······························· 69
（一）设置段落的大纲级别 ············· 69
（二）插入页眉、页脚和页码 ··········· 71
（三）多人协同编辑文档 ··············· 72
（四）预览并打印文档 ················· 73
能力拓展 ······························· 73
（一）拆分文档 ······················· 73
（二）多人在线同时编辑文档 ··········· 74

课后练习 ······························· 75
广识天地——用 AI 工具快速生成文案 ······· 78

模块三

电子表格处理 ·············· 80

任务一　创建"学生信息"工作簿 ··········· 80
任务描述 ······························· 80
技术分析 ······························· 80
（一）了解 Excel 的应用领域 ··········· 80
（二）熟悉 Excel 2016 的操作界面 ······ 81
（三）工作簿的基本操作 ··············· 82
（四）工作表的基本操作 ··············· 84
示例演示 ······························· 85

任务实现 ·· 86
（一）新建并保存工作簿 ··············· 86
（二）插入与删除工作表 ··············· 86
（三）移动与复制工作表 ··············· 87
（四）重命名工作表 ······················ 87
能力拓展 ·· 88
（一）冻结窗格 ····························· 88
（二）一次性复制多张工作表 ········· 89
（三）固定工作簿 ························· 89

任务二　输入并设置学生信息 ··········· 89
任务描述 ·· 89
技术分析 ·· 90
（一）单元格的基本操作 ··············· 90
（二）数据的输入 ························· 91
（三）数据验证的应用 ··················· 92
（四）认识条件格式 ······················ 92
示例演示 ·· 93
任务实现 ·· 93
（一）打开工作簿 ························· 93
（二）输入工作表数据 ··················· 94
（三）设置数据验证 ······················ 94
（四）设置单元格格式 ··················· 95
（五）设置条件格式 ······················ 96
（六）调整行高与列宽 ··················· 97
能力拓展 ·· 97
（一）导入外部数据 ······················ 97
（二）批量输入数据 ······················ 98
（三）自动输入小数点或零 ············ 98
（四）快速移动或复制数据 ············ 99
（五）快速复制单元格格式 ············ 99
（六）快速填充有规律的数据 ········· 99

任务三　计算学生成绩 ······················ 100
任务描述 ·· 100
技术分析 ·· 100
（一）单元格地址与引用 ··············· 100
（二）认识公式与函数 ··················· 101
示例演示 ·· 103
任务实现 ·· 104

（一）使用 SUM 函数计算每位学生
　　　成绩的总分 ······················ 104
（二）使用 AVERAGE 函数计算平均
　　　成绩 ································· 104
（三）使用 MAX 和 MIN 函数查询最高分
　　　与最低分 ·························· 106
（四）使用 RANK 函数统计学生名次 ···· 107
（五）使用 IF 函数评定学生成绩等级 ···· 108
（六）使用 COUNTIF 函数统计成绩为
　　　"优秀"的人数 ·················· 108
能力拓展 ·· 109
（一）嵌套函数的使用 ··················· 109
（二）定义单元格 ························· 110
（三）不同工作表中的单元格引用 ······· 111
（四）公式的审核 ························· 111

任务四　统计与分析学生成绩 ·········· 112
任务描述 ·· 112
技术分析 ·· 112
（一）数据的排序与筛选 ··············· 112
（二）数据的分类汇总 ··················· 114
（三）图表的种类 ························· 114
（四）认识数据透视表 ··················· 115
示例演示 ·· 116
任务实现 ·· 117
（一）排序学生成绩 ······················ 117
（二）筛选成绩数据 ······················ 118
（三）按组别分类汇总成绩 ············ 119
（四）利用图表分析各组成绩 ········· 121
（五）创建并编辑数据透视表 ········· 123
（六）创建数据透视图 ··················· 124
能力拓展 ·· 125
（一）使用切片器 ························· 125
（二）在图表中添加图片 ··············· 126

任务五　保护并打印学生成绩分析表 ········· 127
任务描述 ·· 127
技术分析 ·· 127
（一）工作簿、工作表和单元格的保护 ··· 127
（二）工作表的打印设置 ··············· 129

示例演示·················129

任务实现·················130

（一）设置工作表背景···········130

（二）设置工作表主题和样式·······130

（三）单元格与工作表的保护·······132

（四）工作簿的保护与共享········133

（五）工作表的打印与设置········135

能力拓展·················136

（一）新建表格样式············136

（二）新建单元格样式··········137

课后练习·················137

广识天地——用 AI 工具快速制作表格·······140

模块四

演示文稿制作·········142

任务一　创建中华传统文化演示文稿·······142

任务描述·················142

技术分析·················142

（一）了解演示文稿的应用场景······142

（二）熟悉 PowerPoint 2016 的操作
　　　界面·················143

（三）演示文稿的制作流程········143

（四）演示文稿的基本操作········144

（五）幻灯片的基本操作·········145

（六）幻灯片母版视图··········146

示例演示·················146

任务实现·················147

（一）新建演示文稿与幻灯片·······147

（二）复制并移动幻灯片·········148

（三）设置幻灯片背景··········149

（四）插入形状美化幻灯片········150

（五）插入文本框并编辑文本·······151

能力拓展·················153

（一）设置幻灯片背景的效果·······153

（二）在同一演示文稿中应用多个主题···154

任务二　在演示文稿中插入对象········154

任务描述·················154

技术分析·················155

（一）幻灯片对象的布局原则·······155

（二）插入媒体文件··········155

示例演示·················156

任务实现·················157

（一）插入图片············157

（二）插入 SmartArt 图形·······159

（三）插入表格············161

（四）插入图表············163

（五）插入音频············164

（六）插入超链接············165

（七）插入动作按钮··········166

能力拓展·················167

（一）使用取色器············167

（二）插入艺术字············167

（三）为艺术字填充渐变效果·······168

（四）自定义图表样式··········169

任务三　为演示文稿设置动画·········169

任务描述·················169

技术分析·················169

（一）PowerPoint 动画的基本设置
　　　原则·················169

（二）PowerPoint 中的动画类型·······170

示例演示·················171

任务实现·················172

（一）设置幻灯片切换动画········172

（二）设置幻灯片中各对象的动画效果···173

能力拓展·················180

（一）为音频文件应用动画效果······180

（二）设置自动换片··········181

（三）触发器的应用··········181

任务四　放映并发布演示文稿·········182

任务描述·················182

技术分析·················182

（一）演示文稿的视图模式········182

（二）幻灯片的放映类型·········182

（三）幻灯片的输出格式·········183

示例演示·················183

任务实现 ································· 184
（一）放映幻灯片 ····················· 184
（二）隐藏幻灯片 ····················· 187
（三）排练计时 ······················· 187
（四）打印演示文稿 ··················· 188
（五）打包演示文稿 ··················· 189
能力拓展 ································· 190
（一）自定义放映幻灯片 ··············· 190
（二）打包演示文稿中的字体 ··········· 191
课后练习 ································· 191
广识天地——使用讯飞星火认知大模型智能
生成 PPT ······························ 193

模块五

信息检索 ····················· 196

任务一　认识信息检索 ···················· 196
任务描述 ································· 196
相关知识 ································· 196
（一）信息检索的概念 ················· 196
（二）信息检索的分类 ················· 197
（三）信息检索的流程 ················· 197
任务实现 ································· 198
任务二　网络信息检索 ···················· 198
任务描述 ································· 198
技术分析 ································· 199
（一）搜索引擎的类型 ················· 199
（二）常见搜索引擎推荐 ··············· 199
任务实现 ································· 200
（一）使用搜索引擎检索网络信息 ······· 200
（二）使用搜索引擎的高级检索功能 ····· 201
（三）使用搜索引擎的检索指令 ········· 201
能力拓展 ································· 203
（一）使用加号"+" ··················· 203
（二）使用减号"-" ··················· 203
（三）使用双引号"""" ················ 203
（四）使用书名号"《 》" ·············· 203
（五）使用星号"*" ··················· 204
任务三　专业信息检索 ···················· 204

任务描述 ································· 204
任务实现 ································· 204
（一）学术信息检索 ··················· 204
（二）专利信息检索 ··················· 205
（三）商标信息检索 ··················· 205
能力拓展 ································· 206
课后练习 ································· 207
广识天地——AI 技术对传统信息检索的改进
与优化 ································· 207

模块六

新一代信息技术概述 ········ 209

任务一　新一代信息技术的基本概念 ········· 209
任务描述 ································· 209
技术分析 ································· 209
（一）认识主要的新一代信息技术 ······· 209
（二）新一代信息技术产生的原因 ······· 211
（三）新一代信息技术的发展历程 ······· 212
任务实现 ································· 212
任务二　新一代信息技术的特点与典型
应用 ······························· 213
任务描述 ································· 213
技术分析 ································· 213
（一）5G、6G ························· 213
（二）IPv6 ··························· 214
（三）云计算 ························· 215
（四）大数据 ························· 216
（五）人工智能 ······················· 216
（六）物联网 ························· 217
（七）新型平板显示 ··················· 218
（八）高性能集成电路 ················· 219
（九）工业互联网 ····················· 219
（十）区块链 ························· 220
（十一）虚拟现实 ····················· 220
任务实现 ································· 222
任务三　新一代信息技术与其他产业的
融合 ······························· 222

任务描述 ················· 222

技术分析 ················· 223

（一）新一代信息技术与制造业融合 ······ 223

（二）新一代信息技术与生物医药产业

融合 ················· 223

（三）新一代信息技术与汽车产业融合 ··· 223

任务实现 ················· 224

课后练习 ················· 224

广识天地——AIGC 技术的发展应用 ········· 225

模块七

信息素养与社会责任 ········226

任务一　信息素养概述 ·············226

任务描述 ················· 226

技术分析 ················· 226

（一）信息素养的基本概念 ········ 226

（二）信息素养的要素 ········· 227

任务实现 ················· 228

能力拓展 ················· 228

任务二　信息技术发展与安全 ·········229

任务描述 ················· 229

技术分析 ················· 230

（一）从人人网看信息技术的发展 ········ 230

（二）信息安全和自主可控 ········· 231

任务实现 ················· 233

能力拓展 ················· 234

任务三　信息伦理与职业行为自律 ······· 236

任务描述 ················· 236

技术分析 ················· 236

（一）信息伦理概述 ········· 236

（二）与信息伦理相关的法律法规 ······ 237

（三）职业行为自律 ········· 237

（四）树立正确的职业理念 ········· 238

任务实现 ················· 239

能力拓展 ················· 239

课后练习 ·················241

广识天地——当代大学生应具有的信息素养

与社会责任 ················· 241

模块一
计算机的使用

01

计算机是现代社会的核心工具。在生活中，人们通过计算机在线购物、社交娱乐；在工作中，人们用计算机处理数据、编辑文字、编写程序。可以说在社会的各个领域，计算机都发挥着不可替代的作用，因此当代青年必须了解计算机、掌握计算机的基本应用，以更好地适应现代社会的需求和发展趋势。本模块将介绍计算机的基础知识，包括计算机的发展历程、构成，以及计算机操作系统的使用方法等。

课堂学习目标

- 知识目标：了解计算机，包括计算机的发展历程、计算机中信息的表示和存储形式、计算机硬件与计算机软件、计算机操作系统和智能手机操作系统等。

- 技能目标：能连接计算机，并操作计算机系统。

- 素质目标：养成独立思考与探究学习的能力，自觉培养信息意识，提升信息素养。

任务一 了解计算机

任务描述

计算机是一种能够按照程序运行，自动、高速处理海量数据的现代化智能电子设备。计算机作为信息时代的主要载体和工具，广泛应用于各行各业，无论是个人生活、学术研究还是商业运营，无论是个人还是社会，都离不开计算机。本任务将介绍计算机的发展历程、计算机中信息的表示和存储形式，以及计算机硬件和计算机软件。

技术分析

（一）计算机的发展历程

计算工具的演化经历了由简单到复杂、从低级到高级的过程，如从"结绳记事"中的绳结到算筹、算盘、计算尺、机械计算机等，它们在不同的历史时期发挥了各自的历史作用，同时也启发了现代电子计算机的研制。

1. 计算机的诞生

计算机的诞生可以追溯到 20 世纪中期。17 世纪，德国数学家莱布尼茨发明了二进制记数法。20 世纪初，电子技术飞速发展。1904 年，英国电气工程师弗莱明研制出了真空二极管。1906 年，美国科学家福雷斯特发明了真空晶体管，这一系列的发明为计算机的诞生奠定了基础。

20 世纪 40 年代，西方国家的工业技术迅猛发展，相继出现了雷达和导弹等高科技产品，原有的计算工具难以满足大量科技产品对复杂计算的需求，迫切需要在计算技术上有所突破。1943 年，美国宾夕法尼亚大学电子工程系的教授莫奇利和他的研究生埃克特计划采用电子管（真空管）建造一台通用电子计算机。1946 年 2 月，由美国宾夕法尼亚大学研制的世界上第一台通用电子计算机——电子数字积分计算机（Electronic Numerical Integrator And Computer，ENIAC）诞生了。

ENIAC 的主要元件是电子管，每秒可完成约 5000 次加法运算、400 次乘法运算。ENIAC 重约 30t，占地约 170m^2，采用约 18800 个电子管、1500 多个继电器、70000 个电阻器和 10000 多个电容器，耗电量约为 150kW·h。虽然 ENIAC 体积庞大、性能不佳，但它的出现具有划时代的意义，它开创了电子技术发展的新时代——"计算机时代"。

2. 计算机的发展阶段

在 ENIAC 出现之后，计算机的发展进入了"快车道"，成为发展最快的现代技术之一。随着晶体管的发明和集成电路的出现，计算机的体积逐渐减小，运算速度大幅提升，功耗更低，性能更稳定。这些技术革新都为现代计算机的诞生和发展奠定了坚实的基础。根据计算机所采用的电子元件，可以大致将计算机的发展分为 4 个阶段，如表 1-1 所示。

表 1-1 计算机发展的 4 个阶段

阶段	时间	采用的电子元件	运算速度（每秒指令数）	主要特点	应用领域
第一代计算机	1946～1957 年	电子管	几千条	主存储器采用磁鼓、体积庞大、耗电量大、运行速度慢、可靠性较差、内存容量小	国防及科学研究
第二代计算机	1958～1964 年	晶体管	几万～几十万条	主存储器采用磁芯，开始使用高级程序及操作系统，运算速度提高、体积减小	工程设计、数据处理
第三代计算机	1965～1970 年	中小规模集成电路	几十万～几百万条	主存储器采用半导体存储器，集成度高、功能增强、价格下降	工业控制、数据处理
第四代计算机	1971 年至今	大规模、超大规模集成电路	上千万～万亿条	计算机走向微型化，性能大幅度提高，软件也越来越丰富，为网络化创造了条件。同时，计算机逐渐走向人工智能化，并采用了多媒体技术，具有听、说、读和写等多种功能	工业、生活等各个领域

3. 计算机的发展趋势

计算机技术的不断发展和信息社会对计算机多方面需求的推动，使得今天的计算机向巨型化、微型化、网络化、智能化、多媒体化 5 个方向持续发展。

（1）巨型化。巨型化是指计算机的计算速度更快、存储容量更大、功能更强大、可靠性更高。巨型化计算机的应用范围主要包括天文、天气预报、军事、生物仿真、科学研究、工程计算、资源规划等，这些领域有大量的数据需要处理和运算，只有性能强劲的计算机才能完成。

（2）微型化。微型化是指计算机向使用方便、体积小、成本低且功能齐全的方向发展。其主要驱动力包括微处理器芯片设计、制造工艺的不断改进，以及软件和外部设备的快速发展。微型化的计算机应用范围广泛，涉及智能手机、平板电脑、嵌入式系统、物联网终端设备、可穿戴设备等，具有高便携性、易操作性和可扩展性等特点。

（3）网络化。随着计算机和互联网技术的不断发展，计算机网络已经逐渐深入人们的生活和工作中，成为人们生活和工作不可或缺的一部分。通过计算机网络，人们既可以连接全球范围内的计算机设备，实现资源共享、信息传递、远程协作等，又可以足不出户地获得各种信息和服务，如在线学习、网上购物等，从而更加方便和高效地进行工作及生活。同时，计算机网络也为企业、机构和政府提供了更加便捷的沟通及协作方式，并给它们带来了更多的商业机会和发展空间。

（4）智能化。传统的计算机只能按照人的意愿和指令去处理数据，而智能化的计算机则可以通过人工智能技术拥有类似人的智慧和思维能力，如自然语言处理、图像识别、自主学习等。这种智能化的计算机可以自主处理知识和信息，代替人的部分工作，从而大大提高工作效率和工作精度。未来的智能型计算机将进一步发展和完善，可能会代替甚至超越人类在某些方面的脑力劳动，成为"人工智能"时代的重要支撑和发展方向。

（5）多媒体化。计算机多媒体化是指计算机中应用了多媒体技术，使得计算机可以处理和展示多种类型的数据，如文字、图像、音频、视频等，再通过计算机多媒体技术将这些不同类型的数据整合在一起，以多种形式展示给用户。多媒体技术的应用范围非常广泛，涉及文化、教育、艺术、娱乐等众多领域。其中，互联网上的多媒体内容更是得到了极大的发展，如在线音乐、网络视频、电子书等，这些内容不仅可以在计算机上播放，还可以随时随地通过移动设备进行访问和使用。多媒体技术的不断发展和进步，将继续推动计算机和数字娱乐行业的革新及发展。

> **提示** 巨型计算机又称超级计算机或高性能计算机，是一种运算速度更快、处理能力更强、功能更完善的计算机，是为少数部门的特殊需要而设计的。通常，超级计算机多用于国家高科技领域和尖端技术研究，是一个国家科研实力的体现，现有的超级计算机运算速度大多可以在每秒 1 太（Trillion，万亿）次以上。近年来，我国在研发超级计算机方面取得了不错的成绩，陆续推出了代表我国领先水平的超级计算机"神威""天河"系列等。超级计算机不仅在科学领域有着广泛应用，还可以为国家的军事、经济、文化等领域提供支持和保障。因此，在当今竞争激烈的国际环境下，研究和开发超级计算机已经成为一项具有重要战略意义的国家产业。

4. 未来新一代计算机技术

由于计算机的核心部件是芯片，因此计算机芯片技术的不断发展也是推动计算机发展的动力。英特尔（Intel）公司的创始人之一戈登·摩尔曾在 1965 年预言计算机集成技术的发展规律，即摩尔定律，大致内容是每 18 个月，在同样面积的芯片中集成的晶体管数量将翻一番，而其成本将下降一半。几十年来，计算机芯片中集成的晶体管数量按照摩尔定律发展，不过其发展并不是无限的。现有计算机采用电流作为数据传输的信号，而电流主要靠电子的迁移产生，电子的基本通路是原子。按现在的发展趋势，传输电流的导线直径将达到一个原子的直径长度，但这样的电流极易造成原子迁移，十分容易出现断路的情况。因此，世界上许多国家很早就开始了对各种非晶体管计算机的研究，如 DNA 生物计算机、光计算机、量子计算机等。这类计算机也被称为第五代计算机或新一代计算机，它们能在更大程度上模仿人类的智慧。这类技术也是目前世界各国计算机技术研究的重点。

（1）DNA 生物计算机。DNA 生物计算机以脱氧核糖核酸（Deoxyribo Nucleic Acid，DNA）作为基本的运算单元，通过控制 DNA 分子间的生化反应来完成运算。DNA 生物计算机具有体积小、存储容量大、运算速度快、功耗低、可并行等优点。

（2）光计算机。光计算机是以光子为载体来进行信息处理的计算机。光计算机的优点是光器件的带宽非常大，能够传输和处理的信息量极大，信息传输中的畸变和失真小，信息运算速度快，光传输和转换时能量消耗极低等。

（3）量子计算机。量子计算机是指遵循物理学的量子规律来进行数学运算和逻辑运算，并进行信息处理的计算机。量子计算机具有运算速度快、存储容量大、功耗低等优点。

（二）计算机中信息的表示和存储形式

利用计算机技术可以采集、存储和处理各种信息，也可将这些信息转换为人类可以识别的文字、声音或视频进行输出。但这些信息在计算机内部又是如何表示的呢？计算机内部的数据存储和处理都是以二进制为基础进行的，例如，以二进制形式表示数字，最高位表示符号位，0 表示正数，1 表示负数，便于计算机进行记录和运算；以二进制形式表示字符，通过 ASCII 和 Unicode 等字符编码将字符映射到特定的二进制数，从而实现字符的存储和传输；以二进制形式表示图像、音频和视频等多媒体信息，将图像分解为像素，将像素转换为二进制数进行存储，将音频和视频的连续信号转换为离散的二进制数据，以便存储和输出视频与音频。

1. 计算机中的数据及其单位

在计算机中，各种信息都是以数据的形式呈现的。数据经过处理后产生的结果为信息，因此数据是计算机中信息的载体。数据本身并没有意义，只有经过处理和描述才有实际意义。例如，单独一个数据"32℃"并没有什么实际意义，但将其描述为"今天的气温是 32℃"时，这条信息就有意义了。

计算机中处理的数据可分为数值数据和非数值数据（如字母、汉字、图形等）两大类。无论什么类型的数据，在计算机内部都是以二进制码的形式进行存储和运算的。计算机在与外部"交流"时会采用人们熟悉和便于阅读的形式，如十进制数据、文字和图形等，它们之间的转换由计算机系统来完成。

计算机存储和运算数据时，通常要涉及以下 3 种数据单位。

（1）位（bit，b）。计算机中的数据都以二进制码来表示。二进制码只有 0 和 1 两个数码，需采用多个数码（0 和 1 的组合）来表示一个数，其中每一个数码称为一位。位是计算机中最小的数据单位。

（2）字节（Byte，B）。字节是计算机中组织和存储信息的基本单位，也是计算机体系结构的基本单位。在存储二进制数据时，以 8 位二进制码为一个单元存放在一起，称为 1 字节，即 1Byte=8bit。在计算机中，通常以 B、KB（千字节）、MB（兆字节）、GB（吉字节）或 TB（太字节）为单位来表示存储器（如内存、硬盘和 U 盘等）的存储容量或文件的大小。

存储容量是指存储器中能够容纳的字节数。存储单位 B、KB、MB、GB 和 TB 间的换算关系如下。

1KB（千字节）=1024B（字节）=2^{10}B（字节）；

1MB（兆字节）=1024KB（千字节）=2^{20}B（字节）；

1GB（吉字节）=1024MB（兆字节）=2^{30}B（字节）；

1TB（太字节）=1024GB（吉字节）=2^{40}B（字节）。

（3）字长。计算机一次能够并行处理的二进制码的位数称为字长。字长是衡量计算机性能的一个重要指标，字长越长，数据所包含的位数越多，计算机处理数据的速度也就越快。计算机的字长通常是字节的整数倍，如 8 位、16 位、32 位、64 位和 128 位等。

2. 数制及其转换

数制是指用一组固定的符号和统一的规则来表示数值的方法。其中，按照进位方式记数的数制称为进位记数制。在日常生活中，人们习惯用的进位记数制是十进制，而计算机则使用二进制。除此以外，还有八进制和十六进制等。顾名思义，二进制就是逢二进一的数字表示方法，以此类推，十进制就是逢十进一，八进制就是逢八进一……

进位记数制中每个数码的数值大小不仅取决于数码本身，还取决于该数码在数中的位置。例如，十进制数 828.41：整数部分的第 1 个数码"8"处在百位，表示 800；第 2 个数码"2"处在十位，表示 20；第 3 个数码"8"处在个位，表示 8；小数点后第 1 个数码"4"处在十分位，表示 0.4；小数点后第 2 个数码"1"处在百分位，表示 0.01。也就是说，同一数码处在不同位置时所代表的数值是不同的。数码在一个数中的位置称为数制的数位，数制中数码的个数称为数制的基数，十进制数有 0、1、2、3、

4、5、6、7、8、9 共 10 个数码，其基数为 10。每个数位上的数码符号代表的数值等于该数位上的数码乘以一个固定值，该固定值称为数制的位权数，数码所在的数位不同，其位权数也有所不同。

无论在何种进位记数制中，数值都可写成按位权展开的形式，如十进制数 828.41 可写成

$$828.41 = 8 \times 100 + 2 \times 10 + 8 \times 1 + 4 \times 0.1 + 1 \times 0.01 \tag{1-1}$$

或者

$$828.41 = 8 \times 10^2 + 2 \times 10^1 + 8 \times 10^0 + 4 \times 10^{-1} + 1 \times 10^{-2} \tag{1-2}$$

式（1-1）和式（1-2）为将数值按位权展开的表达式，其中 10^i 称为十进制数的位权数，其基数为 10，使用不同的基数，便可得到不同的进位记数制。设 R 表示基数，则称为 R 进制，使用 R 个基本的数码，R 就是位权，其加法运算规则是"逢 R 进一"，则任意一个 R 进制数 D 均可以展开表示为下式。

$$(D)_R = \sum_{i=-m}^{n-1} K_i \times R^i \tag{1-3}$$

式（1-3）中的 K 为第 i 位的系数；i 的取值范围是 $[-m, n-1]$（m 是小数部分的位数，n 是整数部分的位数）；R^i 表示第 i 位的权。

在计算机中，可以用括号加数制基数下标的方式来表示不同数制的数。例如，$(492)_{10}$ 表示十进制数，$(1001.1)_2$ 表示二进制数，$(4A9E)_{16}$ 表示十六进制数；也可以用带字母的形式分别将它们表示为 $(492)_D$、$(1001.1)_B$ 和 $(4A9E)_H$。在程序设计中，常在数字后直接加英文字母来区分不同的进制数，如 492D、1001.1B 等。

3. 字符编码

编码是利用计算机中的 0 和 1 两个数码的不同长度表示不同信息的一种约定方式。由于计算机是以二进制编码的形式存储和处理数据的，因此只能识别二进制编码信息。数字、字母、符号、汉字、语音和图形等非数值信息都要用特定规则进行二进制编码后才能存储在计算机中。西文与中文字符由于形式不同，使用的编码方式也不同。

（1）西文字符的编码

计算机通常采用 ASCII 和 Unicode 两种编码方式对字符进行编码。

- ASCII。美国信息交换标准代码（American Standard Code for Information Interchange，ASCII）是基于拉丁字母的一套编码系统，主要用于显示现代英语和其他欧洲语言，它被国际标准化组织指定为国际标准（ISO 646 标准）。标准 ASCII 使用 7 位二进制编码来表示所有的大写字母和小写字母、数字 0～9、标点符号，以及在美式英语中使用的特殊控制字符，共有 $2^7=128$ 个不同的编码值，可以表示 128 个不同字符的编码。

其中，低 4 位编码 $b_3b_2b_1b_0$ 用作行编码，高 3 位编码 $b_6b_5b_4$ 用作列编码。在 128 个不同字符的编码中，95 个编码对应计算机键盘上的符号和其他可显示或输出的字符，另外 33 个编码被用作控制码，用于控制计算机某些外部设备的工作特性和某些计算机软件的运行情况。例如，字母 A 的编码为二进制数 1000001，对应十进制数 65 或十六进制数 41。

- Unicode。Unicode 也是一种国际编码标准，采用 2 字节编码，几乎能够表示世界上所有的书写语言中可能用于计算机通信的文字和其他符号。目前，Unicode 在网络、Windows 操作系统和大型软件中得到了广泛应用。

（2）汉字的编码

在计算机中，汉字信息的传播和交换必须基于统一的编码标准才不会造成混乱和差错。因此，计算机能够处理的汉字是包含在国家或国际组织制定的汉字字符集中的汉字，常用的汉字字符集包括 GB/T 2312—1980、GBK 和 CJK 编码等。为了使每个汉字有统一的代码，我国颁布了汉字编码的国家标准，即 GB/T 2312—1980《信息交换用汉字编码字符集 基本集》。这个字符集是目前我国所有汉字系统的统一标准。

汉字的编码方式主要有以下 4 种。

- 输入码。输入码也称外码，是为了将汉字输入计算机而设计的编码，包括音码、形码和音形码等。
- 区位码。将 GB/T 2312—1980 字符集放置在一个 94 行（每一行称为"区"）、94 列（每一列称为"位"）的方阵中，将方阵中的每个汉字所对应的区号和位号组合起来就可以得到该汉字的区位码。区位码用 4 位数字编码，前两位称为区码，后两位称为位码，如汉字"中"的区位码为 5448。
- 国标码。国标码采用 2 字节表示一个汉字。将汉字区位码中的十进制区号和位号分别转换成十六进制数，再分别加上 20H，就可以得到该汉字的国际码。例如，"中"字的区位码为 5448，区码 54 对应的十六进制数为 36，加上 20H，即 56H；而位码 48 对应的十六进制数为 30，加上 20H，即 50H，所以"中"字的国标码为 5650H。
- 机内码。在计算机内部对字符进行存储与处理所使用的编码称为机内码。对汉字系统来说，汉字机内码在汉字国标码的基础上规定，每字节的最高位为 1，每字节的低 7 位为汉字信息。将国标码的 2 字节编码分别加上 80H（10000000B）便可得到机内码，如汉字"中"的机内码为 D6D0H。

（三）计算机硬件

计算机硬件是指计算机中看得见、摸得着的实体设备，这些设备共同构成了计算机工作的基础环境，并确保计算机能够完成各种任务和功能。其中，CPU 用于执行指令和进行数据处理，存储设备用于提供长期的数据保存，输入设备用于将用户的输入信息传输给计算机，输出设备用于将计算机处理的数据呈现给用户，主板用于提供硬件之间的连接和通信方式，电源用于为整个计算机系统提供电力。图 1-1 所示为微型计算机的外观组成和主机内部的主要硬件。

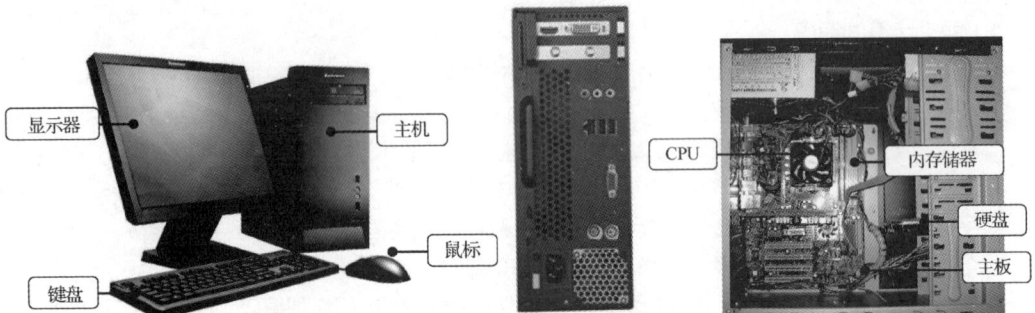

图 1-1　微型计算机的外观组成和主机内部的主要硬件

1. 中央处理器

中央处理器（Central Processing Unit，CPU）是由一片或少数几片大规模集成电路组成的微处理器，这些电路执行控制部件和算术逻辑部件的功能。CPU 既是计算机的指令中枢，又是系统的最高执行单位，主板上的 CPU 如图 1-2 所示。CPU 主要负责执行指令，是计算机系统的核心组件，也是影响计算机系统运算速度的重要因素。目前，CPU 的生产厂商主要有 Intel、AMD、威盛（VIA）等。

2. 主板

主板（Main Board）也被称为"主机板"或"系统板"（System Board），其外观如图 1-3 所示，其上安装了组成计算机的主要电路系统，一般包括 BIOS 芯片、输入/输出控制芯片、键盘和面板控制开关接口、扩充插槽、主板及插卡的直流电源供电接插件等。

随着主板制板技术的发展，主板已经能够集成很多计算机硬件，如 CPU、显卡、声卡、网卡、BIOS 芯片等，这些硬件都能够以芯片的形式集成到主板上。其中，BIOS 芯片是一个矩形的存储器，其中存有与该主板搭配的基本输入/输出系统程序，可以让主板识别各种硬件，还可以设置引导系统的设备和调整 CPU 外频等，如图 1-4 所示。

图1-2　主板上的CPU　　　　　图1-3　主板的外观　　　　　图1-4　主板上的BIOS芯片

3. 总线

总线（Bus）是计算机各种功能部件之间传输信息的公共通信干线，主机的各个部件通过总线相互连接，外部设备通过相应的接口电路与总线连接，从而形成计算机硬件系统，因此总线被形象地比喻为"高速公路"。按照传输的信息类型，总线可以分为数据总线、地址总线和控制总线，分别用来传输数据、地址信息和控制信号。

- 数据总线。数据总线用于在 CPU 与随机存储器（Random Access Memory，RAM）之间来回传输需要处理、存储的数据。
- 地址总线。地址总线传输的是 CPU 向存储器、输入/输出接口设备发出的地址信息。
- 控制总线。控制总线用来传输控制信号，这些控制信号包括 CPU 对内存储器和输入/输出接口的读写信号、输入/输出接口对 CPU 提出的中断请求等信号，以及 CPU 对输入/输出接口的回答与响应信号、输入/输出接口的各种工作状态信号和其他各种功能控制信号。

目前，常见的标准总线有 ISA 总线、PCI 总线和 EISA 总线等。

4. 存储器

计算机中的存储器包括内存储器和外存储器两种。其中，内存储器简称内存，也叫主存储器，它直接与运算器、控制器交换信息，容量虽小，但存取速度快，一般只存放正在运行的程序和待处理的数据。内存也是 CPU 处理数据的中转站，内存的容量和存取速度直接影响 CPU 处理数据的速度。图 1-5 所示为内存储器。

图1-5　内存储器

从工作原理上说，内存一般采用半导体存储单元，包括 RAM、只读存储器（Read-Only Memory，ROM）和高速缓冲存储器（Cache）。平常所说的内存通常是指 RAM，计算机既可以从中读取数据，又可以向其中写入数据，当计算机断电时，存储于其中的数据会丢失。ROM 一般只能读取信息，不能写入信息，即使断电，这些数据也不会丢失，如 BIOS ROM。

外存储器简称外存，是指除计算机内存及 CPU 缓存以外的存储器。此类存储器一般在断电后仍然能保存数据，常见的外存储器有硬盘和可移动存储设备（如 U 盘）等。外存一般存取速度慢，但存储容量大，可以长时间地保存大量信息。

- 硬盘。硬盘是计算机中最大的存储设备，通常用于存放永久性的数据和程序。目前，硬盘一般可分为机械硬盘和固态盘两种。机械硬盘如图 1-6 所示，其内部结构比较复杂，主要由主轴电动机、盘片、磁头和传动臂等部件组成。固态盘是目前热门的硬盘类型，如图 1-7 所示，是用固态电子存储芯片阵列制成的硬盘，优点是数据写入速度和读取速度快，缺点是容量较小、价格较高。
- 可移动存储设备。可移动存储设备包括移动通用串行总线（Universal Serial Bus，USB）盘（简称 U 盘，见图 1-8）和移动硬盘等。这类设备即插即用，容量基本能满足人们的需求，是计算机的重要附属配件。

图1-6　机械硬盘　　　　　　　图1-7　固态盘　　　　　　　图1-8　U盘

5. 输入设备

输入设备是向计算机输入数据和信息的设备，是用户和计算机系统之间进行信息交换的主要装置，用于将数据、文本和图形等转换为计算机能够识别的二进制代码并输入计算机。键盘、鼠标、扫描仪、光笔、语音输入装置等都属于输入设备。下面介绍3种常用的输入设备。

- 鼠标。鼠标是计算机的主要输入设备之一，因其外形与老鼠相似，所以被称为"鼠标"。根据鼠标外形可将其分为两键鼠标、三键鼠标、滚轴鼠标和感应鼠标等；根据鼠标的工作原理可以将其分为机械鼠标和光电鼠标等。
- 键盘。键盘也是计算机的主要输入设备之一，是用户和计算机进行信息交换的工具，用户可以通过键盘直接向计算机输入各种字符和命令，以简化操作。不同生产厂商生产的键盘型号不同。
- 扫描仪。扫描仪是利用光电技术和数字处理技术，以扫描的方式将图形或图像信息转换为数字信号的设备，其主要功能是对文字和图像进行扫描与输入。

6. 输出设备

输出设备是计算机硬件系统的终端设备，用于将各种计算结果的数据或信息转换成用户能够识别的数字、字符、图像和声音等形式。常见的输出设备有显示器、音箱、打印机、投影仪、绘图仪、语音输出系统等。下面介绍常用的5种输出设备。

- 显示器。显示器是计算机的主要输出设备，其作用是将显卡输出的信号（模拟信号或数字信号）以肉眼可见的形式表现出来。常见的显示器类型包括阴极射线管（Cathode-Ray Tube，CRT）显示器、液晶显示器（Liquid Crystal Display，LCD）、发光二极管（Light Emitting Diode，LED）显示器、3D显示器等。
- 打印机。打印机也是常用的输出设备，在办公中经常会用到，其主要功能是对文字和图像进行打印输出。现在主要使用的打印机有点阵击打式打印机、激光打印机、喷墨打印机。点阵击打式打印机是通过电磁铁高速击打24根打印针，让色带上的墨汁转印到打印纸上，其特点是速度较慢且噪声大。激光打印机是通过激光产生静电吸附效应，利用硒鼓将碳粉转印到打印纸上，具有速度快、噪声小、分辨率高的特点。喷墨打印机的各项指标在前两种打印机之间。
- 投影仪。投影仪又称投影机，是一种可以将图像或视频投射到幕布上的设备。投影仪可以通过特定的接口与微型计算机相连接并播放相应的图像或视频信号，是一种负责输出的微型计算机周边设备。
- 音箱。音箱在音频设备中的作用类似于显示器，可直接连接声卡的音频输出接口，并将声卡传输的音频信号输出为人们可以听到的声音。需要注意的是，音箱是整个音响系统的终端，只负责声音输出，音响则通常是指声音产生和输出的一整套系统，音箱是音响的一部分。
- 耳机。耳机是一种音频设备，它接收媒体播放器或接收器发出的信号，利用贴近耳朵的扬声器将其转换成人们可以听到的声波。

（四）计算机软件

计算机软件（Computer Software）简称软件，是指计算机系统中的程序及其文档。程序是对计算任务的处理对象和处理规则的描述，是按照一定顺序执行的、能够完成某一任务的指令集合，而文档则是便于用户了解程序的说明性资料。

计算机软件总体分为系统软件和应用软件两大类。

1. 系统软件

系统软件是指控制和协调计算机及其外部设备，支持应用软件开发和运行的软件。其主要功能是调度、监控和维护计算机系统，同时负责管理计算机系统中各种独立的硬件，协调它们的工作。系统软件是应用软件运行的基础，所有应用软件都是在系统软件上运行的。

系统软件主要分为操作系统、语言处理程序、数据库管理系统和系统辅助处理程序等。

- 操作系统。操作系统（Operating System，OS）是计算机系统的指挥调度中心，它可以为各种程序提供运行环境，常见的操作系统有 Windows 和 Linux 等。
- 语言处理程序。语言处理程序是为用户设计的编程服务软件，用来编译、解释和处理各种程序所使用的计算机语言，是人与计算机相互交流的工具。常见的计算机语言包括机器语言、汇编语言和高级语言 3 种。由于计算机只能直接识别和执行机器语言，因此如果要在计算机上运行高级语言程序就必须配备程序语言翻译程序。程序语言翻译程序本身是一组程序，高级语言都有相应的程序语言翻译程序。
- 数据库管理系统。数据库管理系统（Database Management System，DBMS）是一种用来操作和管理数据库的大型软件，它是位于用户和操作系统之间的数据管理软件，也是用于建立、使用和维护数据库的管理软件。数据库管理系统可以组织不同类型的数据，以便用户能够有效地查询、检索和管理这些数据。常用的数据库管理系统有 SQL Server、Oracle 和 Access 等。
- 系统辅助处理程序。系统辅助处理程序也称软件研制开发工具或支撑软件，主要有编辑程序、调试程序等，这些程序的作用是维护计算机的正常运行，如 Windows 操作系统中自带的磁盘清理程序等。

2. 应用软件

应用软件是指一些具有特定功能的软件，即为解决各种实际问题而开发的程序，包括各种程序设计语言，以及用各种程序设计语言开发的应用程序。计算机中的应用软件种类繁多，这些软件能够帮助用户完成特定的任务，如要编辑一篇文章可以使用 Word，要制作一份报表可以使用 Excel，要与他人沟通可以使用社交软件，要听歌、看视频可以使用影音软件等。常见应用软件的应用领域有办公、图形处理与设计、图文浏览、翻译与学习、多媒体播放和处理、网站开发、程序设计等。

任务实现

（一）连接计算机的各组成部分

台式计算机是一个由显示器、主机、键盘、鼠标等多个部件协同组成的系统，每个部件都缺一不可，因而如果购置了计算机的各个组件，则需要将它们连接起来，计算机才能正常工作。连接计算机各组成部分的操作如下。

微课

连接计算机的
各组成部分

（1）将计算机的各组成部分摆放好，然后将 PS/2 键盘连接线插头对准主机后的键盘接口并插入，如图 1-9 所示。如果使用的是 USB 接口的键盘，则将键盘连接线插头对准主机后的 USB 接口并插入即可。

（2）将 USB 鼠标连接线插头对准主机后的 USB 接口并插入，然后将显示器包装箱中配置的视频图形阵列（Video Graphics Array，VGA）数据线插头插入显卡的 VGA 接口[如果显示器的数据线是数字视频接口（Digital Visual Interface，DVI）或高清多媒体接口（High Definition Multimedia Interface，

HDMI），对应连接主机后的接口即可]，然后拧紧插头上的两颗固定螺钉，如图 1-10 所示。

（3）将显示器数据线的另外一个插头插入显示器后面的 VGA 接口，并拧紧插头上的两颗固定螺钉，再将显示器的电源线一头插入显示器电源接口，如图 1-11 所示。

图1-9　连接键盘　　　　　　　　图1-10　连接鼠标和显卡　　　　　　　图1-11　连接显示器

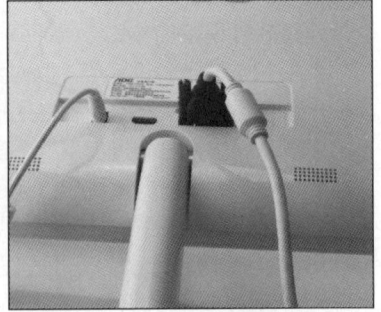

（4）检查前面安装的各种连线，确认连接无误后，将主机电源线连接到主机后的电源接口，如图 1-12 所示。

（5）将显示器电源线插头和主机电源线插头插入电源插线板，如图 1-13 所示。

完成计算机各部件的连接，如图 1-14 所示。

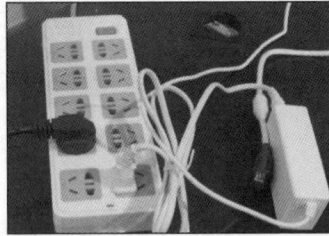

图1-12　连接主机　　　图1-13　连接显示器电源线和主机电源线　　　图1-14　完成计算机各部件的连接

（二）不同进制的数据转换

表示时、分、秒用六十进制，表示星期用七进制，每种数制都有自己的表示规则和转换方法，在特定领域和文化中发挥着不同的作用。下面将介绍 4 种常用数制相互转换的方法，其具体操作如下。

1. 非十进制数转换成十进制数

将二进制数、八进制数和十六进制数转换成十进制数时，只需用该数制的各个位数乘以各自对应的位权数，然后将乘积相加，用按位权展开的方法即可得到对应的结果。

（1）将二进制数 10110 转换成十进制数

先将二进制数 10110 按位权展开，然后将乘积相加，转换过程如下。

$$(10110)_2 = (1 \times 2^4 + 0 \times 2^3 + 1 \times 2^2 + 1 \times 2^1 + 0 \times 2^0)_{10}$$
$$= (16+4+2)_{10}$$
$$= (22)_{10}$$

（2）将八进制数 232 转换成十进制数

先将八进制数 232 按位权展开，然后将乘积相加，转换过程如下。

$$(232)_8 = (2 \times 8^2 + 3 \times 8^1 + 2 \times 8^0)_{10}$$
$$= (128+24+2)_{10}$$
$$= (154)_{10}$$

（3）将十六进制数 232 转换成十进制数

先将十六进制数 232 按位权展开，然后将乘积相加，转换过程如下。

$$(232)_{16}=(2\times16^2+3\times16^1+2\times16^0)_{10}$$
$$=(512+48+2)_{10}$$
$$=(562)_{10}$$

2. 十进制数转换成其他进制数

将十进制数转换成二进制数、八进制数和十六进制数时，可先将数值分成整数部分和小数部分，然后分别进行转换，再拼接起来。

例如，将十进制数转换成二进制数时，对整数部分和小数部分分别进行转换。整数部分采用"除 2 取余倒读"法，即将该十进制数除以 2，得到一个商和余数 K_0；再用商除以 2，又得到一个新的商和余数 K_1；如此反复，直到商为 0 时才得到余数 K_{n-1}；将各次得到的余数，以最后一次的余数为最高位、第一次的余数为最低位依次排列，即 $K_{n-1}\cdots K_1 K_0$，这就是该十进制数对应的二进制数的整数部分。

小数部分采用"乘 2 取整正读"法，即将十进制数的小数乘以 2，取乘积中的整数部分作为相应二进制数小数点后的最高位 K_{-1}；取乘积中的小数部分反复乘以 2，逐次得到 K_{-2}，K_{-3}，…，K_{-m}，直到乘积的小数部分为 0 或位数达到所需的精确度要求为止；然后把每次乘积所得的整数部分从小数点后自左往右依次排列（$K_{-1} K_{-2}\cdots K_{-m}$），即所求二进制数的小数部分。

同理，将十进制数转换成八进制数时，整数部分"除 8 取余"，小数部分"乘 8 取整"；将十进制数转换成十六进制数时，整数部分"除 16 取余"，小数部分"乘 16 取整"。

> **提示** 在进行小数部分的转换时，有些十进制小数不能转换为有限位的二进制小数，此时只能用近似值表示。例如，$(0.57)_{10}$ 不能用有限位的二进制小数表示，如果要求保留 5 位小数，则 $(0.57)_{10}\approx(0.10010)_2$。

例如，将十进制数 225.625 转换成二进制数。用"除 2 取余倒读"法对整数部分进行转换，再用"乘 2 取整正读"法对小数部分进行转换，转换过程如下。

$$(225.625)_{10}=(11100001.101)_2$$

整数部分
```
2 | 225
2 | 112    余1    低位
2 |  56    余0
2 |  28    余0
2 |  14    余0
2 |   7    余0
2 |   3    余1
2 |   1    余1
      1    余1    高位
```

小数部分
```
    0.625
  ×   2            取整    高位
    1.250           1
  ×   2
    0.500           0
  ×   2
    1.000           1     低位
```

3. 二进制数转换成八进制数、十六进制数

（1）二进制数转换成八进制数

二进制数转换成八进制数的转换原则是"3 位分一组"，即以小数点为界，整数部分从右向左每 3 位分为一组；若最后一组不足 3 位，则在最高位前面添 0 补足 3 位；将每组中的二进制数按权相加，得到对应的八进制数；小数部分从左向右每 3 位分为一组；最后一组不足 3 位时，尾部添 0 补足 3 位；按照顺序写出每组二进制数对应的八进制数。

将二进制数 1101001.101 转换为八进制数，转换过程如下。

二进制数　　001　　101　　001.　　101
八进制数　　　1　　　5　　　1.　　　5

得到的结果：$(1101001.101)_2 = (151.5)_8$

（2）二进制数转换成十六进制数

二进制数转换成十六进制数的转换原则是"4位分一组"，即以小数点为界，整数部分从右向左、小数部分从左向右，每4位分为一组，不足4位时添0补齐。

将二进制数 10111001100011.1011 转换为十六进制数，转换过程如下。

二进制数	0010	1110	0110	0011	.	1011
十六进制数	2	E	6	3	.	B

得到的结果：$(10111001100011.1011)_2 = (2E63.B)_{16}$

4. 八进制数、十六进制数转换成二进制数

（1）八进制数转换成二进制数

八进制数转换成二进制数的转换原则是"一分为三"，即从八进制数的低位开始，将每一位上的八进制数写成对应的3位二进制数；如有小数部分，则从小数点开始，按上述方法分别向左右两边进行转换。

将八进制数 162.4 转换为二进制数，转换过程如下。

八进制数	1	6	2	.	4
二进制数	001	110	010	.	100

得到的结果：$(162.4)_8 = (1110010.1)_2$

（2）十六进制数转换成二进制数

十六进制数转换成二进制数的转换原则是"一分为四"，即把每一位上的十六进制数写成对应的4位二进制数。

将十六进制数 3B7D 转换为二进制数，转换过程如下。

十六进制数	3	B	7	D
二进制数	0011	1011	0111	1101

得到的结果：$(3B7D)_{16} = (11101101111101)_2$

任务二　了解并使用操作系统

任务描述

如果要使用计算机进行学习和工作，则需要先进入计算机的桌面环境，然后通过鼠标和键盘与计算机进行交互和操作，如打开软件、编辑文档、浏览网页、复制/粘贴文件、调整窗口大小、执行快捷键操作等，而这些都需要依靠操作系统来完成。操作系统是计算机系统的核心管理软件，用户想要通过计算机完成某项任务和指令，就需要借助操作系统。本任务将了解计算机操作系统和手机操作系统，掌握操作系统的操作方法。

技术分析

（一）计算机操作系统

操作系统是系统软件，用于管理计算机系统的硬件与软件资源、控制程序的运行、改善人机交互界面以及为其他应用软件提供支持等，可使计算机系统中的所有资源最大限度地发挥作用，并可为用户提供方便、有效和友好的服务界面。操作系统是一个庞大的管理控制程序，它直接运行在计算机硬件上，是基本的系统软件，也是计算机系统软件的核心。

1. 计算机操作系统的功能

操作系统通过控制和管理计算机的硬件资源、软件资源来提高计算机资源的利用率，从而方便用户使用。具体来说，操作系统具有以下 6 个方面的功能。

- 进程与处理机管理。通过操作系统的处理机管理模块来确定对处理机的分配策略，实施对进程或线程的调度和管理。进程与处理机管理包括调度（作业调度、进程调度）、进程控制、进程同步和进程通信等内容。
- 存储管理。存储管理的实质是对存储空间的管理，即对内存的管理。操作系统的存储管理负责将内存单元分配给需要内存的程序以便让它执行，在程序执行结束后，再将程序占用的内存单元收回以便再次使用。此外，存储管理还要保证各用户进程之间互不影响，保证用户进程不会破坏系统进程，并提供内存保护。
- 设备管理。设备管理是指对硬件设备的管理，包括对各种输入/输出设备的分配、启动、完成和回收等。
- 文件管理。文件管理又称信息管理，是指利用操作系统的文件管理子系统为用户提供方便、快捷、共享和安全的文件使用环境，包括文件存储空间管理、文件操作、目录管理、读/写管理和存取控制等。
- 网络管理。网络管理指网络环境下的通信、网络资源管理、网络应用等特定功能。操作系统具备操作传输控制协议/互联网协议（Transmission Control Protocol/Internet Protocol，TCP/IP）的能力，可以连入网络，并且与其他网络系统分享文件、打印机与扫描仪等资源。
- 提供良好的用户界面。操作系统是计算机与用户之间的"接口"。为了方便用户操作，操作系统必须为用户提供良好的用户界面。

2. 计算机操作系统的种类

随着计算机系统结构和使用方式的不断发展，现代计算机系统中衍生出了许多不同类型的操作系统，它们各自具有不同的特点、适用范围和用户群体，为用户提供了更加多样的选择。目前计算机上常见的操作系统有 UNIX、Linux、Windows 等。

（1）Windows 操作系统

Windows 操作系统是美国微软公司以图形用户界面为基础研发的操作系统。目前，大多数家用计算机和普通办公计算机上安装的都是 Windows 操作系统。Windows 操作系统包括 Windows XP、Windows 7、Windows 8、Windows 10、Windows 11 等。其中，相比之前的版本，Windows 10 操作系统在易用性和安全性方面有了极大的提升，除了针对云服务、智能移动设备等新技术进行融合外，还对固态盘、生物识别设备、高分辨率屏幕等硬件进行了支持、优化与完善。

（2）UNIX 操作系统

UNIX 是 20 世纪 70 年代初出现的操作系统，除了可以作为网络操作系统使用之外，还可以作为单机操作系统使用。UNIX 操作系统目前主要用于工程应用和科学计算等领域。

UNIX 操作系统是一种分时、多用户、多任务的操作系统，其特点是在结构上分为核心程序（Kernel）和外围程序（Shell）两部分，而且两者有机结合为一个整体；其用户界面良好，使用方便、功能齐全、清晰灵活、易于扩充和修改；文件系统为树形结构，既能扩大文件存储空间，又有利于安全和保密；文件、文件目录和设备统一处理，简化了系统设计，便于用户使用；包含丰富的语言处理程序、实用程序和开发工具性软件，为用户提供了非常方便的软件开发环境。

（3）Linux 操作系统

Linux 操作系统是一种免费使用，且可以自由传播的类 UNIX 操作系统，也是一种基于 POSIX 和 UNIX 的多用户、多任务、支持多线程和多 CPU 的操作系统。Linux 操作系统由众多微内核组成，其源代码完全开源。它支持所有的互联网协议（包括 TCP/IPv4、TCP/IPv6）和数据链路层拓扑程序等，还可以利用 UNIX 的网络特性开发出新的协议栈。Linux 操作系统性能稳定，且核心防火墙组件性能高效、配置简单，保证了系统的安全。在企业网络中，它通常被网络运维人员当作服务器使用，有的甚至将其当作网络防火墙使用。

为了降低对外部技术的依赖，提升信息安全和技术自主的可控能力，我国近年来非常重视科技行业的自主创新，各种国产操作系统如雨后春笋般涌现，如银河麒麟操作系统、红旗 Linux 等，这为我国的信息技术产业发展注入了新的活力。

（1）银河麒麟操作系统

银河麒麟操作系统原是在"863 计划"和"核高基"国家科技重大专项支持下，由国防科技大学研发的操作系统，后面由国防科技大学将品牌授权给天津麒麟信息技术有限公司，天津麒麟信息技术有限公司在 2019 年与中标软件有限公司合并为麒麟软件有限公司，继续对银河麒麟进行迭代，最终成功研制出以 Linux 为内核的银河麒麟操作系统。研制银河麒麟操作系统的目的是打破国外操作系统的垄断，开发具有我国自主知识产权的服务器操作系统。

银河麒麟操作系统是目前国内安全等级最高的操作系统之一，已广泛应用于军工、金融、电力、教育等众多领域。另外，银河麒麟操作系统可以兼容 Linux 平台上的应用，并且具有强大的中文处理能力。

（2）红旗 Linux

红旗 Linux 是由中科红旗信息科技产业集团开发的一系列 Linux 发行版，包括桌面版、工作站版、数据中心服务器版、HA 集群版和红旗嵌入式 Linux 等产品。红旗 Linux 是我国较大、较成熟的 Linux 发行版之一。

（二）智能手机操作系统

智能手机的功能与普通的微型计算机相似，因此，要实现智能手机的资源管理也需要安装操作系统。智能手机操作系统的运算能力和功能都非常强大，具有便捷安装或删除第三方应用程序、用户界面良好、应用扩展性强等特点。目前使用较多的智能手机操作系统有安卓系统（Android）、苹果手机操作系统（iOS）、华为鸿蒙操作系统（HUAWEI Harmony OS）等。

1. 安卓系统

安卓系统是 Google（谷歌）公司以 Linux 为基础开发的开放源代码的操作系统，主要用于移动设备，如智能手机和平板电脑等，包括操作系统、用户界面和应用程序，是一种融入了全部 Web 应用的单一平台，它具有触摸使用、高级图形显示和可联网等功能，且具有界面强大等优点。

2. 苹果手机操作系统

iOS 主要应用于 iPad、iPhone 和 iPod touch。它以 Darwin 为基础，系统架构分为核心操作系统层、核心服务层、媒体层、可轻触层 4 个层次。它采用全触摸设计，娱乐性强，支持许多第三方软件，但该操作系统较为封闭，与其他操作系统的应用软件兼容性稍差。

3. 华为鸿蒙操作系统

华为鸿蒙是一种全新的、面向全场景的分布式操作系统，旨在为各类设备提供统一的、无缝衔接的操作体验，包括智能手机、平板电脑、智能穿戴、智能家居、车载系统等。华为鸿蒙操作系统的推出意味着华为公司在操作系统领域已具有自主研发能力和较强的技术实力，它为用户提供了更加丰富和统一的智能设备生态系统。

任务实现

（一）启动与退出 Windows 10

具体操作如下。

微课

启动与退出
Windows 10

（1）开启计算机显示器和主机的电源开关，Windows 10 将载入内存，并对计算机的主板和内存等进行检测，系统启动完成后将进入 Windows 10 欢迎界面。若系统中只存在一个用户且没有设置用户密码，则直接进入系统桌面；若系统中存在多个用户且设置了用户密码，则需要选择用户并输入正确的密码才能进入系统桌面。Windows 10 操作系统桌面如图 1-15 所示。

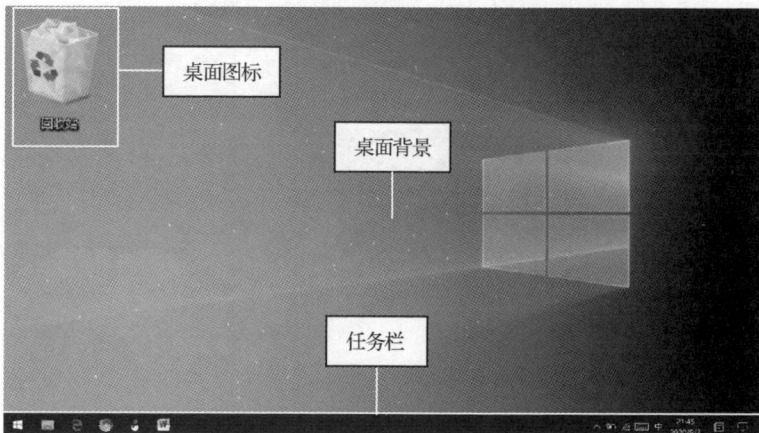

图1-15　Windows 10 操作系统桌面

（2）在任务栏最左侧单击"开始"按钮 ，打开"开始"菜单，"开始"菜单左侧为菜单列表，右侧为"开始"屏幕。菜单列表中的选项和"开始"屏幕中的磁贴可帮助用户打开计算机中的应用程序和设置窗口。在"开始"菜单的菜单列表的应用程序选项上，或者在"开始"屏幕的应用程序的磁贴上单击鼠标右键，在弹出的快捷菜单中选择"更多"/"固定到任务栏"命令，如图 1-16 所示，可以将应用程序固定到任务栏中。

（3）在打开的"开始"菜单中单击"电源"按钮，然后在打开的列表中选择"关机"选项，如图 1-17 所示，可退出 Windows 10。

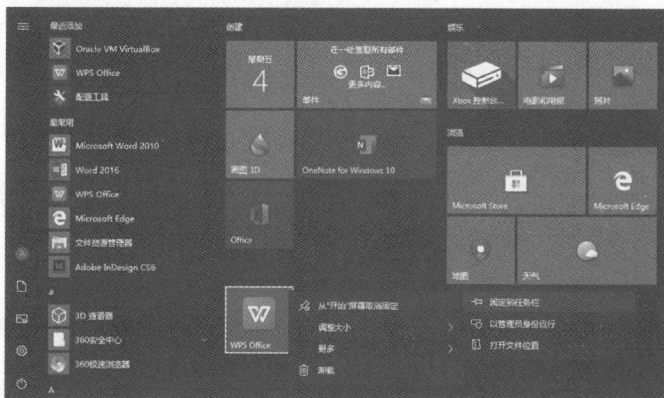

图1-16　将程序固定到任务栏

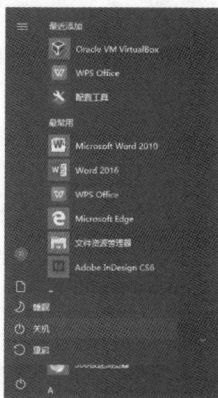

图1-17　退出 Windows 10

（二）管理 Windows 10 中的资源

通过合理规划计算机中的各种资源，可以优化计算机性能，提高工作效率和用户体验。下面将介绍管理计算机中资源的方法，包括添加桌面图标、管理文件与文件夹、安装与卸载软件等。

微课

管理 Windows 10
中的资源

15

（1）在桌面空白处单击鼠标右键，在弹出的快捷菜单中选择"个性化"命令。打开"设置"窗口，在窗口左侧单击"主题"选项卡，在右侧"相关的设置"栏中单击"桌面图标设置"超链接，如图 1-18 所示。

（2）打开"桌面图标设置"对话框，在"桌面图标"栏中勾选"计算机"复选框，在底部勾选"允许主题更改桌面图标"复选框，然后单击 确定 按钮，如图 1-19 所示。

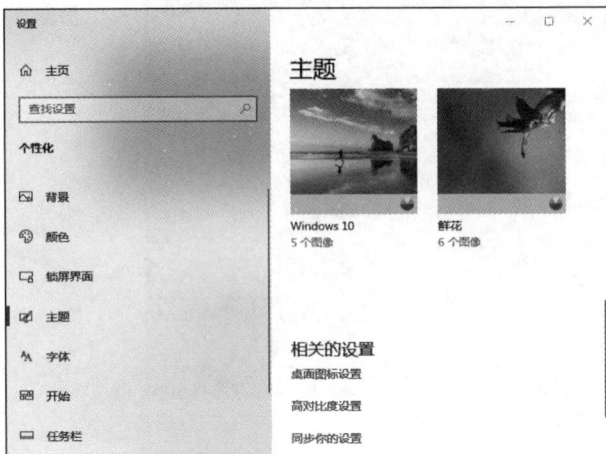

图 1-18　设置桌面图标　　　　　　　　　　　　图 1-19　选择要显示在桌面上的图标

（3）返回"设置"窗口，单击"关闭"按钮 ✕，关闭该窗口并返回桌面，此时，可在桌面上看到添加的"此电脑"系统图标。

> **提示**　除了系统图标外，也可以将应用程序的快捷方式图标发送到桌面上，便于使用。其方法为单击"开始"按钮 ⊞，打开"开始"菜单，在需要发送到桌面上的应用程序图标上单击鼠标右键，在弹出的快捷菜单中选择"更多"/"打开文件位置"命令。打开应用程序快捷方式图标的文件位置，此时将默认选择该快捷方式图标，将其移动或复制到桌面上，便可为该应用程序在桌面上添加快捷方式图标。

（4）双击桌面上的"此电脑"图标 🖥，打开"此电脑"窗口，双击 F 磁盘图标，打开"本地磁盘（F:）"窗口。

（5）在"主页"/"新建"组中单击"新建项目"按钮 🖿，在弹出的下拉列表中选择"文本文档"选项，或在窗口工作区的空白处单击鼠标右键，在弹出的快捷菜单中选择"新建"/"文本文档"命令，如图 1-20 所示。

（6）系统将在磁盘窗口中新建一个默认名为"新建文本文档.txt"的文件，且文件名处于可编辑状态，切换到中文输入法，输入"传统节日"文本，然后单击磁盘窗口中任意空白处或按"Enter"键，完成文本文档的新建，如图 1-21 所示。

（7）在"主页"/"新建"组中单击"新建文件夹"按钮 📁，或在窗口工作区的空白处单击鼠标右键，在弹出的快捷菜单中选择"新建"/"文件夹"命令，此时将新建一个文件夹，输入文件夹的名称"学习资料"后按"Enter"键，完成文件夹的新建，如图 1-22 所示。

（8）双击打开"学习资料"文件夹，在"主页"/"新建"组中单击"新建文件夹"按钮 📁，输入子文件夹名称"素材"后按"Enter"键，再新建一个名为"数据"的子文件夹，如图 1-23 所示。

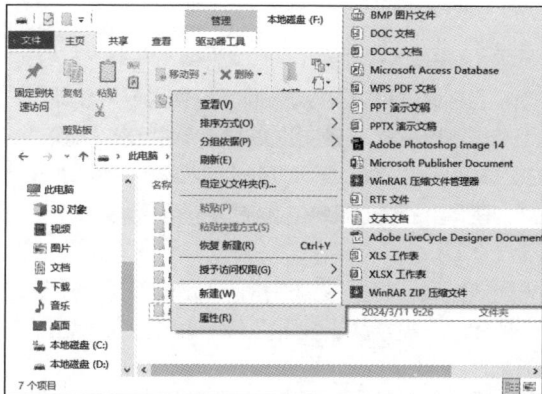

图 1-20　新建文本文档

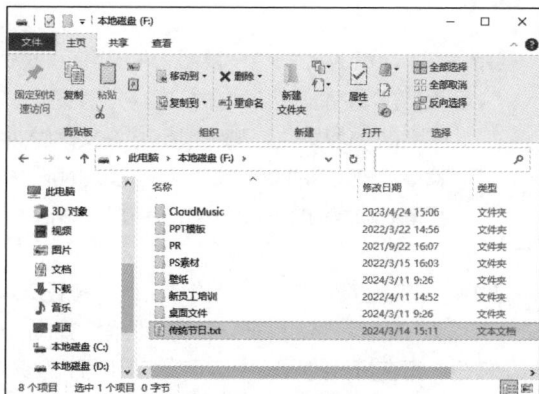

图 1-21　重命名文本文档

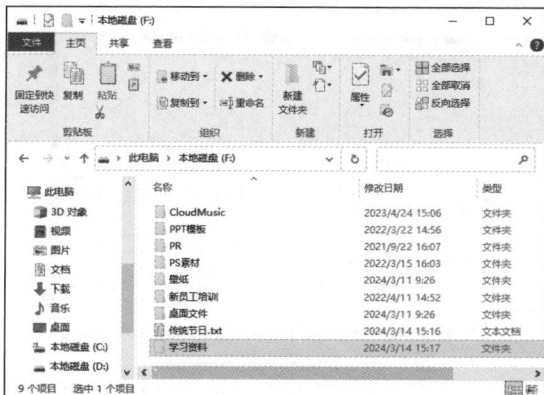

图 1-22　新建文件夹

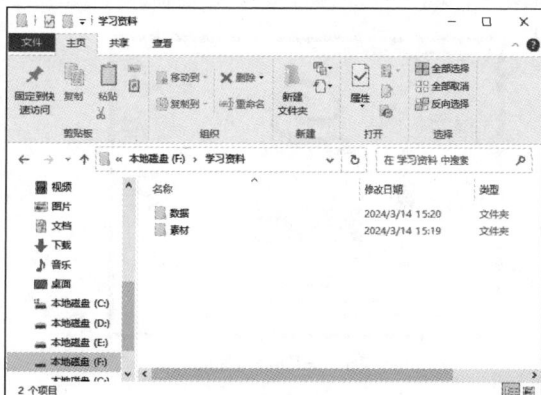

图 1-23　新建子文件夹

（9）单击地址栏左侧的"返回到"按钮 ←，返回"本地磁盘（F:）"窗口。选择"传统节日.txt"文本文档，在其上单击鼠标右键，在弹出的快捷菜单中选择"剪切"命令，如图 1-24 所示，或在"主页"/"剪贴板"组中单击"剪切"按钮 ✂，将选择的文件剪切到剪贴板中，此时文件显示为蓝色透明效果。

（10）双击展开"学习资料"文件夹，再展开"素材"子文件夹，在窗口工作区中的空白处单击鼠标右键，在弹出的快捷菜单中选择"粘贴"命令，或在"主页"/"剪贴板"组中单击"粘贴"按钮，将剪切到剪贴板中的"传统节日.txt"文本文档粘贴到"素材"子文件夹中，如图 1-25 所示。

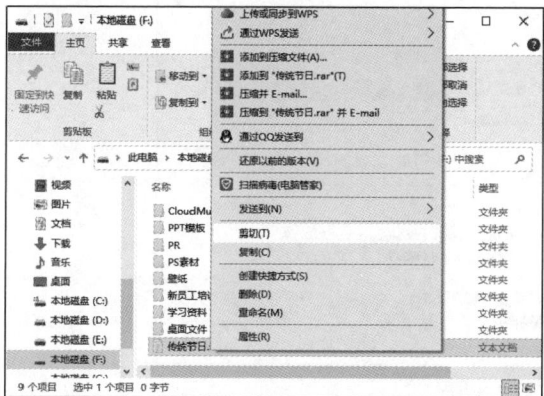

图 1-24　剪切文件

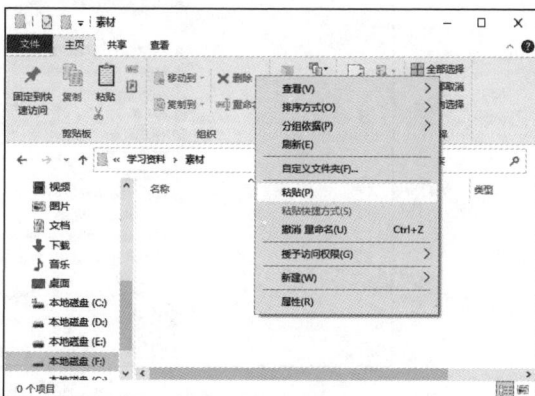

图 1-25　粘贴文件

> **提示** 在 Windows 10 中，复制文件/文件夹的操作与剪贴文件/文件夹类似，选择文件或文件夹，在"主页"/"剪贴板"组中单击"复制"按钮 🗐，然后在目标文件夹中进行粘贴即可。如果要将重复、多余的文件/文件夹删除，则可以在文件/文件夹上单击鼠标右键，在弹出的快捷菜单中选择"删除"命令。删除后的文件/文件夹将放入"回收站"中。如果误删文件，则可打开"回收站"，在其中选择需要恢复的文件/文件夹，在其上单击鼠标右键，在弹出的快捷菜单中选择"还原"命令。

（11）在磁盘窗口右上角单击"关闭"按钮 ✕，关闭该窗口。打开搜狗拼音输入法安装程序所在的文件夹，双击安装程序。打开安装向导界面，如图 1-26 所示，一般默认安装于 C 盘（系统盘），单击"浏览"按钮，可在打开的界面中自定义应用程序的安装位置。

（12）勾选"已阅读并接受最终用户协议"复选框。单击"立即安装"按钮，系统开始安装搜狗拼音输入法，如图 1-27 所示，安装完成后即可使用搜狗拼音输入法。

图 1-26　安装向导界面

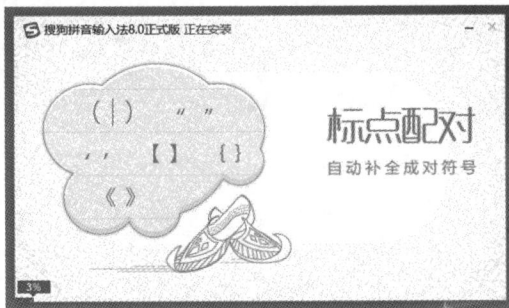

图 1-27　安装搜狗拼音输入法

（13）在桌面上双击"控制面板"图标，打开"控制面板"窗口，单击"程序和功能"超链接。打开"卸载或更改程序"界面，选择需要卸载的应用程序，单击鼠标右键，在弹出的快捷菜单中选择"卸载/更改"命令，如图 1-28 所示。

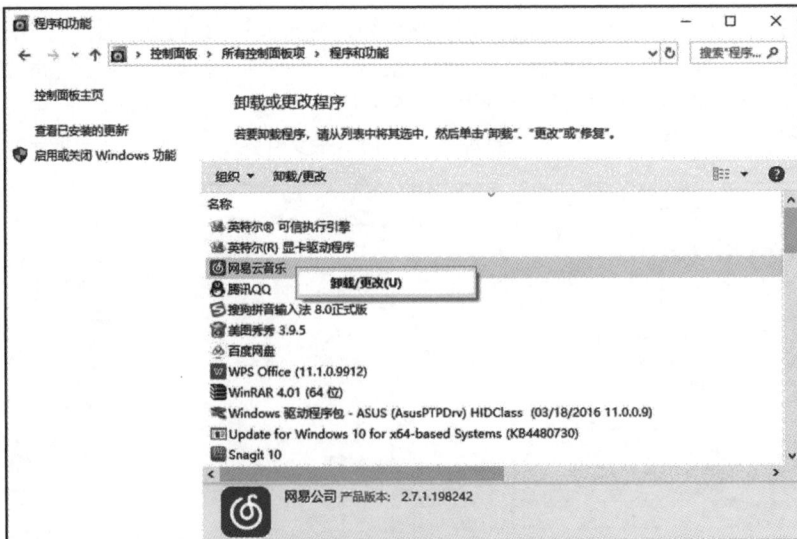

图 1-28　卸载或更改程序

（14）在打开的界面中根据图示进行操作，即可卸载应用程序。

课后练习

一、填空题

1. 计算机系统由硬件系统和_____系统组成。

2. _____，美国宾夕法尼亚大学研制了世界上第一台通用电子计算机——电子数字积分计算机。

3. 无论什么类型的数据，在计算机内部都是以_____的形式进行存储和运算的。

4. 台式计算机是一个由_____、主机、键盘、鼠标等多个部件协同组成的系统，每个部件缺一不可。

5. 目前，计算机上常见的操作系统有 UNIX、Linux、_____等，国产操作系统有_____、红旗 Linux 等。

二、选择题

1. 计算机的操作系统是（　　）。

 A. 计算机的通用软件   B. 计算机的专用软件

 C. 计算机中使用最广的应用软件   D. 计算机系统软件的核心

2. 在 Windows 10 桌面上，任务栏中最左侧的第一个按钮是（　　）。

 A. "打开"按钮   B. "程序"按钮   C. "开始"按钮   D. "时间"按钮

3. 当前窗口处于最大化状态，双击该窗口的标题栏相当于单击（　　）。

 A. "最小化"按钮   B. 系统控制按钮   C. "还原"按钮   D. "关闭"按钮

4. 在 Windows 10 中，任务栏的作用是（　　）。

 A. 显示系统的所有功能   B. 只显示当前活动窗口名

 C. 只显示正在后台工作的窗口名   D. 实现窗口之间的切换

5. 下列不能关闭应用程序的操作是（　　）。

 A. 单击"任务栏"图标上的"关闭窗口"按钮

 B. 按"Alt+F4"组合键

 C. 双击窗口左上角的控制图标

 D. 选择"文件"/"退出"命令

6. 下列操作中，不能将常用程序固定到任务栏的是（　　）。

 A. 在"开始"菜单中选择常用程序，将其拖动到任务栏

 B. 在"开始"菜单中的常用程序上单击鼠标右键，在弹出的快捷菜单中选择"更多"/"固定到任务栏"命令

 C. 在桌面的常用程序快捷方式上单击鼠标右键，在弹出的快捷菜单中将其发送至任务栏

 D. 用鼠标右键单击任务栏中的程序图标，在弹出的快捷菜单中选择"固定到任务栏"命令

7. 如果删除了桌面上的一个快捷方式图标，则其对应的应用程序将（　　）。

 A. 一起被删除   B. 只能打开，不能编辑

 C. 不能打开   D. 无任何变化

8. 打开快捷菜单的操作为（　　）。

 A. 单击   B. 单击鼠标右键   C. 双击   D. 三击

三、操作题

1. 在桌面上添加"此电脑""控制面板""网络"图标。

2. 安装 WPS Office 2019，将"开始"菜单列表框中的 WPS Office 应用程序固定到任务栏，并为其创建桌面快捷方式图标。

3. 安装搜狗拼音输入法，并将其添加到语言栏中。

4. 在 F 盘中新建"工作文件"文件夹，并将 F 盘的工作文件放入该文件夹。

5. 完成以上操作后，退出 Windows 10。

广识天地——我国自研操作系统的发展历程

许多个人用户可能较少接触国产操作系统，但实际上我国自研操作系统的历史并不短，可以追溯到 20 世纪 70 年代。

1969 年底，计算机软件专家、我国科学院院士杨芙清参与研发我国第一台百万次集成电路计算机——150 机，负责设计指令系统和操作系统。在这一时期，我国科学家就已经着手研制自己的操作系统。此后，杨芙清又带队研发了 240 机的操作系统，这是我国首个全部使用高级语言编写的大型操作系统。然而，当时研发的这些操作系统主要面向能源、国防等领域，尚未普及至民用领域。

1981 年，微软依靠微软磁盘操作系统（Microsoft Disk Operating System，MS-DOS）快速占领个人消费市场。为应对这一挑战，我国计算机工程师严援朝受命开发汉字操作系统。经过不懈努力，严援朝终于在 1983 年率领团队成功研发出我国第一款 PC 兼容机的中文操作系统——汉字磁盘操作系统（Chinese Characters Disk Operation System，CCDOS）。此后，众多中文操作系统陆续出现，但它们大多基于 MS-DOS，并不是自有、可控的，存在很大的信息风险。

1989 年，我国软件与技术服务股份有限公司（常被称作中软）基于 UNIX 研发出 COSIX 操作系统，国产操作系统开始崭露头角。但由于国产操作系统缺乏足够的软硬件支持，使用不够便捷，特别是 Windows 95 操作系统发布后，国产操作系统的发展遭受了巨大的打击。

1999 年，我国第一款基于 Linux/Fedora 的国产操作系统 Xteam Linux 1.0 发布，正式开启操作系统的国产化之路。在 Linux 开源系统的支持下，Xteam Linux 1.0、蓝点 Linux 1.0、红旗 Linux 1.0 以及中软 Linux 1.0 等 Linux 操作系统纷纷涌现，这为国产操作系统的发展注入了新的活力。

2000 年，国务院发布《鼓励软件产业和集成电路产业发展的若干政策》，规定政府采购优先选用正版国产软件。2001 年，国家 863 计划重大攻关科研项目支持的银河麒麟操作系统诞生。2006 年，银河麒麟操作系统整合了 Mach、FreeBSD、Linux、Windows 这 4 种操作系统的优势，正式问世。如今，嫦娥探月、天问探火、神舟系列载人飞船等辉煌的航天成就背后，都离不开银河麒麟操作系统的支持。

经过几十年的跟跑、摸索与沉淀，国产自研操作系统正在由"从无到有"向"从弱变强"转变，并全面实现自主安全。银河麒麟、深度、统信、中兴新支点等国产操作系统纷纷用开放的态度拥抱更广阔的市场，推动国产操作系统走向国际主流舞台。

操作系统作为计算机的核心组成部分，不仅是技术层面的关键要素，更是国家网络与信息安全的重要基石，承载着保护国家信息安全与数据安全的希望及重任。回首过往，从我国第一款中文操作系统 CCDOS 的诞生，到如今国产操作系统的百花齐放，这四十多年的发展历程见证了无数科技工作者的智慧与汗水。正是这些优秀国产操作系统为我国科技进步提供了坚实支撑，更为国家安全与长远发展注入了强大动力。

模块二
文档处理

02

文档处理是我们在生活、学习和工作中都会接触到的常见操作。例如，生活中，我们可以利用文档编辑软件制订生活计划；学习中，我们可以利用文档编辑软件总结学习成果；毕业时，我们可以利用文档编辑软件制作个人简介；工作时，我们更需要利用文档编辑软件来处理工作事务。本模块以 Word 文档编辑软件为例，精选环保倡议、二十四节气、毕业论文等文档，详细介绍使用 Word 处理文档的方法。

课堂学习目标

- 知识目标：掌握 Word 的基本操作，如文档操作、文本操作、格式设置、插入与编辑对象、设置页面、编辑长文档等。

- 技能目标：能利用 Word 制作和编辑不同类型的文档。

- 素质目标：树立正确的学习态度，对未来职业有长远规划，并养成高效编辑文档的好习惯。

任务一　创建"环保倡议"文档

任务描述

环保倡议是对环境保护与可持续发展的积极建议和行动号召，是维护和改善地球生态环境的重要举措。环保倡议可以倡导人们培养绿色的生活方式，提高人们的环保意识，达成减少环境污染、高效利用资源、维护生物多样性等目的。本任务将用 Word 2016 创建"环保倡议"文档，介绍文档的基本操作。

技术分析

（一）了解文档处理的应用场景

Word 和 WPS 文字都是广受用户青睐的文档处理软件，被广泛应用于各个领域。这里以 Word 为例简单介绍文档处理在工作中的应用场景。

- 销售。无论是工业企业还是商业企业，销售都是其赖以生存的重要环节之一。Word 可以用来制作销售计划、销售总结等文档，使企业的销售策略更好地实施。

- 行政。行政工作的主要职责之一是文档处理，如行政人员需要整理和处理会议资料、研讨项目资料等文档。Word 能够帮助行政人员更好地完成日常行政工作。

- 策划与市场。Word 的图文编辑功能可以很好地帮助策划人员与市场人员开展策划与推广工作，并制作出图文并茂的宣传海报，生动直观的推广计划、促销活动等文档。

- 人力资源管理。人力资源管理涉及人员招聘、培训、考核等环节，这些环节都需要借助 Word 来制作合适的制度和计划等文档。同时，Word 的长文档编辑功能可以很好地应对长篇文档的编辑工作，提高人力资源管理人员的工作效率。

（二）熟悉 Word 2016 的操作界面

单击"开始"按钮 ⊞，在弹出的"开始"菜单中选择"W"/"Word"命令，可启动 Word 2016 并打开"开始"界面，选择"空白文档"选项后会新建一个空白文档并进入其操作界面，如图 2-1 所示。

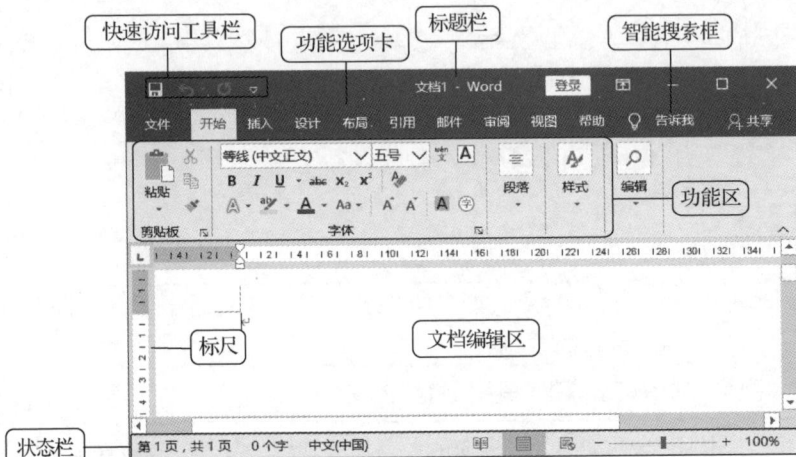

图 2-1 Word 2016 的操作界面

1. 标题栏

标题栏位于 Word 2016 操作界面顶端，包括文档名称、"登录"超链接（用于登录 Microsoft 账户）、"功能区显示选项"按钮 ⊞（可对功能选项卡和功能区进行显示及隐藏操作）和右侧的"窗口控制"按钮组。"窗口控制"按钮组中的按钮从左至右分别为"最小化"按钮 ━、"最大化"按钮 ◻ 和"关闭"按钮 ✕，可最小化、最大化和关闭操作界面。其中，单击"最大化"按钮 ◻ 后，该按钮将变成"还原"按钮 ◲，单击"还原"按钮 ◲ 后，可将操作界面还原到最大化之前的大小。

2. 快速访问工具栏

快速访问工具栏中有一些常用的工具按钮，默认有"保存"按钮 🖫、"撤销"按钮 ↺、"重复"按钮 ↻ 等。单击该工具栏右侧的"自定义快速访问工具栏"下拉按钮 ▾，可在弹出的下拉列表中选择需要显示在该工具栏上的按钮。

3. 功能选项卡

Word 2016 默认显示 9 个功能选项卡，单击任意功能选项卡可显示对应的功能区，在功能区中可对文档进行各种操作。例如，需要在文档中插入图片时，可单击"插入"选项卡，在"插图"组中单击"图片"按钮 🖼；若需要调整页面大小，则可单击"布局"选项卡，再在"页面设置"组中单击"纸张大小"按钮 🗋。

> **提示** 当需要对文档进行新建、打开、保存、共享等操作时，可以选择"文件"选项卡中的相应命令。

4. 智能搜索框

智能搜索框是 Word 2016 的新增功能，通过该搜索框，用户可轻松找到相关操作的说明。例如，需要在文档中插入目录时，可单击智能搜索框，然后输入"目录"，此时会显示一些关于目录的选项，根据需要进行操作即可。

5. 文档编辑区

文档编辑区是输入与编辑文本的区域，对文本进行的各种操作及对应结果都会显示在该区域中。新建一个空白文档后，文档编辑区的左上角将显示一个闪烁的光标，该光标又称插入点。插入点所在位置便是文本的起始输入位置。

6. 标尺

标尺主要用于定位文档内容，文档编辑区上方的标尺为水平标尺，左侧的标尺为垂直标尺。拖曳水平标尺中的"缩进"滑块可快速调整段落的缩进距离。

7. 状态栏

状态栏位于操作界面的最底端，主要用于显示当前文档的工作状态，包括当前页数、字数、输入状态等。状态栏右侧是切换视图模式的按钮，以及调整页面显示比例的按钮与滑块等。

（三）文档的新建、打开、保存、复制

Word 文档的基本操作包括新建、打开、保存、复制等，掌握这些基本操作是利用 Word 2016 编制文档的前提条件。

1. 新建文档

除了可以在启动 Word 2016 时新建空白文档外，还可以在使用 Word 2016 时新建空白文档，常用方法如下。

- 通过"文件"选项卡新建。选择"文件"/"新建"命令，可在界面右侧新建空白文档；也可以在"搜索联机模板"文本框中搜索模板名称，以创建具备该模板的联机文档，如图 2-2 所示。

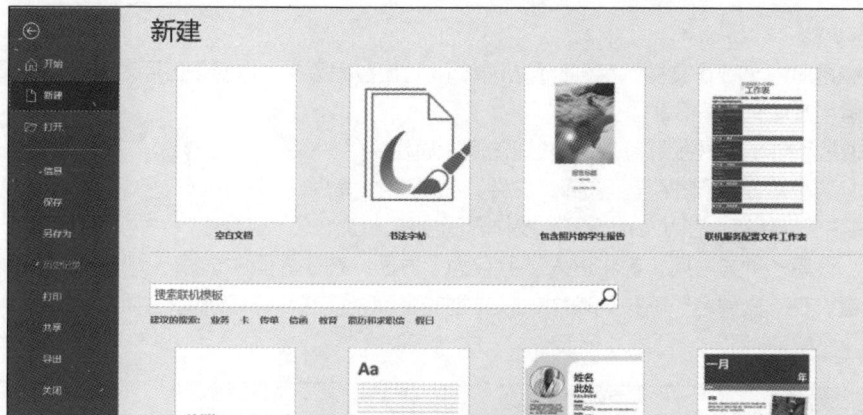

图 2-2　新建文档的操作界面

- 通过快速访问工具栏新建。单击快速访问工具栏右侧的"自定义快速访问工具栏"下拉按钮 ，在弹出的下拉列表中选择"新建"选项，将"新建"按钮 添加到该工具栏中，此后单击该按钮可快速新建空白文档。
- 通过快捷键新建。在 Word 2016 操作界面中按"Ctrl+N"组合键，可快速新建空白文档。

2. 打开文档

对于已有的文档，在编辑它之前需要先将其打开，可选择以下任意一种方法打开文档。

- 双击文件打开。在计算机中打开文档所在的文件夹，找到并双击该文档，将启动 Word 2016 并打开该文档。

- 通过快速访问工具栏打开。单击快速访问工具栏中的"打开"按钮 📂（若没有该按钮，则可先将其添加到快速访问工具栏中）。
- 通过"文件"选项卡打开。选择"文件"/"打开"命令。
- 通过快捷键打开。在 Word 2016 操作界面中按"Ctrl+O"组合键。

采用上述除双击文件以外的任意一种方法后，都将进入"打开"界面，在该界面中选择"浏览"选项，将打开"打开"对话框，在左侧的导航窗格中找到保存文档的文件夹，在右侧的列表框中选择需要打开的文档，单击 打开(O) ▼ 按钮，如图 2-3 所示。

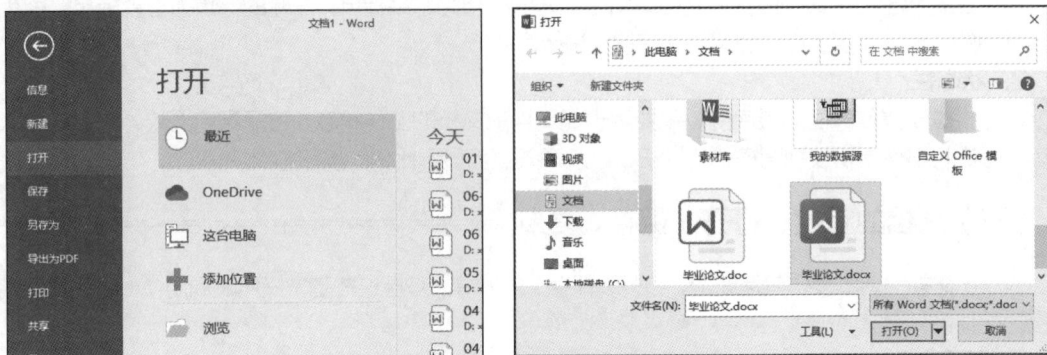

图 2-3　打开文档时的界面与对话框

提示　如果需要打开最近编辑过的 Word 文档，则可先进入"打开"界面，该界面右侧的文件列表框中将显示最近编辑的文档，选择对应的文档可将其打开。

3. 保存文档

保存文档是指将 Word 文档保存到计算机中，以防止数据丢失，也便于日后对文档进行调整和编辑。保存文档的常用方法有以下 3 种。

- 通过快速访问工具栏保存。单击快速访问工具栏中的"保存"按钮 💾。
- 通过"文件"选项卡保存。选择"文件"/"保存"命令。
- 通过快捷键保存。在 Word 2016 操作界面中按"Ctrl+S"组合键。

采用以上任意一种方法后，都将进入"另存为"界面，在该界面中选择"浏览"选项，将打开"另存为"对话框，在"文件名"下拉列表中输入文档的名称，在左侧的导航窗格中选择文档的保存位置，最后单击 保存(S) 按钮，如图 2-4 所示。

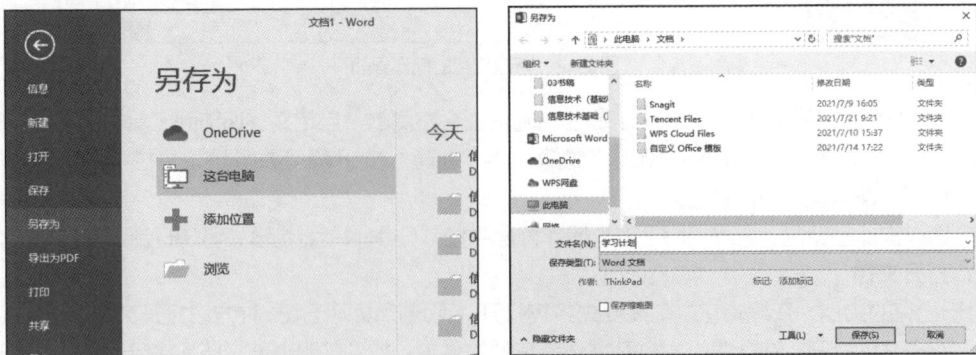

图 2-4　保存文档时的界面与对话框

4. 复制文档

复制文档也可以视为另存文档，即将已保存在计算机上的文档通过复制的方式另存于计算机上的其他位置（或以不同名称保存在相同位置）。其方法为选择"文件"/"另存为"命令，然后按照保存文档的方法进行操作。

> **提示** 复制文档也可直接在文件夹中实现，方法为在文件夹中选择对应的文档，按"Ctrl+C"组合键复制文档，然后选择目标文件夹，按"Ctrl+V"组合键粘贴文档。

（四）文档的检查、保护与自动保存

检查、保护与自动保存文档的目的是确保文档内容的正确和安全，使文档可以更好地为人们所用。

1. 检查文档

使用 Word 2016 的"拼写和语法"功能，能轻松实现文档的检查。其方法为打开需要检查的文档，在"审阅"/"校对"组中单击"拼写和语法"按钮 ✓，打开"语法"任务窗格，Word 2016 开始检查文档内容，并在任务窗格中显示其判断的可能有误的信息。如果该信息确实有误，则可直接修改；如果无误，则可单击 忽略(I) 按钮，继续检查下一处可能的错误。按此方法检查文档全部内容，完成后 Word 2016 将打开提示对话框，单击 确定 按钮，如图 2-5 所示。

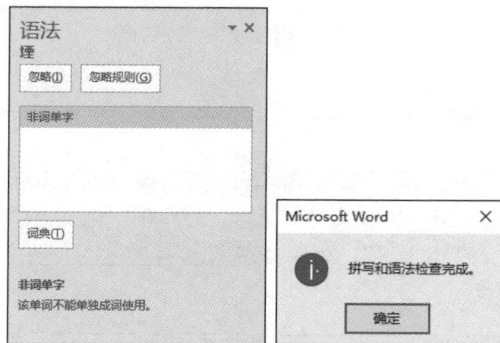

图 2-5　检查文档内容

2. 保护文档

为防止他人非法查看文档内容，可以对 Word 文档进行加密以保护文档。其方法为选择"文件"/"信息"命令，单击"保护文档"按钮 🔒，在弹出的下拉列表中选择"用密码进行加密"选项，打开"加密文档"对话框，在"密码"文本框中输入密码，如"123456"，单击 确定 按钮；此时将打开"确认密码"对话框，在"重新输入密码"文本框中重新输入密码，如"123456"，单击 确定 按钮，以完成保护文档的操作，如图 2-6 所示。

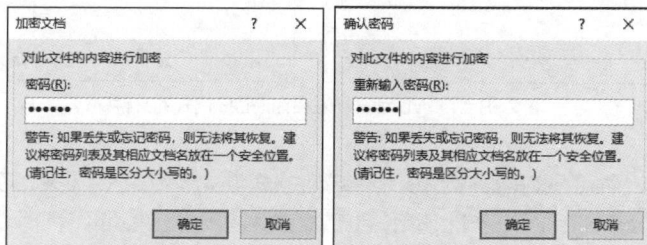

图 2-6　加密文档

3. 自动保存文档

开启自动保存文档功能，可以使 Word 2016 在指定时间自动保存文档，避免因忘记保存文档而丢失重要的数据。其方法为选择"文件"/"选项"命令，打开"Word 选项"对话框；在左侧列表框中选择"保存"选项，在右侧界面中勾选"保存自动恢复信息时间间隔"复选框，并在右侧的数值框中设置时间间隔，如图 2-7 所示，单击 确定 按钮确认设置。

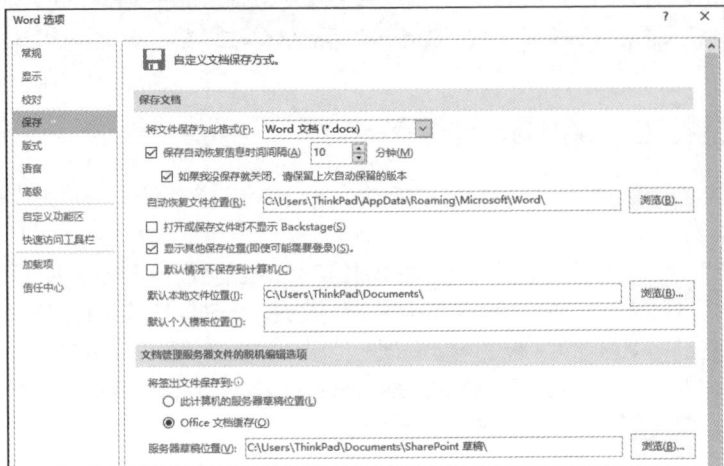

图 2-7　开启自动保存文档功能

（五）文档的发布

发布文档主要指的是将文档导出为 PDF 格式的文件。其方法为选择"文件"/"导出"命令，然后在右侧的界面中选择"创建 PDF/XPS 文档"选项，并单击"创建 PDF/XPS"按钮，打开"发布为 PDF 或 XPS"对话框，在其中设置文档的名称和保存位置后，单击 发布(S) 按钮，如图 2-8 所示。

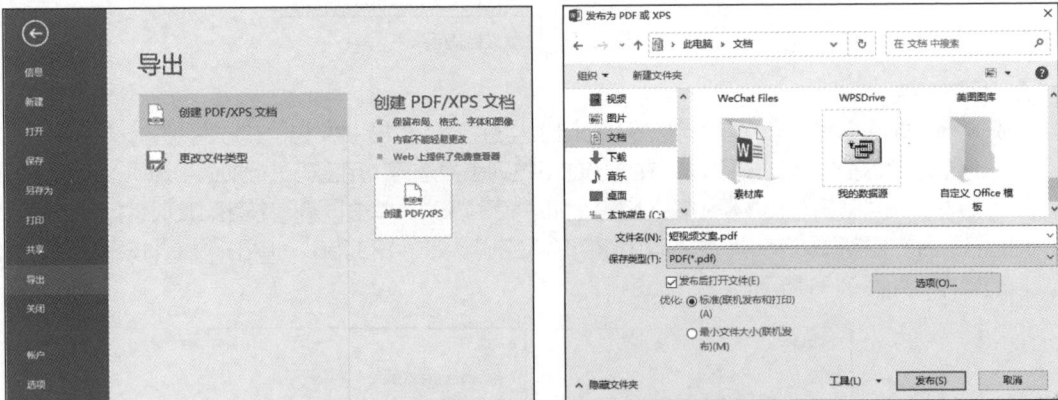

图 2-8　将 Word 文档发布为 PDF 格式的文件

> **提示**　PDF 格式是一种可移植的文件格式。这种文件格式与操作系统平台无关，可以在 Windows、UNIX 和 macOS 等操作系统上通用，且无论在哪种打印机上都可以保证得到精确的颜色和准确的打印效果。这些特点使得 PDF 文件格式在互联网中被广泛使用。

示例演示

本任务创建的"环保倡议"文档的参考效果如图 2-9 所示。该文档通过创建联机文档制作,即基于联机文档的已有模板制作文档。此外,还进一步对文档进行了检查、加密设置、加密发布等操作。

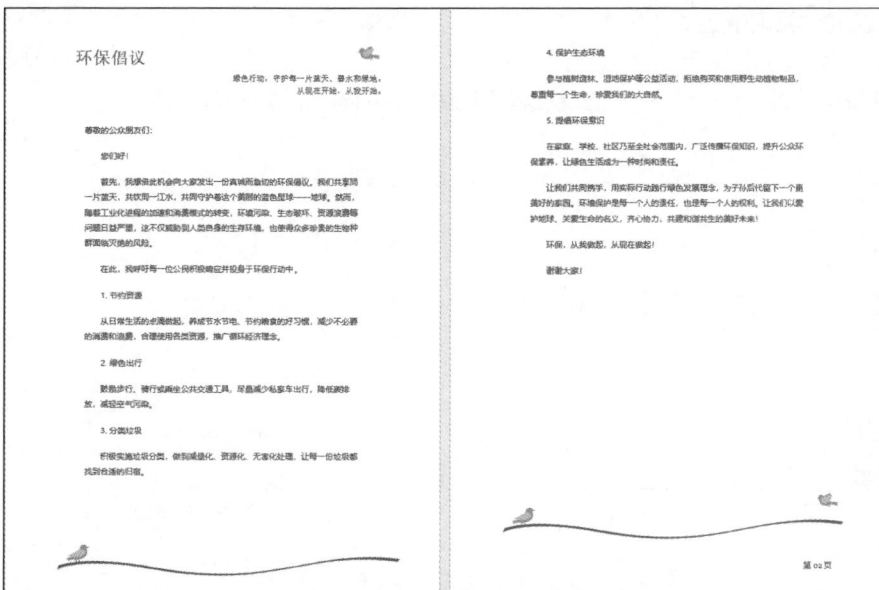

图 2-9 "环保倡议"文档的参考效果

任务实现

(一)创建联机文档

创建联机文档,是指在计算机连接互联网后,使用网络上的 Word 模板来快速创建包含一定内容和样式的文档。这种创建文档的方法可以有效提高编辑文档的效率。创建联机文档的具体操作如下。

(1)启动 Word 2016,选择"文件"/"新建"命令,在"搜索联机模板"文本框中输入"绿色",如图 2-10 所示。

(2)按"Enter"键进行联机搜索,在搜索结果界面中单击"个人信头"缩略图。

(3)在打开的对话框中单击"创建"按钮 ,如图 2-11 所示。Word 2016 将根据所选的模板创建文档。

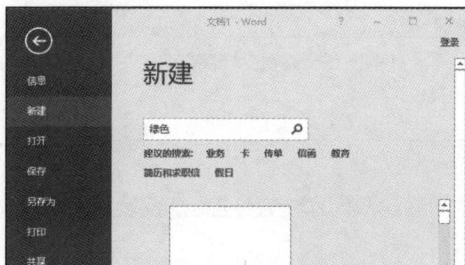

微课
创建联机文档

图 2-10 搜索联机模板　　　　图 2-11 根据模板创建文档

（二）输入内容并保存文档

根据模板创建的文档中已经设置好了文本和段落的样式，因此只输入所需的内容并保存文档即可，具体操作如下。

（1）在文档编辑区中选择"你的姓名"文本内容，直接输入"环保倡议"，完成标题的输入，如图2-12所示。

（2）按照与步骤（1）相同的方法继续将文档中已有内容修改为所需内容，如图2-13所示。

微课

输入内容
并保存文档

图2-12　修改文档标题

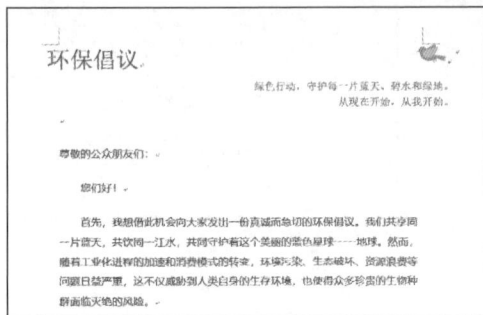

图2-13　修改文档内容

> **提示**　对于模板中无用的内容或区域，可以单击对应的内容或区域将其选中，或拖曳鼠标进行选择，然后按"Delete"键将其删除。

（3）完成内容的调整后，按"Ctrl+S"组合键进入保存文档的界面，在其中选择"浏览"选项，如图2-14所示，打开"另存为"对话框，在"文件名"下拉列表中输入"环保倡议"，在左侧的导航窗格中选择文档的保存位置，单击　保存(S)　按钮完成保存操作，如图2-15所示。

图2-14　选择"浏览"选项

图2-15　设置文档保存信息

（三）检查文档并进行加密设置

下面利用Word 2016的"拼写和语法"功能检查文档中的错误，然后对文档进行加密设置，以有效保护文档内容，具体操作如下。

（1）在"审阅"/"校对"组中单击"拼写和语法"按钮　，Word 2016开始检查文档内容，这里将"践行"误判为错误的文本，因此单击 忽略(I) 按钮忽略错误，如图2-16所示；打开提示对话框，提示检查完成，单击 确定 按钮。

（2）选择"文件"/"信息"命令，单击"保护文档"按钮 🔒，在弹出的下拉列表中选择"用密码进行加密"选项。

（3）打开"加密文档"对话框，在"密码"文本框中输入密码，如"123456"，单击 确定 按钮，如图2-17所示。

（4）打开"确认密码"对话框，在"重新输入密码"文本框中输入相同的密码，单击 确定 按钮，如图2-18所示。按"Esc"键，返回Word 2016的操作界面。

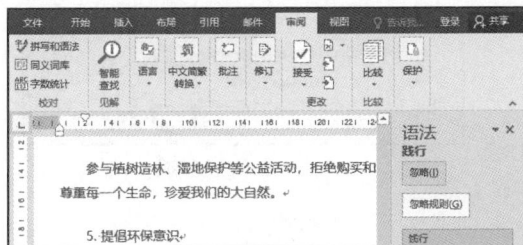

微课

检查文档并
进行加密设置

图2-16　检查文档

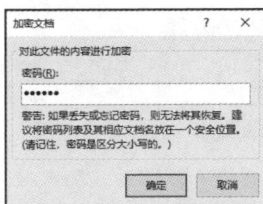

图2-17　输入密码

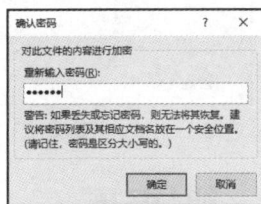

图2-18　确认密码

（四）将文档加密发布为 PDF 格式

为了便于更好地在其他地方查看文档内容，可以将Word文档发布为PDF文档，并通过加密的方式确保PDF文档的安全，具体操作如下。

（1）选择"文件"/"导出"命令，在右侧的界面中选择"创建PDF/XPS文档"选项，并单击"创建PDF/XPS"按钮 📄，如图2-19所示。

（2）打开"发布为PDF或XPS"对话框，单击 选项(O)... 按钮，打开"选项"对话框，勾选底部的"使用密码加密文档"复选框，并单击 确定 按钮，如图2-20所示。

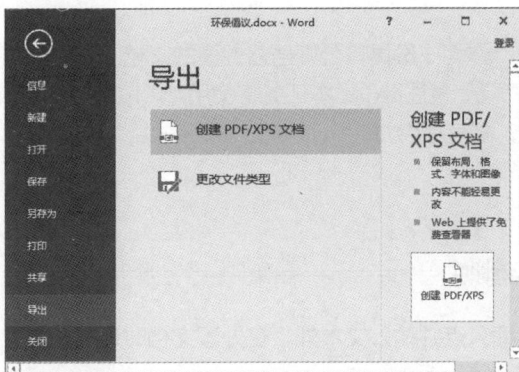

微课

将文档加密发布
为 PDF 格式

图2-19　导出为PDF文档

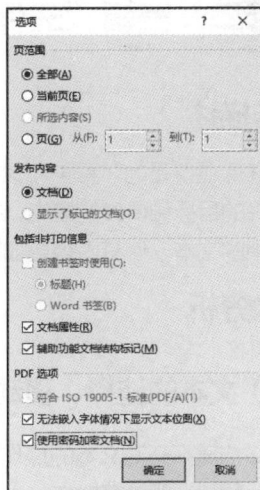

图2-20　加密设置

（3）打开"加密PDF文档"对话框，在"密码"和"重新输入密码"文本框中输入相同的密码，如"123456"，单击 确定 按钮，如图2-21所示。

（4）返回"发布为 PDF 或 XPS"对话框，单击 [发布(S)] 按钮完成发布操作。在打开发布后的 PDF 文档时，需要输入正确的密码，如图 2-22 所示（配套资源：\效果\模块二\环保倡议.docx、环保倡议.pdf）。

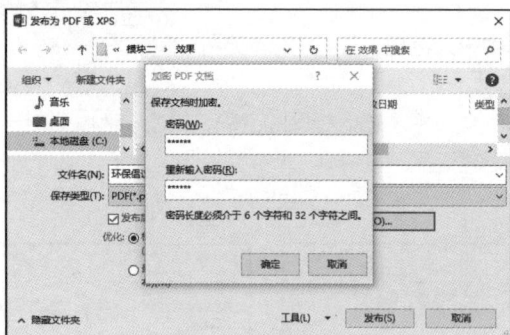

图 2-21　设置密码

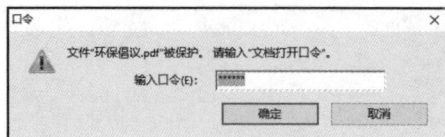

图 2-22　输入密码

能力拓展

在打开设置了密码的 Word 文档时，将打开"密码"对话框，在文本框中输入正确的密码，并单击 [确定] 按钮才能打开文档，如图 2-23 所示。如果需要取消文档加密，则可按加密文档的方法打开"加密文档"对话框，删除"密码"文本框中的密码内容，然后单击 [确定] 按钮，如图 2-24 所示。

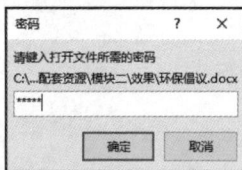

图 2-23　输入密码

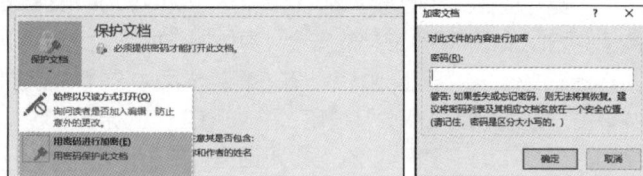

图 2-24　取消文档加密

任务二　编辑"环保倡议"文档中的文本

任务描述

发起环保倡议是为了维护和改善生态环境。作为一份具有公开号召性质的文档，环保倡议的内容不仅要有明确的目标和具体的措施，还要求语言严谨、表述准确。本任务将使用 Word 2016 编辑"环保倡议"文档中的文本，使其内容更加准确、严谨，富有感染力。

技术分析

（一）文本的选择、移动、复制与删除

编辑文档离不开对文本的操作，除了定位插入点并输入文本外，在处理文档时还需要对文本进行选择、移动、复制、删除等操作。

1. 选择文本

选择文本的方法较多，这里将其归纳为以下几种，在实际操作时，用户可以根据需要灵活使用。

- 选择任意文本。在需要选择文本的起始位置按住鼠标左键并拖曳鼠标，当目标文本呈灰底显示时

表示其处于选中状态，释放鼠标左键即完成文本的选择。

- 选择任意词组。在段落中的某个位置双击，即可选择离双击处最近的词组。
- 选择整句文本。按住"Ctrl"键，在段落中单击，可选择单击处的整句文本。
- 选择一行文本。将鼠标指针移至一行文本左侧，当其变为∕形状时，单击即可选择鼠标指针对应的整行文本。
- 选择多行文本。将鼠标指针移至文本左侧，当其变为∕形状时按住鼠标左键，垂直向上或向下拖曳鼠标可选择多行文本。
- 选择不连续的文本。选择部分文本后，按住"Ctrl"键，利用其他选择文本的方法可同时选择不连续的文本。
- 选择整个段落。在段落中单击鼠标左键3次；或将鼠标指针移至文本左侧，当其变为∕形状时双击鼠标左键，即可选择鼠标指针对应的整个段落。
- 选择所有文本。按"Ctrl+A"组合键可选择文档中的所有文本。

2. 移动文本

当需要调整文档中已有文本的位置时，可以通过移动文本的操作来快速调整。移动文本的方法主要有以下几种。

- 通过功能按钮移动。选择文本，在"开始"/"剪贴板"组中单击 ✂剪切 按钮，将插入点定位到目标位置，单击该组中的"粘贴"按钮 📋。
- 通过快捷菜单移动。选择文本，单击鼠标右键，在弹出的快捷菜单中选择"剪切"命令；将插入点定位到目标位置，单击鼠标右键，在弹出的快捷菜单中单击"粘贴选项"/"保留原格式"按钮 📋。
- 通过快捷键移动。选择文本，按"Ctrl+X"组合键剪切文本，然后将插入点定位到目标位置，按"Ctrl+V"组合键粘贴文本。
- 通过拖曳鼠标移动。选择文本，在其上按住鼠标左键，将其拖曳到目标位置。

> **提示** 移动文本的操作可以灵活组合使用，例如，可以利用快捷菜单剪切文本，然后利用快捷键粘贴文本。如何更高效地完成移动文本操作，应视每个人的操作习惯而定。

3. 复制文本

若想在文档中输入已有的某些文本，特别是某些较长的相同文本，则可直接对已有文本进行复制操作。复制文本的方法主要有以下几种。

- 通过功能按钮复制。选择文本，在"开始"/"剪贴板"组中单击 📋复制 按钮，将插入点定位到目标位置，单击该组中的"粘贴"按钮 📋。
- 通过快捷菜单复制。选择文本，单击鼠标右键，在弹出的快捷菜单中选择"复制"命令；将插入点定位到目标位置，单击鼠标右键，在弹出的快捷菜单中单击"粘贴选项"/"保留原格式"按钮 📋。
- 通过快捷键复制。选择文本，按"Ctrl+C"组合键复制文本，然后将插入点定位到目标位置，按"Ctrl+V"组合键粘贴文本。
- 通过拖曳鼠标复制。选择文本，按住"Ctrl"键的同时，将其拖曳到目标位置。

4. 删除文本

删除文本的方法比较简单，可以将插入点定位到目标位置，按"BackSpace"键删除插入点左侧的一个字符，或按"Delete"键删除插入点右侧的一个字符。也可先选择需删除的文本，按"BackSpace"键或"Delete"键将其删除。

（二）文本的查找和替换

"查找和替换"功能适合在文档中同时出现多个相同错误时使用，如整个文档中出现了 22 次"阳台果汁"，经检查发现应该将其修改为正确的名称"果汁阳台"（一种月季品种），此时若逐个修改，则工作量会较大，且很容易出现遗漏的情况。如果利用"查找和替换"功能，则可以轻松修正错误。其方法为在"开始"/"编辑"组中单击 _{abc} 替换 按钮，打开"查找和替换"对话框中的"替换"选项卡，在"查找内容"下拉列表中输入"阳台果汁"，在"替换为"下拉列表中输入"果汁阳台"，单击 全部替换(A) 按钮，打开提示对话框，提示完成文本替换的次数，依次单击 确定 按钮和 关闭 按钮，如图 2-25 所示。

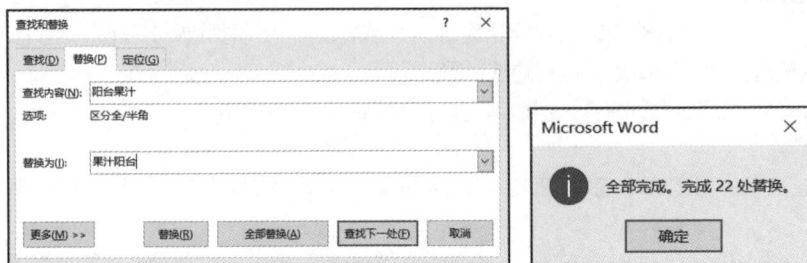

图 2-25　查找和替换文本

示例演示

本任务编辑的"环保倡议"文档的参考效果如图 2-26 所示，其中涉及对文本的修改、输入、复制、移动、查找、替换、撤销和恢复等基本操作。

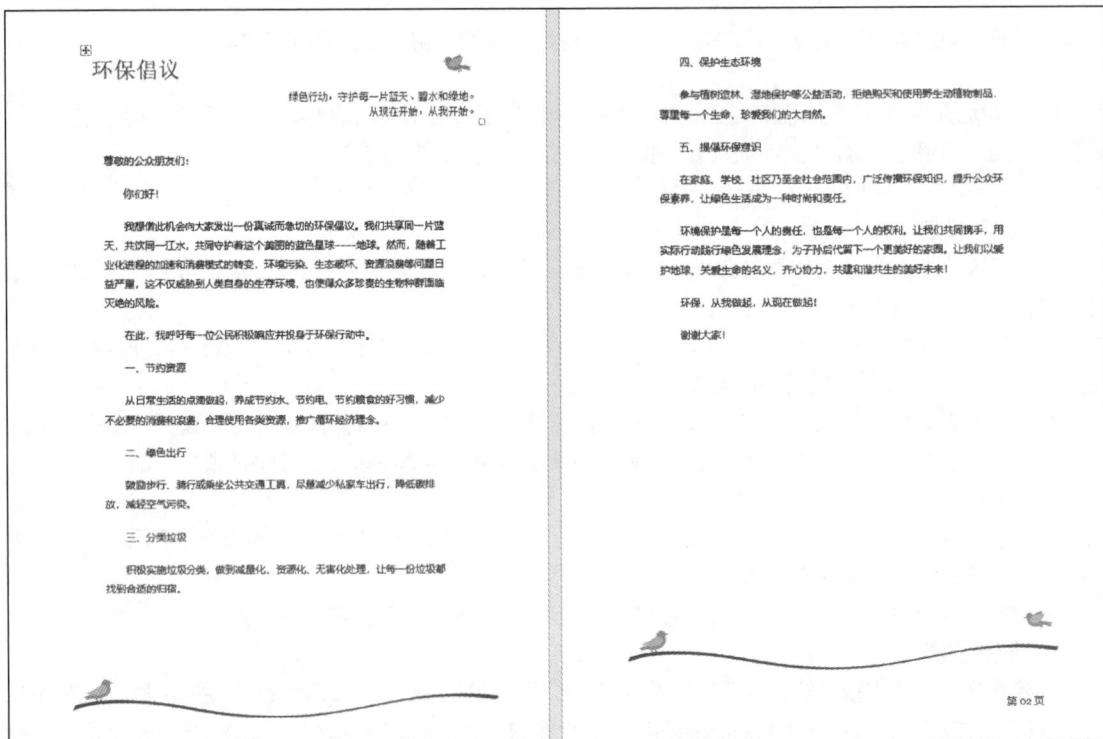

图 2-26　"环保倡议"文档的参考效果

任务实现

（一）打开文档并修改文本

无论是在输入文本的过程中，还是在检查文档内容的过程中，都可能会出现修改文本的情况。下面介绍文本的修改方法，以及撤销与恢复功能的使用，具体操作如下。

（1）打开"环保倡议.docx"文档（配套资源：\素材\模块二\环保倡议.docx），检查文档内容，找到第8行的"1"，拖曳鼠标将其选中，如图2-27所示。

（2）直接输入"一"，所选的文本内容便被输入的新内容替换，如图2-28所示。

（3）如果发现此修改操作有误，则可按"Ctrl+Z"组合键或单击快速访问工具栏中的"撤销"按钮 撤销修改，如图2-29所示，文档将回到修改前的状态，如图2-30所示。

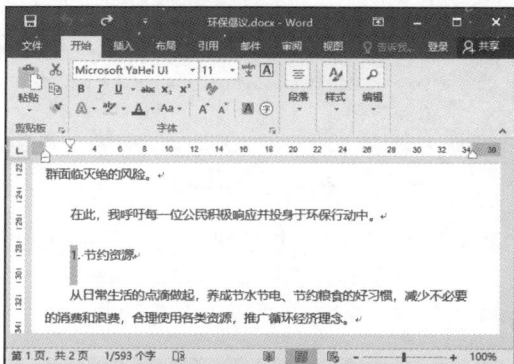

微课

打开文档
并修改文本

图2-27 选择文本

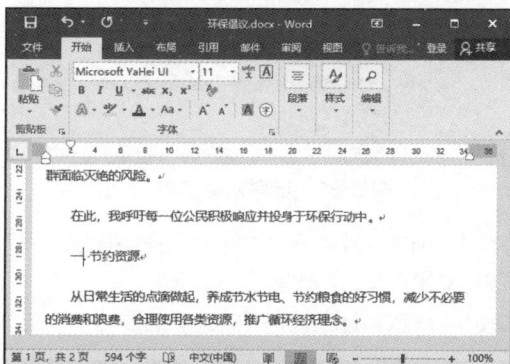

图2-28 修改文本

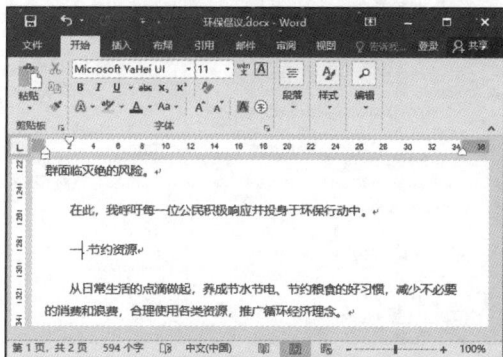

图2-29 撤销修改

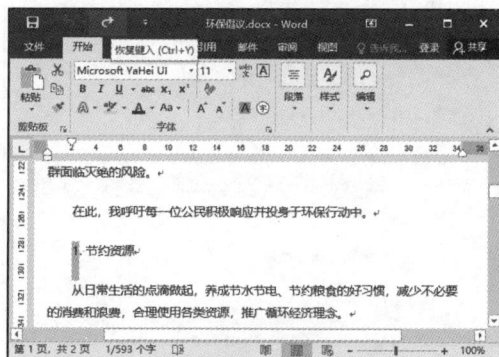

图2-30 还原修改

（4）如果撤销后发现不应该撤销，则可按"Ctrl+Y"组合键或单击快速访问工具栏中的"恢复"按钮 ，重新恢复到撤销前的状态。

（5）按照步骤（1）和步骤（2）中的方法，依次将"2""3""4""5"修改为"二""三""四""五"。选择"首先，"文本，按"Delete"键或"BackSpace"键将其删除。

（二）复制和移动文本

在编辑Word文档时，可以通过复制或移动等方式提高编辑效率。下面继续在"环保倡议"文档中进行文本的复制与移动，具体操作如下。

（1）选择正文中的"节约"文本，按"Ctrl+C"组合键将其复制到剪贴板中，如图2-31所示。

（2）在正文中选择"节水节电"中的"节"文本，按"Ctrl+V"组合键粘贴文本内容，此时，可将"节约"文本复制并替换到"节"文本的位置，如图2-32所示。

（3）将文本插入点定位于"节约水"后，输入"、"。

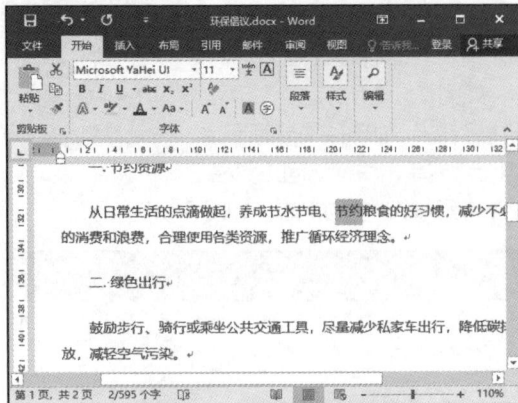

图2-31　选择并复制文本

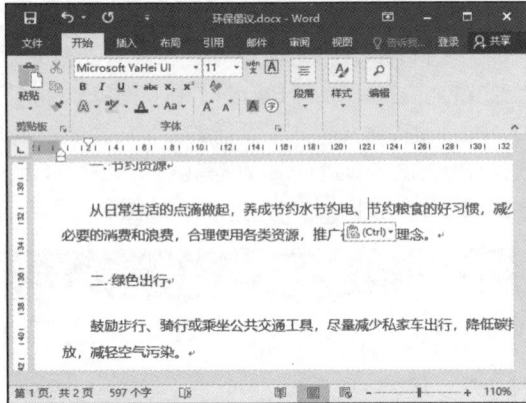

图2-32　替换文本

（4）选择倒数第三段中的"环境保护是每一个人的责任，也是每一个人的权利。"文本，将其拖曳至该段正文的开头处，如图2-33所示。

（5）释放鼠标左键，完成文本的移动，如图2-34所示。

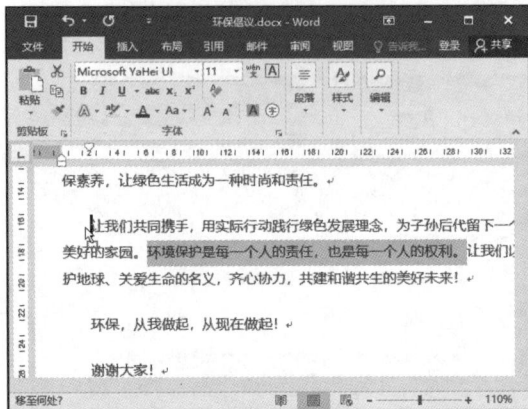

图2-33　拖曳文本

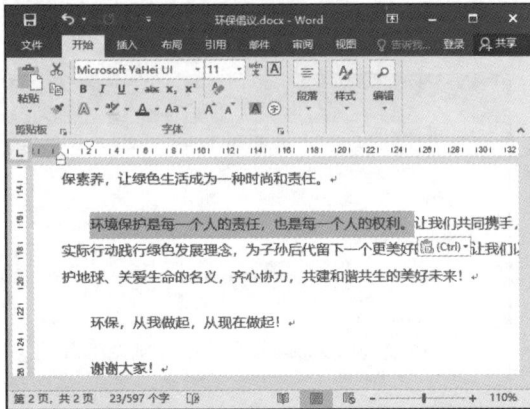

图2-34　移动文本

（三）查找和替换文本

Word 2016的"查找和替换"功能非常实用，可以替换文本、符号、格式等。下面利用该功能将文档中的所有"．"都替换为"、"，具体操作如下。

（1）选择文本"一"后的"．"，并按"Ctrl+C"组合键复制该符号，在"开始"/"编辑"组中单击 替换 按钮，如图2-35所示。

（2）打开"查找和替换"对话框的"替换"选项卡，在"查找内容"下拉列表中

按"Ctrl+V"组合键，将复制的"."符号粘贴到该下拉列表中，在"替换为"下拉列表中输入"、"，单击 全部替换(A) 按钮，如图 2-36 所示。

（3）打开提示对话框，提示是否从头继续搜索，单击 是(Y) 按钮，如图 2-37 所示，在提示搜索完成的提示框中单击 确定 按钮，关闭"查找和替换"对话框，即可将所有的"."符号替换为"、"。

（4）完成查找和替换文本操作后，按"Ctrl+S"组合键保存文档，完成本任务的编辑操作（配套资源：\效果\模块二\环保倡议（编辑）.docx），文档部分效果如图 2-38 所示。

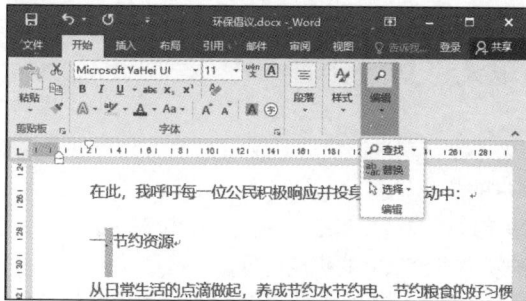

图 2-35　启用替换功能

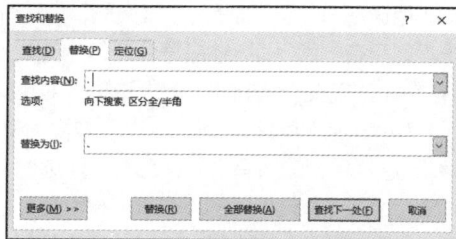

图 2-36　输入查找和替换的内容

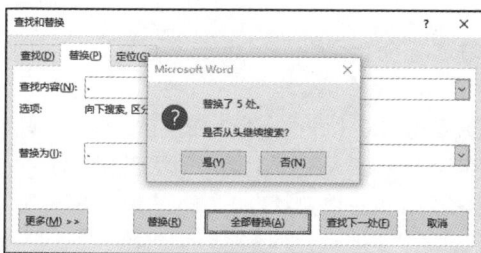

图 2-37　提示对话框

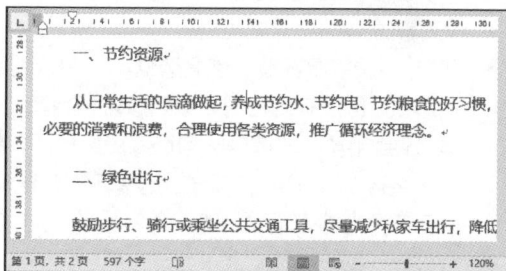

图 2-38　文档部分效果

能力拓展

巧妙利用"查找和替换"对话框中的各种功能，可以实现更多的文档编辑操作。打开"查找和替换"对话框，单击下方的 更多(M) >> 按钮，此时将展开该对话框的隐藏区域，如图 2-39 所示。下面介绍该区域中各选项的作用。

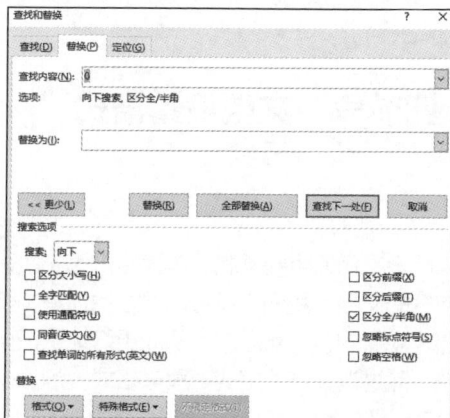

图 2-39　"查找和替换"对话框

- "搜索"下拉列表。控制查找和替换的方向，包括"向下""向上""全部"3个选项，默认为"全部"选项。
- "区分大小写"复选框。勾选该复选框后，将区分字母的大小写形式，若此时查找"Apple"，则无法查找到"apple"。
- "全字匹配"复选框。此复选框对中文无效，只对英文或数字有效。勾选该复选框后，只有所有内容都匹配后才符合查找和替换条件。例如，全字匹配查找"app"时，文中即便存在"apple"，其也不会被视为符合条件的查找对象。
- "使用通配符"复选框。通配符是一种用于模糊搜索的符号。例如，查找"暴?雨"，当勾选"使用通配符"复选框后，"暴风雨""暴丰雨""暴大雨"等都符合查找条件。若取消勾选该复选框，则只有"暴?雨"才是符合条件的查找对象。
- "同音(英文)"复选框。此复选框只对英文有效。例如，勾选该复选框后，搜索"see"，由于"sea"和"see"同音，"sea"也会被视为符合条件的查找对象。
- "查找单词的所有形式(英文)"复选框。此复选框只对英文有效。例如，勾选该复选框后，查找"make"，该单词的过去式"made"也会被视为符合条件的查找对象。
- "区分前缀"复选框。勾选该复选框后，只有当查找对象前面没有内容时，该对象才符合查找条件。例如，在区分前缀的状态下查找"花"时，"樱花"一词无法被查找到，因为该词的"花"文本前面有前缀"樱"。
- "区分后缀"复选框。该复选框与"区分前缀"复选框的作用相反，勾选该复选框后，只有当查找对象后面没有内容时，该对象才符合查找条件。
- "区分全/半角"复选框。勾选该复选框后，将区分全角字符（即占一个字符位置，如中文等）和半角字符（即占半个字符位置，如英文符号、数字等）。例如，在区分全/半角状态下查询"，"时，只有在英文状态下输入的半角符号"，"才能被查找到，而在中文状态下输入的全角符号"，"无法被查找到。
- "忽略标点符号"复选框。勾选该复选框后，将忽略标点符号的存在。例如，查找"工作计划"时，"工作，计划"也是符合查找条件的对象。
- "忽略空格"复选框。勾选该复选框后，将忽略空格的存在。例如，查找"工作计划"时，"工作 计划"也是符合查找条件的对象。
- 格式(O)▼ 下拉按钮。单击该下拉按钮，可在弹出的下拉列表中指定文本或段落等对象的格式，以查找指定格式或将其替换为指定格式。
- 特殊格式(E)▼ 下拉按钮。单击该下拉按钮，可在弹出的下拉列表中查找或替换各种具有特殊格式的对象，如制表符、段落标记等。

任务三 为"二十四节气"文档设置格式

任务描述

二十四节气是中华民族悠久历史文化的重要承载，是我国古代先民智慧和创造力的体现。通过了解二十四节气、制作介绍二十四节气的文档，我们不仅可以更好地理解、传承中华传统文化，还可以了解节气中对气候、物候、时令等变化规律的描述和总结，从而更好地认识自然、尊重自然、保护自然。本任务将编辑"二十四节气"文档，通过设置字体格式、段落格式，添加项目符号和编号，设置边框和底纹等操作，提高文档的可读性和美观性。

> **提示** 二十四节气是我国传统文化的重要组成部分，而我国传统文化是中华文明在漫长的时间中演化汇集而成的。无论是春节、清明节、端午节、中秋节等传统节日，绘画、书法、音乐、舞蹈、戏剧等传统艺术，还是儒家、道家、墨家、法家等传统哲学思想，都是我国传统文化中不可或缺的重要内容。中华民族传统文化是中华民族的精神瑰宝，是中华民族几千年文明的结晶，具有深厚的历史文化底蕴和独特的艺术魅力，其内容和内涵值得每一位青年人学习和传承。

技术分析

（一）字符与段落格式的设置

设置字符和段落格式可以通过浮动工具栏、"开始"选项卡中的"字体"和"段落"组，以及"字体"和"段落"对话框来完成。选择相应的字符或段落文本，将自动出现浮动工具栏，使用该工具栏可以进行简单的格式设置；也可以使用"字体"和"段落"组中的相应选项快速设置其格式。当需要对字符或段落格式进行详细设置时，可单击"开始"/"字体"组和"段落"组右下角的"对话框启动器"按钮 🖪，在打开的"字体"和"段落"对话框中进行操作。

（二）编号的使用

当需要为多个段落按顺序编号时，可以使用 Word 2016 对这些段落进行自动编号。其方法为选择段落，在"开始"/"段落"组中单击"编号"按钮 ⊞ 右侧的下拉按钮 ，在弹出的下拉列表中选择某种编号样式。此后在该段落中按"Enter"键，新的段落会根据上一个段落编号的序号自动编号。

（三）项目符号的使用

如果多个段落之间是并列关系，则可以为段落添加项目符号来增强内容的层次性。其方法为在"段落"组中单击"项目符号"按钮 ⊞ 右侧的下拉按钮 ，在弹出的下拉列表中选择某种项目符号样式。

示例演示

本任务编辑的"二十四节气"文档的参考效果如图 2-40 所示，通过对该文档中的文本、段落等对象进行格式设置、添加编号和项目符号等操作，文档排版效果得到了有效提升。

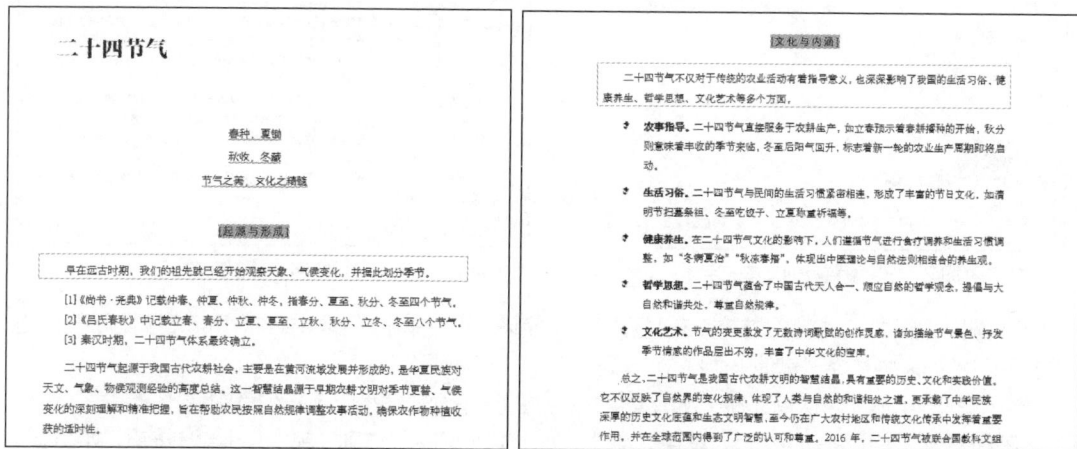

图 2-40 "二十四节气"文档的参考效果

任务实现

（一）设置字体格式

设置字体格式包括更改字体的外观、字号和颜色等内容，以增强文档的可读性和美观性，具体操作如下。

（1）打开"二十四节气.docx"文档（配套资源：\素材\模块二\二十四节气.docx），选择文档中的标题文本，此时鼠标指针右上方将自动出现浮动工具栏，在"字体"下拉列表中选择"方正风雅宋简体"选项，如图2-41所示。

（2）在"字号"下拉列表中选择"二号"选项，如图2-42所示。

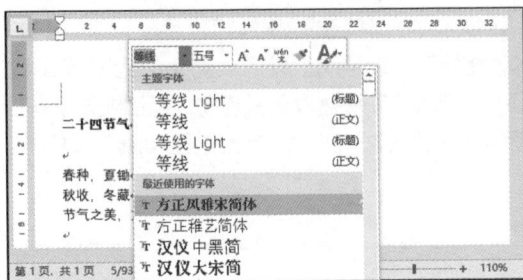

图2-41　设置标题文本的字体

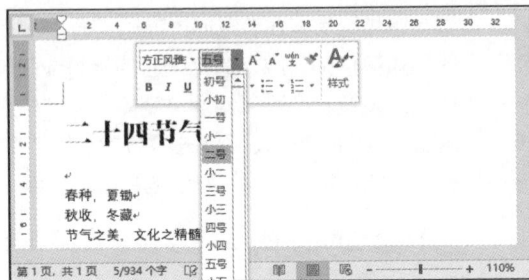

图2-42　设置标题文本的字号

（3）选择"春种……精髓"文本，在"开始"/"字体"组的"字体"下拉列表中选择"方正稚艺简体"选项，如图2-43所示。

（4）选择除"[起源与形成]""[二十四个节气]""[文化与内涵]"文本之外的正文文本，将字体设置为"汉仪报宋简"，字号设置为"五号"。按住"Ctrl"键，同时选择"农事指导。""生活习俗。""健康养生。""哲学思想。""文化艺术。"文本，在"开始"/"字体"组中单击"加粗"按钮 **B**，如图2-44所示，使文本加粗显示。

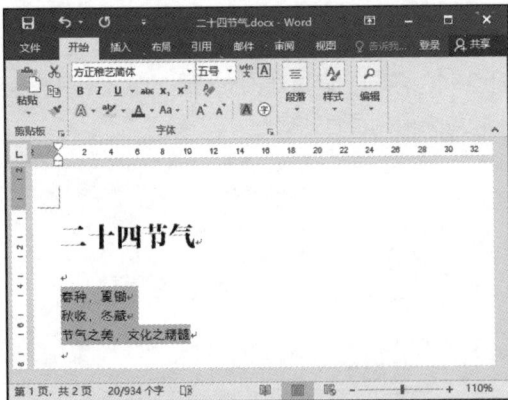

图2-43　设置其他文本的字体

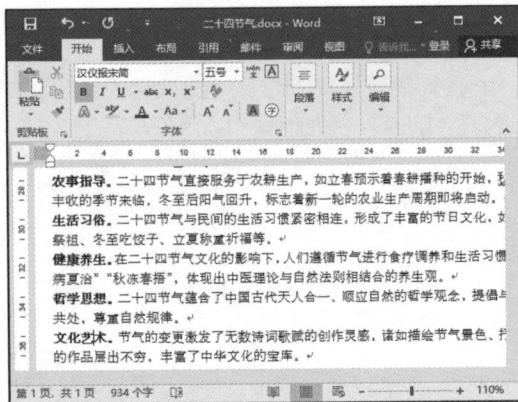

图2-44　加粗文本

（5）选择"春种……精髓"文本，在"开始"/"字体"组中单击"下画线"按钮 U 右侧的下拉按钮，在弹出的下拉列表中选择"其他下画线"选项，如图2-45所示。

（6）打开"字体"对话框，在"所有文字"栏中的"下画线线型"下拉列表中选择"粗线"选项，在"下画线颜色"下拉列表中选择"绿色，个性色6，淡色40%"选项，单击 确定 按钮，如图2-46所示，为文本添加下画线。

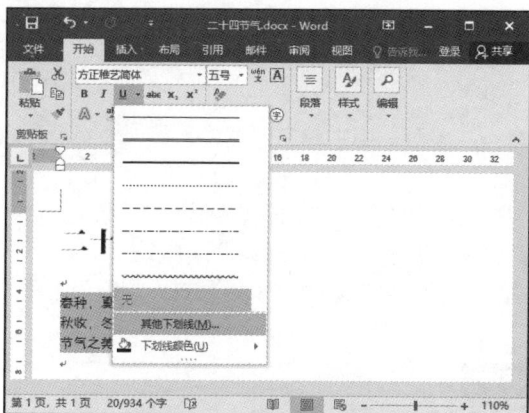

图2-45　为文本添加下画线

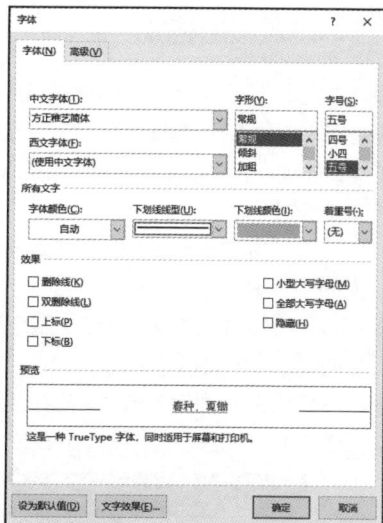

图2-46　设置下画线的样式

（7）选择"[起源与形成]"文本，单击"开始"/"字体"组右下角的"对话框启动器"按钮 　，打开"字体"对话框，单击"高级"选项卡，在"间距"下拉列表中选择"加宽"选项，在"磅值"数值框中输入"1磅"，然后单击 　确定　 按钮，如图2-47所示。

（8）将文本插入点定位于"[起源与形成]"文本中，在"开始"/"剪贴板"组中单击"格式刷"按钮 　，此时，鼠标指针将变成 　 形状，拖动鼠标选择"[二十四个节气]"文本，将"[起源与形成]"文本的格式复制到"[二十四个节气]"文本中，如图2-48所示。按照该方法，为"[文化与内涵]"复制文本格式。

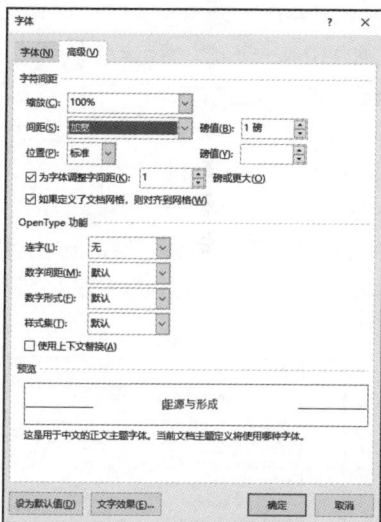

图2-47　设置字符间距

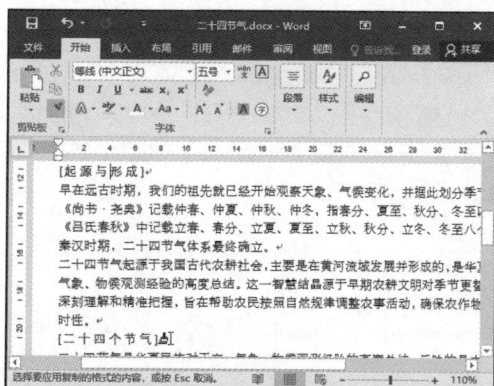

图2-48　复制格式

提示　单击 　格式刷 按钮，为目标文本或段落应用格式后，将自动退出格式刷状态。如果需要为文档中的多个文本或段落应用相同格式，则可以双击 　格式刷 按钮，此时将一直处于格式刷状态，直到再次单击该按钮或按"Esc"键才能退出格式刷状态。

（二）设置段落格式

段落是文本、图形和其他对象的集合。文档中的回车符"↵"是段落的结束标记。设置段落格式主要包括设置段落对齐方式、缩进、段间距和行间距等内容，目的是使文档结构更加清晰，层次更加分明。下面对"二十四节气"文档中的段落格式进行设置，具体操作如下。

（1）选择"春种……精髓"文本，在"开始"/"段落"组中单击"居中"按钮 ≡，如图2-49所示。

（2）选择"[起源与形成]""[二十四个节气]""[文化与内涵]"文本，同样为其设置"居中"对齐样式。

（3）选择剩余的文本，单击"开始"/"段落"组右下角的"对话框启动器"按钮 ⅎ，打开"段落"对话框，在"缩进和间距"选项卡的"缩进"栏的"特殊格式"下拉列表中选择"首行缩进"选项，如图2-50所示，然后单击 确定 按钮。

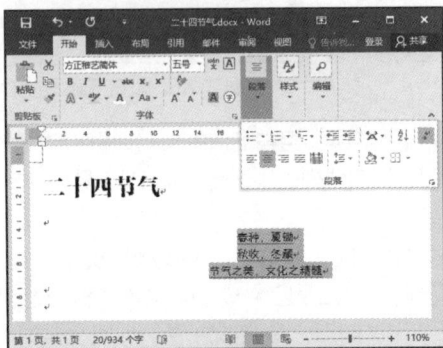

图2-49 设置标题段落的对齐方式　　　　图2-50 设置段落对齐方式

（4）选择标题段落，再次打开"段落"对话框，在"缩进"栏的"左侧"数值框中输入"1字符"，在"间距"栏的"段前""段后"数值框中分别输入"8行""2行"，如图2-51所示，然后单击 确定 按钮。

（5）选择"春种……精髓"文本，打开"段落"对话框，在"间距"栏的"行距"下拉列表中选择"1.5倍行距"选项，如图2-52所示，然后单击 确定 按钮。

（6）选择"[起源与形成]""[二十四个节气]""[文化与内涵]"文本，打开"段落"对话框，在"间距"栏的"段前""段后"数值框中分别输入"2行""1行"，如图2-53所示，然后单击 确定 按钮。

（7）选择其余正文文本，打开"段落"对话框，在"间距"栏的"段前""段后"数值框中分别输入"0.5行""0.5行"，在"行距"下拉列表中选择"固定值"选项，在"设置值"数值框中输入"20磅"，然后单击 确定 按钮。

图2-51 设置段落缩进　　　图2-52 设置段落间距　　　图2-53 设置行距

（三）设置项目符号和编号

使用"项目符号和编号"功能，可以为具备并列关系的段落添加如"●""★""◆"等样式的项目符号，也可为具备先后顺序关系的段落添加如"1、2、3、"或"A、B、C、"等样式的编号，从而进一步丰富文档的结构层次并提高文档的可读性，具体操作如下。

（1）选择第 2、3、4 段文本，在"段落"对话框中将"段前""段后"的数值设置为"0 行"。

（2）保持文本处于选择状态，在"开始"/"段落"组中单击"编号"按钮 ≔ 右侧的下拉按钮 ，在弹出的下拉列表中选择"定义新编号格式"选项，打开"定义新编号格式"对话框，在"编号格式"文本框中输入需要的编号样式，这里在"1."的左右两侧分别输入"[""]"，并删除"."，将默认的"1."编号样式设置为"[1]"，如图 2-54 所示，设置完成后单击 确定 按钮。

（3）选择"农事指导。""生活习俗。""健康养生。""哲学思想。""文化艺术。"文本所在的段落，在"段落"组中单击"项目符号"按钮 ≔ 右侧的下拉按钮 ，在弹出的下拉列表中选择"定义新项目符号"选项，如图 2-55 所示。

图 2-54　添加编号

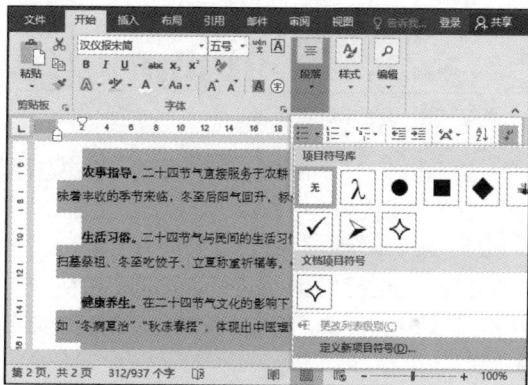

图 2-55　定义新项目符号

（4）打开"定义新项目符号"对话框，单击 图片(P)... 按钮，如图 2-56 所示。

（5）打开"插入图片"面板，选择"从文件"选项，打开"插入图片"对话框，双击选择"墨渍.png"图片（配套资源：\素材\模块二\墨渍.png），如图 2-57 所示，将该图片设置为项目符号样式，返回"定义新项目符号"对话框，然后单击 确定 按钮。

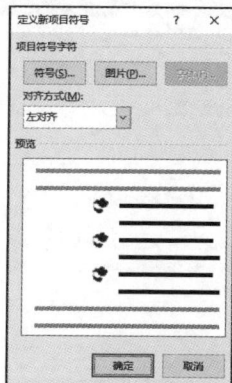

图 2-56　单击"图片"按钮

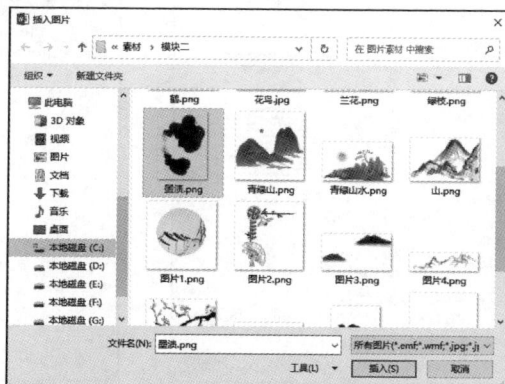

图 2-57　选择图片

41

（四）设置边框与底纹

适当为文档中的文本或段落添加边框和底纹，可以起到突出显示信息、强调内容的作用。下面介绍在文档中为文本和段落添加边框和底纹的方法，具体操作如下。

（1）选择"[起源与形成]""[二十四个节气]""[文化与内涵]"文本，在"开始"/"段落"组中单击"底纹"按钮 右侧的下拉按钮 ，在弹出的下拉列表中选择"绿色，个性色6，淡色40%"选项，如图2-58所示。

（2）选择"[起源与形成]"文本下方的段落文本，在"开始"/"段落"组中单击"边框"按钮 右侧的下拉按钮 ，在弹出的下拉列表中选择"边框和底纹"选项，如图2-59所示。

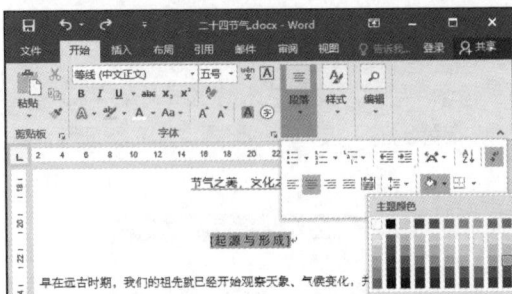

微课

设置边框与底纹

图2-58 设置字符底纹	图2-59 选择"边框和底纹"选项

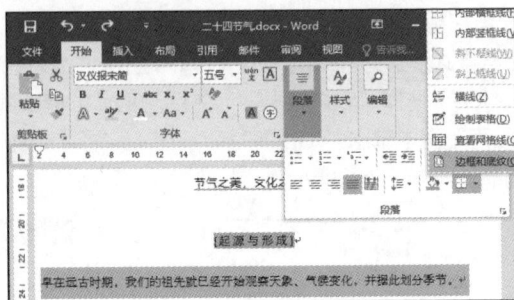

（3）打开"边框和底纹"对话框，在"设置"栏中选择"方框"选项，在"样式"列表框中选择单实线选项，在"颜色"下拉列表中选择"绿色，个性色6，淡色40%"选项，在"宽度"下拉列表中选择"1.5磅"选项，单击 确定 按钮，如图2-60所示。

（4）将文本插入点定位到已设置边框效果的段落中，在"开始"/"剪贴板"组中单击"格式刷"按钮 ，然后单击其他正文文本，将边框样式复制到其他文本中，如图2-61所示（配套资源：\效果\模块二\二十四节气.docx）。

提示 在"边框和底纹"对话框的"应用于"下拉列表中可选择将要添加边框的对象，包括段落和文本，不同对象添加的边框效果是不相同的。另外，在该对话框中单击"页面边框"选项卡，可在其中为文档页面添加边框效果。

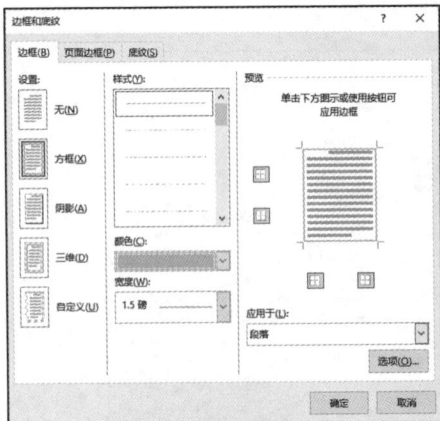

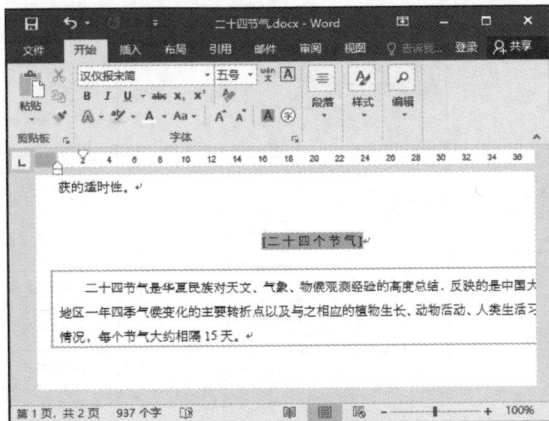

图2-60 选择段落	图2-61 设置段落边框

能力拓展

在编辑文档的过程中，偶尔会遇到将数字用作上标、下标，为文本添加删除线，或将字母更改为小写字母、大写字母等操作，此时就可以通过"字体"对话框来设置。其方法为选择需要设置的文本，然后在"字体"对话框的"效果"栏中勾选相应的复选框，如图 2-62 所示。为文本设置上标后的效果如图 2-63 所示。

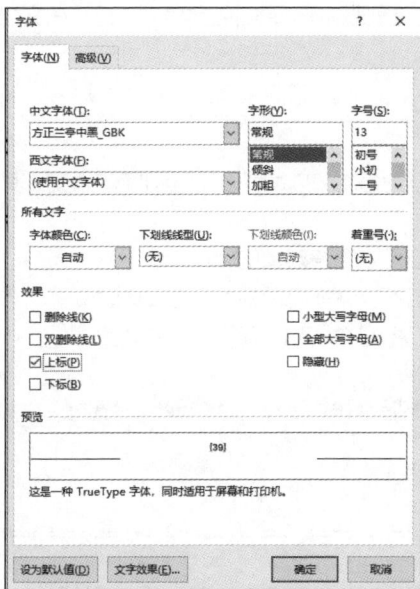

图 2-62　设置字体效果

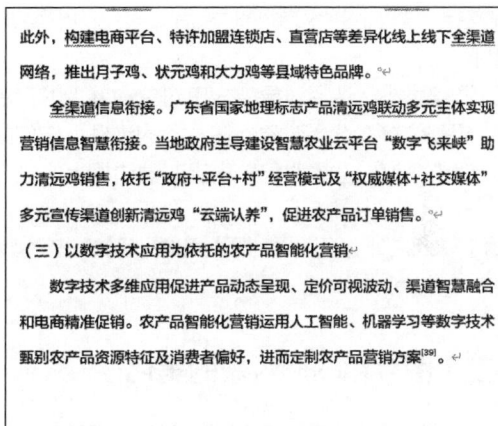

图 2-63　为文本设置上标后的效果

任务四　在"二十四节气"文档中插入对象

任务描述

二十四节气的命名反映了季节、气象、物候等自然现象，可以体现中华民族悠久的文化内涵和历史积淀。因此，在制作"二十四节气"文档时，可以适当地添加一些与节气中的自然现象或传统艺术、传统文化相关的对象，一方面可以加深对节气文化的描述，另一方面可以提升整个文档的美观度。本任务将利用 Word 2016 的图形和图像编辑功能，在"二十四节气"文档中插入文本框、图片、艺术字、SmartArt 图形等对象。

技术分析

（一）图片和图形对象的插入

利用 Word 2016 的"插入"功能区可以为文本插入各种对象，其中在"页面"组中可以插入封面，在"插图"组中可以插入图片、形状和 SmartArt 图形等，在"文本"组中可以插入文本框和艺术字等。不同对象的插入方法如下。

- 插入封面。单击"封面"按钮，在弹出的下拉列表中选择某种封面样式。
- 插入图片。单击"图片"按钮，打开"插入图片"对话框，选择计算机上已有的某个图片文件。

43

- 插入形状。单击"形状"按钮 ⬙，在弹出的下拉列表中选择某个形状，然后在文档中单击或拖曳鼠标进行插入。
- 插入 SmartArt 图形。单击"SmartArt"按钮 ▦，打开"选择 SmartArt 图形"对话框，选择某种类型的 SmartArt 图形即可。
- 插入文本框。单击"文本框"按钮 ▦，在弹出的下拉列表中选择已有的文本框样式即可。也可选择"绘制文本框"或"绘制竖排文本框"选项，然后在文档中单击或拖曳鼠标。
- 插入艺术字。单击"艺术字"按钮 A，在弹出的下拉列表中选择某种艺术字样式，在文档中拖曳鼠标即可。

（二）图片和图形对象的编辑

在文档中插入图片和图形对象后，常见的编辑操作便是调整对象的大小、位置和旋转角度，其方法分别如下。

- 调整大小。选择对象，拖曳对象边框上的白色小圆圈可以调整对象的大小。
- 调整位置。选择对象，在对象的边框上按住鼠标左键不放并拖曳鼠标即可移动对象。
- 调整角度。选择对象，拖曳对象边框上方的"旋转"标记 ◉ 可以调整对象的角度。

> **提示** 除此之外，还可以对图片和图形对象进行剪切、复制等操作，操作方法与剪切、复制文本或段落相同。

（三）图片和图形对象的美化

选择并插入图片和图形对象后，Word 2016 会显示相应的对象工具功能选项卡，如"绘图工具"选项卡、"图片工具"选项卡、"SmartArt 工具"选项卡等，利用它们下方的"设计"选项卡和"格式"选项卡能轻松完成对所选对象的美化设置。

示例演示

本任务编辑的"二十四节气"文档的参考效果（局部）如图 2-64 所示。其中，利用文本框添加文本内容和排版，利用图片美化了文档标题和文档页面，利用艺术字设置了文档标题，利用 SmartArt 图形分类展示了文本内容。

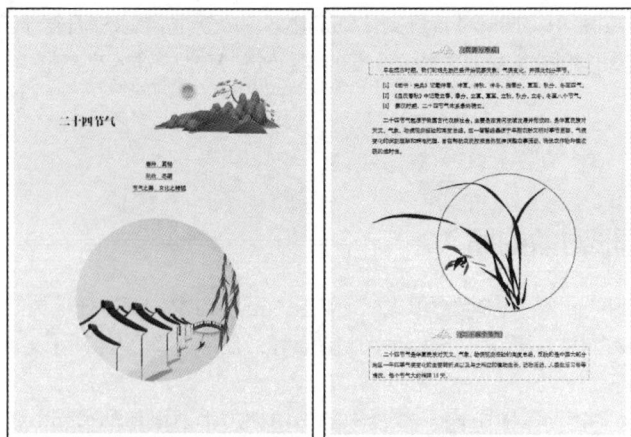

图2-64 "二十四节气"文档的参考效果（局部）

任务实现

（一）插入并编辑文本框

文本框是一种特殊的图形对象，它具有图形的属性，可以设置边框和填充颜色，调整位置、大小和角度等，也能在其中输入文本内容或插入图片等，从而制作出特殊的文档版式。下面在"二十四节气（对象）.docx"文档中插入并编辑文本框，其具体操作如下。

（1）打开"二十四节气（对象）.docx"文档（配套资源：\素材\模块二\二十四节气（对象）.docx），将文本插入点定位于最后一段文本前，在"插入"/"文本"组中单击"文本框"按钮，在弹出的下拉列表中选择"绘制文本框"选项，如图 2-65 所示。

（2）拖动鼠标绘制一个空白文本框，拖曳文本框周围的控制点调整其大小，使其与页面同宽，如图 2-66 所示。

（3）选择最后一段文本，按"Ctrl+X"组合键，将文本插入点定位到文本框中，按"Ctrl+V"组合键，将该文本剪切到文本框中。将文本框中的文本设置为"首行缩进 2 字符"，"段前""段后"为"0.5行"，"行距"的"固定值"为"20 磅"。

> **提示** 在"文本框"下拉列表中可以直接选择 Word 2016 中内置的文本框样式，如"花丝引言"，也可以绘制"竖排文本框"，用于输入竖排文本。在文本框中输入文本时，文本框的宽度将自动根据输入的文本内容进行调整，也可以在"绘图工具-格式"/"大小"组中手动设置文本框的宽度和高度。

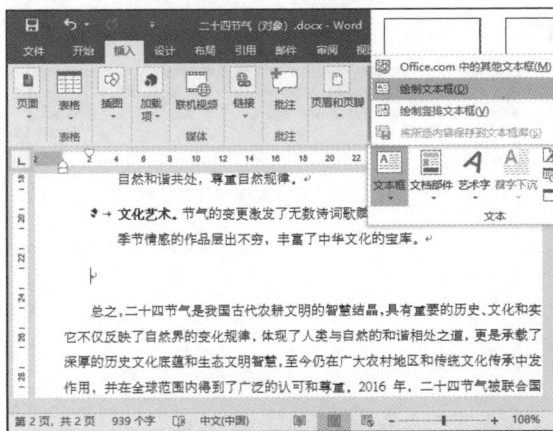

图 2-65 选择文本框样式

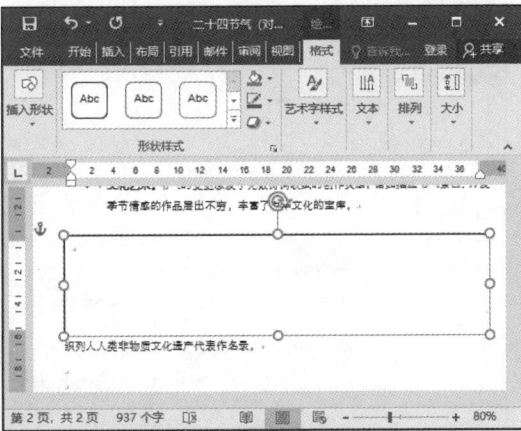

图 2-66 调整文本框的大小

（4）选择文本框，在"绘图工具-格式"/"形状样式"组中单击"形状轮廓"按钮，在弹出的下拉列表中选择"无轮廓"选项，如图 2-67 所示，取消文本框的轮廓线。

（5）继续选择文本框，在"开始"/"段落"组中单击"边框"按钮 右侧的下拉按钮，在弹出的下拉列表中选择"边框和底纹"选项，打开"边框和底纹"对话框，在"设置"栏中选择"自定义"选项，在"样式"列表框中选择单实线选项，在"颜色"下拉列表中选择"绿色，个性色 6，淡色 40%"选项，在"宽度"下拉列表中选择"1.5 磅"选项，单击 确定 按钮。

（6）再次单击"边框"按钮 右侧的下拉按钮，在弹出的下拉列表中分别选择"上框线"和"下框线"选项，如图 2-68 所示。

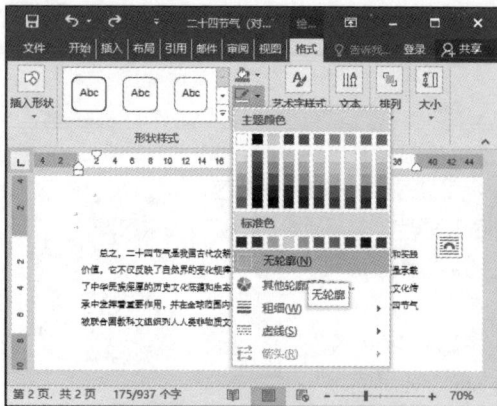

图2-67　取消文本框的轮廓线

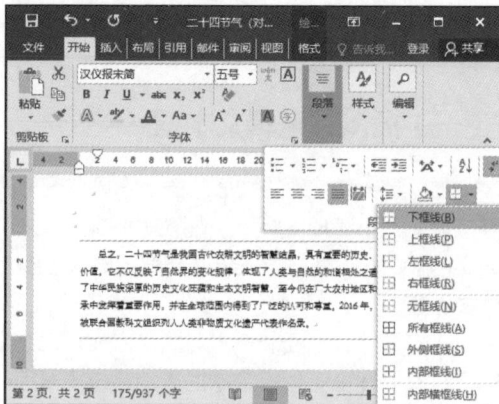

图2-68　设置文本框的上下边框效果

（二）插入图片

在 Word 2016 中，可以根据需要将图片插入文档中，以丰富文档的内容。下面将在"二十四节气（对象）.docx"文档中插入图片，其具体操作如下。

（1）将文本插入点定位到第一页文档中，在"插入"/"插图"组中单击"图片"按钮。

（2）打开"插入图片"对话框，选择"横屏底纹国风.png"图片（配套资源：\素材\模块二\横屏底纹国风.png），然后单击 插入(S) 按钮，如图 2-69 所示。

（3）选择插入的图片，在"图片工具-格式"/"排列"组中单击"环绕文字"按钮，在弹出的下拉列表中选择"衬于文字下方"选项，如图 2-70 所示。

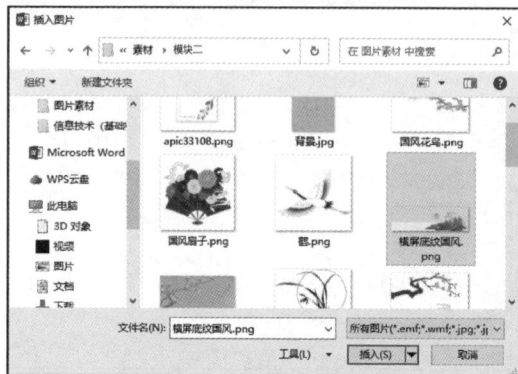

图2-69　"插入图片"对话框

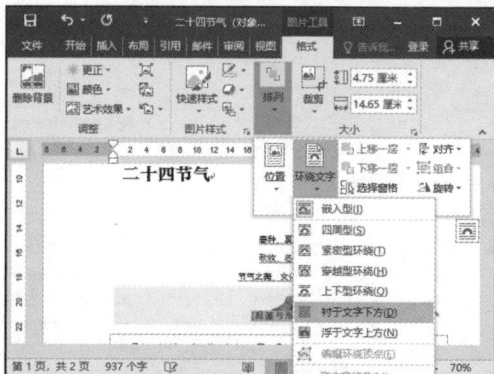

图2-70　选择"衬于文字下方"选项

> **提示**　若计算机中的图片无法满足需求，则可以通过获取联机图片的方式寻找更多的图片资源。其方法为在"插入"/"插图"组中单击"联机图片"按钮，打开"插入图片"对话框，在"必应图像搜索"文本框中输入图片关键字，按"Enter"键查找图片。

（4）选择插入的图片，将鼠标指针移动到图片上，按住鼠标左键不放进行拖动，调整图片的位置，如图 2-71 所示。

（5）将文本插入点定位于"文化之精髓"文本下方，插入"黛瓦白墙.png"图片（配套资源：\素材\模块二\黛瓦白墙.png），将图片的"环绕文字"方式设置为"嵌入型"。选择图片，在"图片工具-格式"/"大小"组中单击"裁剪"按钮 ![按钮]，图片四周将出现黑色控制点，拖动控制点可以裁剪图片，如图 2-72 所示。

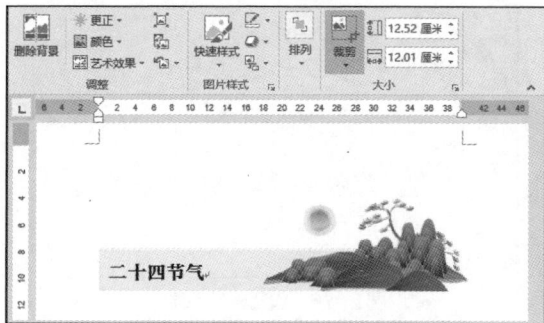

图 2-71　调整图片的位置

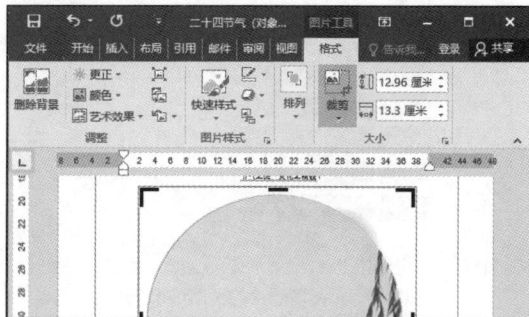

图 2-72　裁剪图片

（6）按照该方法，在"[二十四个节气]"文本上方插入"兰花.png"图片（配套资源：\素材\模块二\兰花.png），在"[起源与形成]""[二十四个节气]""[文化与内涵]"文本前插入"云纹.png"图片（配套资源：\素材\模块二\云纹.png），在最后一段文本上方插入"绿枝.png"图片（配套资源：\素材\模块二\绿枝.png），然后分别调整图片的大小、位置和文字环绕方式，效果如图 2-73 所示。

（7）继续插入"背景.jpg"图片（配套资源：\素材\模块二\背景.jpg），将其文字环绕方式设置为"衬于文字下方"，然后调整图片的大小，使其平铺至整个页面，如图 2-74 所示。

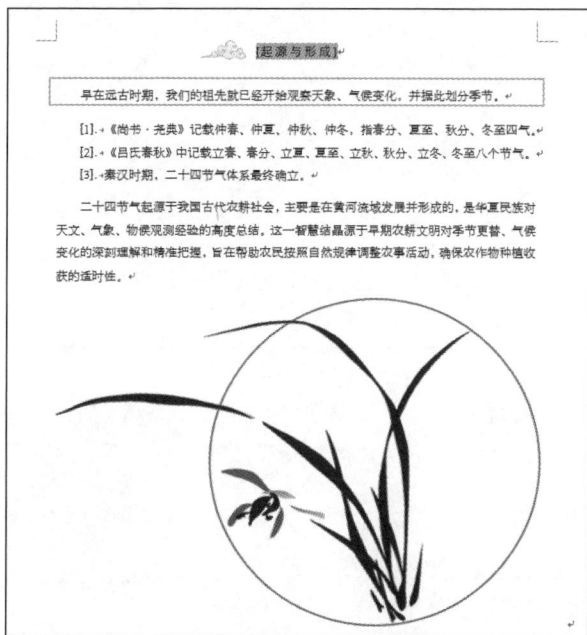

图 2-73　插入并设置图片的效果

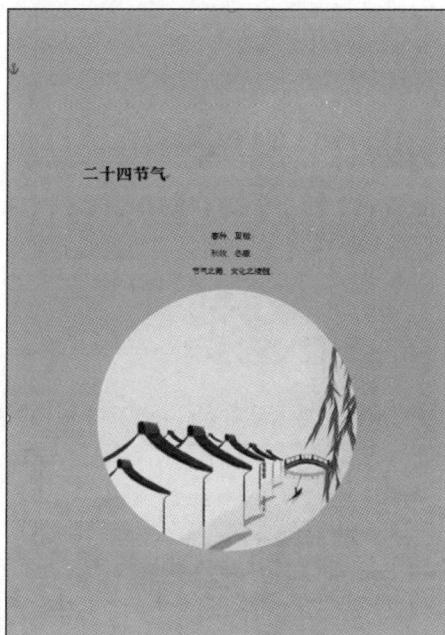

图 2-74　插入背景图片

（8）选择插入的背景图片，在"图片工具-格式"/"调整"组中单击"更正"按钮 ![按钮]，在弹出的下拉列表中选择"亮度：+20% 对比度：+40%"选项，如图 2-75 所示。

（9）在"调整"组中单击"颜色"按钮 ![按钮]，在弹出的下拉列表中选择"色调"栏中的"色温：5300K"选项，如图 2-76 所示。

图2-75 设置图片的亮度/对比度

图2-76 设置图片色温

（10）在背景图片上单击鼠标右键，在弹出的快捷菜单中选择"置于底层"/"置于底层"命令，如图2-77所示，将背景图片置于最底层。

（11）选择背景图片，按住"Ctrl"键，再按住鼠标左键进行拖动，复制一张背景图片。将复制的背景图片移动到其他文档页面中，设置其他文档页面的背景效果，如图2-78所示。

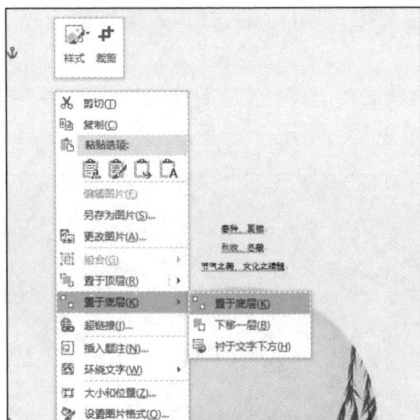

图2-77 将背景图片置于最底层

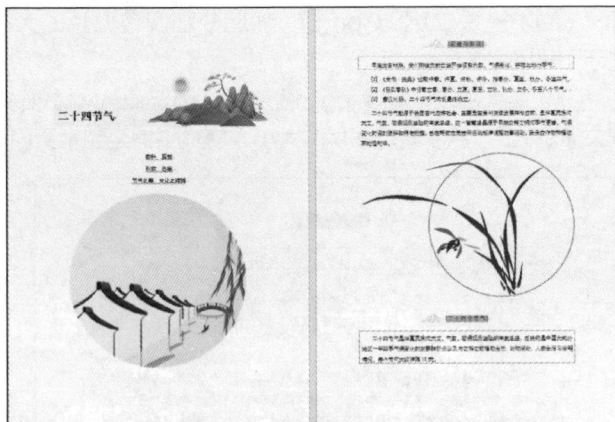

图2-78 设置其他文档页面的背景效果

（三）插入艺术字

在文档中插入艺术字，可使文本呈现更加丰富和生动的效果，从而增强文档的美观性。下面在"二十四节气（对象）.docx"文档中插入艺术字并美化标题样式，具体操作如下。

微课

插入艺术字

（1）选择标题文本"二十四节气"，在"插入"/"文本"组中单击"艺术字"按钮 ，在弹出的下拉列表中选择第2行第3列对应的选项，如图2-79所示。

（2）保持艺术字处于选中状态，在"绘图工具-格式"/"艺术字样式"组中单击 文本填充 下拉按钮，在弹出的下拉列表中选择"绿色，个性色6，深色25%"选项，如图2-80所示，更改艺术字的填充颜色。

（3）在"绘图工具-格式"/"艺术字样式"组中单击 文本轮廓 下拉按钮，在弹出的下拉列表中选择"无轮廓"选项，如图2-81所示，取消艺术字的轮廓效果。

（4）选择艺术字文本框，在"开始"/"字体"组中设置艺术字的字号为"一号"，如图2-82所示，完成艺术字的编辑。

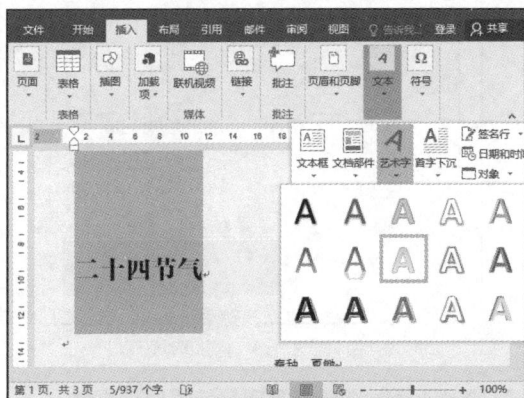
图2-79　选择艺术字样式

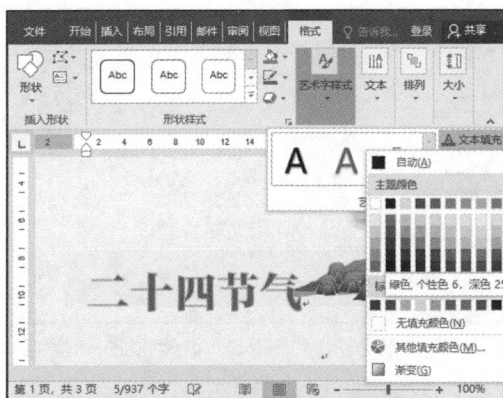
图2-80　更改艺术字的填充颜色

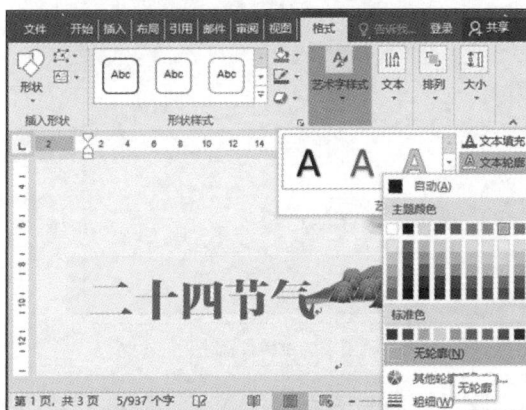
图2-81　取消艺术字的轮廓效果

图2-82　更改艺术字字号

（四）插入 SmartArt 图形

SmartArt 图形是多个图形的集合，有流程、循环、关系、矩阵等类型，便于制作各种图示。下面在"二十四节气（对象）.docx"文档中插入 SmartArt 图形，具体操作如下。

（1）将文本插入点定位到第2页的页尾，在"插入"/"插图"组中单击"SmartArt"按钮 。

（2）打开"选择 SmartArt 图形"对话框，选择左侧列表框中的"图片"选项，在右侧的样式种类列表框中选择"图片条纹"选项，然后单击 确定 按钮，如图 2-83 所示。

（3）将 SmartArt 图形插入文档中，设置 SmartArt 图形的文字环绕方式为"四周型"。选择 SmartArt 图形中的最后一个形状，在"SmartArt 工具-设计"/"创建图形"组中单击 添加形状 按钮，添加一个形状，如图 2-84 所示。

（4）单击插入文档中的 SmartArt 图形左侧边框上的"展开"按钮 ，打开文本窗格，在项目符号后输入所需的文本，如图 2-85 所示。

（5）选择 SmartArt 图形中的"春季""夏季""秋季""冬季"文本，将字体设置为"方正美黑简体"，字号设置为"14"，其他文本的字号设置为"13"。拖动调整 SmartArt 图形中各个形状的大小和位置，如图 2-86 所示。

微课

插入 SmartArt
图形

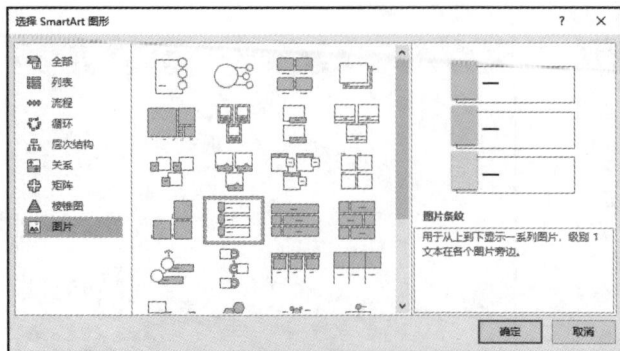

图 2-83 "选择 SmartArt 图形"对话框

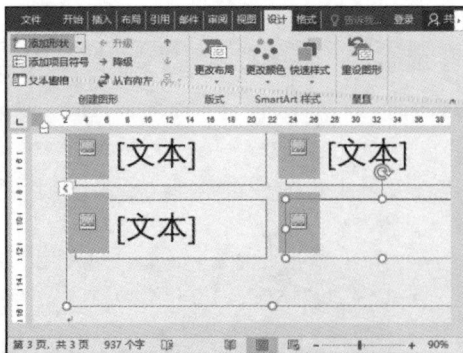

图 2-84 添加形状

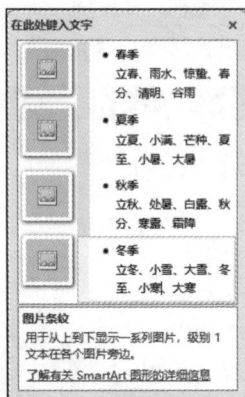

图 2-85 输入文本

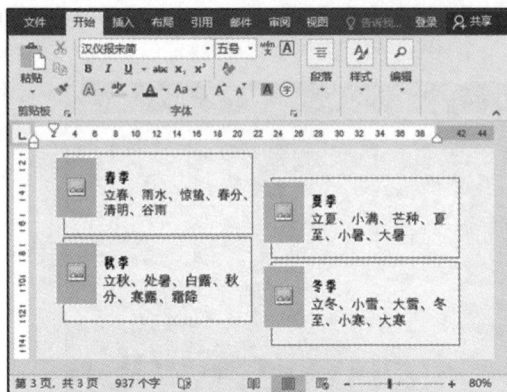

图 2-86 调整 SmartArt 图形

（6）单击 SmartArt 图形中的"插入图片"按钮 ，在打开的面板中选择"从文件"选项，打开"插入图片"对话框，在其中双击"青绿山.png"图片（配套资源：\素材\模块二\青绿山.png），如图 2-87 所示，将该图片插入 SmartArt 图形中。

（7）按照该方法，在 SmartArt 图形的其他形状中插入"青绿山.png"图片和"国风扇子.png"图片（配套资源：\素材\模块二\国风扇子.png），效果如图 2-88 所示。

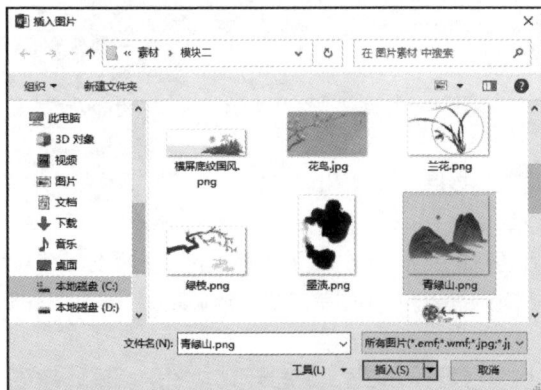

图 2-87 选择图片

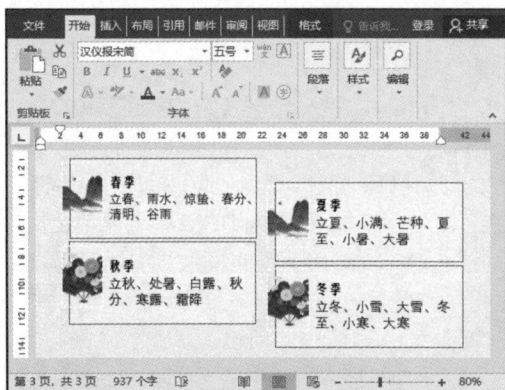

图 2-88 图片插入效果

（8）在"SmartArt 工具-设计"/"SmartArt 样式"组中单击"更改颜色"按钮 ，在弹出的下拉列表中选择图 2-89 所示的颜色选项。

（9）设置完成后，调整整个 SmartArt 图形的位置和大小，完成对 SmartArt 图形的编辑，调整后如图 2-90 所示（配套资源：\效果\模块二\二十四节气（对象）.docx）。

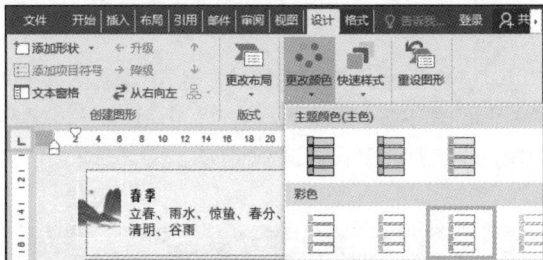

图 2-89　设置 SmartArt 图形的颜色

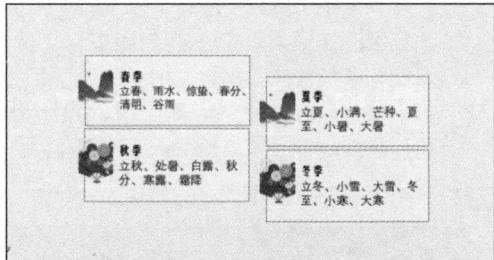

图 2-90　调整整个 SmartArt 图形的位置和大小

能力拓展

（一）删除图片背景

有时在文档中插入的图片的背景会影响文档的效果，此时可用类似抠图的方法将图片的背景删除。其方法为选择图片，在"图片工具-格式"/"调整"组中单击"删除背景"按钮 ，拖曳图片上出现的选择框，确定调整区域；单击"图片工具-背景消除"/"优化"组中的"标记要保留的区域"按钮 ，在图片上单击需要保留的区域，单击"标记要删除的区域"按钮 ，在图片上单击需要删除的区域，最后单击"保留更改"按钮 ，效果如图 2-91 所示。

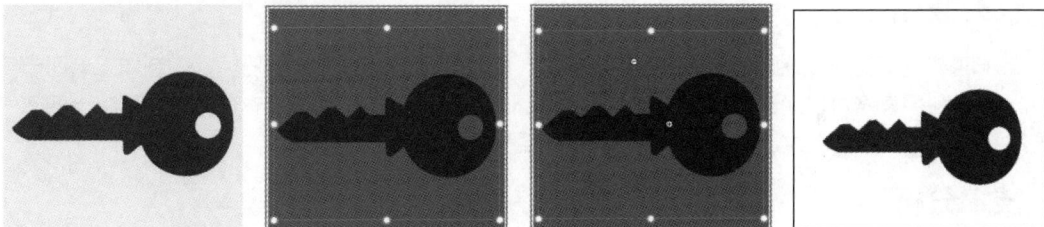

图 2-91　删除图片背景的效果

（二）管理多个对象

当需要对多个对象进行对齐、排列等管理操作时，可以借助 Word 2016 的多个对象管理功能来提高操作效率。下面以管理多个形状为例简要介绍管理多个对象的方法。

- 对齐与分布对象。按住"Ctrl"键的同时加选多个形状，在"绘图工具-格式"/"排列"组中单击 对齐 下拉按钮，在弹出的下拉列表中选择相应的选项。图 2-92 所示为对多个形状进行"垂直居中"和"横向分布"操作的效果。

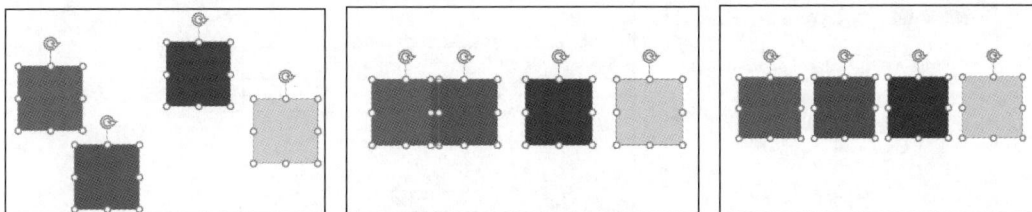

图 2-92　对齐与分布对象

- 组合与取消组合形状。当需要同时调整多个形状的位置时，可以将这些形状组合为一个对象，以提高编辑效率。其方法为按住"Ctrl"键的同时加选多个形状，在其上单击鼠标右键，在弹出的快捷菜单中选择"组合"/"组合"命令。若要取消组合对象，则可在该对象上单击鼠标右键，在弹出的快捷菜单中选择"组合"/"取消组合"命令。

- 调整叠放顺序。当多个形状需要重叠放置时，可以按需要调整它们的叠放顺序。选择形状，在其上单击鼠标右键，在弹出的快捷菜单中选择"置于底层"或"置于顶层"命令可快速将形状调整至底层或顶层；也可选择这些命令中的其他命令，逐步上移或下移形状的位置。图2-93所示为将海豚对象置于顶层的效果。

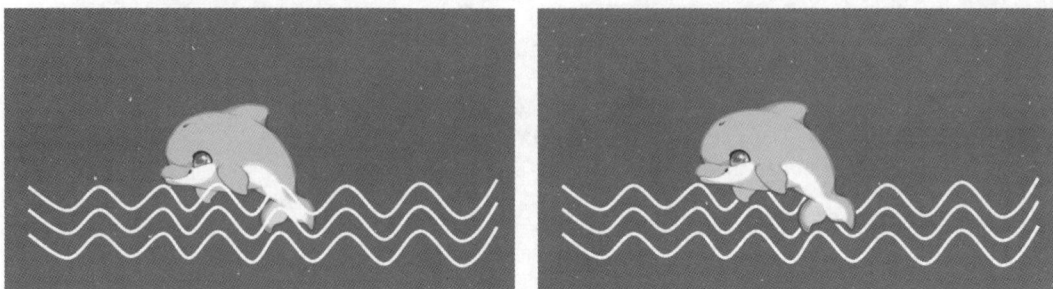

图2-93　调整叠放顺序

任务五　编辑"二十四节气"文档中的数据

任务描述

二十四节气是我国传统历法中的重要组成部分，每一个节气都有具体的日期。在制作二十四节气文档时，可以利用表格对日期进行梳理，使日期数据清晰、简洁，便于阅读。本任务将在"二十四节气"文档中插入表格，介绍创建、编辑、美化表格等一系列操作。

技术分析

（一）插入表格的几种方式

在Word 2016中插入表格主要有快速插入、精确插入和手动绘制3种方式。

1. 快速插入表格

快速插入表格的方法：将插入点定位到需插入表格的位置，在"插入"/"表格"组中单击"表格"按钮，在弹出的下拉列表中将鼠标指针定位到"插入表格"栏的某个单元格上，此时边框呈橙色的单元格区域为将要插入的表格，单击即可完成插入操作，如图2-94所示。

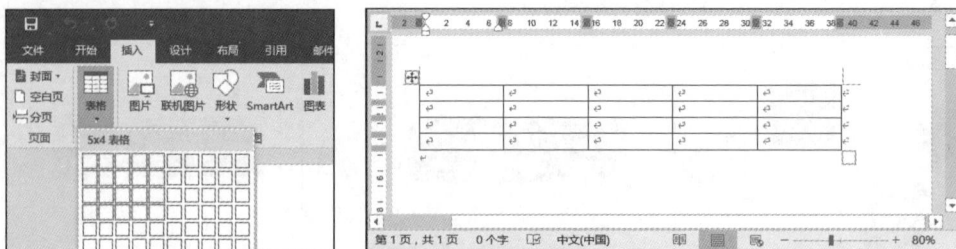

图2-94　快速插入表格

2. 精确插入表格

精确插入表格适合在表格行列数较多或需要设置表格布局的情况下使用。其方法为在"插入"/"表格"组中单击"表格"按钮⊞，在弹出的下拉列表中选择"插入表格"选项，打开"插入表格"对话框，在其中设置所需的列数和行数；并在"'自动调整'操作"栏中设置表格布局的调整方式，然后单击 确定 按钮，如图2-95所示。

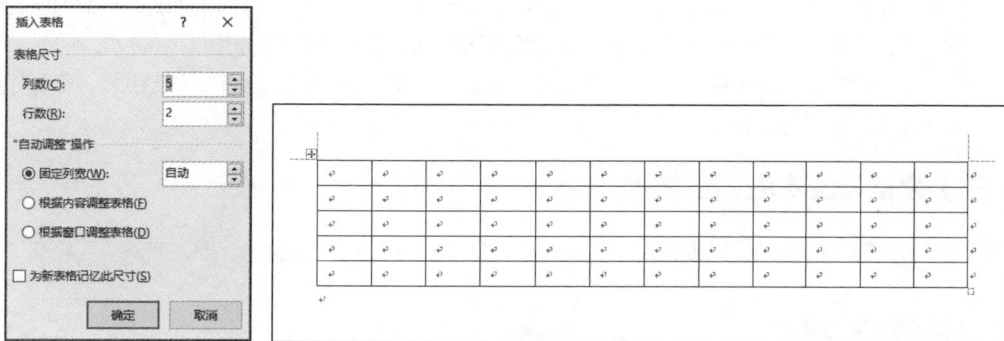

图2-95 精确插入表格

3. 手动绘制表格

如果想创建一些结构较为复杂的表格，则可以通过手动绘制的方式创建。其方法为在"插入"/"表格"组中单击"表格"按钮⊞，在弹出的下拉列表中选择"绘制表格"选项，进入绘制表格状态，此时鼠标指针变为 ✎ 形状；在需要插入表格的地方按住鼠标左键并拖曳鼠标，释放鼠标左键后将绘制出表格的外边框；在外边框内按住鼠标左键并拖曳鼠标，可在表格中绘制出横线、竖线和斜线，从而将绘制的外边框分成若干单元格，最终形成各种样式的表格，如图2-96所示。表格绘制完成后，按"Esc"键退出绘制表格状态。

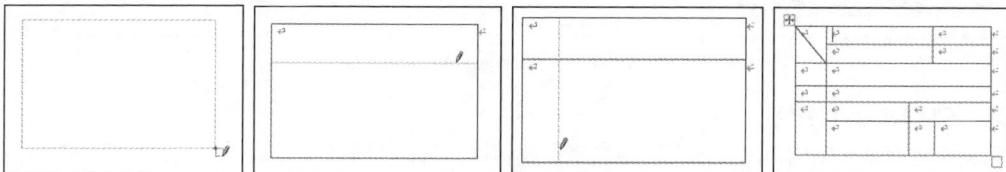

图2-96 手动绘制表格

（二）选择表格

选择表格是编辑表格的前提，在Word 2016中选择表格有以下3种常见的情况。

1. 选择整行表格

选择整行表格的方法如下。

- 将鼠标指针移至表格左侧，当其变为 ⬈ 形状时，单击即可选择整行表格。如果按住鼠标左键并向上或向下拖曳鼠标，则可选择多行表格。
- 在需要选择的行中单击任意单元格，在"表格工具-布局"/"表"组中单击"选择"按钮 ⬂，在弹出的下拉列表中选择"选择行"选项。

2. 选择整列表格

选择整列表格的方法如下。

- 将鼠标指针移至表格上方，当其变为 ⬇ 形状时，单击即可选择整列表格。如果按住鼠标左键并向左或向右拖曳鼠标，则可选择多列表格。

- 在需要选择的列中单击任意单元格，在"表格工具-布局"/"表"组中单击"选择"按钮，在弹出的下拉列表中选择"选择列"选项。

3. 选择整个表格

选择整个表格的方法如下。

- 将鼠标指针移至表格区域，单击表格左上角出现的"全选"按钮⊞，可选择整个表格。
- 在表格中第一个单元格的位置按住鼠标左键并拖曳至最后一个单元格，释放鼠标左键可选择整个表格（选择整行、整列、多行或多列单元格也可以通过拖曳操作实现）。
- 在表格内单击任意单元格，在"表格工具-布局"/"表"组中单击"选择"按钮，在弹出的下拉列表中选择"选择表格"选项。

（三）表格与文本的相互转换

为了进一步提高表格和文本的编辑效率，Word 2016 还可以直接将表格转换为文本，或将文本转换为表格。

1. 将表格转换为文本

将表格转换为文本的方法：选择整个表格，在"表格工具-布局"/"数据"组中单击"转换为文本"按钮。打开"表格转换成文本"对话框，在"文字分隔符"栏中选择合适的文字分隔符，单击 确定 按钮，将表格转换为文本，文本之间的分隔符便是所选的分隔符，如图 2-97 所示。

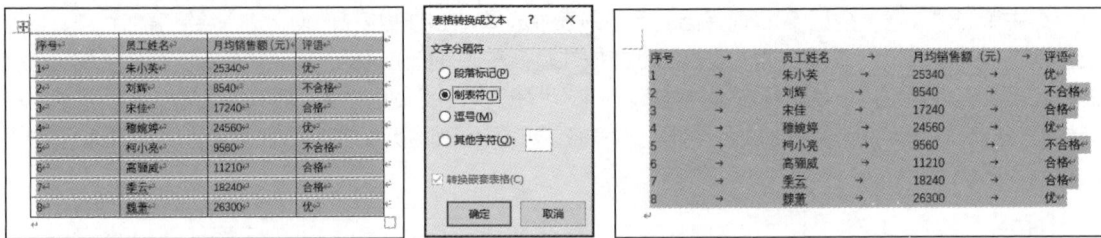

图 2-97　将表格转换为文本的过程

2. 将文本转换为表格

将文本转换为表格的方法：拖曳鼠标选择需要转换为表格的文本（各文本之间存在统一的分隔符，如制表符、空格、逗号等），然后在"插入"/"表格"组中单击"表格"按钮，在弹出的下拉列表中选择"文本转换成表格"选项，打开"将文字转换成表格"对话框，直接单击 确定 按钮。

示例演示

本任务制作的"二十四节气"文档的参考效果（局部）如图 2-98 所示，本任务将通过输入并设置文本和段落格式来编辑表格标题；通过插入表格、输入内容，以及编辑和美化表格等操作来制作表格对象。

图 2-98　"二十四节气"文档的参考效果（局部）

任务实现

（一）创建表格

在 Word 文档中适当使用表格，可以更好地展现文本内容。下面在"二十四节气（表格）.docx"文档中创建表格，用于记录二十四节气的时间数据，具体操作如下。

（1）打开"二十四节气（表格）.docx"文档（配套资源：\素材\模块二\二十四节气（表格）.docx），在 SmartArt 图形后定位文本插入点，在"插入"/"表格"组中单击"表格"按钮，在弹出的下拉列表中选择"插入表格"选项，如图 2-99 所示。

（2）打开"插入表格"对话框，在"列数"和"行数"数值框中分别输入"4"和"8"，单击 确定 按钮，如图 2-100 所示。

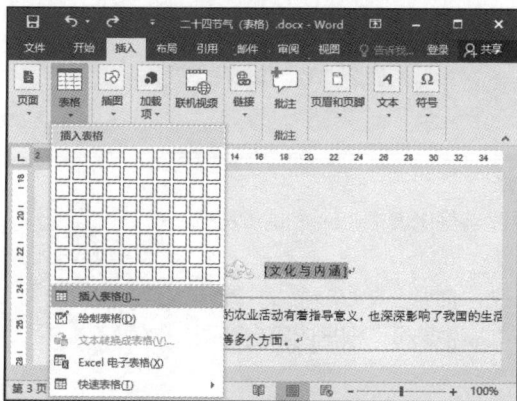

图 2-99　插入表格

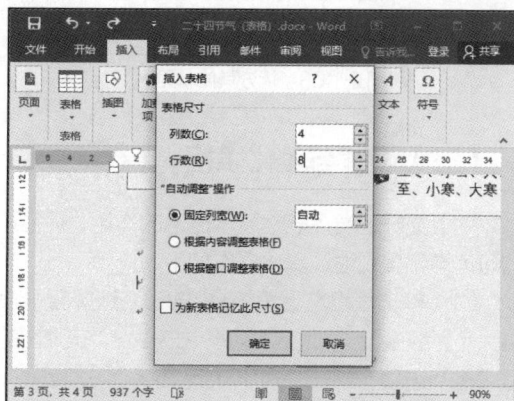

图 2-100　设置表格尺寸

（二）编辑表格

创建表格后，可根据实际情况调整表格的布局和内容，包括合并单元格、拆分单元格、输入表格数据等，具体操作如下。

（1）拖曳鼠标选择表格的第 1 行，在"表格工具-布局"/"合并"组中单击"合并单元格"按钮，如图 2-101 所示，将第 1 行合并成一个单元格。

（2）选择第 3 行第 1 列的单元格，在"表格工具-布局"/"合并"组中单击"拆分单元格"按钮，打开"拆分单元格"对话框，在"列数"和"行数"数值框中分别输入"2""1"，单击 确定 按钮，如图 2-102 所示，将该单元格拆分为两个单元格。

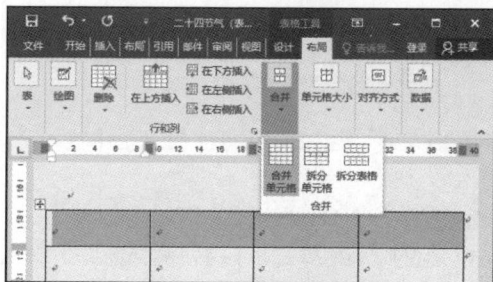

图 2-101　合并单元格

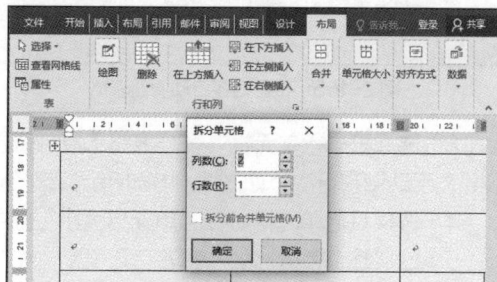

图 2-102　拆分单元格

（3）按照该方法，依次拆分第2列、第3列、第4列单元格，如图2-103所示。

（4）将文本插入点定位到各个单元格内，依次在其中输入数据，如图2-104所示。

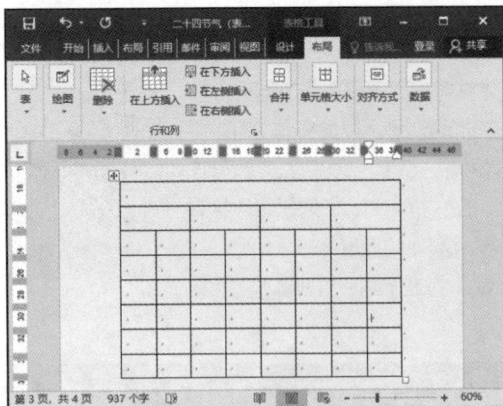

图2-103　拆分其他单元格

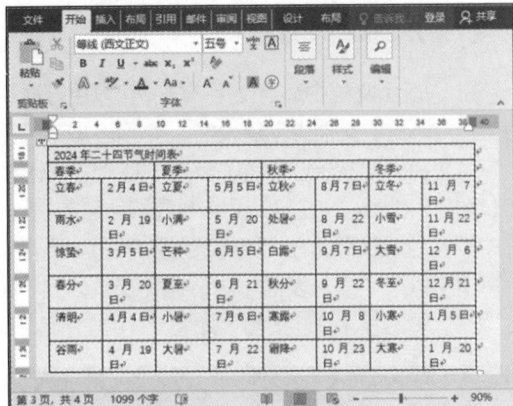

图2-104　输入表格数据

（三）设置与美化表格

为了更好地发挥表格展示信息的作用，往往还需要适当美化表格，从而提高表格的可读性和美观性，具体操作如下。

（1）单击表格左上角的 按钮，选择整个表格，在"表格工具-布局"/"单元格大小"组中单击"自动调整"按钮，在弹出的下拉列表中选择"根据内容自动调整表格"选项，如图2-105所示。

（2）继续单击"自动调整"按钮，在弹出的下拉列表中选择"根据窗口自动调整表格"选项，调整后的效果如图2-106所示。

微课

设置与美化表格

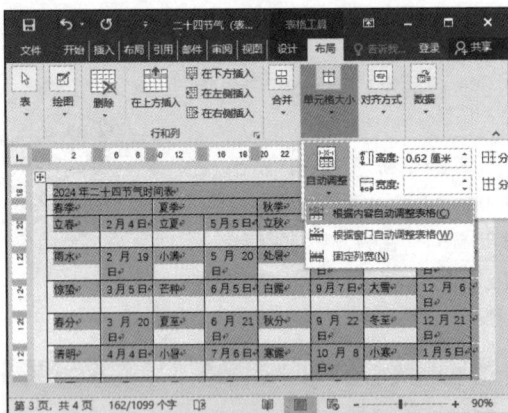

图2-105　根据内容自动调整表格

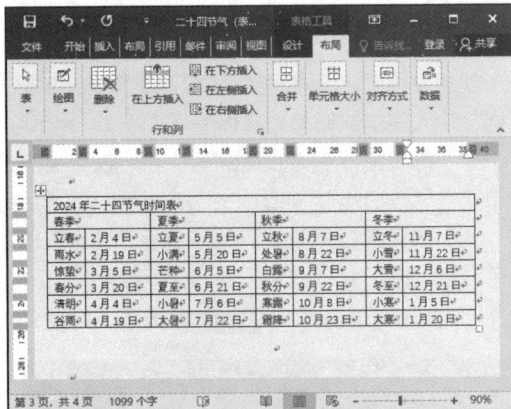

图2-106　调整后的效果

（3）选择第一行单元格，在"表格工具-布局"/"单元格大小"组中的"高度"数值框中输入"1.5厘米"，手动调整行高，如图2-107所示。

（4）选择其他单元格，在"单元格大小"组中设置"高度"为"0.8厘米"。

（5）选择整个表格，在"表格工具-设计"/"表格样式"组的"表格样式"下拉列表中选择图2-108所示的表格样式。

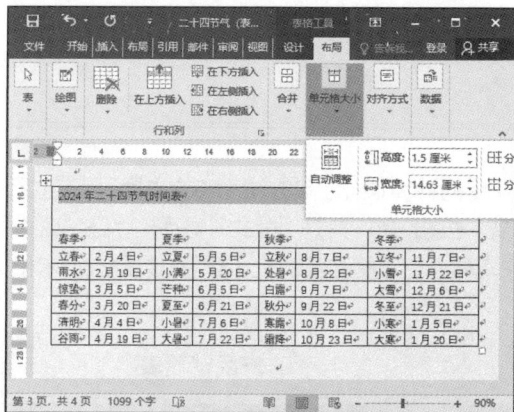

图2-107 手动调整行高

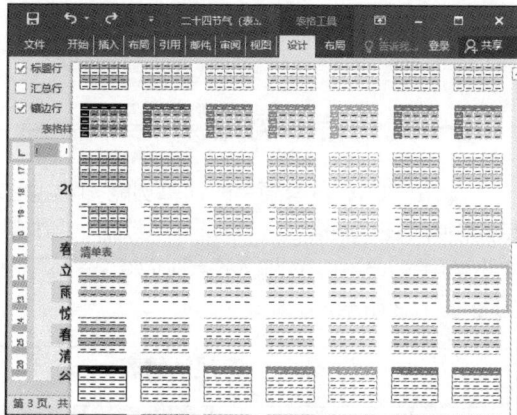

图2-108 选择表格样式

（6）保持整个表格处于选中状态，在"表格工具-布局"/"对齐方式"组中单击"水平居中"按钮，如图2-109所示。

（7）在"开始"/"字体"组中将表格标题的字体格式设置为"汉仪大宋简、小二、加粗"，将表格第二行中文本的字体格式设置为"汉仪中黑简、五号、取消加粗"，将其余文本的字体格式设置为"方正兰亭纤黑_GBK、五号、取消加粗"，效果如图2-110所示。

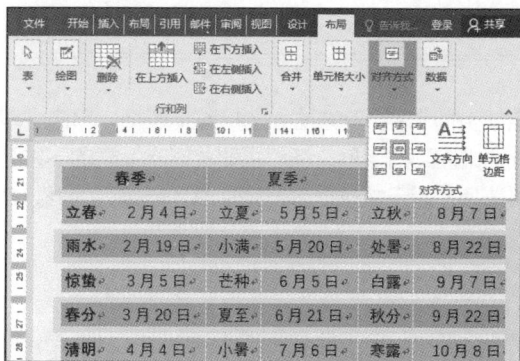

图2-109 设置对齐方式

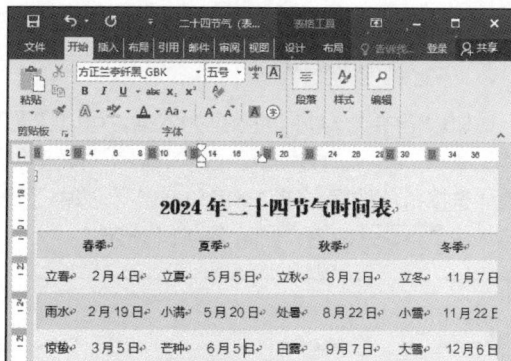

图2-110 设置表格字体格式的效果

（8）选择表格左侧的第一列（第3～8行）单元格，在"表格工具-设计"/"表格样式"组中单击"底纹"按钮，在弹出的下拉列表中选择"白色，背景1，深色5%"选项，如图2-111所示，设置单元格底纹。

（9）按照步骤（8）的方法，设置其他单元格的底纹，效果如图2-112所示。

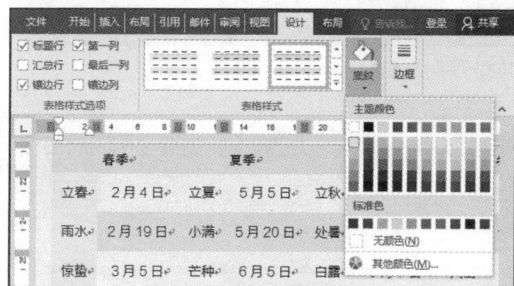

图2-111 设置单元格底纹

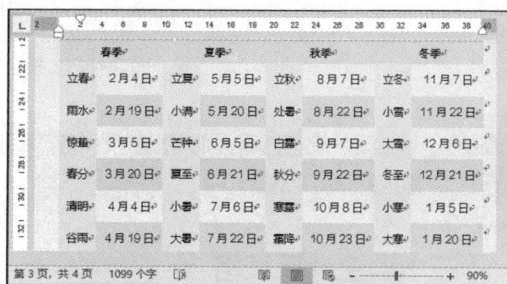

图2-112 设置单元格底纹后的效果

57

能力拓展

（一）计算表格数据

Word 2016 具备简单的计算功能，可以完成一些简单的计算操作。其方法为将文本插入点定位到单元格中，在"表格工具-布局"/"数据"组中单击"公式"按钮 fx，打开"公式"对话框，在"公式"文本框中输入公式，如输入"=SUM(LEFT)"，可以对文本插入点左侧的连续单元格中的数据进行求和，如图 2-113 所示。

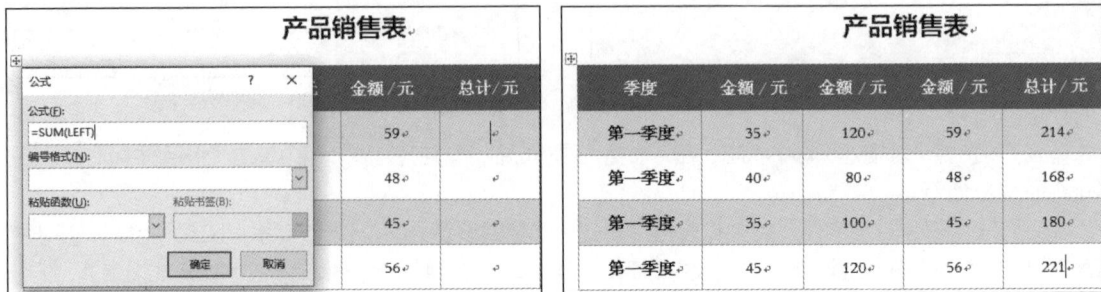

图 2-113　计算表格数据

（二）排序表格

以表格中某一项目的数据为依据，可以实现对表格内容的排序。其方法为选择整个表格，单击"表格工具-布局"/"数据"组中的"排序"按钮，打开"排序"对话框，在"主要关键字"栏的下拉列表中选择排序依据，如"季度总产量"；选中"降序"单选项，表示按季度总产量从高到低排列数据，然后单击　确定　按钮，如图 2-114 所示。

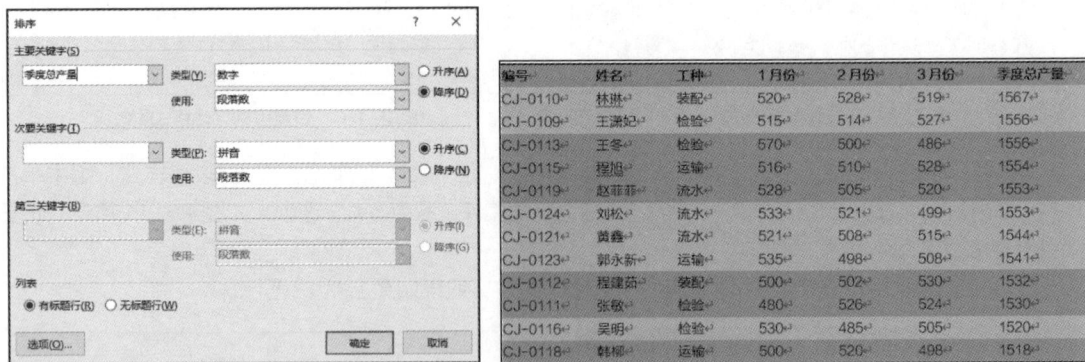

图 2-114　按主要关键字排列表格数据

> **提示**　若主要关键字相同，则可以在"排序"对话框中设置次要关键字，以控制主要关键字相同时表格数据的排列顺序。

（三）自主计算表格

所谓自主计算表格，是指引用表格中单元格的地址，并建立公式和函数来进行计算，从而摆脱

"LEFT""ABOVE"等函数要求计算区域必须连续的麻烦。

计算时，需要为表格的每一列假设一个列标，如从左到右依次为按顺序排列的大写英文字母；同时为每一行假设一个行号，如从上到下依次为从小到大的阿拉伯数字，如图 2-115 所示。为表格假设列标和行号后，每个单元格就可以得到对应的坐标，这个坐标就是单元格的地址，根据单元格地址能达到自主计算表格数据的目的。

	A	B	C	D	E	F	G
1	编号	姓名	工种	1月份	2月份	3月份	季度总产量
2	CJ-0121	黄鑫	流水	521	508	515	1544
3	CJ-0119	赵菲菲	流水	528	505	520	1553
4	CJ-0124	刘松	流水	533	521	499	1553
5	CJ-0112	程建茹	装配	500	502	530	1532
6	CJ-0110	林琳	装配	520	528	519	1567
7	CJ-0111	张敏	检验	480	526	524	1530
8	CJ-0109	王潇妃	检验	515	514	527	1556
9	CJ-0113	王冬	检验	570	500	486	1556
10	CJ-0116	吴明	检验	530	485	505	1520
11	CJ-0118	韩柳	运输	500	520	498	1518
12	CJ-0123	郭永新	运输	535	498	508	1541
13	CJ-0115	程旭	运输	516	510	528	1554

图 2-115　假设的表格列标与行号

例如，若要计算"黄鑫"的季度总产量，则可以输入"=SUM(LEFT)"或"=SUM(D2:F2)"或"=D2+E2+F2"；若要计算工种为"流水"的员工的季度总产量，则可以输入"=G2+G3+G4"或"=SUM(G2:G4)"。

任务六　设置"毕业论文"文档的页面样式

任务描述

毕业论文是学生多年学习成果的最终体现，考查的是学生对所学知识的掌握和应用能力。编写毕业论文可以很好地锻炼学生的实践能力，提高学生的写作水平。毕业论文的完成涉及开题报告、论文编写、提交评审、答辩陈述及论文评分 5 个环节。其中，论文编写环节是指在准备好资料后，用 Word 等工具将资料输入并编辑成电子文档，以及设置其格式等，最终得到一篇格式规范的论文。本任务将在 Word 2016 中编辑"毕业论文"文档，介绍在 Word 2016 中设置页面、应用样式、添加脚注、插入目录与封面等操作。

技术分析

（一）认识各种分隔符

分隔符的作用是控制文档内容在页面中的显示位置。Word 2016 提供了两类分隔符，分别是分页符（包括分页符、分栏符、自动换行符）和分节符（包括下一页、连续、偶数页、奇数页等）。在"布局"/"页面设置"组中单击 分隔符 下拉按钮，在弹出的下拉列表中可选择需要的分隔符。下面简要介绍各种分隔符的作用。

- 分页符。将分页符后的内容强制显示到下一页。
- 分栏符。将文档分栏后，该分栏符后的内容会调整至下一栏显示；若未分栏，则会在下一页显示。

- 自动换行符。对文档中的文本实现"软回车"的换行效果，可直接按"Shift+Enter"组合键快速实现自动换行。插入自动换行符后，文本虽然会换行显示，但换行后的文本仍然属于上一段，它们具有相同的段落属性。
- 分节符。插入相应的分节符后，可使文本或段落分节，同时余下的内容将根据所选分节符类型在下一页、本页、下一偶数页或下一奇数页中显示。

（二）页面设置

页面设置主要是指对页面的纸张大小、纸张方向和页边距进行设置。Word 2016 默认的页面纸张大小为 A4（21 厘米×29.7 厘米），纸张方向为纵向，页边距为普通模式。根据需要，可以在"布局"/"页面设置"组中单击相应的按钮修改设置。

- 单击"纸张大小"按钮 ⬜，在弹出的下拉列表中可选择其他预设的页面尺寸，若选择"其他纸张大小"选项，则可在打开的"页面设置"对话框中自行设置文档页面的宽度和高度。
- 单击"纸张方向"按钮 ⬜，在弹出的下拉列表中可选择"纵向"或"横向"选项，以调整页面显示方向。
- 单击"页边距"按钮 ⬜，在弹出的下拉列表中可选择其他预设的页边距选项，若选择"自定义页边距"选项，则可在打开的"页面设置"对话框中自定义上、下、左、右的页边距。

示例演示

本任务编辑的"毕业论文"文档的参考效果（局部）如图 2-116 所示。其中，文档的各级标题应用了特定的样式，文档的页面大小和页边距做了调整，利用分页符控制了每页的显示内容，最后为文档添加了页面边框，起到了一定的美化作用。

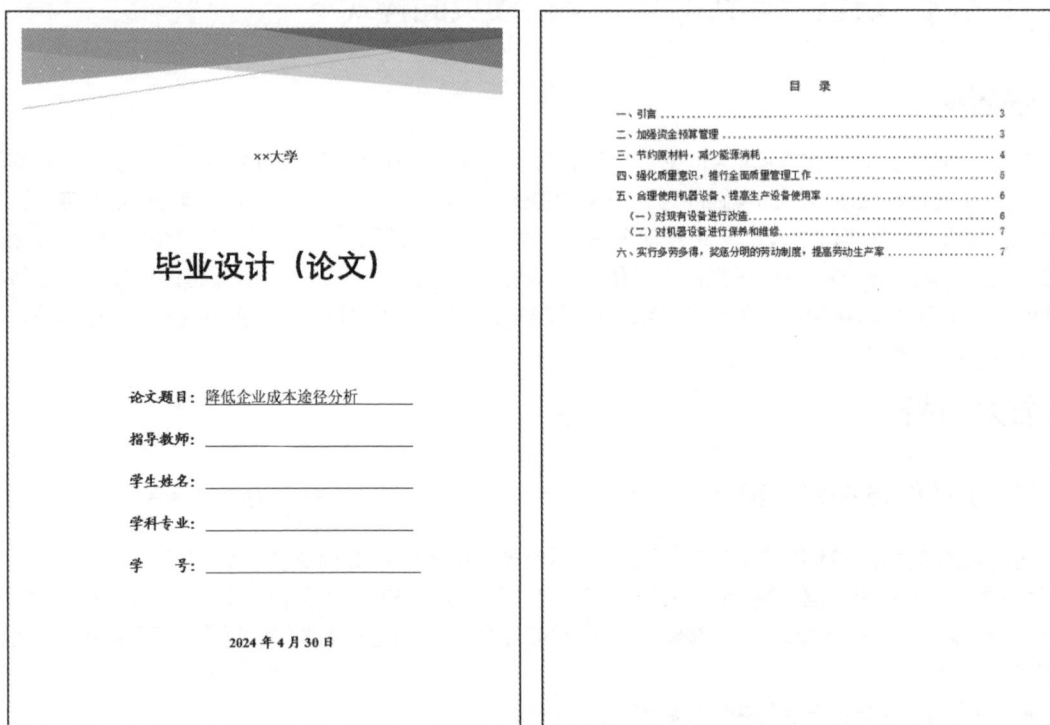

图2-116 "毕业论文"文档的参考效果（局部）

任务实现

（一）调整文档页面大小和页边距

文档的编辑与排版都是在页面中完成的，页面大小直接影响版面中内容的布置。下面在"毕业论文"文档中设置页边距、装订线等，具体操作如下。

（1）打开"毕业论文.docx"文档（配套资源：\素材\模块二\毕业论文.docx），在"布局"/"页面设置"组中单击"纸张大小"按钮，在弹出的下拉列表中选择"A4"选项，如图 2-117 所示。

（2）单击"页边距"按钮，在弹出的下拉列表中选择"自定义边距"选项，如图 2-118 所示。

微课

调整文档页面
大小和页边距

图 2-117　设置纸张大小

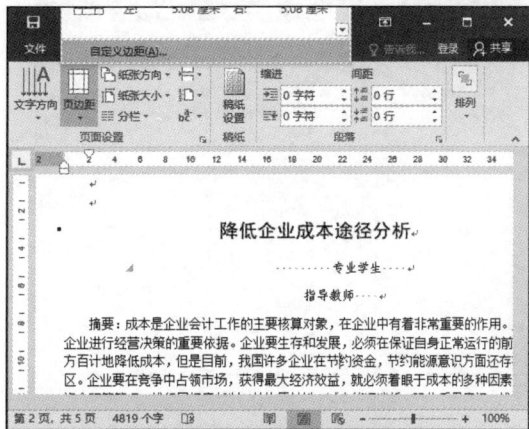

图 2-118　自定义页边距

（3）打开"页面设置"对话框，在"页边距"栏中设置"上""左"页边距为"2.5 厘米"，"下""右"页边距为"2 厘米"，"装订线"为"0.5 厘米"，如图 2-119 所示。

（4）在"页面设置"对话框中单击"版式"选项卡，在"距边界"栏的"页眉""页脚"数值框中输入"0 厘米"，如图 2-120 所示。单击 确定 按钮，设置完成后返回文档编辑界面，查看页面设置效果。

图 2-119　设置页边距数值

图 2-120　设置页眉和页脚的布局

（二）利用分页符控制页面内容

分页符可以控制文档内容的分页，从而调整页面。下面在"毕业论文"文档中为封面、目录、摘要分页，具体操作如下。

（1）将文本插入点定位至"毕业论文"文档第1页的日期文本下方的段落标记处，在"布局"/"页面设置"组中单击 ⊟分隔符▾ 下拉按钮，在弹出的下拉列表中选择"分页符"选项，如图 2-121 所示，即可在该位置插入分页符，使封面单独成页，其后的内容将自动跳转至下一页。

（2）按照该方法，分别在"目录""关键词"下方插入分页符，并删除多余的标题标记，查看分页效果，如图 2-122 所示。

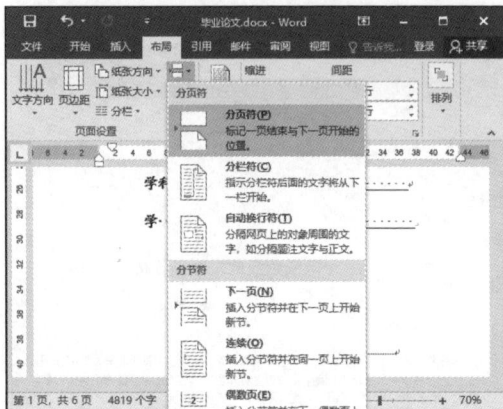

微课
利用分页符
控制页面内容

图2-121　插入分页符

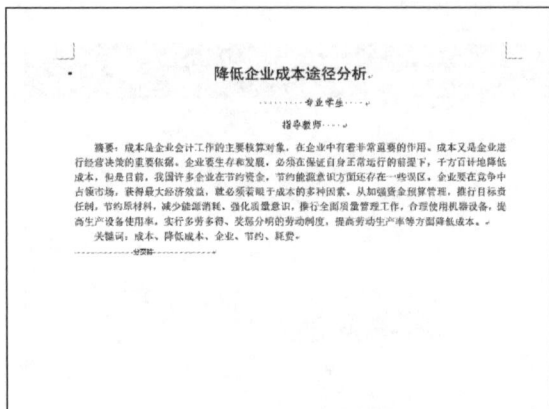

图2-122　查看分页效果

（三）设置文档样式

样式是预设了一定格式的对象，为文本或段落应用样式，可以快速设置其格式。下面为"毕业论文"文档的封面文本、正文文本、各级标题文本等设置样式，具体操作如下。

微课
设置文档样式

（1）选择封面中的"××大学"文本，在"开始"/"样式"组的"样式"列表框中选择"标题"选项，如图 2-123 所示，为文本快速应用标题样式。

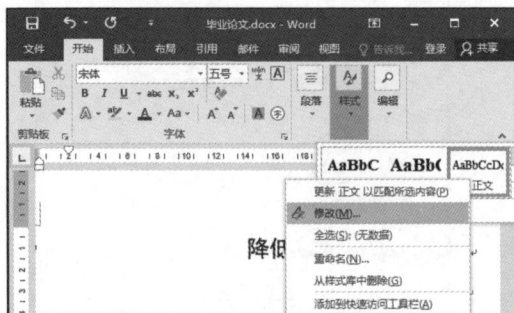

（2）将鼠标指针移到"开始"/"样式"组中"样式"列表框中的"正文"选项上，单击鼠标右键，在弹出的快捷菜单中选择"修改"命令，如图 2-124 所示。

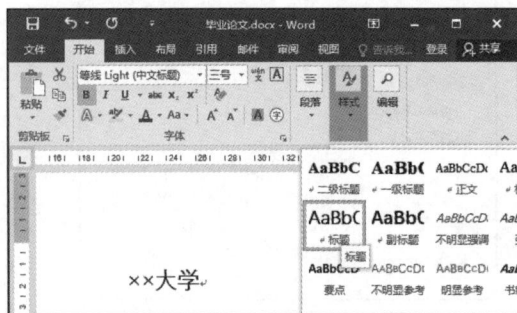

图2-123　快速应用标题样式

图2-124　选择"修改"命令

（3）打开"修改样式"对话框，在"格式"栏中设置字体格式为"宋体、小四"，再单击 ▐格式(O)▾▐ 按钮，如图 2-125 所示。

（4）在弹出的下拉列表中选择"段落"选项，打开"段落"对话框，在"缩进和间距"选项卡下方的"缩进"栏的"特殊格式"下拉列表中选择"首行缩进"选项，设置"缩进值"为"2 字符"，在"间距"栏中设置"行距"为"1.5 倍行距"，单击 ▐确定▐ 按钮，如图 2-126 所示。

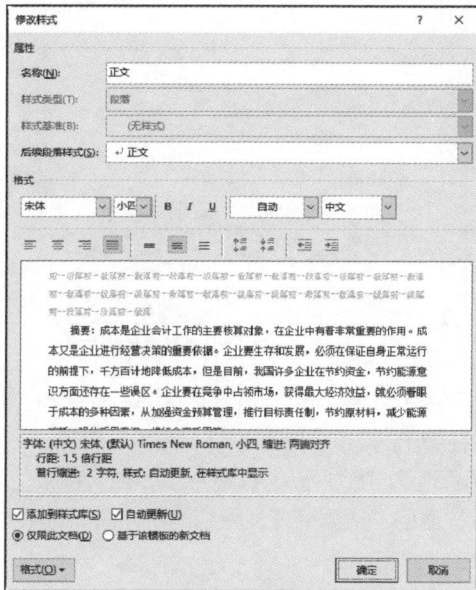

图 2-125　设置格式

图 2-126　设置缩进和间距

（5）返回"修改样式"对话框，单击 ▐确定▐ 按钮，即可修改所有应用了"正文"样式的文本格式。返回文档编辑区，查看修改"正文"样式后的效果，如图 2-127 所示。

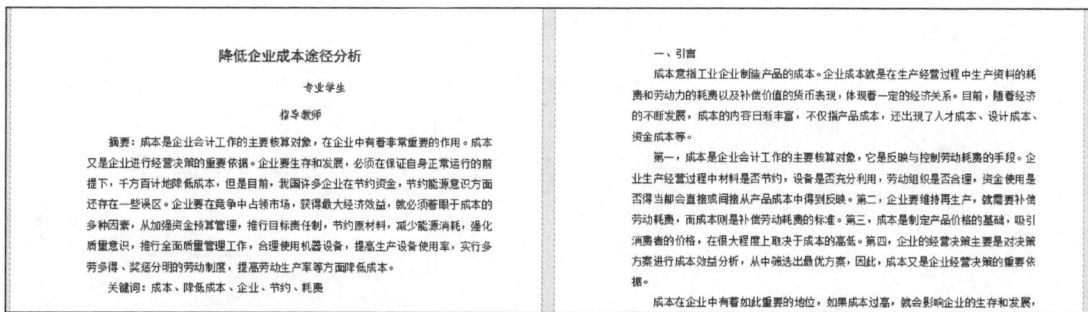

图 2-127　修改"正文"样式后的效果

（6）选择"摘要""关键词"所在的两段文本，将字号设置为"五号"，然后选择"摘要:""关键词:"文本，使其加粗显示。

> **提示**　如果在设置样式时存在误操作，则可将样式清除。其方法为在文档中选择应用样式后的文本，然后在"样式"下拉列表中选择"清除格式"选项，以清除所选内容的所有格式，只保留普通、无格式的文本。

（7）将文本插入点定位到"引言"文本中，在"开始"/"样式"组中单击"样式"按钮 ，在弹出的下拉列表中选择"创建样式"选项，如图 2-128 所示。

（8）打开"根据格式设置创建新样式"对话框，在"名称"文本框中设置新样式的名称"一"，单击 修改(M)... 按钮，如图 2-129 所示。

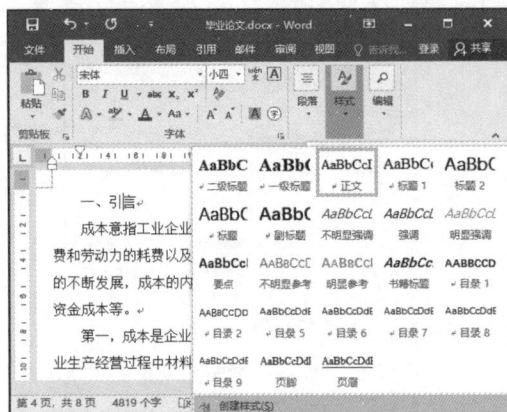

图 2-128 创建样式

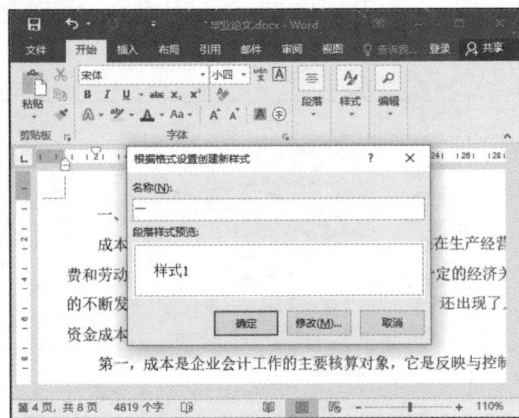

图 2-129 设置新样式的名称

（9）展开"根据格式设置创建新样式"对话框，在"格式"栏中设置字体为"仿宋_GB2312"，字号为"四号"，单击 格式(O)▼ 按钮，如图 2-130 所示，在弹出的下拉列表中选择"段落"选项。

（10）打开"段落"对话框，设置"段前""段后"间距为"0.5 行"，行距为"单倍行距"，"特殊格式"为"(无)"，单击 确定 按钮，如图 2-131 所示。返回"根据格式设置创建新样式"对话框，单击 确定 按钮，保存样式。

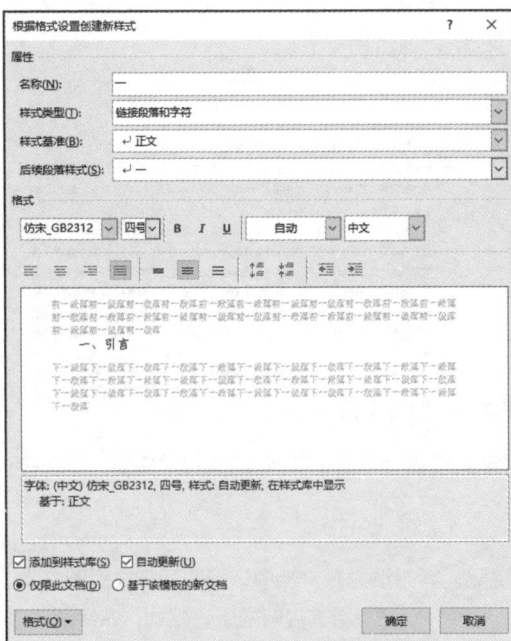

图 2-130 设置新样式的字体格式

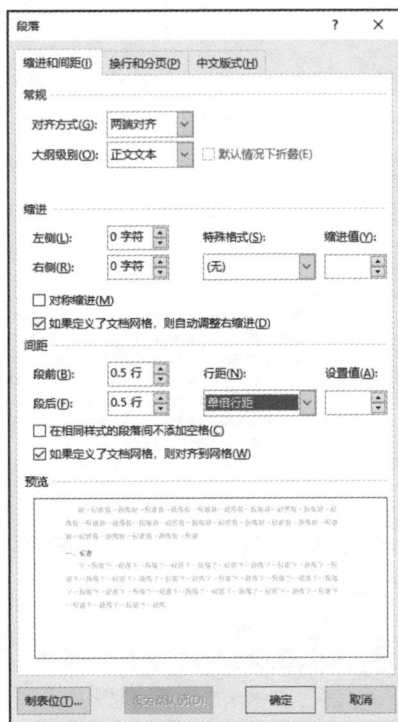

图 2-131 设置新样式的段落格式

（11）为其他与"一、引言"文本同级别的标题应用"一"样式。将文本插入点定位于"（一）对现有设备进行改造"文本中，继续创建"（一）"样式，将其字体格式设置为"黑体、小四"，将"特殊格式"设置为"(无)"，行距为"1.5 倍行距"。为所有与之同级别的文本应用"（一）"样式，部分效果如图 2-132 所示。

（12）选择"参考文献："致谢："文本，在"开始"/"字体"组中单击"加粗"按钮 **B**，将文本加粗。选择"参考文献："下方的 5 行文本，将其字体格式设置为"宋体、五号"，打开"段落"对话框，在"间距"栏的"行距"下拉列表中选择"固定值"选项，在其后的数值框中输入"20 磅"，单击 确定 按钮，效果如图 2-133 所示。

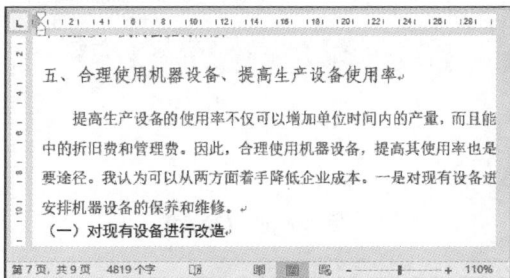

图 2-132　应用样式的部分效果

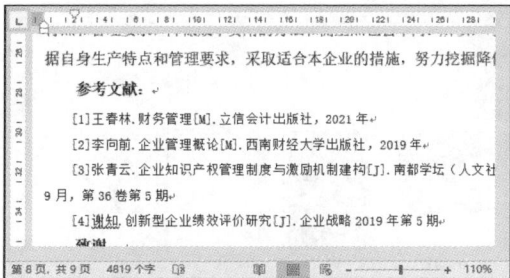

图 2-133　设置其他文本格式的效果

（四）为文档添加脚注

脚注是对文档中的某些词汇或者内容进行补充说明的注文，一般添加在当前页面的底部。它由两个关联的部分组成：注释引用标记及其对应的注释文本。下面为"毕业论文"文档添加脚注，具体操作如下。

（1）在第 5 页最后一段文本的起始位置单击以定位插入点，然后在"引用"/"脚注"组中单击"插入脚注"按钮 **AB¹**，如图 2-134 所示。

（2）此时，插入点自动跳转至当前页面的底部，并标注好编码，输入脚注的注释内容，如图 2-135 所示，完成脚注的添加。

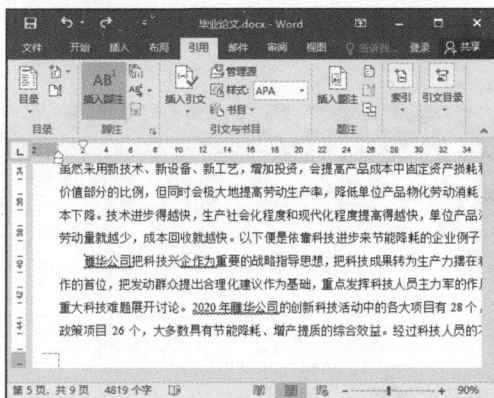

微课

为文档添加
脚注

图 2-134　单击"插入脚注"按钮

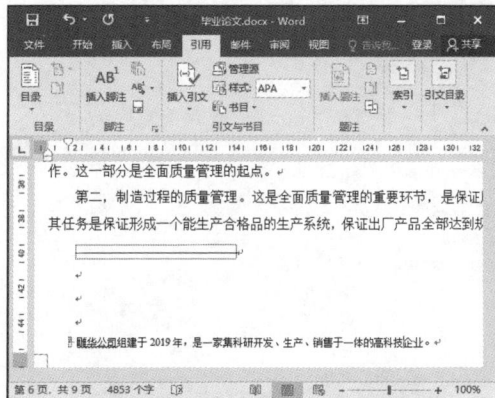

图 2-135　输入脚注的注释内容

（五）插入封面和目录

封面是文档的第一页，通常来说，可以为一些对封面效果有特殊要求的文档设置文档封面，提升其美观度。目录的存在是为了便于阅读和索引，以及让他人直观地了解文档的整体结构。下面为"毕业论文"文档设置封面，并提取目录，具体操作如下。

微课

插入封面和目录

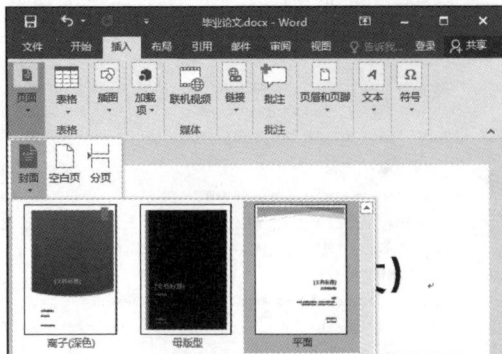

（1）在"插入"/"页面"组中单击"封面"按钮，在弹出的下拉列表中选择"平面"选项，如图2-136所示。

（2）删除插入的封面页中的文本框和多余符号，只保留封面上方的图形，效果如图2-137所示。

图2-136　插入封面

图2-137　封面效果

（3）将文本插入点定位到第2页"目录"文本的下方，在"引用"/"目录"组中单击"目录"按钮，在弹出的下拉列表中选择"自定义目录"选项。

（4）打开"目录"对话框，单击 选项(O) 按钮，打开"目录选项"对话框，删除"有效样式"列表框中默认的目录级别数字，然后分别在"一""（一）"后的文本框中输入"1""2"，即只提取前面创建的2个标题样式作为目录，如图2-138所示。单击 确定 按钮，返回"目录"对话框，取消勾选"使用超链接而不使用页码"复选框，然后单击 确定 按钮，保存设置。

（5）返回文档，选择提取的目录，将其字体格式设置为"宋体、小四"，取消文字加粗效果，取消段前缩进，将行距设置为固定值"18磅"，效果如图2-139所示。

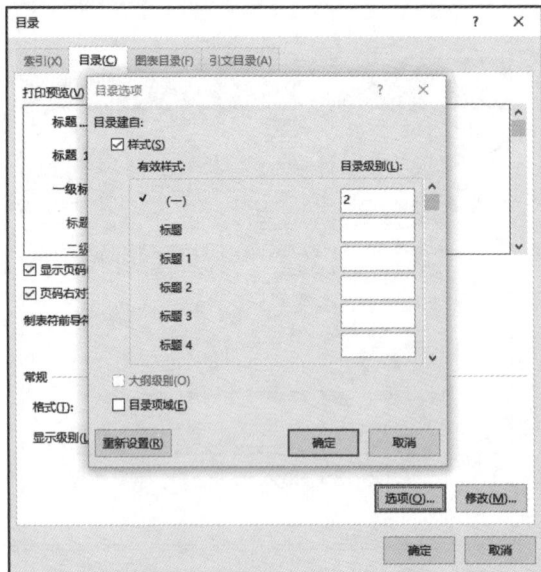

图2-138　设置目录选项

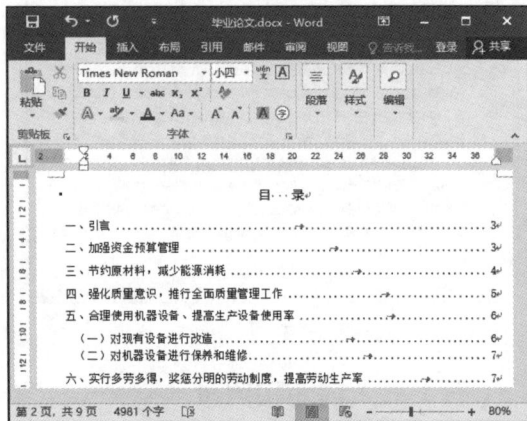

图2-139　目录效果

能力拓展

（一）设置页面背景

在"设计"/"页面背景"组中单击"页面颜色"按钮 🖻，在弹出的下拉列表中可为页面设置某种已有的颜色，如图 2-140 所示；选择"其他颜色"选项，可在打开的"颜色"对话框中自定义颜色；选择"填充效果"选项，可在打开的"填充效果"对话框中为页面背景设置渐变、纹理、图案和图片等效果，如图 2-141 所示。

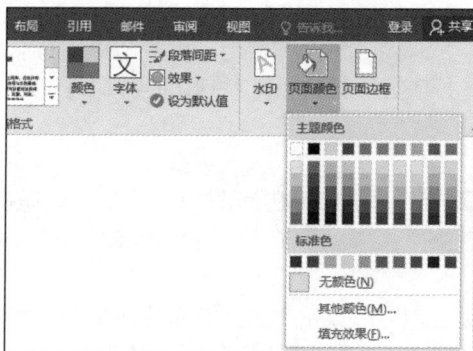

图 2-140　设置背景颜色

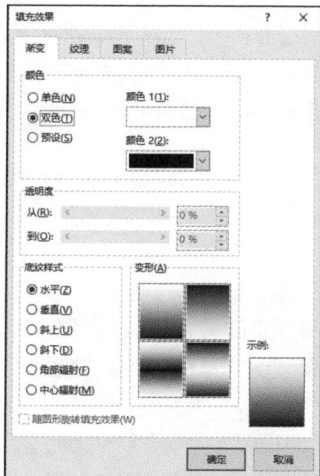

图 2-141　设置填充效果

（二）为页面添加水印

水印可以有效防止文档内容被非法使用，也有助于提醒文档使用者该文档的使用要求等。为文档添加水印后，每一页都将显示水印内容。在"设计"/"页面背景"组中单击"水印"按钮 🖻，在弹出的下拉列表中可选择某种已有的水印效果；选择"自定义水印"选项，打开"水印"对话框，选中"图片水印"单选项，可单击 选择图片(P)... 按钮创建图片水印效果；选中"文字水印"单选项，可在"文字""字体""字号""颜色"等下拉列表中设置水印的格式，设置完成后单击 确定 按钮，如图 2-142 所示。

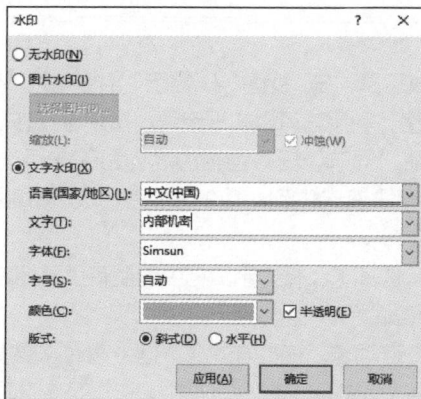

图 2-142　设置文字水印

任务七　编辑并打印"毕业论文"文档

任务描述

毕业论文反映的是学生的研究成果，为更好地展示学生的学术成果，同时方便学校存档和查阅，也便于他人进行阅读参考，需要适当编辑毕业论文，并将其打印出来。下面利用 Word 2016 的长文档编辑功能，介绍编辑"毕业论文"文档的方法，包括大纲级别的设置、页眉页脚的插入、多人协同编辑文档、预览并打印文档等操作。

技术分析

（一）认识不同的文档视图

为满足不同用户的编辑需求，Word 2016 提供了多种视图供用户使用，不同的视图具有不同的特点。切换视图模式的方法：在"视图"/"视图"组中单击相应的视图按钮可快速切换到不同的视图。各视图的作用如下。

> **提示**　在状态栏中"显示比例"滑块左侧有 3 个视图按钮，最左侧的是"阅读视图"按钮 ▥，中间的是"页面视图"按钮 ▤，最右侧的是"Web 版式视图"按钮 ▧，单击这些按钮也可切换到不同视图。

- 页面视图。此视图是 Word 2016 默认的视图，也是常用的视图。它是最接近打印效果的视图，包括页眉、页脚、图形对象、分栏设置、页面边距等，便于用户直观地编辑文档内容。
- 阅读视图。此视图采用的是图书翻阅样式，分两屏同时显示文档内容，适合在浏览文档内容时使用。切换到该视图后，文档将自动切换为全屏显示。要想退出该视图，可按"Esc"键。
- Web 版式视图。此视图以网页的形式显示文档内容，如果文档内容是准备发送的电子邮件或网页内容，则可以利用该视图来查看文档版式等。
- 大纲视图。此视图适用于设置文档标题层级和调整文档结构等，特别是长文档，利用该视图可以更加方便地控制文档内容的层级和排列顺序。
- 草稿视图。此视图取消了页边距、分栏设置、页眉、页脚和图片对象等，仅显示标题和正文，是最节省计算机硬件资源的视图。

（二）"导航"任务窗格的使用

"导航"任务窗格是浏览、查看和编辑长文档的有效工具，在"视图"/"显示"组中勾选"导航窗格"复选框，Word 2016 操作界面的左侧将显示该任务窗格，利用它可以实现定位、搜索等操作。

- 定位段落。文档中应用大纲级别的段落，将在"导航"任务窗格的"标题"选项卡中显示出来。在该窗格中选择某个标题选项，插入点将快速定位到对应的段落中，效果如图 2-143 所示。
- 定位页面。单击"导航"任务窗格中的"页面"选项卡，将显示文档中的所有页面缩略图，单击某个缩略图可快速将插入点定位到该页面，效果如图 2-144 所示。
- 搜索文本。单击"导航"任务窗格中的"结果"选项卡，在上方的文本框中输入需要搜索的文本内容，稍后"导航"任务窗格会把搜索到的结果显示在下方的列表框中，选择某个选项可快速定位到对应的文本位置，效果如图 2-145 所示。

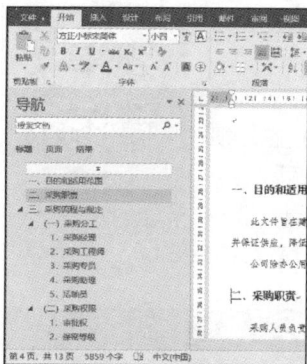

图2-143 定位段落

图2-144 定位页面

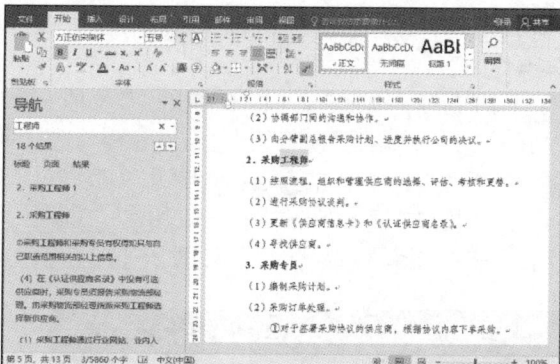

图2-145 搜索文本

示例演示

本任务编辑的"毕业论文"文档的参考效果（局部）如图2-146所示。其中，文档的各级标题应用了对应的大纲级别，为文档插入了页眉、页脚等对象，并进行了多人协同编辑，最后对毕业论文进行预览和打印。

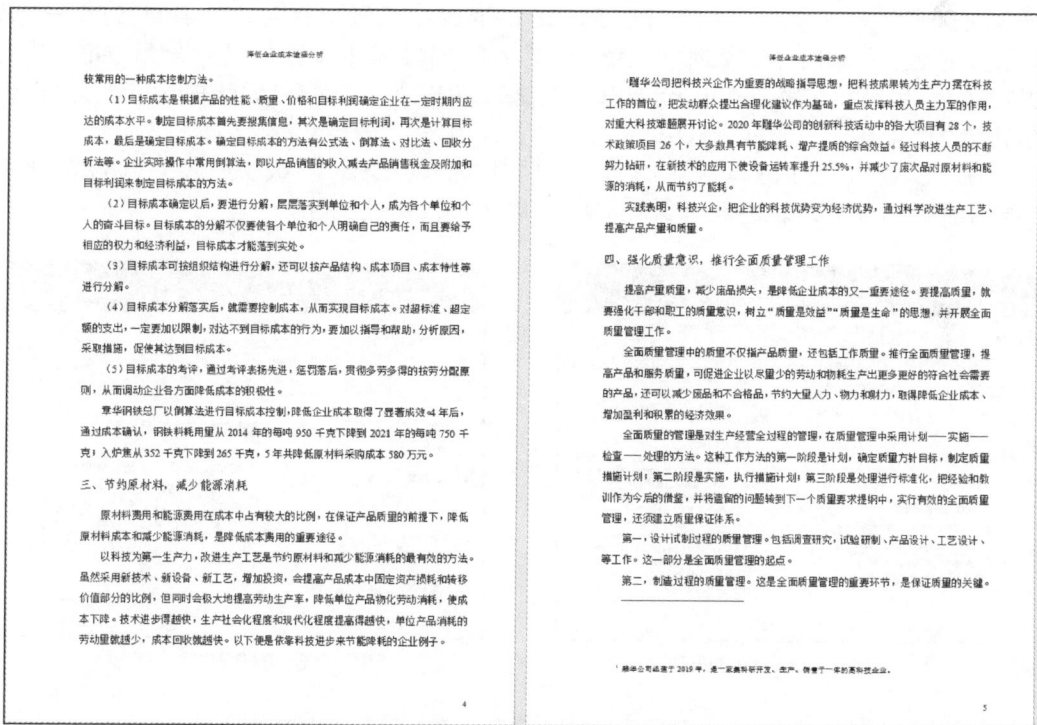

图2-146 "毕业论文"文档的参考效果（局部）

任务实现

（一）设置段落的大纲级别

在内容较多的文档中，可以根据需要设置文档内容的大纲级别，以便于阅读者快速了解文档的内容结构，并进行内容的定位。下面利用大纲视图模式设置文档的大纲级别，具体操作如下。

（1）打开"毕业论文（打印）.docx"文档（配套资源：\素材\模块二\毕业论文（打印）.docx），在"视图"/"显示"组中勾选"导航窗格"复选框，然后在"视图"/"视图"组中单击 大纲视图 按钮，如图2-147所示，切换到大纲视图。

（2）将文本插入点定位到"一、引言"文本中，在"大纲"/"大纲工具"组的下拉列表中选择"3级"选项，如图2-148所示，将该内容的大纲级别设置为"3级"。

微课

设置段落的
大纲级别

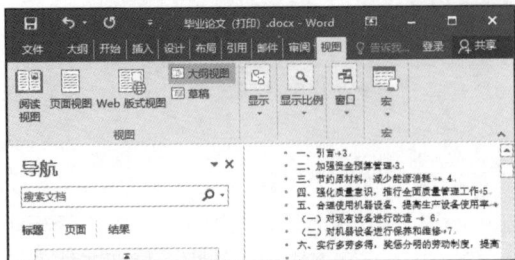

图2-147　切换到大纲视图

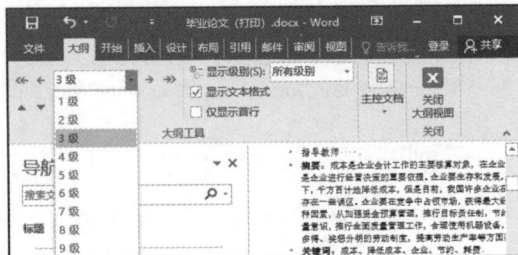

图2-148　设置大纲级别

（3）按照该方法，将与"一、引言"同级别的文本都设置为"3级"。将文本插入点定位到"（一）对现有设备进行改造"文本中，在"大纲"/"大纲工具"组的下拉列表中选择"4级"选项，将该内容的大纲级别设置为"4级"，如图2-149所示。按照该方法，将与"（一）对现有设备进行改造"文本同级别的内容设置为"4级"。

（4）在"大纲"/"大纲工具"组的"显示级别"下拉列表中选择"3级"选项，可以显示3级以上的目录，如图2-150所示。选择"4级"选项，可以显示4级以上的目录。

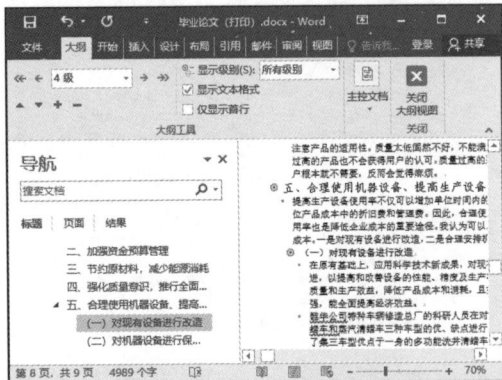

图2-149　继续设置大纲级别

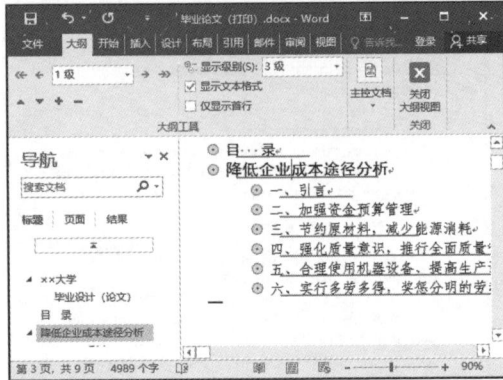

图2-150　按级别查看大纲内容

（5）单击"大纲"/"关闭"组中的"关闭大纲视图"按钮 ，退出大纲视图。

> **提示**　在大纲视图中，如果发现某些内容的大纲级别有误，则可以选择该内容，重新设置其大纲级别，或在"大纲"/"大纲工具"组中双击"升级"按钮 ← 或"降级"按钮 →，调整内容的大纲级别。此外，在大纲视图中拖曳某个段落左侧的"展开"标记 ⊕，可以调整对应段落在文档中的位置。当整个级别中内容的位置都出现错误时，利用这种方法可以快速实现位置的调整。例如，假设"二、加强资金预算管理"下所有内容的位置都错误，直接拖曳该标记就能调整其下所有内容的位置。

（二）插入页眉、页脚和页码

页眉和页脚一般指的是文档上方和下方的区域，在这些区域中可以添加一些辅助内容，如文档名称、页码等。下面在文档的页眉和页脚区域适当补充一些信息来完善文档，具体操作如下。

微课

插入页眉、页脚和页码

（1）双击页面上方空白区域，进入页眉和页脚的编辑状态，在"页眉和页脚工具-设计"/"选项"组中勾选"首页不同"复选框，如图2-151所示。

（2）将插入点定位到第2页的页眉区域，在"页眉和页脚工具-设计"/"页眉和页脚"组中单击"页眉"按钮，在弹出的下拉列表中选择"空白"选项，如图2-152所示。

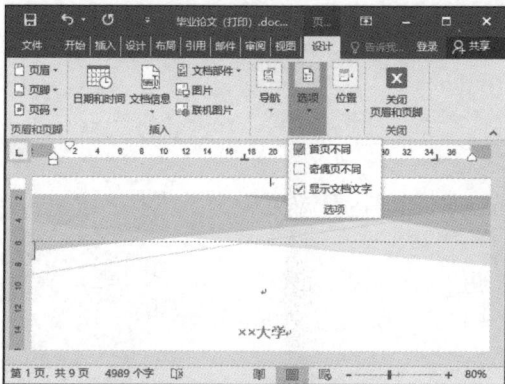

图2-151 设置页眉和页脚

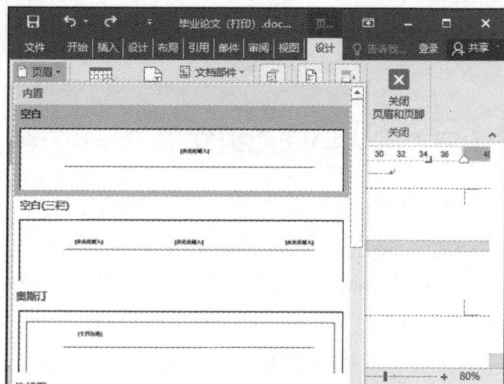

图2-152 选择页眉样式

（3）在页眉区域中输入论文标题"降低企业成本途径分析"，如图2-153所示。

（4）选择标题段落，单击"开始"/"段落"组中的"边框"按钮右侧的下拉按钮，在弹出的下拉列表中选择"无框线"选项，如图2-154所示，然后调整文本的位置。

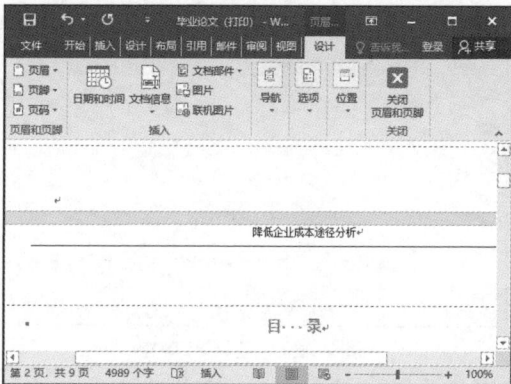

图2-153 输入页眉内容

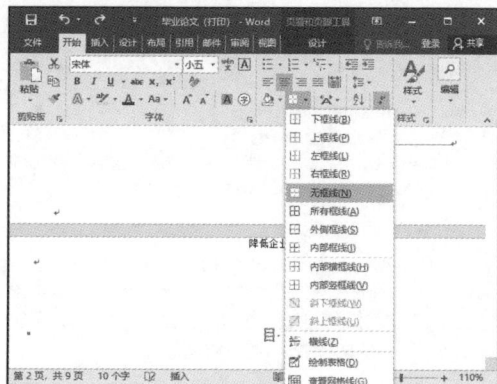

图2-154 取消框线

（5）继续在"页眉和页脚 工具-设计"/"页眉和页脚"组中单击"页码"按钮，在弹出的下拉列表中选择"页面底端"/"普通数字2"选项，如图2-155所示。

（6）完成页码的插入后，在"开始"/"段落"组中将页码对齐方式设置为"右对齐"。单击"页眉和页脚 工具-设计"/"关闭"组中的"关闭页眉和页脚"按钮，退出页眉和页脚的编辑状态，如图2-156所示。

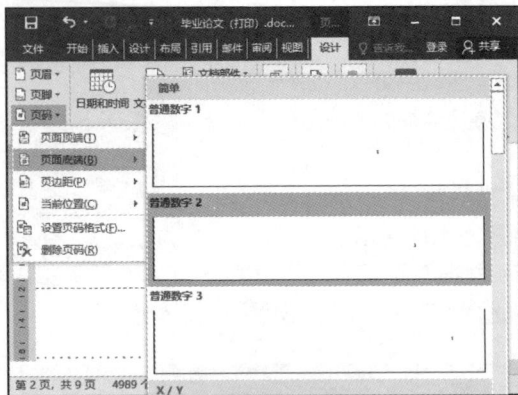

图2-155　插入页码

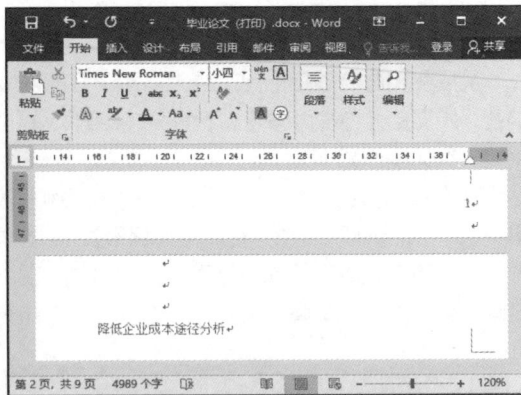

图2-156　退出页眉和页脚的编辑状态

（三）多人协同编辑文档

当文档内容需要其他相关人员（如论文导师）协助编辑时，可以利用Word 2016的修订功能实现多人协同编辑文档，具体操作如下。

（1）在"审阅"/"修订"组中单击"修订"按钮，进入修订状态，如图2-157所示。按"Ctrl+S"组合键保存文档。关闭"毕业论文（打印）.docx"文档，利用QQ等工具将文档发送给其他人员。

微课

多人协同编辑
文档

（2）待他人对文档进行编辑并保存后，接收其回传的文档并打开，在"审阅"/"更改"组中单击 下一条 按钮可定位到修订位置。如果觉得修订无误，则可单击"审阅"/"更改"组中的"接受并移到下一条"按钮，如图2-158所示。

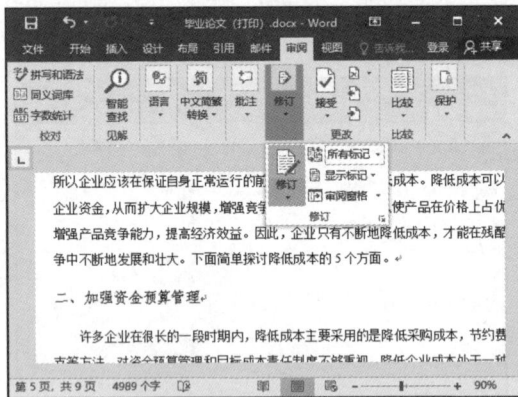

图2-157　进入修订状态

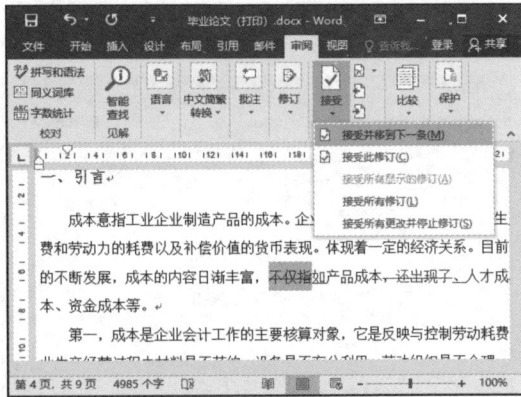

图2-158　查看修订内容

（3）此时Word 2016将接受修改的内容并定位到下一处修订的位置。若修订无误，则继续单击"接受并移到下一条"按钮，以此类推，效果如图2-159所示。

（4）若发现修订的内容有误，则可单击"审阅"/"更改"组中的"拒绝并移到下一条"按钮，效果如图2-160所示。

（5）完成所有修订的查看后，Word 2016将打开提示对话框，单击 确定 按钮。单击"审阅"/"修订"组中的"修订"按钮，退出修订状态。

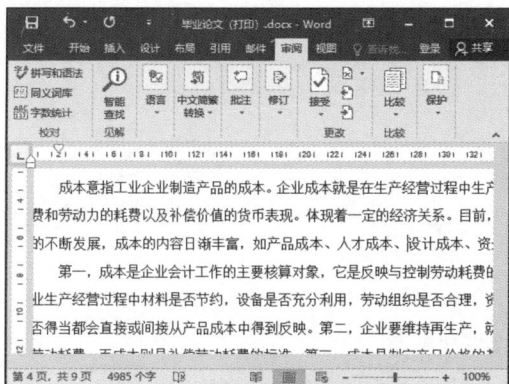

图 2-159　查看并接受修订的效果

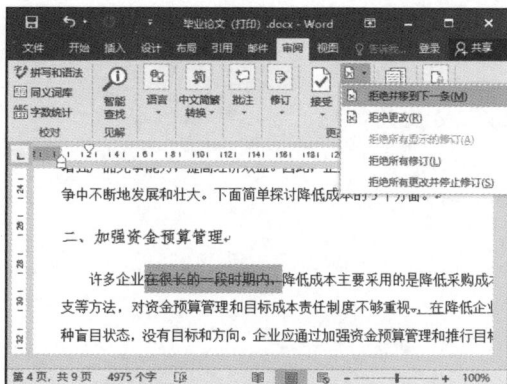

图 2-160　拒绝修订的效果

（四）预览并打印文档

完成文档设计后，如果文档有打印需求，则可以先预览打印效果，确认无误后，再设置相应的打印参数，将文档打印出来，具体操作如下。

（1）选择"文件"/"打印"命令，打开打印预览界面，拖动"显示比例"栏中的滑块，调整预览比例，对文件进行预览，如图 2-161 所示，然后在"份数"数值框中输入打印份数，这里输入"3"，在"打印机"下拉列表中选择可使用的打印机，在"设置"栏的下拉列表中分别选择"打印所有页"选项和"单面打印"选项，然后单击"打印"按钮 🖶，如图 2-162 所示。

（2）打印完成后，按"Ctrl+S"组合键保存文档（配套资源：\效果\模块二\毕业论文（打印）.docx）。

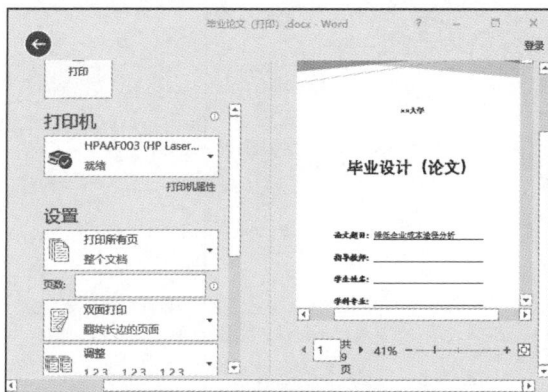

图 2-161　预览打印效果

图 2-162　设置打印参数

能力拓展

（一）拆分文档

在 Word 2016 中可以将长文档拆分为多个子文档，从而达到多人同时编辑文档不同部分的目的。其方法为切换到大纲视图，选择需要拆分为子文档的标题段落，在"大纲"/"主控文档"组中单击"显示文档"按钮 🔳，再单击 🔳创建 按钮。按照相同方法创建其他需拆分为子文档的标题段落，如图 2-163 所示。将文档另存到其他位置后，所选的标题段落将自动保存为多个 Word 文档。

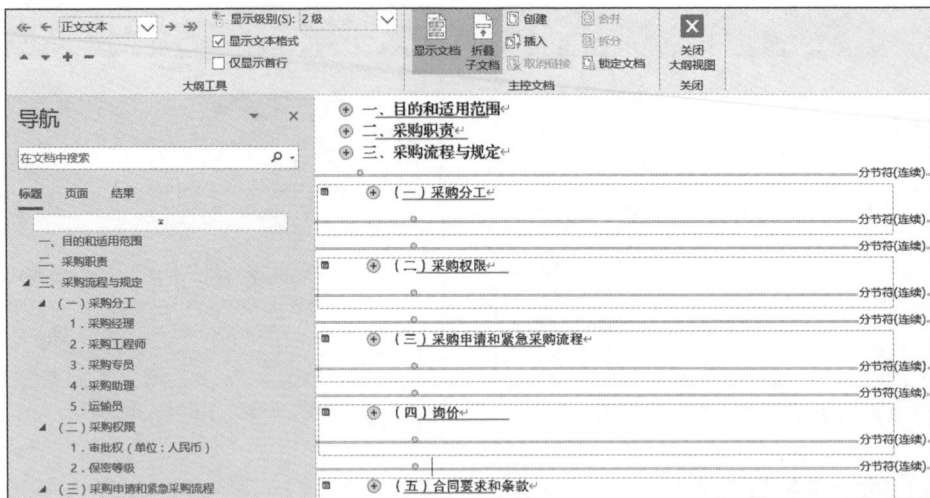

图 2-163　创建子文档

> **提示**　当多人编辑多个子文档后，可以通过合并操作将这些文档合并到一个文档中。其方法为将需要合并的所有子文档存放在同一文件夹中，然后新建 Word 文档或打开已有的文档，在"插入"/"文本"组中单击 □对象 按钮右侧的下拉按钮 ▾，在弹出的下拉列表中选择"文件中的文字"选项；打开"插入文件"对话框，选择需要合并的多个子文档，单击 插入(S) ▾ 按钮，如图 2-164 所示。

图 2-164　选择需要合并的多个子文档

（二）多人在线同时编辑文档

如果将 Word 文档共享到网络中，那么可以实现多人在线同时编辑一个文档。其方法为选择"文件"/"另存为"命令，然后在"另存为"界面中选择"OneDrive"选项，登录该网站（若无账号，则可单击"注册"超链接注册账号），如图 2-165 所示。成功登录后，将文档另存到 OneDrive 中，文档保存成功后的界面如图 2-166 所示。

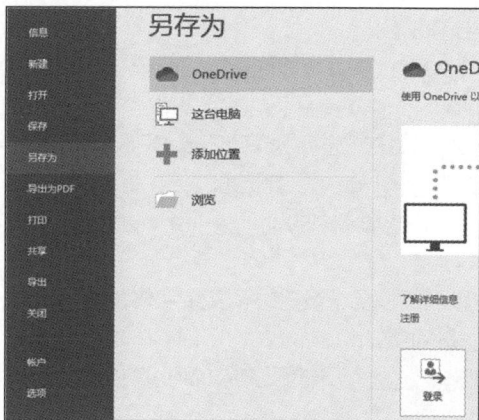

图 2-165 "另存为"界面

图 2-166 文档保存成功后的界面

选择"文件"/"共享"命令，在"共享"界面中选择"与人共享"选项，单击"与人共享"按钮 ，如图 2-167 所示。此时 Word 2016 的操作界面中将显示"共享"任务窗格，在"邀请人员"文本框中可输入对应人员的电子邮箱地址（多个地址之间用";"分隔），在 可编辑 ▾ 按钮下方的文本框中可输入邀请信息，完成后单击 共享 按钮，如图 2-168 所示。受到邀请的人员将收到一封电子邮件，其中包含指向共享文档的超链接，当其单击该超链接后，共享的文档将在受邀人员的 Word 中打开，从而实现多人在线编辑文档。

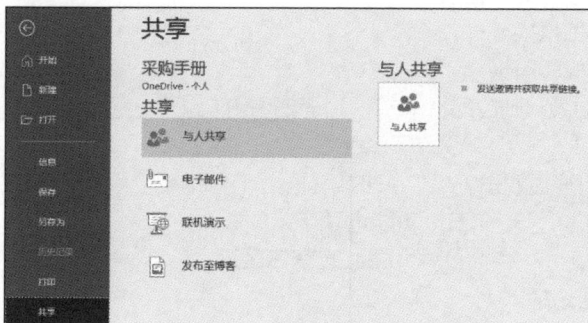

图 2-167 与人共享文档

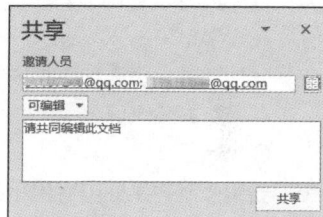

图 2-168 "共享"任务窗格

课后练习

一、填空题

1. 编辑 Word 文档时，若需要将 A 文档的一部分内容复制到 B 文档中的指定位置，则可采用如下方法：打开 A 文档和 B 文档，在 A 文档中找到相应的内容，在起始位置按住鼠标_____键并_____鼠标，选择需插入的内容，并按"Ctrl+_____"组合键将内容复制到剪贴板；切换到 B 文档，在目标位置_____定位插入点，按"Ctrl+_____"组合键粘贴即可。

2. 在 Word 2016 中，打开已有文档的快捷键为"_____"。

3. 在 Word 2016 中，移动文本的操作是选择文本，将鼠标指针移至所选的文本区域上，再按住_____并拖曳文本至目标位置后释放鼠标左键。

4. 在 Word 2016 中，文档的扩展名是_____。

5. 在 Word 2016 中，要选择文档中的某个段落，可将鼠标指针移至文本左侧，当其变为 形状时，_____，也可在段落中_____以快速选择当前段落。

6. 在 Word 文档中，如果看不到段落标记，则可以在 "Word 选项" 对话框的 "显示" 选项卡中勾选 "_____" 复选框。

7. 若需要将 Word 文档加密发布为 PDF 格式的文件，则需要在 "发布为 PDF 或 XPS" 对话框中单击 [选项(O)...] 按钮，在打开的 "选项" 对话框中勾选 "_____" 复选框。

8. 设置文本的字符格式时，可以通过_____工具栏、"_____" 选项卡中的 "_____" 组，以及 "_____" 对话框来完成。

9. 假设已在 Word 文档中设置了 6 段文本，其中第 1 段已经按要求设置好了文字字体和段落格式，现在要对其他 5 段进行同样的格式设置，则使用_____最简便。

10. 若多个段落属于并列关系，则可以为这些段落添加_____来提高文档的可读性。

二、选择题

1. Word 2016 中最接近打印结果的视图是（　　）。
   A. 阅读视图　　　　　　B. 页面视图　　　　　　C. 大纲视图　　　　　　D. Web 版式视图

2. 若需要创建结构复杂的表格，则更好的操作方法是（　　）。
   A. 通过快速插入功能插入表格　　　　　　B. 通过 "插入表格" 对话框进行精确设置
   C. 手动绘制表格　　　　　　D. 以上方法均正确

3. 下列有关 "查找和替换" 功能的说法中，正确的是（　　）。
   A. 该功能只可以对文字进行查找和替换
   B. 该功能可以对指定格式的文本进行查找和替换
   C. 该功能不可以对制表符进行查找和替换
   D. 该功能不可以对段落格式进行查找和替换

4. 在 Word 文档中，若要加选多个形状对象，则应配合（　　）键进行操作。
   A. "Alt"　　　　　　B. "Ctrl"　　　　　　C. "Enter"　　　　　　D. "Tab"

5. 要快速进入页眉和页脚的编辑状态，可通过双击（　　）来实现。
   A. 文本编辑区　　　　　　B. 功能选项卡
   C. 标尺　　　　　　D. 页面上方空白区域

6. 要想强制将某些内容显示到下一页，应该插入（　　）。
   A. 分页符　　　　　　B. 自动换行符　　　　　　C. 分栏符　　　　　　D. 分节符

7. 在 Word 2016 中，按（　　）快捷键可快速新建空白文档。
   A. "Ctrl+N"　　　　　　B. "Ctrl+O"　　　　　　C. "Ctrl+S"　　　　　　D. "Ctrl+P"

8. 下列说法中不正确的是（　　）。
   A. 每次保存文档时都要设置文档名称
   B. 文档既可以保存在硬盘上，又可以保存到 U 盘上
   C. 另存文档时，需要设置文档的保存位置、文件名、保存类型等
   D. 在第一次保存文档时会打开 "另存为" 对话框

9. 当需要调整文档内容的层级和排列顺序时，最方便的视图是（　　）。
   A. 阅读视图　　　　　　B. 页面视图　　　　　　C. Web 版式视图　　　　　　D. 大纲视图

10. 在文档中选择插入的图片对象后，不能通过该图片上出现的控制点进行的操作是（　　）。
    A. 调整图片高度　　　　B. 调整图片宽度　　　　C. 移动图片　　　　D. 缩放图片

三、操作题

1. 启动 Word 2016，按照下列要求对文档进行操作，参考效果如图 2-169 所示。

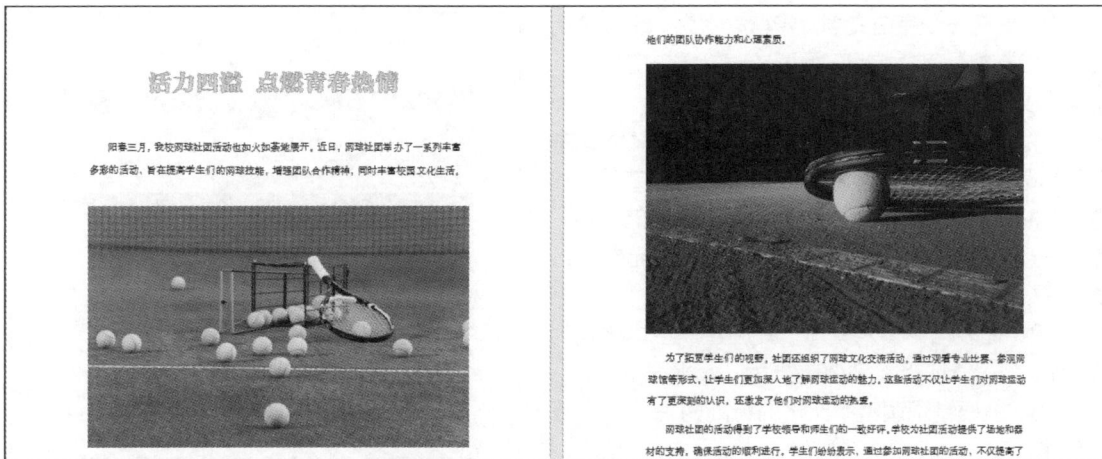

图 2-169 "社团活动新闻稿"参考效果

（1）新建空白文档，将其命名为"社团活动新闻稿.docx"并保存，在文档中输入文本内容（配套资源：\素材\模块二\网球社团新闻.txt）。

（2）在文档起始位置插入若干换行符，然后在文档中插入"渐变填充-金色，着色4，轮廓-着色4"效果的艺术字，在文本框中输入"活力四溢 点燃青春热情"，并调整艺术字的位置，设置艺术字的字体为"方正风雅宋简体"，字号为"一号"。

（3）插入图片"网球.png""网球1.png"（配套资源：\素材\模块二\网球.png、网球1.png），调整图片大小和位置，然后将图片的文字环绕方式设置为"嵌入型"。

（4）将正文的字体格式设置为"汉仪报宋简"，将段落格式设置为"首行缩进"，"段前""段后"为"0.5行"，"行距"为"1.5倍行距"。

（5）设置完成后保存文档（配套资源：\效果\模块二\社团活动新闻稿.docx）。

2. 打开"我国航天事业发展历程.docx"文档（配套资源：\素材\模块二\我国航天事业发展历程.docx），按照下列要求对文档进行操作，参考效果如图 2-170 所示。

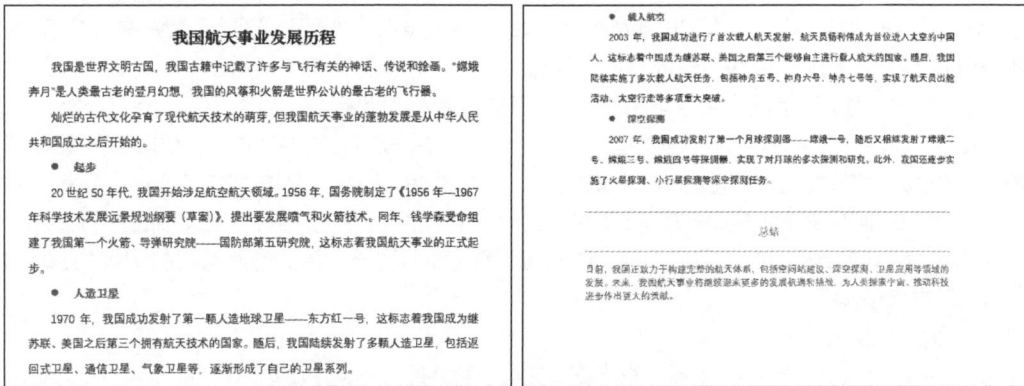

图 2-170 "我国航天事业发展历程"参考效果

（1）设置文本段落格式为"首行缩进"，"行距"为"1.5倍行距"。

（2）为"起步""人造卫星""载人航空""深空探测"添加项目符号。

（3）插入"花丝提要栏"样式的文本框，并输入相应的文本内容。

（4）将文档的保护密码设置为"123"（配套资源：\效果\模块二\我国航天事业发展历程.docx）。

3. 新建一个空白文档，将其命名为"个人简历表.docx"并保存，按照下列要求对文档进行操作，参考效果如图 2-171 所示。

（1）新建"个人简历表.docx"文档，输入文本"个人简历"，设置其字体格式为"新宋体、二号、加粗、居中"，段落格式为"段后 1 行""1.5 倍行距"。插入一个 8 列 18 行的表格，并对部分单元格进行合并。

（2）在表格中输入文本，并调整其字体格式为"宋体、五号、加粗"，对齐方式为"水平居中"。

（3）根据情况调整单元格的行高为 1.5 厘米或 2 厘米。

（4）设置表格的"边框样式"为"单实线，1/2pt"，"笔画粗细"为"0.5 磅"，边框线颜色为"绿色，个性色 6，深色 25%"。为所有框线应用该边框样式，并取消表格左侧和右侧的框线。

（5）为第 1、7、10、15 行单元格设置"绿色，个性色 6，深色 25%"的底纹，为其他有文字的单元格设置"绿色，个性色 6，深色 80%"的底纹（配套资源：\效果\模块二\个人简历表.docx）。

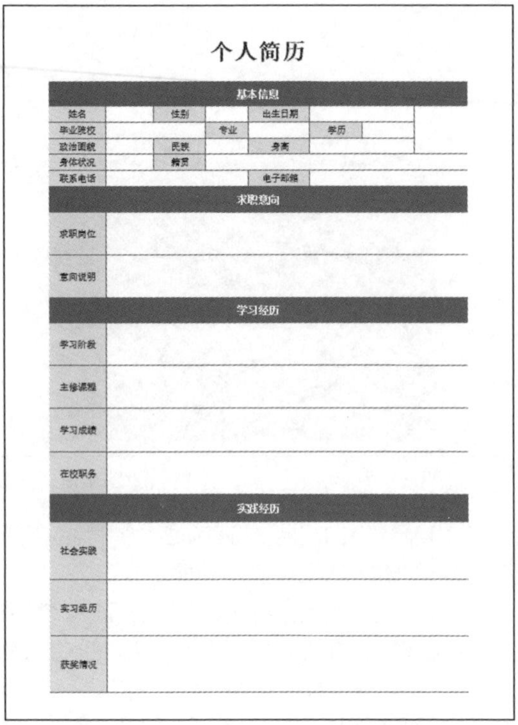

图 2-171 "个人简历表"参考效果

广识天地——用 AI 工具快速生成文案

在人工智能（Artificial Intelligence，AI）萌芽之际，"AI"一词曾是人们绘制的未来生活图景。而当下，AI 工具如雨后春笋般不断涌现，如智能机器人、智能家居、自动驾驶汽车、智能内容生成……AI 技术的迅猛发展让越来越多的人意识到，AI 时代已到来。AI 成为推动世界发展的重要力量，而处于 AI 浪潮中的我们则要懂得抓住这个时代的机遇和挑战。如今，AI 技术的发展已经渗透到社会的方方面面，那么在日常的工作和学习中，AI 可以帮助我们做什么？

目前，广泛应用于日常工作和学习中的 AI 类型主要是人工智能生成内容（Artificial Intelligence-Generated Content，AIGC）。AIGC 是利用 AI 技术自动生成内容的生产方式，根据不同模态，其可以分为音频生成、文本生成、视频生成、图像生成，以及图像、视频、文本间的跨模态生成等。例如，文心一言、通义千问是文本生成模态的 AI 工具，文心一格、通义万相是图片生成模态的 AI 工具。

文本生成类 AI 工具可以帮助我们快速创作文案。假设要编写一个展示校园风采的短视频文案，要如何利用 AI 工具来创作呢？

1. 选择合适的 AI 工具

目前支持文本内容创作的 AI 工具非常丰富，文心一言、通义千问、秘塔写作猫、笔灵 AI、火山写作等都可以用来生成文案。不同的 AI 工具有不同的优点，如笔灵 AI 适合创作汇报总结、论文、小说等；悉语适合生成电商领域的营销推广文案；文心一言可以与人对话、回答人们的问题，也可以协助人们思考、获取灵感或帮助人们创作文案等。根据需要创作的文本内容的类型选择 AI 工具，可以更加高效地获得高质量的文本内容。

2. 描述需求并发出指令

AI 工具在创作文本内容时，主要是根据关键词来了解用户需求，关键词越准确、描述越细致，AI 工具生成的文本内容就越符合用户需求。例如，在使用文心一言生成校园风采短视频文案时，围绕"请给我编写一则介绍校园风采的短视频文案，文案内容需包括百年名校历史悠久、学术成就令人瞩目、艺术氛围浓厚、体育活动丰富等。"这一描述发出指令，如图 2-172 所示，文心一言就会围绕描述中的关键词来创作短视频文案，如图 2-173 所示。

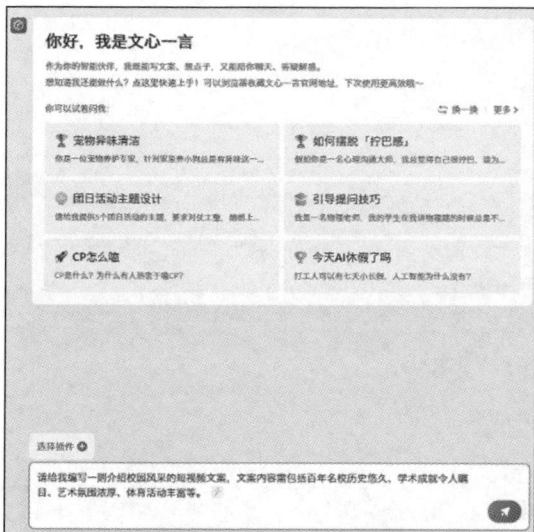

图 2-172　向文心一言发出指令

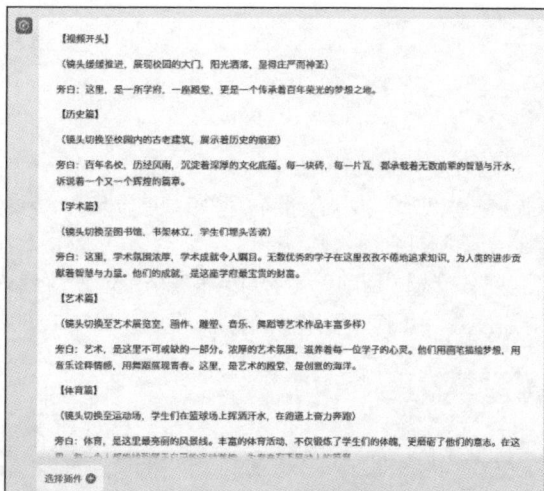

图 2-173　文心一言编写的文案

3. 优化内容生成

部分 AI 工具支持对生成的文本内容进行优化，在使用 AI 工具生成文本内容后，如果文本内容有误、内容太过简略或详细，则可以要求 AI 工具继续编写。例如，在文心一言中继续发出指令，如"请对学校历史进行详细描述"，如图 2-174 所示，文心一言将继续针对该内容生成详细文案。

4. 编辑文案内容

使用 AI 工具生成文本内容可以大大提高创作效率，但其生成的内容往往并不能直接使用，在本例中创作者还应该根据自己的实际需求或个性化要求，利用 Word 等文档编辑软件进一步修改、编辑文案内容，如删除与需求不符合的内容，补充需要的内容等，这样才能得到一份满足使用需求的文案内容，如图 2-175 所示。

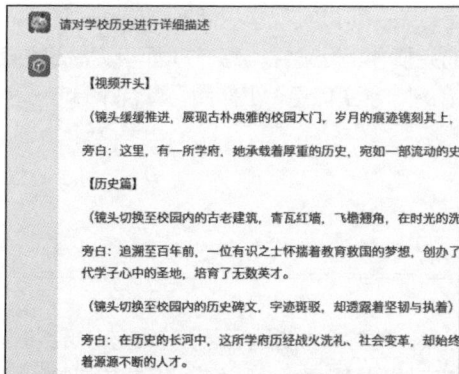

图 2-174　继续发出指令

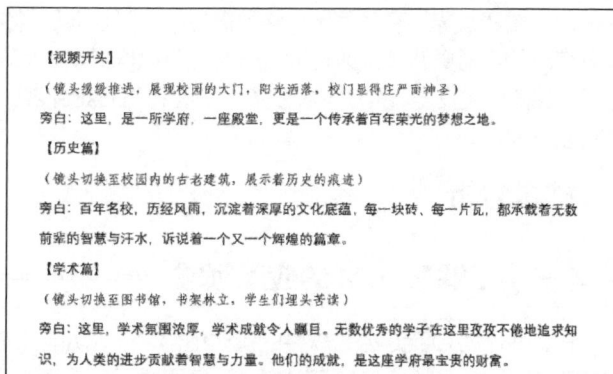

图 2-175　编辑后的文案内容

模块三
电子表格处理

03

电子表格可以用来输入、输出、显示数据，也可以计算复杂数据；同时，还能将大量枯燥无味的数据转变为直观、丰富的图表。例如，在学习中，利用电子表格处理软件可以汇总分析某一时段的学习成绩，以便制订合理的学习计划；在工作中，可以利用电子表格处理软件分析产品的销售额，以便制订合理的销售计划。目前，常用的电子表格处理软件有 WPS 表格、Microsoft Excel 等。本模块将通过创建"学生信息"工作簿等来全面介绍 Excel 2016 中的数据处理操作。

课堂学习目标

- **知识目标**：掌握 Excel 的基本操作，如工作簿和工作表的基本操作、数据的输入与编辑、单元格的格式设置、公式与函数的使用、图表的创建与编辑等。

- **技能目标**：能利用 Excel 制作和分析电子表格中的数据。

- **素质目标**：增强学习能力，明白理论与实践相结合的重要性，不断在实践中提升数据处理的能力。

任务一　创建"学生信息"工作簿

任务描述

学生信息表通常用于记录学生的基本信息，如姓名、性别、出生年月、身份证号、籍贯、民族、政治面貌、健康状况、家庭信息、学习信息等。学校通过学生信息表，可以实现学生信息的信息化管理，实现信息的实时更新和快速查询，一方面可以确保学生信息的完整性、准确性，另一方面可以提高教育质量、保障学生安全、推动学校发展。下面利用 Excel 2016 创建"学生信息"工作簿，重点介绍电子表格的基本操作。

技术分析

（一）了解 Excel 的应用领域

Excel 作为 Office 办公软件的重要组件之一，功能非常强大，其基本功能是记录、计算与分析数据。在实际应用中，Excel 小到可以充当计算器或用来计算个人收支情况等；大则可以进行专业的科学统计运算与分析，为企业财务政策的制订提供有效的参考。Excel 主要应用于财务管理、人力资源管理和销售管理等多个领域。

- 财务管理。Excel 是财务管理中使用较为广泛的办公软件之一，它可以实现对复杂数据的计算、整理和分析等，从而使财务人员从烦琐的手工劳动中解放出来。例如，Excel 可以用来计算财务报表数据，以此来分析和评估企业以往的绩效，并估算未来盈利。

- 人力资源管理。Excel 在数据处理方面具有强大的功能，相关人员利用 Excel 可以进行有效的人力资源管理。例如，提前提醒管理人员员工的生日、合同到期时间、退休日期等信息；动态了解员工的流入和流出情况等。Excel 可以有效提高企事业单位员工的工作效率，促进企事业单位的持续发展。

- 销售管理。相关人员利用 Excel 可以科学、合理地评估和预测企业未来的销售量，使企业的销售策略得以更好地实施。

（二）熟悉 Excel 2016 的操作界面

Excel 2016 的操作界面与 Word 2016 的操作界面基本相似，由快速访问工具栏、标题栏、功能选项卡、编辑栏、工作表编辑区和状态栏等部分组成。下面主要介绍编辑栏和工作表编辑区的作用，如图 3-1 所示。

图 3-1　Excel 2016 的操作界面

1. 编辑栏

编辑栏用来显示和编辑当前单元格中的数据或公式。默认情况下，编辑栏包括名称框、"插入函数"按钮 f_x 和编辑框。在单元格中输入数据或插入公式与函数时，编辑栏中的"取消"按钮 ✕ 和"输入"按钮 ✓ 将被激活。

- 名称框。名称框用来显示当前单元格的地址或函数名称。例如，在名称框中输入"A3"后，按"Enter"键会自动选中 A3 单元格。

- "取消"按钮 ✕ 。单击该按钮表示取消输入的内容。

- "输入"按钮 ✓ 。单击该按钮表示确定并完成输入。

- "插入函数"按钮 f_x 。单击该按钮，将快速打开"插入函数"对话框，在其中可选择相应的函数插入表格。

- 编辑框。编辑框用于显示在单元格中输入或编辑的内容，也可直接在编辑框中输入和编辑内容。

2. 工作表编辑区

工作表编辑区是 Excel 编辑数据的主要场所，包括行号、列标和工作表标签等。

- 行号与列标。行号用"1、2、3"等阿拉伯数字标识，列标用"A、B、C"等大写英文字母标识。一般情况下，单元格地址表示为"列标+行号"。例如，位于 A 列 1 行的单元格可表示为"A1"单元格。

- 工作表标签。工作表标签用来显示工作表的名称，Excel 2016 默认只包含一张工作表，单击"新工作表"按钮 ⊕，将新建一张工作表。当工作簿中包含多张工作表时，可单击任意一个工作表标签切换到对应的工作表。

（三）工作簿的基本操作

工作簿是 Excel 2016 保存数据的场所，只有掌握工作簿的基本操作后，才能顺利管理工作表及其中的单元格。工作簿的基本操作主要包括工作簿的新建、保存、打开、关闭等。

1. 工作簿的新建

启动 Excel 2016 后，系统会自动新建一个空白工作簿；若需要手动新建，则可采取以下 3 种方法。

- "文件"选项卡。选择"文件"/"新建"命令，选择打开界面中的"空白工作簿"选项，将新建一个空白工作簿。
- 快速访问工具栏。单击快速访问工具栏右侧的"自定义快速访问工具栏"下拉按钮 ⬇，在弹出的下拉列表中选择"新建"选项，将"新建"按钮 🗋 添加到快速访问工具栏中，此时单击该按钮将新建一个空白工作簿，如图 3-2 所示。

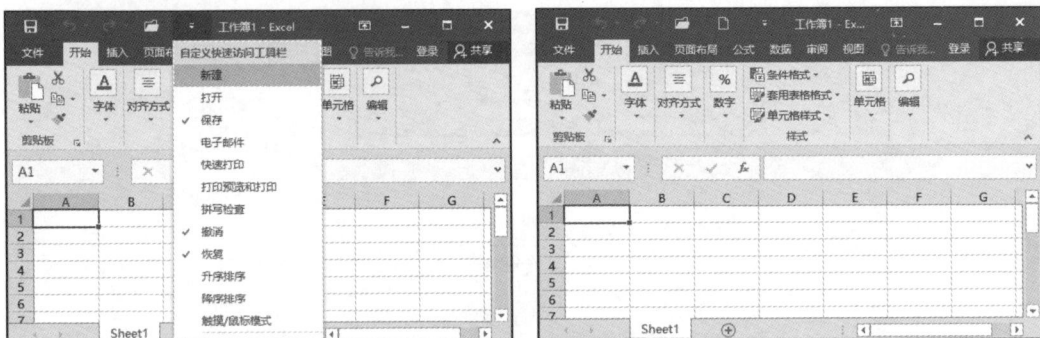

图 3-2　利用快速访问工具栏新建空白工作簿

- 快捷键。直接按"Ctrl+N"组合键可快速新建一个空白工作簿。

2. 工作簿的保存

为避免重要数据或信息丢失，用户应该在制作电子表格时随时保存工作簿。下面介绍保存新建的工作簿及另存工作簿的方法。

- 保存新建的工作簿。选择"文件"/"保存"命令，或单击快速访问工具栏中的"保存"按钮 💾，或直接按"Ctrl+S"组合键；打开"另存为"界面，选择"浏览"选项，在打开的"另存为"对话框中选择工作簿的保存路径，在"文件名"文本框中输入工作簿名称，然后单击 保存(S) 按钮，如图 3-3 所示。
- 另存工作簿。另存工作簿是指将工作簿以不同的名称或不同的位置保存。选择"文件"/"另存为"命令，打开"另存为"界面，选择"浏览"选项，按保存新建工作簿的方法设置保存位置和名称。需要注意的是，当想另存工作簿且不想改变工作簿的名称时，必须改变工作簿的保存位置；反之，若不想改变工作簿的保存位置，则必须改变工作簿的名称。

> **提示**　对工作簿进行另存操作主要是为了备份数据，这样做的好处主要体现在两个方面。第一，当源文件损坏或丢失时，可使用另存的工作簿进行操作；第二，当不确定操作是否正确或安全时，可在备份的工作簿中进行操作，避免源文件出错。因此，对于一些特别重要的工作簿，用户应对其进行另存操作。

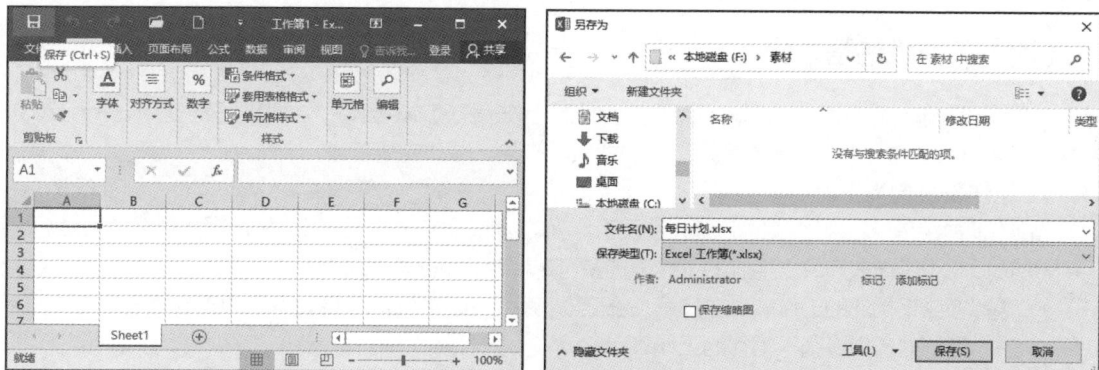

图3-3　保存新建的工作簿

3. 工作簿的打开

打开工作簿的方法主要有以下3种。

- "文件"选项卡。选择"文件"/"打开"命令，打开"打开"界面，选择"浏览"选项，打开"打开"对话框，选择需要打开的工作簿，然后单击 打开(O) ▼ 按钮。
- 快捷键。按"Ctrl+O"组合键，打开"打开"界面，选择"浏览"选项，在打开的"打开"对话框中选择要打开的工作簿，然后单击 打开(O) ▼ 按钮。
- 双击文件。双击打开保存工作簿的文件夹，在其中找到并双击文件，如图 3-4 所示，此时将启动 Excel 2016 并打开该工作簿。

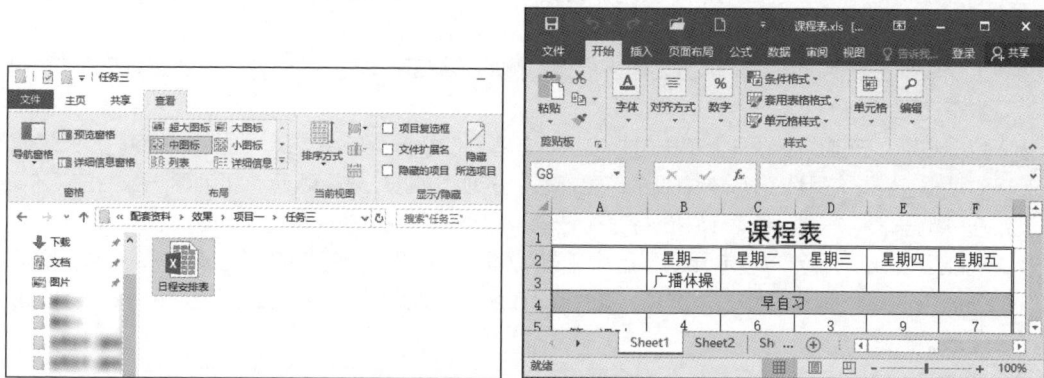

图3-4　双击文件以打开工作簿

4. 工作簿的关闭

关闭工作簿是指关闭当前编辑的工作簿，但并不退出 Excel 2016。关闭工作簿的方法主要有以下两种。

- "文件"选项卡。在打开的工作簿中选择"文件"/"关闭"命令。
- 快捷键。直接按"Ctrl+W"组合键。

如果用户想在关闭工作簿的同时退出 Excel 2016，则应在打开的工作簿中单击标题栏右侧的"关闭"按钮 ×。

> **提示**　在未保存工作簿的前提下将其关闭时，为避免丢失数据，Excel 2016 会自动弹出提示对话框，提示用户是否需要保存对工作簿所做的修改，单击 保存(S) 按钮将确认修改操作；单击 不保存(N) 按钮将不保存修改内容并关闭工作簿；单击 取消 按钮将取消关闭操作。

（四）工作表的基本操作

工作表是存储和管理数据信息的场所，只有熟悉工作表的基本操作后，才能更好地使用 Excel 2016 制作电子表格。工作表的基本操作包括选择、插入、删除、移动或复制等。

1. 工作表的选择

当工作簿中存在多张工作表时，就会涉及工作表的选择操作，下面介绍 4 种选择工作表的方法。

- 选择单张工作表。单击相应的工作表标签可选择对应的工作表。
- 选择多张不相邻的工作表。选择第 1 张工作表后，按住"Ctrl"键，继续单击任意一个工作表标签，可同时选择多张不相邻的工作表。
- 选择连续的工作表。选择第 1 张工作表后，按住"Shift"键，继续单击任意一个工作表标签，可同时选中这两张工作表及它们之间的所有工作表。
- 选择所有工作表。在任意工作表标签上单击鼠标右键，在弹出的快捷菜单中选择"选定全部工作表"命令，可选中当前工作簿中的所有工作表。

> **提示** 在 Excel 2016 中选择多张工作表后，标题栏中将显示"[***组]"字样。若要取消选择工作簿中的多张工作表，则可单击任意一张没有被选中的工作表；也可以在被选中的工作表对应的标签上单击鼠标右键，在弹出的快捷菜单中选择"取消组合工作表"命令。

2. 工作表的插入

工作簿中默认的一张工作表可能不够用，此时，用户需要手动插入新工作表。插入工作表的方法有以下 4 种。

- 工作表标签右侧的按钮。单击工作表标签右侧的"新工作表"按钮 ⊕，可在该按钮左侧插入一张空白工作表。
- 鼠标右键。在工作表标签上单击鼠标右键，在弹出的快捷菜单中选择"插入"命令，打开"插入"对话框。在"常用"选项卡中双击"工作表"选项，如图 3-5 所示，可创建一张空白工作表；在"电子表格方案"选项卡中选择某个选项，可创建具有相应模板的工作表。
- 功能区。在"开始"/"单元格"组中单击"插入"按钮 下方的下拉按钮 ，在弹出的下拉列表中选择"插入工作表"选项，如图 3-6 所示，此时将在当前工作表左侧插入一张空白工作表。
- 快捷键。直接按"Shift+F11"组合键可在当前工作表左侧插入一张空白工作表。

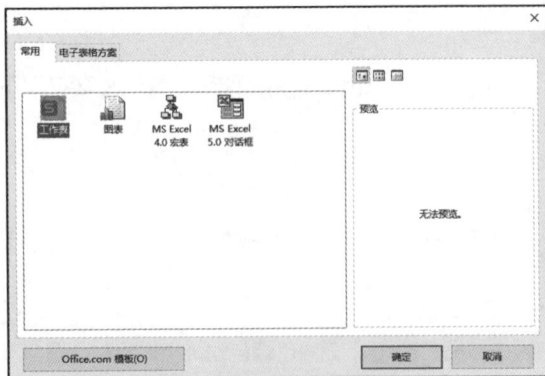

图 3-5　双击"工作表"选项

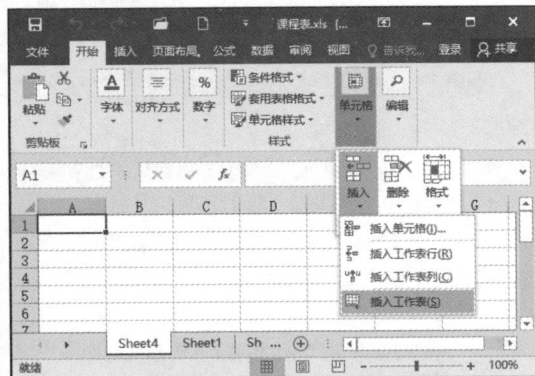

图 3-6　选择"插入工作表"选项

3. 工作表的删除

对于不需要或无用的工作表，可及时将其从工作簿中删除，方法有以下两种。

- 功能区。在工作簿中选择需要删除的工作表，然后在"开始"/"单元格"组中单击"删除"按钮 下方的下拉按钮 ，在弹出的下拉列表中选择"删除工作表"选项。
- 鼠标右键。在工作簿中需要删除的工作表标签上单击鼠标右键，在弹出的快捷菜单中选择"删除"命令。

4. 工作表的移动或复制

工作表在工作簿中的位置并不是固定不变的，通过移动或复制工作表等操作，可以有效提高电子表格的编制效率。在工作簿中移动或复制工作表的操作方法：在工作簿中选择要移动或复制的工作表后，在"开始"/"单元格"组中单击"格式"按钮 ，在弹出的下拉列表中选择"移动或复制工作表"选项，打开"移动或复制工作表"对话框，如图 3-7 所示。在"工作簿"下拉列表中选择当前打开的目标工作簿，在"下列选定工作表之前"列表框中选择工作表移动或复制到的位置，勾选"建立副本"复选框表示复制工作表，取消勾选该复选框表示移动工作表，然后单击 确定 按钮完成操作。返回 Excel 2016 的操作界面，此时，当前工作表左侧将新增一张工作表。

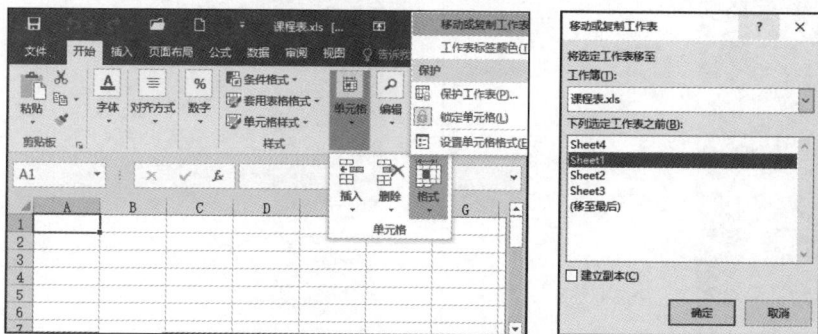

图 3-7　工作表的移动或复制

> **提示**　在工作表标签上按住鼠标左键，水平拖动鼠标，当出现下三角形标记时释放鼠标左键，可将工作表移动到该标记所在的位置。如果在拖动鼠标的同时按住"Ctrl"键，则可实现工作表的复制操作。

示例演示

本任务创建的"学生信息"工作簿的参考效果如图 3-8 所示，其中通过"文件"选项卡保存新建的工作簿，通过工作表标签进行工作表的插入、删除、移动或复制、重命名操作。

图 3-8　"学生信息"工作簿的参考效果

任务实现

（一）新建并保存工作簿

启动 Excel 2016 后，系统将自动新建名为"工作簿 1"的空白工作簿。为了满足需要，用户可以新建更多的空白工作簿，具体操作如下。

（1）启动 Excel 2016 后，在打开的界面中选择"空白工作簿"选项，如图 3-9 所示。

（2）系统将新建名为"工作簿 1"的空白工作簿。

（3）选择"文件"/"保存"命令，在打开的"另存为"界面中选择"浏览"选项，如图 3-10 所示；在打开的"另存为"对话框中选择文件的保存路径，在"文件名"文本框中输入"学生信息"文本，然后单击 保存(S) 按钮。

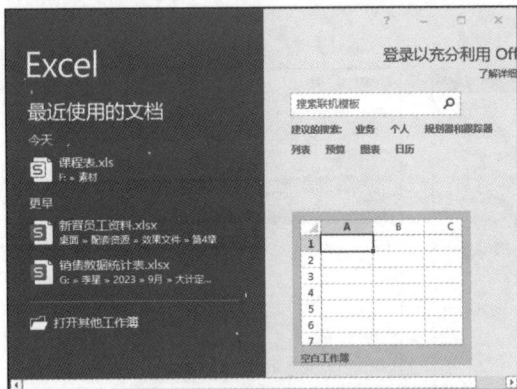

微课

新建并保存
工作簿

图 3-9　选择"空白工作簿"选项

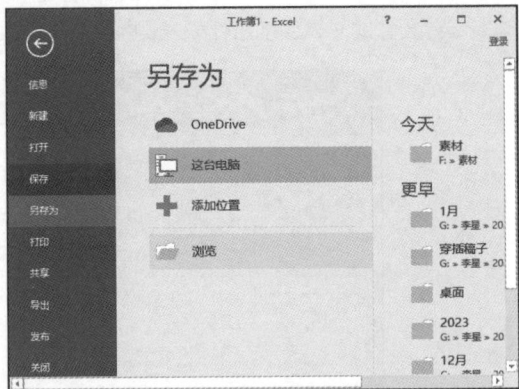

图 3-10　选择"浏览"选项

> **提示**　在桌面或文件夹的空白处单击鼠标右键，在弹出的快捷菜单中选择"新建"/"Microsoft Excel 工作表"命令也可以新建空白工作簿。

（二）插入与删除工作表

工作簿中默认只有一张工作表，这通常无法满足实际的制作需求，下面将在工作簿中插入新的工作表，并删除多余的工作表，具体操作如下。

（1）在"学生信息"工作簿中的"Sheet1"工作表标签上单击鼠标右键，在弹出的快捷菜单中选择"插入"命令，如图 3-11 所示。

（2）打开"插入"对话框，在"常用"选项卡的列表框中选择"工作表"选项，然后单击 确定 按钮，插入一张名为"Sheet2"的空白工作表。

微课

插入与删除
工作表

（3）单击"Sheet1"工作表标签右侧的"新工作表"按钮 ⊕，继续插入一张空白工作表。按照相同的操作方法，继续插入一张空白工作表。

（4）选择"Sheet4"工作表，在"开始"/"单元格"组中单击"删除"按钮 下方的下拉按钮 ，在弹出的下拉列表中选择"删除工作表"选项。

（5）返回工作簿，可看到"Sheet4"工作表已被删除，效果如图 3-12 所示。

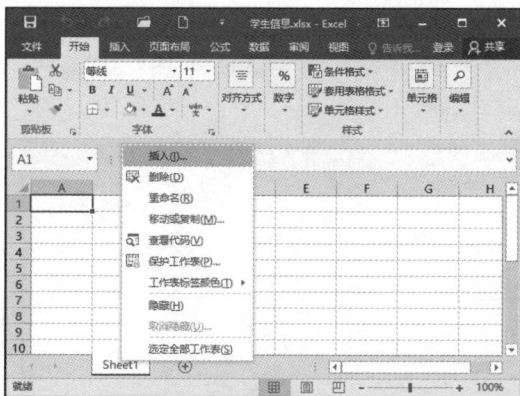

图 3-11　选择"插入"命令

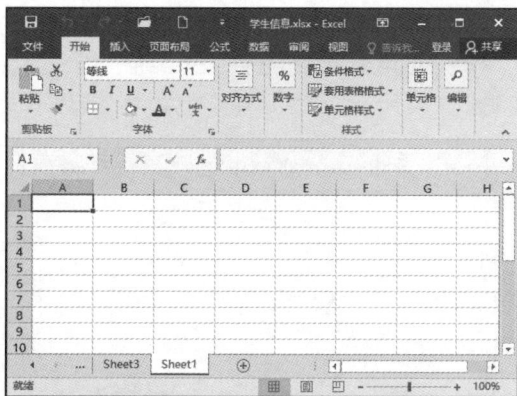

图 3-12　删除工作表后的效果

> **提示**　若要删除有数据的工作表，则将打开询问是否永久删除此工作表的提示对话框，单击 ▢删除 按钮将删除工作表和工作表中的数据，单击 ▢取消 按钮将取消删除工作表的操作。

（三）移动与复制工作表

为了避免重复制作相同的工作表，用户可根据需要移动或复制工作表，即在原工作表的基础上改变工作表的位置或快速添加多个相同的工作表。下面在"学生信息.xlsx"工作簿中移动并复制工作表，具体操作如下。

（1）在"Sheet1"工作表标签上单击鼠标右键，在弹出的快捷菜单中选择"移动或复制"命令。

（2）在打开的"移动或复制工作表"对话框的"下列选定工作表之前"列表框中选择工作表移动的位置或复制工作表。这里选择"Sheet2"选项，然后勾选"建立副本"复选框，完成后单击 ▢确定 按钮，可移动并复制"Sheet1(2)"工作表，如图 3-13 所示。

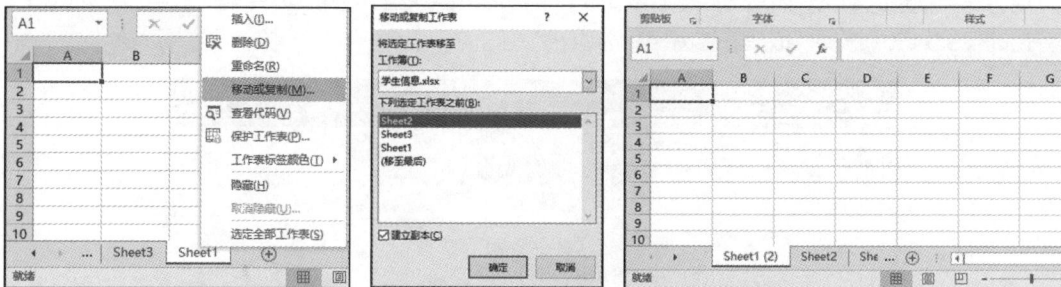

微课

移动与复制
工作表

图 3-13　移动或复制工作表

（四）重命名工作表

工作表的名称默认为"Sheet1""Sheet2"……为了便于查询，可重命名工作表。下面介绍在"学生信息.xlsx"工作簿中重命名工作表的方法，具体操作如下。

（1）双击"Sheet1 (2)"工作表标签；或在"Sheet1 (2)"工作表标签上单击鼠标右键，在弹出的快捷菜单中选择"重命名"命令，此时被选中的工作表标签处于可编辑状态，且该工作表的名称自动呈灰底黑字状态显示。

微课

重命名工作表

（2）直接输入"学生信息"文本，然后按"Enter"键或在工作表的任意位置单击即可退出编辑状态。

（3）使用相同的方法将"Sheet2"和"Sheet3"工作表分别重命名为"学生成绩"和"数据分析"，如图3-14所示。最后选择"文件"/"关闭"命令，关闭工作簿。

图3-14　重命名工作表

> **提示**　如果不想让别人查看某一张工作表，则可以将其隐藏。其方法为选择要隐藏的工作表后，单击"开始"/"单元格"组中的"格式"按钮，在弹出的下拉列表中选择"隐藏或取消隐藏"/"隐藏工作表"选项。

能力拓展

（一）冻结窗格

对于数据比较多且比较复杂的电子表格，常常需要在滚动浏览表格时固定显示表头标题行（或标题列），使用Excel 2016提供的"冻结窗格"功能可实现该效果。冻结窗格的方法：选择要冻结的工作表，单击"视图"/"窗口"组中的"冻结窗格"按钮，弹出的下拉列表中提供了3种冻结方式，选择相应选项后可冻结指定的窗格，如图3-15所示。若要取消窗格的冻结，则可再次单击"冻结窗格"按钮，在弹出的下拉列表中选择"取消冻结窗格"选项。

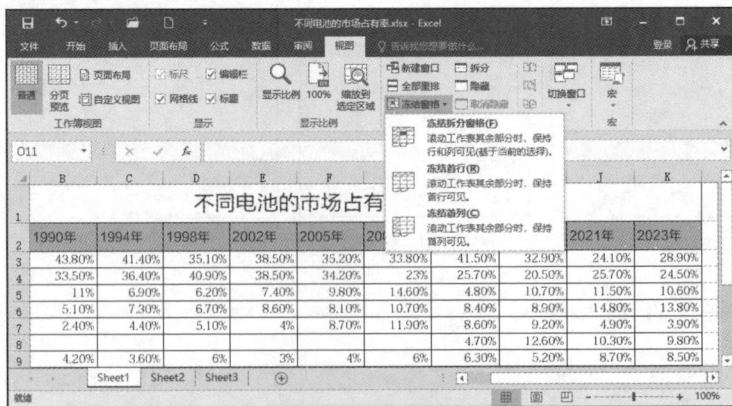

图3-15　冻结窗格

- 冻结拆分窗格。选择单元格后，选择"冻结拆分窗格"选项，工作表将按所选单元格的位置冻结窗格。此时，向右或向下拖动工作表时，工作表的行和列均保持不变。

- 冻结首行。选择"冻结首行"选项后,向下滚动工作表其余部分时,工作表首行的表头保持不变,如图 3-16 所示。
- 冻结首列。选择"冻结首列"选项后,向右滚动工作表其余部分时,工作表首列的表头保持不变,如图 3-17 所示。

图 3-16　冻结首行后的效果

图 3-17　冻结首列后的效果

(二)一次性复制多张工作表

在制作工作簿时经常会遇到需要插入多张工作表的情况,用前面介绍的方法只能一张一张地插入工作表,既麻烦又浪费时间。此时,可使用一次性复制多张工作表的方法来提高效率。首先选择当前工作簿中的所有工作表,然后打开"移动或复制工作表"对话框,选定复制的工作表移动到目标位置后,勾选"建立副本"复选框,最后单击 ▢确定 按钮,完成复制多张工作表的操作。

(三)固定工作簿

一般情况下,可以通过"打开"对话框或双击文件图标的方式打开工作簿,如果需要经常使用某个或多个工作簿,则可以将其固定到"最近使用的文档"界面中,待需要使用时再在"已固定"栏中将其打开。将工作簿固定到"最近使用的文档"界面中的方法:启动 Excel 2016 后,左侧的"最近使用的文档"界面显示了最近使用过的工作簿,将鼠标指针移至需要固定的工作簿名称上,然后单击"将此项目固定到列表"按钮 ➔,将工作簿固定到"最近使用的文档"界面中。此时,在"已固定"栏中可看到刚刚固定的工作簿,如图 3-18 所示。

固定工作簿后,下次需要打开该工作簿时,直接在"已固定"栏中单击该工作簿的名称即可。

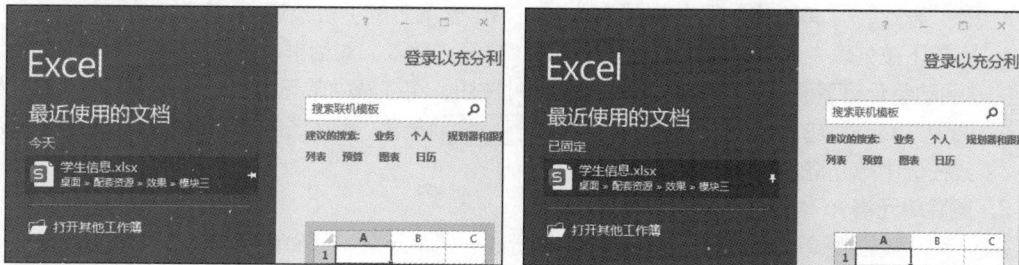

图 3-18　固定工作簿

任务二　输入并设置学生信息

任务描述

良好的学生信息管理是构建现代化教育管理体系的基础,搜集和整理学生信息,可以为学校制订教学计划、调整课程设置、改进教学方法、开展个性化教育提供数据支持，从而促进学生的全面发展。为了保证信息的有效利用，学生信息表中的数据一定要真实、更新及时。下面在"学生信息"工作簿中输入并设置数据内容。

技术分析

（一）单元格的基本操作

单元格是表格中行与列的交叉部分，它是组成表格的最小单位。用户对单元格的基本操作包括选择、插入、删除、合并与拆分等。

1. 选择单元格

要在表格中输入数据，应先选择要输入数据的单元格。在工作表中选择单元格的方法有以下6种。

- 选择单个单元格。单击单元格，或在名称框中输入单元格的行号和列标后按"Enter"键选择对应的单元格。
- 选择所有单元格。单击行号和列标左上角交叉处的"全选"按钮，或按"Ctrl+A"组合键，将选择工作表中的所有单元格。
- 选择相邻的多个单元格。选择起始单元格后，按住鼠标左键不放，然后拖动鼠标指针到目标单元格，或在按住"Shift"键的同时单击目标单元格，将选择相邻的多个单元格。
- 选择不相邻的多个单元格。在按住"Ctrl"键的同时依次单击需要选择的单元格，将选择不相邻的多个单元格。
- 选择整行。将鼠标指针移动到需要选择行的行号上，当鼠标指针变成 ➡ 形状时，单击将选择该行。
- 选择整列。将鼠标指针移动到需要选择列的列标上，当鼠标指针变成 ⬇ 形状时，单击将选择该列。

2. 插入单元格

在表格中可以插入单个单元格，也可以插入一行或一列单元格。插入单元格的方法有以下两种。

- 选择单元格，在"开始"/"单元格"组中单击"插入"按钮下方的下拉按钮，在弹出的下拉列表中选择"插入工作表行"或"插入工作表列"选项，可以插入整行或整列单元格。
- 在"开始"/"单元格"组中单击"插入"按钮下方的下拉按钮，在弹出的下拉列表中选择"插入单元格"选项，打开"插入"对话框，选中"活动单元格右移"或"活动单元格下移"单选项后，单击 确定 按钮，将在选中单元格的左侧或上方插入单元格；选中"整行"或"整列"单选项后，单击 确定 按钮，将在选中单元格上方插入整行单元格或在选中单元格左侧插入整列单元格。

3. 删除单元格

在表格中可以删除单个单元格，也可以删除一行或一列单元格。删除单元格的方法有以下两种。

- 选择要删除的单元格，单击"开始"/"单元格"组中的"删除"按钮下方的下拉按钮，在弹出的下拉列表中选择"删除工作表行"或"删除工作表列"选项，删除整行或整列单元格。
- 在"开始"/"单元格"组中单击"删除"按钮下方的下拉按钮，在弹出的下拉列表中选择"删除单元格"选项，打开"删除"对话框，如图3-19所示。选中对应单选项后，单击 确定 按钮将删除所选单元格，并使不同位置的单元格代替所选单元格。

微课
插入单元格

微课
删除单元格

4. 合并与拆分单元格

当默认的单元格样式不能满足实际需求时，可通过合并与拆分单元格的方法来设置表格。

- 合并单元格。选择需要合并的多个单元格，在"开始"/"对齐方式"组中单击"合并后居中"按钮 ，可以合并单元格，并使其中的内容居中显示。除此之外，单击"合并后居中"按钮 右侧的下拉按钮 ，还可以在弹出的下拉列表中选择"跨越合并""合并单元格""取消单元格合并"等选项。
- 拆分单元格。拆分单元格的方法与合并单元格的方法完全相反，在拆分时需先选择合并后的单元格，然后单击"合并后居中"按钮 ；或按"Ctrl+Shift+F"组合键，打开"设置单元格格式"对话框，如图 3-20 所示，在"对齐"选项卡中取消勾选"合并单元格"复选框后，单击 确定 按钮，拆分已合并的单元格。

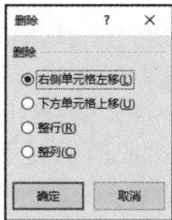

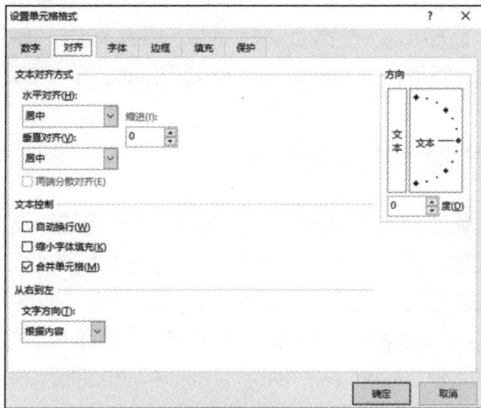

图 3-19 "删除"对话框　　　　图 3-20 "设置单元格格式"对话框

（二）数据的输入

输入数据是制作电子表格的基础，Excel 2016 支持不同类型数据的输入，具体输入方法有以下 3 种。

- 选择需要的单元格，直接输入数据后按"Enter"键，单元格中原有的数据将被覆盖。
- 双击单元格，此时单元格中将出现插入点，按方向键可调整插入点的位置，然后直接输入数据并按"Enter"键完成输入。
- 选择需要的单元格，在编辑栏的编辑框中单击以定位插入点，输入数据后按"Enter"键。

在 Excel 2016 的单元格中可以输入文本、正数、负数、小数、百分数、日期、时间、货币等类型的数据，它们的输入方法与显示格式如表 3-1 所示。

表 3-1　不同类型数据的输入方法与显示格式

类型	举例	输入方法	单元格显示格式	编辑栏显示格式
文本	员工编号	直接输入	员工编号，左对齐	员工编号
正数	99	直接输入	99，右对齐	99
负数	−99	输入负号"−"后输入数据 99，即"−99"；或输入英文状态下的括号"( )"，并在其中输入数据，即"(99)"	−99，右对齐	−99
小数	5.2	依次输入整数位、小数点和小数位	5.2，右对齐	5.2
百分数	60%	依次输入数据和百分号,其中百分号利用"Shift+5"组合键输入	60%，右对齐	60%

91

续表

类型	举例	输入方法	单元格显示格式	编辑栏显示格式
日期	2021年6月18日	依次输入年、月、日数据，中间用"-"或"/"隔开	2021-6-18，右对齐	2021-6-18
时间	10点25分16秒	依次输入时、分、秒数据，中间用英文状态下的冒号":"隔开	10:25:16，右对齐	10:25:16
货币	$88	依次输入货币符号和数据，其中在英文状态下按"Shift+4"组合键可输入美元符号；在中文状态下按"Shift+4"组合键可输入人民币符号	$80，右对齐	$80

提示 当需要在单元格中使用某些特殊符号（如五角星等）时，可利用 Excel 2016 提供的符号功能进行插入。其方法为选择要插入符号的单元格后，单击"插入"/"符号"组中的"符号"按钮 Ω，打开"符号"对话框，在"符号"选项卡或"特殊字符"选项卡中选择所需的符号，然后单击 插入(I) 按钮。

（三）数据验证的应用

数据验证是指对输入单元格中的数据添加一定的限制条件。例如，用户通过设置基本的数据验证使单元格中只能输入整数、小数、时间等，或创建下拉列表进行数据输入。设置数据验证的方法：在工作表中选择要设置数据验证的单元格区域，然后单击"数据"/"数据工具"组中的"数据验证"按钮 ，打开"数据验证"对话框，"设置"选项卡的"允许"下拉列表中提供了不同的选项，如整数、小数、序列、日期、时间等，如图 3-21 所示。选择相应选项后，根据提示信息进行设置，最后单击 确定 按钮即可对所选单元格区域设置数据验证。

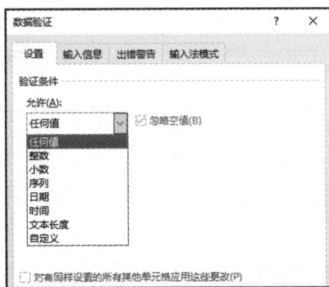

图 3-21 "数据验证"对话框

（四）认识条件格式

Excel 2016 内置了多种类型的条件格式，能够对电子表格中的内容进行指定条件的判断，并返回预先指定的格式。如果内置的条件格式不能满足制作需求，则用户可以新建条件格式规则。设置条件格式的具体操作如下。

（1）在工作表中选择需要设置条件格式的单元格区域，然后在"开始"/"样式"组中单击"条件格式"按钮 ，弹出的下拉列表中提供了多种内置条件格式，如突出显示单元格规则、项目选取规则、数据条等，如图 3-22 所示。选择其中任意一个选项，在打开的子下拉列表中选择对应选项，即可为单元格区域应用所选内置条件格式。

（2）在"条件格式"下拉列表中选择"新建规则"选项，打开"新建格式规则"对话框，如图 3-23 所示。在其中可以选择规则类型，并根据提示信息编辑规则，设置完成后单击 确定 按钮完成操作。

微课

认识条件格式

图 3-22　内置条件格式

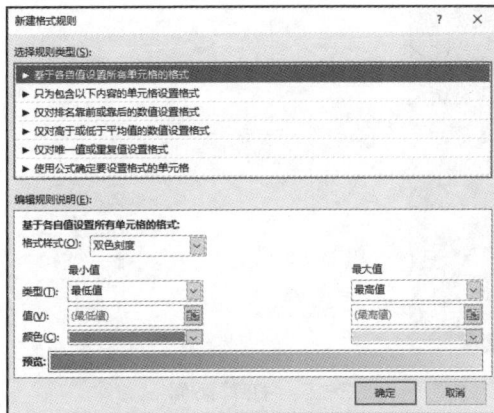

图 3-23　"新建格式规则"对话框

示例演示

本任务输入并设置的"学生信息"工作表的参考效果如图 3-24 所示，主要涉及打开工作簿、输入数据、设置单元格格式和条件格式等操作。

学生信息表								
编号	姓名	性别	出生年月	政治面貌	籍贯	所在公寓	入学成绩	备注
20050601	马依鸣	男	2005/8/1	党员	山东省日照市莒县	西苑	628	
20050602	高玉英	女	2006/4/23	党员	山东省滨州市无棣县	南苑	578	
20050603	郭建瓴	男	2005/1/1	团员	山西省阳泉市	南苑	643	
20050604	张雪营	男	2005/6/24	团员	河北省唐山市玉田县	西苑	618	
20050605	周广冉	男	2005/9/12	团员	山东省荷泽市郓城县	西苑	603	
20050606	张琳娜	男	2006/3/1	党员	山东省威海市环翠区	南苑	666	
20050607	马林宇	男	2005/1/17	团员	甘肃省天水市成县	南苑	609	
20050608	田清涛	男	2005/9/6	团员	广东省东莞市	南苑	559	
20050609	白景泉	男	2006/6/10	团员	吉林省九台市	西苑	601	
20050610	张以恒	男	2006/12/1	团员	云南省大理市永平镇	西苑	623	
20050611	荆妍妍	女	2005/2/27	党员	山东省济宁市开发区	西苑	573	
20050612	林雨桐	女	2005/2/13	团员	山东省烟台市莱山区	西苑	597	

图 3-24　输入并设置"学生信息"工作表的参考效果

任务实现

（一）打开工作簿

要查看或编辑保存在计算机中的工作簿，先要打开该工作簿，具体操作如下。

（1）启动 Excel 2016，选择"文件"/"打开"命令，或按"Ctrl+O"组合键，打开"打开"界面，如图 3-25 所示，其中显示了最近编辑过的工作簿和打开过的文件夹。若要打开最近使用过的工作簿，则需选择"最近"选项右侧列表框中的相应文件；若想打开计算机中保存的工作簿，则需选择"浏览"选项。

（2）这里选择"浏览"选项，在打开的"打开"对话框中选择"学生信息.xlsx"工作簿（配套资源：\素材\模块三\学生信息.xlsx），如图 3-26 所示，单击 打开(O) ▾ 按钮可打开选择的工作簿。

图 3-25 "打开"界面

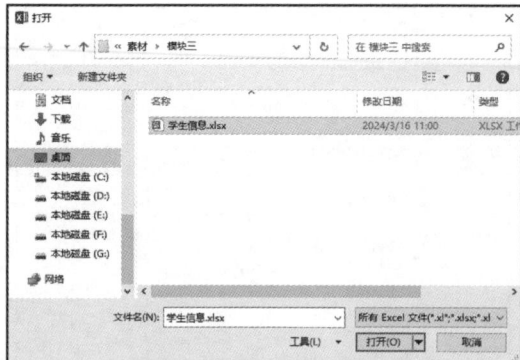

图 3-26 选择工作簿

（二）输入工作表数据

输入数据是制作表格的基础，Excel 2016 支持输入不同类型的数据，如文本和数字等，具体操作如下。

（1）选择"学生信息"工作表，选择 A1 单元格，输入"学生信息表"文本，然后按"Enter"键切换到 A2 单元格，输入"编号"文本。

（2）按"Tab"键或"→"键切换到 B2 单元格，输入"姓名"文本，再使用相同的方法依次在右侧单元格中输入"性别""出生年月"等文本。

（3）选择 A3 单元格，输入"20050601"，将鼠标指针移动到该单元格右下角，鼠标指针会变成 ✚ 形状，在按住"Ctrl"键的同时，按住鼠标左键并拖动至 A19 单元格，此时 A4:A19 单元格区域会自动生成序号，填充数据的效果如图 3-27 所示。

（4）选择 B3 单元格，输入文本"马依鸣"后按"Enter"键，继续输入其他学生的姓名。

（5）按照相同的操作方法，继续在"学生信息"工作表中输入其他数据，如图 3-28 所示。

图 3-27 填充数据的效果

图 3-28 输入其他数据

（三）设置数据验证

为单元格设置数据验证后，可保证输入的数据在指定的范围内，从而降低出错率，具体操作如下。

（1）在"学生信息"工作表中选择 G3:G19 单元格区域，然后单击"数据"/"数据工具"组中的"数据验证"按钮 ✍，打开"数据验证"对话框，在"允许"下拉列表中选择"序列"选项，在"来源"文本框中输入"西苑,南苑"，然后单击 确定 按钮，如图 3-29 所示。

微课
输入工作表数据

微课
设置数据验证

（2）返回"学生信息"工作表，此时 G3 单元格右侧将显示下拉按钮 ，单击该下拉按钮 ，在弹出的下拉列表中选择对应的公寓名称，如图 3-30 所示。

图 3-29　设置验证条件

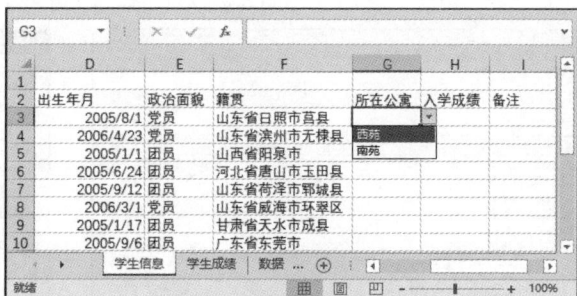

图 3-30　选择公寓名称

（3）利用该下拉列表完成 G4:G19 单元格区域中数据的输入。

（4）选择 H3:H19 单元格区域，打开"数据验证"对话框，在"设置"选项卡的"允许"下拉列表中选择"整数"选项，在"数据"下拉列表中选择"介于"选项，分别在"最小值""最大值"文本框中输入"500""750"，如图 3-31 所示。

（5）单击"输入信息"选项卡，在"标题"文本框中输入"注意"文本，在"输入信息"文本框中输入"请输入 500—750 的整数"文本，如图 3-32 所示，单击 确定 按钮。

图 3-31　继续设置验证条件

图 3-32　设置输入信息

（6）返回工作表，只能在 H3:H19 单元格区域中输入数据验证范围内的数据。若输入数据不符合要求，则会弹出提示对话框，提示输入正确的数据。

（四）设置单元格格式

在工作表中输入数据后，通常需要对单元格进行相关设置，以美化表格，具体操作如下。

（1）选择 A1:I1 单元格区域，在"开始"/"对齐方式"组中单击"合并后居中"按钮 或单击该按钮右侧的下拉按钮 ，在弹出的下拉列表中选择"合并后居中"选项，将所选单元格区域合并为一个单元格，且使其中的数据自动居中显示。

（2）保持单元格处于选中状态，在"开始"/"字体"组的"字体"下拉列表中选择"方正兰亭大黑简体"选项，在"字号"下拉列表中选择"18"选项，将字体颜色设置为"白色"。

微课

设置单元格格式

（3）选择 A2:I2 单元格区域，设置其字体格式为"方正兰亭准黑"，字号为"12"，在"开始"/"对齐方式"组中单击"居中"按钮 ，其效果如图 3-33 所示。

（4）选择 A1 单元格，在"开始"/"字体"组中单击"填充颜色"按钮 右侧的下拉按钮 ，在弹出的下拉列表中选择"绿色，个性色6，深色25%"选项，如图 3-34 所示。

图 3-33　设置数据字体格式的效果

图 3-34　设置填充颜色

（5）选择 A2:I2 单元格区域，将填充颜色设置为"绿色，个性色6，淡色80%"。

> **提示**　设置单元格格式时，除了可以更改字体、字号、对齐方式外，还可以为单元格添加边框效果。其方法为选择单元格或单元格区域后，按"Ctrl+1"组合键，打开"设置单元格格式"对话框，单击"边框"选项卡，在其中选择线条样式、颜色、边框的添加位置等。

（五）设置条件格式

在表格中为数据设置条件格式，可以将不满足或满足条件的数据单独显示出来，具体操作如下。

微课

设置条件格式

（1）选择 H3:H19 单元格区域，在"开始"/"样式"组中单击"条件格式"按钮 ，在弹出的下拉列表中选择"新建规则"选项，打开"新建格式规则"对话框。

（2）在"选择规则类型"列表框中选择"只为包含以下内容的单元格设置格式"选项，在"编辑规则说明"栏的条件格式下拉列表中选择"大于或等于"选项，并在右侧的数值框中输入"600"，如图 3-35 所示。

（3）单击 格式(F)... 按钮，打开"设置单元格格式"对话框，在"字体"选项卡中设置"字形"为"加粗"，"颜色"为"标准色"中的"红色"，如图 3-36 所示。

（4）依次单击 确定 按钮返回工作表，即可看到设置好条件格式后的单元格区域。

图 3-35　"新建格式规则"对话框

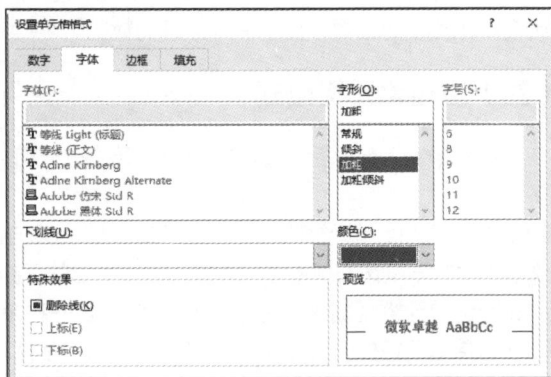

图 3-36　"设置单元格格式"对话框

（六）调整行高与列宽

在默认状态下，单元格的行高和列宽是固定不变的，但是当单元格中的数据太多而不能完全显示内容时，需要调整单元格的行高或列宽使其符合要求，具体操作如下。

（1）将鼠标指针移至第 1 行与第 2 行行号的间隔线上，当鼠标指针变为 ✛ 形状时，按住鼠标左键并向下拖动，此时鼠标指针右侧将显示具体的数据，拖动至合适的位置后释放鼠标左键。

（2）选择 A2:I19 单元格区域，在"开始"/"单元格"组中单击"格式"按钮 ▦，在弹出的下拉列表中选择"自动调整列宽"选项，如图 3-37 所示，返回工作表中可看到所选列已自动调整。

（3）选择第 3～19 行，在"开始"/"单元格"组中单击"格式"按钮 ▦，在弹出的下拉列表中选择"行高"选项，打开的"行高"对话框的数值框中默认显示"14.25"，这里输入"20"，单击 确定 按钮，如图 3-38 所示，返回工作表中，可看到第 3～19 行的高度已增加（配套资源：\效果\模块三\学生信息.xlsx）。

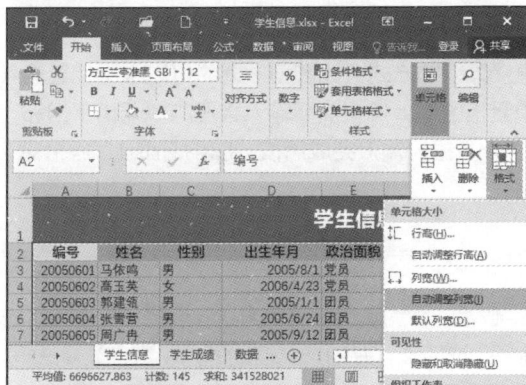

图 3-37　自动调整列宽　　　　　　　　　　图 3-38　自定义行高

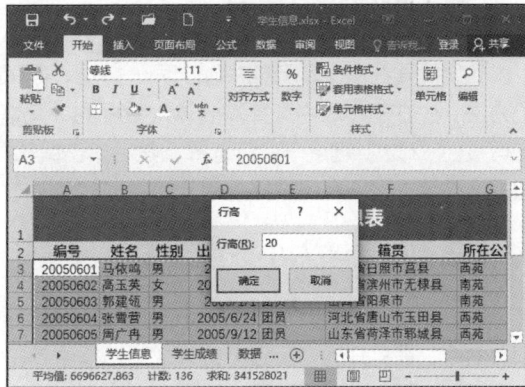

能力拓展

（一）导入外部数据

Excel 2016 中的工作表不仅可以存储和处理本机数据，还可以导入来自网站、文本、Access 数据库的外部数据，并利用相应功能整理和分析导入的数据。在 Excel 2016 中导入外部数据的具体操作如下。

（1）打开工作簿，选择"数据"/"获取外部数据"组，其中提供了不同的外部数据源，如网站、文本、Access 等，用户可以根据需要进行选择。这里单击"自文本"按钮 ▤。

（2）打开"导入文本文件"对话框，选择要导入的文本文件（配套资源：\素材\模块三\办公费用记录.txt），单击 导入(M) 按钮，如图 3-39 所示。

（3）打开"文本导入向导"对话框，根据提示信息设置导入参数后单击 完成(F) 按钮，可将文本文件导入工作表，效果如图 3-40 所示。

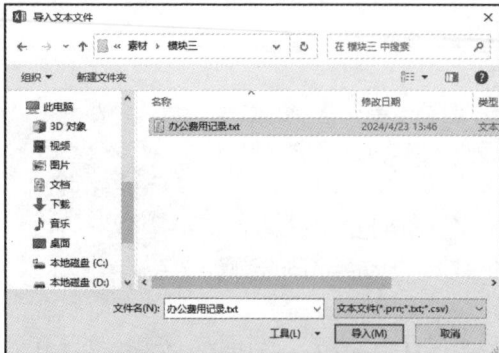

图 3-39　选择要导入的文本文件

图 3-40　导入外部数据后的效果

> **提示**　在"数据"/"获取外部数据"组中单击不同的按钮后，会打开不同的对话框，用户应根据对话框中的提示进行下一步操作。

（二）批量输入数据

如果需要在多个单元格中输入同一数据，则采用直接输入的方式会比较慢。此时可以采用批量输入的方法：先在工作表中选择需要输入数据的单元格或单元格区域，如果需要输入数据的单元格不相邻，则可按住"Ctrl"键逐一进行选择，然后单击编辑栏并输入数据，输入完成后按"Ctrl+Enter"组合键，数据会被填充到所有已选择的单元格中。

（三）自动输入小数点或零

Excel 2016 具有自动输入固定位数的小数点或固定数量的零的功能，操作方法：选择"文件"/"选项"命令，在打开的"Excel 选项"对话框中单击"高级"选项卡，并勾选"自动插入小数点"复选框，如图 3-41 所示。如果需要自动填充小数点，则可在"位数"数值框中输入小数点后保留的有效位数（如"2"）；如果需要在输入的数字后面自动填充零，则可在"位数"数值框中输入减号和零的数量（如"-3"），最后单击 确定 按钮。若采用的是前一种操作，则在单元格中输入 888 后将自动显示为 8.88；若采用的是后一种操作，则在单元格中输入 888 后将自动显示为 888000。

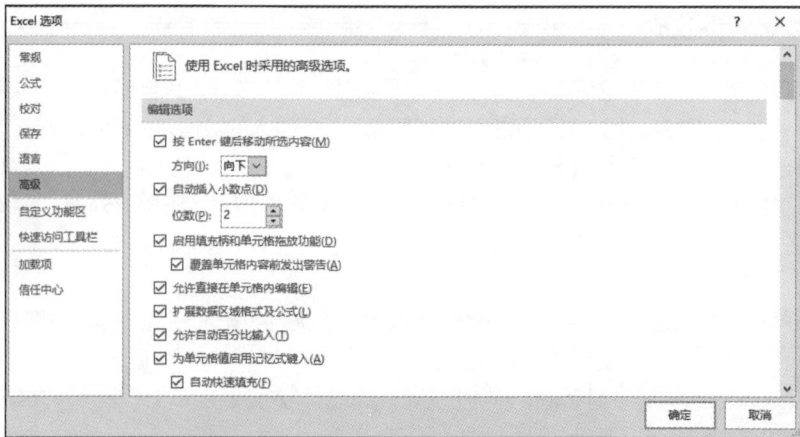

图 3-41　勾选"自动插入小数点"复选框

（四）快速移动或复制数据

在 Excel 2016 中对数据进行移动或复制操作，可以提高数据的编辑效率。在实际操作过程中，一般可以通过快捷键或拖动鼠标的方法实现数据的移动或复制。

- 快捷键。选择单元格后，按"Ctrl+X"组合键可将单元格数据剪切到剪贴板中，选择目标单元格后，按"Ctrl+V"组合键可实现单元格数据的移动；选择单元格后，按"Ctrl+C"组合键可将单元格数据复制到剪贴板中，选择目标单元格后，按"Ctrl+V"组合键可实现单元格数据的复制。
- 拖动鼠标。选择单元格后，将鼠标指针定位至该单元格的边框上，按住鼠标左键将其拖动至其他单元格，释放鼠标左键即可快速实现单元格数据的移动操作。在拖动鼠标的过程中按住"Ctrl"键，可实现单元格数据的复制操作。

（五）快速复制单元格格式

在 Excel 2016 中要想快速为多个工作表设置相同的单元格格式，可以通过复制格式和使用格式刷两种方法来完成，具体操作如下。

- 复制格式。先在工作表中选择设置好格式的单元格或单元格区域，然后按"Ctrl+C"组合键进行复制，切换到需要应用相同格式的工作表中，并在需要设置相同格式的单元格或单元格区域上单击鼠标右键，在弹出的快捷菜单中选择"粘贴选项"/"格式"命令，如图 3-42 所示，可复制单元格或单元格区域的格式。
- 使用格式刷。在工作表中选择设置好格式的单元格或单元格区域后，单击"开始"/"剪贴板"组中的"格式刷"按钮，然后切换到需要设置相同格式的工作表，在需要应用相同格式的单元格或单元格区域上单击，如图 3-43 所示，可应用所选单元格或单元格区域的格式。

图 3-42　利用鼠标右键复制格式　　　　图 3-43　使用格式刷复制格式

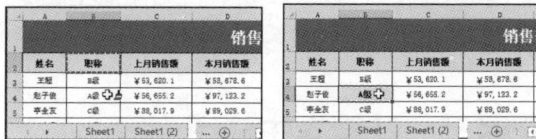

（六）快速填充有规律的数据

在制作一些数据较多的表格时，常常需要输入一些相同的或有规律的数据，如果采用手动方式输入，则既费时又费力。Excel 2016 提供的快速填充数据功能便是专门针对这类数据的输入而设计的，用户利用这个功能可以大大提高工作效率。

1. 利用"填充柄"填充

在工作表中选择单元格或单元格区域后会出现一个边框为绿色的选区，该选区的右下角有一个"填充柄"■，拖动这个"填充柄"可将所选区域中的内容有规律地填充到同行或同列的其他单元格中，具体方法：在起始单元格中输入数据，将鼠标指针移至该单元格右下角的"填充柄"■上，当鼠标指针变为 ╋ 形状时，按住鼠标左键并拖动，直到目标单元格后释放鼠标左键，如图 3-44 所示。

此时，系统将通过自动填充的方式进行填充。单击目标单元格右下角的"自动填充选项"按钮，在弹出的下拉列表中选中"复制单元格"单选项可完成相同数据的填充，如图 3-45 所示。

图 3-44　拖动鼠标填充数据

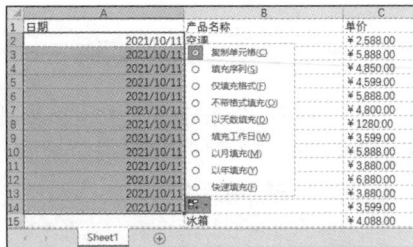

图 3-45　快速填充相同的数据

2. 利用鼠标右键填充

利用鼠标右键也可以实现数据的快速填充，具体方法：在起始单元格中输入数据，将鼠标指针移至该单元格右下角的"填充柄"■上，当鼠标指针变为 ✚ 形状时，按住鼠标右键并拖动至目标单元格，释放鼠标右键，弹出的快捷菜单中显示了多种填充方式，如图 3-46 所示，根据需要选择相应的填充方式。

图 3-46　右键快捷菜单

> **提示**　在工作表中填充有规律的数据时，除了可以利用填充柄和鼠标右键外，还可以单击"开始"/"编辑"组中的"填充"按钮 ⬇，在弹出的下拉列表中选择"序列"选项，在打开的"序列"对话框中设置填充类型、步长值、终止值等参数实现快速填充。

任务三　计算学生成绩

任务描述

有效运用学生信息的前提是要进一步加工数据，如计算、分析等，这样才能发挥信息的价值。例如，计算、分析学生成绩，可便于教师评估教学效果和教学质量，找出教学过程中的优势与不足，进而调整教学策略和方法；也便于学生了解学习进度和学习效果，及时发现问题并有针对性地巩固复习，或发掘自己的学习、就业等方向等。本任务将计算"学生成绩"工作表中的数据，主要涉及一些函数的使用，包括 SUM、AVERAGE、MAX、MIN、RANK 等。

技术分析

（一）单元格地址与引用

Excel 2016 是通过单元格的地址来引用单元格的，单元格地址是指单元格的行号与列标的组合。例如，"=500+300+900"，数据"500"位于 B3 单元格，其他数据依次位于 C3、D3 单元格中。通过引用单元格地址，在编辑框中输入公式"=B3+C3+D3"，同样可以获得这 3 个数据的计算结果。

在计算表格中的数据时，通常会通过复制或移动公式来实现快速计算，因此会涉及不同的单元格引用方式。Excel 2016 中有相对引用、绝对引用和混合引用 3 种引用方式，不同的引用方式得到的计算结果也不相同。

- 相对引用。相对引用是指输入公式时直接通过单元格地址来引用单元格。相对引用单元格后，如果复制或移动公式到其他单元格，那么公式中引用的单元格地址会根据复制或移动的目标位置发生相应改变。

- 绝对引用。绝对引用是指无论公式中引用的单元格的位置如何改变，所引用的单元格均不会发生变化。绝对引用的形式是在单元格的行号和列标前加上符号"$"。

- 混合引用。混合引用包含相对引用和绝对引用。混合引用有两种形式：一种是行绝对、列相对，如"B$2"表示行不发生变化，但是列会随着新的位置发生变化；另一种是行相对、列绝对，如"$B2"表示列不发生变化，但是行会随着新的位置发生变化。

（二）认识公式与函数

Excel 2016 中，公式与函数是一项十分快捷且实用的功能，尤其是在涉及计算表格数据时。下面介绍公式与函数的使用方法。

1. 公式的使用方法

Excel 2016 中的公式是对工作表数据进行计算的等式，它以"="（等号）开始，其后是公式的表达式。公式的表达式可包含常量、运算符、单元格引用等，如图 3-47 所示。

图 3-47　公式的组成

- 公式的输入。在 Excel 2016 中输入公式的方法与输入数据的方法类似，只需要将公式输入相应的单元格中，即可计算出结果。输入公式的方法：在工作表中选择要输入公式的单元格，然后在单元格或编辑框中输入"="，接着输入公式内容，输入完成后按"Enter"键或单击编辑栏中的"输入"按钮 ✔ 。

- 公式的编辑。选择含有公式的单元格，将插入点定位在编辑框或单元格中需要修改的位置，按"BackSpace"键删除多余或错误的内容，再输入正确的内容，按"Enter"键，完成对公式的编辑，Excel 2016 会自动计算新的公式。

- 公式的复制。在 Excel 2016 中复制公式是快速计算数据的方法之一，因为在复制公式的过程中，Excel 2016 会自动改变引用单元格的地址，可避免手动输入公式的麻烦，提高工作效率。通常使用"开始"选项卡或单击鼠标右键进行复制；也可以拖动填充柄进行复制；还可以选择添加了公式的单元格，按"Ctrl+C"组合键进行复制，然后将插入点定位到要粘贴的目标单元格中，按"Ctrl+V"组合键进行粘贴，完成对公式的复制。

> **提示**　在单元格中输入公式后，按"Enter"键可在计算出公式结果的同时选择同列的下一个单元格；按"Tab"键可在计算出公式结果的同时选择同行的下一个单元格；按"Ctrl+Enter"组合键则可在计算出公式结果后，仍保持当前单元格的选中状态。

2. 函数的使用方法

函数可以理解为 Excel 2016 中预定义了某种算法的公式，它使用指定格式的参数来完成各种数据的计算。函数同样以等号 "=" 开始，后面包括函数名称与结构参数，如图 3-48 所示。Excel 2016 提供了多种函数，每种函数的功能、语法结构及参数的含义各不相同，除 SUM 函数和 AVERAGE 函数之外，常用的函数还有 IF 函数、MAX/MIN 函数、COUNT 函数、RANK 函数、SUMIF 函数、INDEX 函数等。

函数名称

=SUM(C5:C14)——结构参数

图 3-48　函数的组成

- SUM 函数。SUM 函数的功能是对选中的单元格或单元格区域的数据进行求和计算，其语法结构为 SUM(number1,number2,...)，其中，number1,number2,...表示若干个需要求和的参数。填写参数时，可以使用单元格地址（如 E6,E7,E8），也可以使用单元格区域（如 E6:E8），甚至可以混合输入（如 E6,E7:E8）。

- AVERAGE 函数。AVERAGE 函数的功能是求平均值，计算方法是先将选择的单元格或单元格区域中的数据相加，再除以单元格个数。其语法结构为 AVERAGE(number1,number2,...)，其中，number1,number2,...表示需要计算平均值的若干个参数。

- IF 函数。IF 函数是一种常用的条件函数，它能判断真假值，并根据逻辑计算得到的真假值返回不同的结果。其语法结构为 IF(logical_test,value_if_true,value_if_false)，其中，logical_test 表示计算结果为 true 或 false 的任意值或表达式；value_if_true 表示 logical_test 为 true 时要返回的值，可以是任意数据；value_if_false 表示 logical_test 为 false 时要返回的值，也可以是任意数据。

- MAX/MIN 函数。MAX 函数的功能是返回所选单元格区域中所有数值的最大值，MIN 函数则用来返回所选单元格区域中所有数值的最小值。其语法结构为 MAX/MIN(number1,number2,...)，其中，number1,number2,...表示要筛选的若干个参数。

- COUNT 函数。COUNT 函数的功能是返回包含数字及包含参数列表中数字的单元格的个数，通常用来计算单元格区域或数字数组中数字字段的个数。其语法结构为 COUNT(value1,value2,...)，其中，value1,value2,...为包含或引用各种类型数据的参数（1~30 个），但只有数字类型的数据才会被计算。

- COUNTIF 函数。COUNTIF 函数是一个统计函数，其功能是统计满足某个条件的单元格数量。其语法结构为 COUNTIF(range,criteria)，其中，range 为要进行计数的单元格区域；criteria 用于确定计入统计的条件，该条件可以是数字、表达式、单元格引用或者文本字符串。

- RANK.EQ 函数。RANK.EQ 函数是排名函数，RANK.EQ 函数的功能是返回需要进行排名的数字的排名。如果多个数字具有相同的排名，则返回该数字的最高排名。其语法结构为 RANK.EQ(number,ref,order)，其中，number 为需要确定排名的数字（单元格内必须为数字）；ref 为数字列表数组或对数字列表的引用；order 用于指明排名的方式，order 的值为 0 和 1，0（或忽略）表示降序排列，非零值（通常是 1）表示升序排列。

- RANK.AVG 函数。RANK.AVG 函数也是排名函数，RANK.AVG 函数的功能是返回需要进行排名的数字的排名。如果多个数字具有相同的排名，则返回它们的平均值排名。其语法结构为 RANK.AVG(number,ref,order)，其中，number 为需要确定排名的数字（单元格内必须为数字）；ref 为数字列表数组或对数字列表的引用；order 用于指明排名的方式，order 的值为 0 和 1，0（或忽略）表示降序排列，非零值（通常是 1）表示升序排列。

- SUMIF 函数。SUMIF 函数的功能是根据指定条件对若干单元格中的数据进行求和。其语法结构为 SUMIF(range,criteria,sum_range)，其中，range 为用于进行条件判断的单元格区域；criteria 为确定哪些单元格将被相加求和的条件，其形式可以为数字、表达式或文本；sum_range 为需要求和的实际单元格区域。

- INDEX 函数。INDEX 函数的功能是返回单元格或单元格区域中的值或对值的引用。INDEX() 函数有两种形式：数组形式和引用形式。数组形式通常返回数值或数值数组，引用形式通常返回引用。其语法结构也有两种。INDEX(array,row_num,column_num)，用于返回数组中指定的单元格或单元格数组的数值。其中，array 为单元格区域或数组常数；row_num 为数组中某行的行号，函数从该行返回数值；column_num 是数组中某列的列标，函数从该列返回数值；如果省略 row_num，则必须有 column_num；如果省略 column_num，则必须有 row_num。INDEX(reference,row_num,column_num,area_num)，用于返回引用中指定单元格或单元格区域的引用。其中，reference 是对一个或多个单元格区域的引用，如果引用不连续的单元格区域，则必须将其用括号括起来；area_num 用于选择引用中的一个区域，并返回该区域中 row_num 和 column_num 的交叉区域；row_num 和 column_num 的含义及用法与数组形式中的相同。

示例演示

本任务为计算"学生成绩"工作表中的数据，其参考效果如图 3-49 所示，其中对不同函数的使用是关键。先用 SUM 函数和 AVERAGE 函数计算每位学生成绩的总分和平均分，以及全班学生的平均成绩；然后用 MAX 和 MIN 函数查看学生成绩的极值；最后用 RANK 函数对成绩进行排名，以及统计成绩为"优秀"的人数。

期末考试成绩统计										
姓名	管理学	统计学	会计学	财务管理	市场营销	经济法	总分	平均分	评定	名次
马依鸣	73	66	51	73	61	88	412	69	良好	15
高玉英	82	91	74	93	92	81	513	86	优秀	5
郭建领	86	90	93	88	90	93	540	90	优秀	1
张雪苔	86	91	63	86	85	79	490	82	良好	8
周广冉	76	87	89	92	89	89	522	87	优秀	3
张琳娜	92	88	78	94	88	77	517	86	优秀	4
马林宇	73	41	62	86	62	68	392	65	补习	16
田清涛	71	70	85	96	86	75	483	81	良好	9
白景泉	69	67	82	89	76	79	462	77	良好	13
张以恒	90	86	68	79	87	81	491	82	良好	7
荆妍妍	72	89	79	84	88	58	470	78	良好	11
林雨桐	68	79	84	86	91	67	475	79	良好	10
刘元利	85	81	79	85	78	62	470	78	良好	11
何孝云	77	79	67	90	91	52	456	76	良好	14
胡小灵	84	89	72	91	84	83	503	84	优秀	6
李春铃	91	90	84	90	92	90	537	90	优秀	2
郑妤妗	49	52	44	76	62	71	354	59	补习	17
最高分	92	91	93	96	92	93	540	90		
最低分	49	41	44	73	61	52	354	59		
平均成绩									优秀人数	
475.7									6	

图 3-49 计算"学生成绩"工作表中的数据的参考效果

任务实现

（一）使用 SUM 函数计算每位学生成绩的总分

SUM 函数主要用于计算某一单元格区域中所有数字之和。下面使用 SUM 函数计算每位学生的成绩，具体操作如下。

（1）打开"学生成绩（计算）.xlsx"工作簿（配套资源：\素材\模块三\学生成绩（计算）.xlsx），单击"学生成绩"工作表标签，切换到"学生成绩"工作表。

（2）在"学生成绩"工作表中选择 H3 单元格，然后单击"公式"/"函数库"组中的"自动求和"按钮 Σ。此时，H3 单元格中将插入求和函数"SUM"，同时 Excel 2016 将自动识别函数参数"B3:G3"，如图 3-50 所示。

（3）单击"输入"按钮 ✓ 或按"Enter"键，完成求和操作。

> **提示** 使用 SUM 函数后，目标单元格的左上角会出现一个绿色箭头，将鼠标指针移动到该单元格左侧的 图标上，将提示"此单元格中的公式引用了有相邻附加数字的范围"。单击此图标，弹出的下拉列表中会提示"公式省略了相邻单元格"，选择其中的"忽略错误"选项，可将绿色箭头删除。

（4）将鼠标指针移动到 H3 单元格的右下角，当其变为 ✚ 形状时，按住鼠标左键并向下拖动，至 H19 单元格后释放鼠标左键，系统将自动填充函数并计算学生成绩，结果如图 3-51 所示。

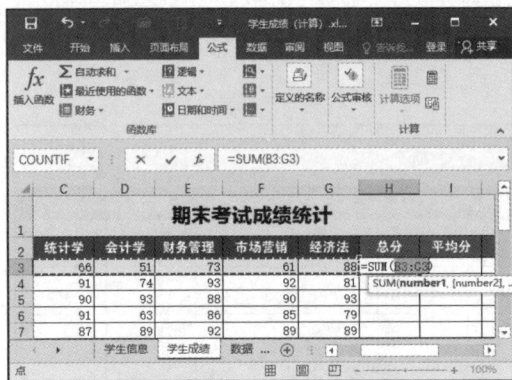

图 3-50　插入 SUM 函数

图 3-51　利用函数计算学生成绩的总分

（二）使用 AVERAGE 函数计算平均成绩

AVERAGE 函数用来计算某一单元格区域中数据的平均值，即先将单元格区域中的数据相加再除以单元格个数。下面使用 AVERAGE 函数计算学生成绩的平均分和全班学生的平均成绩，具体操作如下。

（1）选择 I3 单元格，单击"公式"/"函数库"组中的"自动求和"按钮 Σ 右侧的下拉按钮 ，在弹出的下拉列表中选择"平均值"选项。

（2）此时，I3 单元格中将插入平均值函数"AVERAGE"，在插入点处输入单元格区域的引用地址"B3:G3"，如图 3-52 所示。

（3）单击编辑栏中的"输入"按钮 ✓，应用函数，得到计算结果。将鼠标指针移动到 I3 单元格右下角，当其变为 ✚ 形状时，按住鼠标左键并向下拖动，至 I19 单元格后释放鼠标左键，系统将自动填充函数并计算学生成绩的平均分。

（4）选择 A25 单元格并输入"平均成绩"，将 A19 单元格的样式复制到 A25 单元格。选择 A26 单元格，单击"公式"/"函数库"组中的"自动求和"按钮 Σ 右侧的下拉按钮 ▾，在弹出的下拉列表中选择"平均值"选项，然后选择 H3:H19 单元格区域，如图 3-53 所示。

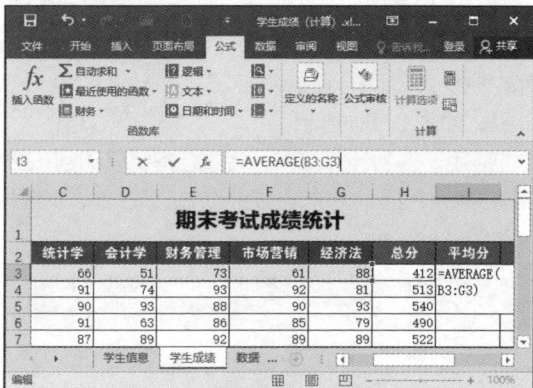

图 3-52 计算学生成绩的平均分　　　　　图 3-53 计算全班平均成绩

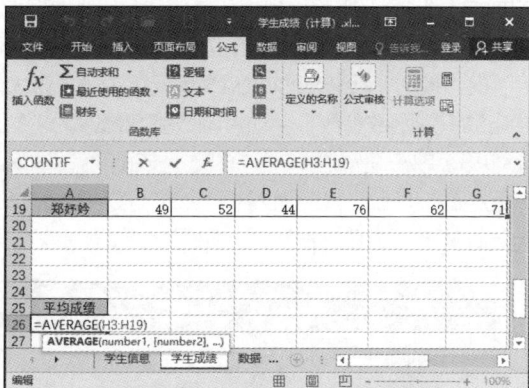

（5）按"Enter"键计算全班学生的平均成绩，然后选择 A26 单元格，在"开始"/"数字"组中单击"常规"右侧的下拉按钮 ▾，在弹出的下拉列表中选择"其他数字格式"选项，打开"设置单元格格式"对话框，在左侧"分类"列表框中选择"数值"选项，在右侧"小数位数"数值框中输入"1"，单击 确定 按钮，如图 3-54 所示，只显示小数点后一位。

（6）设置完成后，返回表格编辑区域，查看数据计算后的效果，如图 3-55 所示。

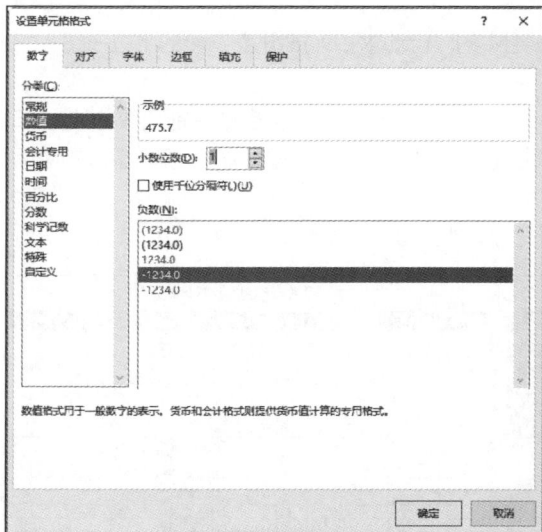

图 3-54 设置数值格式　　　　　图 3-55 查看数据计算后的效果

提示 在使用公式计算表格中的数据时，如果直接在公式中输入需要引用的单元格区域，则可能会出现输入错误的情况。此时，用户可在工作表中拖动鼠标以选择需要在公式中引用的单元格区域。

（三）使用 MAX 和 MIN 函数查询最高分与最低分

MAX 函数和 MIN 函数用于显示一组数据中的最大值和最小值。下面使用 MAX 函数计算学生成绩的最高分，使用 MIN 函数计算学生成绩的最低分，具体操作如下。

（1）在 A21、A22 单元格中分别输入文本"最高分""最低分"，并设置单元格的样式。选择 B21 单元格，在"公式"/"函数库"组中单击"自动求和"按钮 Σ 右侧的下拉按钮 ▾，在弹出的下拉列表中选择"最大值"选项。

（2）此时，系统自动在 B21 单元格中插入最大值函数"MAX"，同时 Excel 2016 会自动识别函数参数，手动将函数参数修改为"B3:B19"，如图 3-56 所示。

（3）单击编辑栏中的"输入"按钮 ✓，确认函数的应用，得到计算结果。将鼠标指针移动到 B21 单元格右下角，当其变为 ➕ 形状时，按住鼠标左键并向右拖动，至 I21 单元格后释放鼠标左键，系统将自动计算各项成绩的最高分，如图 3-57 所示。

微课
使用 MAX 和 MIN 函数查询最高分与最低分

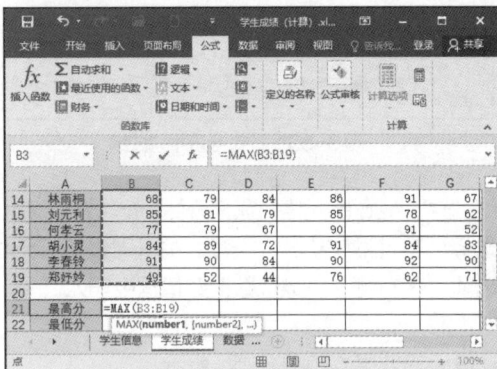

图 3-56　应用 MAX 函数

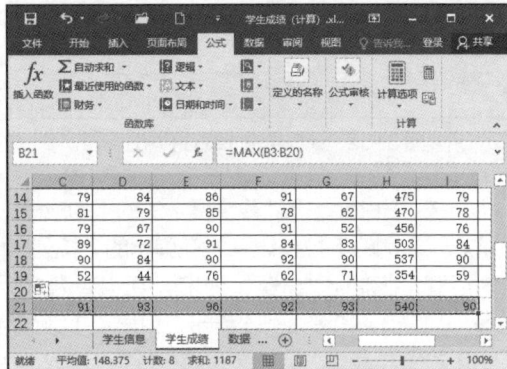

图 3-57　计算各项成绩的最高分

（4）选择 B22 单元格，单击"公式"/"函数库"组中的"自动求和"按钮 Σ 右侧的下拉按钮 ▾，在弹出的下拉列表中选择"最小值"选项。

（5）此时，B22 单元格中将插入最小值函数"MIN"，同时 Excel 2016 会自动识别函数参数，手动将函数参数修改为"B3:B19"，如图 3-58 所示。单击编辑栏中的"输入"按钮 ✓，确认函数的应用，得到计算结果。

（6）拖动鼠标填充数据，自动统计各项成绩的最低分，如图 3-59 所示。

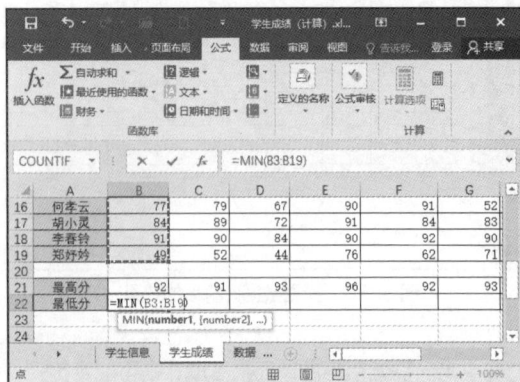

图 3-58　应用 MIN 函数

图 3-59　计算各项成绩的最低分

（四）使用 RANK 函数统计学生名次

RANK 函数用来显示某个数字在数字列表中的排名。下面使用 RANK 函数计算学生成绩的排名，具体操作如下。

（1）选择 K3 单元格，在"公式"/"函数库"组中单击"插入函数"按钮 fx 或按"Shift+F3"组合键，打开"插入函数"对话框。

（2）在"或选择类别"下拉列表中选择"统计"选项，在"选择函数"列表框中选择"RANK.EQ"选项，单击 确定 按钮，如图 3-60 所示。

（3）打开"函数参数"对话框，在"Number"文本框中输入"I3"，即计算 I3 单元格的排名，单击"Ref"文本框右侧的"收缩"按钮 图。

（4）此时该对话框处于收缩状态，选择 I3:I19 单元格区域，即基于 I3:I19 单元格区域中的数据进行计算，单击该对话框右侧的"展开"按钮 图。

（5）返回"函数参数"对话框，按"F4"键，将"Ref"文本框中单元格的引用地址转换为绝对引用形式，单击 确定 按钮，如图 3-61 所示。

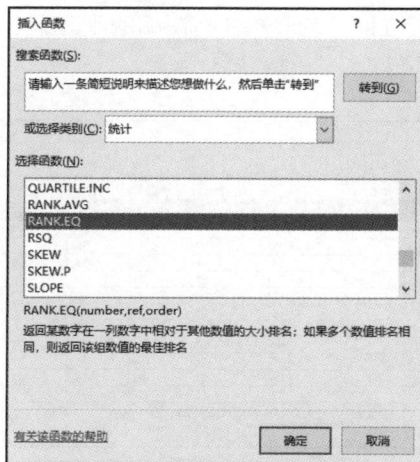

微课

使用 RANK 函数
统计学生名次

图 3-60 选择 RANK.EQ 函数

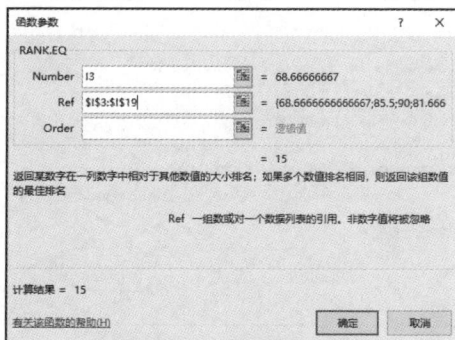

图 3-61 设置函数参数

（6）返回 Excel 2016 的操作界面即可查看排名情况。选择 K3 单元格，将鼠标指针移动到 K3 单元格右下角，当其变为 **+** 形状时，按住鼠标左键并向下拖动，拖动至 K19 单元格时，释放鼠标左键可显示每位学生成绩的排名，如图 3-62 所示。

期末考试成绩统计									
姓名	管理学	统计学	会计学	财务管理	市场营销	经济法	总分	平均分	评定	名次
马依鸣	73	66	51	73	61	88	412	69		15
高玉芳	82	91	74	93	92	81	513	86		5
郭建领	86	90	93	88	90	93	540	90		1
张雪苗	86	91	63	86	85	79	490	82		8
周广冉	76	87	89	92	89	89	522	87		3
张琳娜	92	88	78	94	88	77	517	86		4
马林宇	73	41	62	86	62	68	392	65		16
田清清	71	70	85	96	86	75	483	81		9
白晶泉	69	67	82	89	76	79	462	77		13
张以恒	90	86	68	79	87	81	491	82		7
荆妍妍	72	89	79	84	88	58	470	78		11
林雨桐	68	79	84	86	91	67	475	79		10
刘元利	85	81	79	85	78	62	470	78		11
何孝云	77	79	67	90	91	52	456	76		14
胡小灵	84	89	72	91	84	83	503	84		6
李春铃	91	90	84	80	92	90	537	90		2
郑妍铃	49	52	44	76	62	71	354	59		17

图 3-62 查看排名情况

> **提示** 在 Excel 2016 中，RANK 函数有两种，除了前面介绍的 RANK.EQ 函数外，还有另一种是 RANK.AVG 函数。从计算结果来看，RANK 和 RANK.EQ 一样；而 RANK.AVG 在排名一样的情况下，会返回排名的平均值，不会返回最高的排名。

（五）使用 IF 函数评定学生成绩等级

IF 函数可以判断数据表中的某个数据是否满足指定条件，满足则返回特定值，不满足则返回其他值。下面使用 IF 函数为学生成绩评定等级，具体操作如下。

（1）选择 J3 单元格，按"Shift+F3"组合键，打开"插入函数"对话框，在"选择函数"列表框中选择"IF"选项，单击 确定 按钮。

（2）打开"函数参数"对话框，在"Logical_test"参数框中输入"H3<400"，在"Value_if_true"参数框中输入""补习""，在"Value_if_false"参数框中输入"IF(H3<500,"良好","优秀")"，然后单击 确定 按钮，如图 3-63 所示。

（3）返回表格编辑区即可看到评定结果。将鼠标指针移动到 J3 单元格右下角，当其变为 ➕ 形状时，按住鼠标左键并向下拖动，拖动至 J19 单元格时，释放鼠标左键，完成学生成绩等级的评定，其结果如图 3-64 所示。

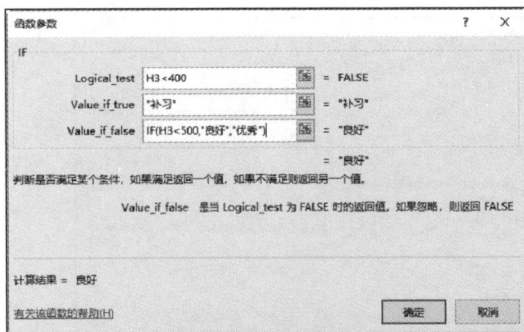

图 3-63　设置函数参数

图 3-64　查看学生成绩等级评定结果

（六）使用 COUNTIF 函数统计成绩为"优秀"的人数

COUNTIF 函数可以统计某个范围内满足特定条件的单元格数量，能够简化数据分析过程，并提供有关数据的有用信息。下面使用 COUNTIF 函数统计成绩为"优秀"的学生人数，具体操作如下。

（1）选择 K25 单元格，输入文本"优秀人数"，并设置其单元格样式。

（2）选择 K26 单元格，按"Shift+F3"组合键，打开"插入函数"对话框。在"或选择类别"下拉列表中选择"常用"选项，在"选择函数"列表框中选择"COUNTIF"选项，单击 确定 按钮，如图 3-65 所示。

（3）打开"函数参数"对话框，在"Range"参数框中输入"J3:J19"，在"Criteria"参数框中输入"优秀"，然后单击 确定 按钮，如图 3-66 所示。

（4）返回表格编辑区即可看到计算结果，如图 3-67 所示（配套资源：\效果\模块三\学生成绩（计算）.xlsx）。

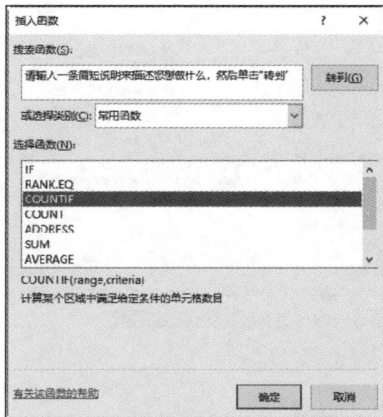

图 3-65　选择 COUNTIF 函数

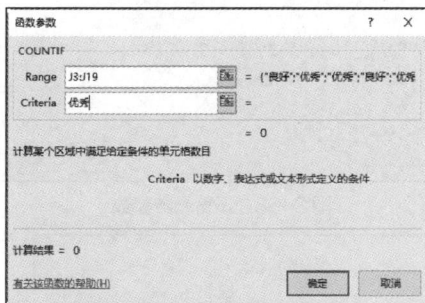

图 3-66　设置函数参数

期末考试成绩统计									
姓名	管理学	统计学	会计学	财务管理	市场营销	经济法	总分	平均分	评定	名次
马依鸣	73	66	51	73	61	88	412	69	良好	15
高玉英	82	91	74	93	92	81	513	86	优秀	5
郭建领	86	90	93	88	90	93	540	90	优秀	1
张雪莒	86	91	63	86	85	79	490	82	良好	8
周广冉	76	87	89	92	89	89	522	87	优秀	3
张琳娜	92	88	78	94	88	77	517	86	优秀	4
马林宇	73	41	62	86	62	68	392	65	补习	16
田清涛	71	70	85	96	86	75	483	81	良好	9
白景泉	69	67	82	89	76	79	462	77	良好	13
张以恒	90	86	68	79	87	81	491	82	良好	7
荆妍妍	72	89	79	84	88	58	470	78	良好	11
林雨桐	68	79	84	86	91	67	475	79	良好	10
刘元利	85	81	79	85	78	62	470	78	良好	11
何孝云	77	79	67	90	91	52	456	76	良好	14
胡小灵	84	89	72	91	84	83	503	84	优秀	6
李春铃	91	90	84	90	92	90	537	90	优秀	2
郑妗妗	49	52	44	76	62	71	354	59	补习	17
最高分	92	91	93	96	92	93	540	90		
最低分	49	41	44	73	61	52	354	59		
平均成绩									优秀人数	
475.7									6	

图 3-67　计算结果

能力拓展

（一）嵌套函数的使用

　　当某个函数作为另一个函数的参数使用时，该函数就称为嵌套函数。嵌套函数同样可以通过直接输入的方式使用，但如果遇到函数结构复杂或不熟悉函数的情况，则可通过插入的方式使用。使用嵌套函数的具体操作如下。

　　（1）在工作表中选择显示计算结果的单元格后，单击编辑栏中的"插入函数"按钮 fx，并在打开的"函数参数"对话框中设置函数参数信息，如图 3-68 所示。

　　（2）将插入点定位到"函数参数"对话框的"Logical_test"文本框中，然后在名称框中选择需要嵌套的函数，如图 3-69 所示。

　　（3）继续在打开的"函数参数"对话框中设置嵌套函数的参数，设置完成后单击 确定 按钮，如图 3-70 所示。

　　（4）返回 Excel 2016 的操作界面，将插入点定位到编辑框中，并在嵌套函数 SUM 之后补充逻辑值的判断条件">450000"，如图 3-71 所示。该函数表示当 1 月至 10 月的销售额大于 450000 时，判断结果为"完成"，否则判断结果为"未完成"。按"Enter"键即可查看计算结果。

微课

嵌套函数的使用

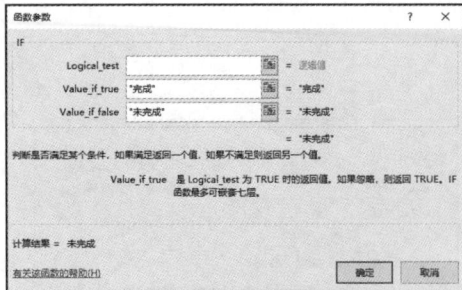

图 3-68　设置函数参数

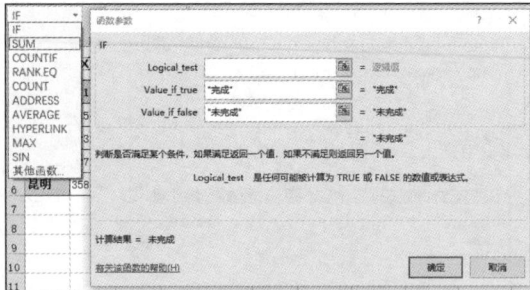

图 3-69　选择需要嵌套的函数

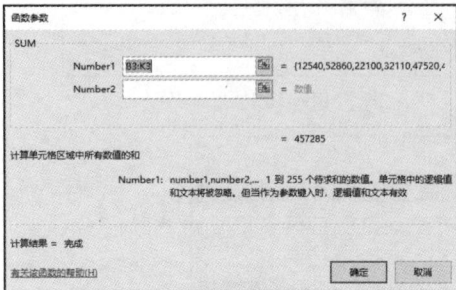

图 3-70　设置嵌套函数的参数

图 3-71　补充函数参数

> **提示**　将嵌套函数作为另一个函数的参数使用时，该嵌套函数返回值的类型一定要与参数使用值的类型相同，否则 Excel 2016 会显示错误值"#VALUE!"。除此之外，Excel 2016 允许多层嵌套，但最多不能超过 7 层。

（二）定义单元格

用户在计算表格数据时，通常会输入许多公式或函数，此时，可使用 Excel 2016 的定义单元格功能对参与计算的单元格或单元格区域进行命名操作，这样不仅可以快速定位到需要的单元格或单元格区域，还便于进行数组的计算。

定义单元格的方法：选择单元格或单元格区域后，在名称框中输入需要的名称，然后按"Enter"键。图 3-72 所示为将 C3:C10 单元格区域的名称定义为"第一季度"。按照相同的操作方法，分别将 D3:D10、E3:E10 单元格区域的名称定义为"第二季度""第三季度"。选择 F3:F10 单元格区域，在编辑框中输入"=第一季度+第二季度+第三季度"后按"Ctrl+Enter"组合键，便可快速得到汇总结果，如图 3-73 所示。

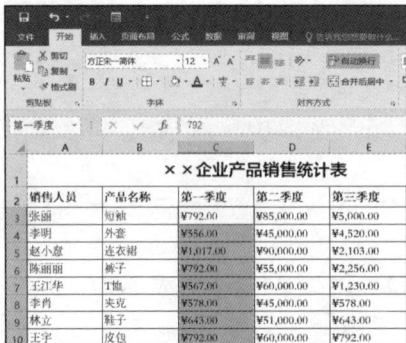

图 3-72　定义单元格区域的名称

图 3-73　汇总结果

（三）不同工作表中的单元格引用

单元格引用不仅可以在同一工作表中进行，还可以在同一工作簿的不同工作表中进行，甚至可以在不同工作簿的工作表中进行。需要注意的是，在不同工作簿中引用单元格时，需要先打开这些工作簿。在不同工作表中进行单元格引用的方法有以下两种。

- 直接引用单元格中的数据。在单元格中输入"="后，切换到相应工作表中，然后选择需要引用的单元格，最后按"Enter"键或"Ctrl+Enter"组合键。
- 以参数形式引用单元格中的数据。在单元格中输入"="后，切换到相应工作表中，选择需要引用的单元格后输入运算符，然后继续设置公式的其他内容。

（四）公式的审核

在公式结构与函数的参数设置都正确的情况下，若产生错误值，则说明公式或函数引用的单元格中有错误。此时，可利用 Excel 2016 提供的公式审核功能检查公式与单元格之间的关系，以快速找到出错的原因。

1. 追踪引用单元格和追踪从属单元格

利用追踪引用单元格和追踪从属单元格功能，可以快速、准确地定位当前公式引用了或从属于哪些单元格，并用蓝色箭头标注出来，从而便于分析公式的整体结构。

- 追踪引用单元格。选择公式所在的单元格，在"公式"/"公式审核"组中单击"追踪引用单元格"按钮 ，即可追踪引用单元格。图 3-74 所示为 L3 单元格中公式引用的参与计算的单元格的情况。

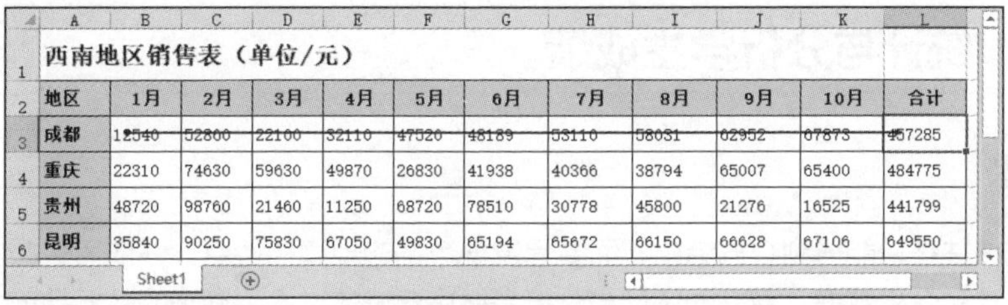

图 3-74　查看引用的单元格

- 追踪从属单元格。选择参与公式计算的单元格，在"公式"/"公式审核"组中单击"追踪从属单元格"按钮 ，可追踪其从属的单元格。图 3-75 所示为 L3 单元格从属的单元格的情况。

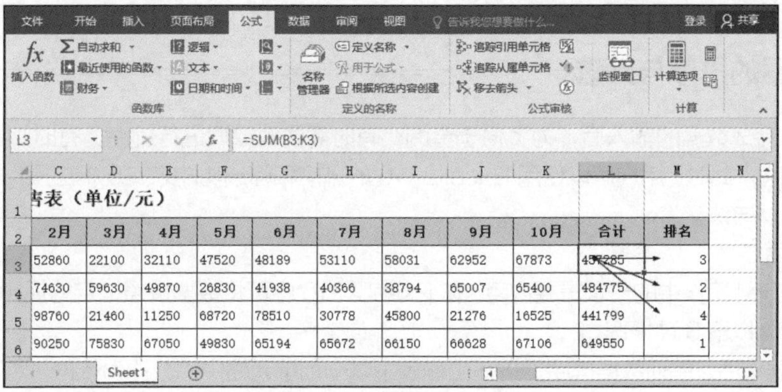

图 3-75　查看从属的单元格

> **提示** 在"公式"/"公式审核"组中单击"移去箭头"按钮 ，可以同时取消引用单元格和从属单元格的追踪箭头。单击该按钮右侧的下拉按钮 ，在弹出的下拉列表中可以进一步选择需要取消的箭头类型。

2. 检查公式错误

公式出错后会返回错误值，不同的错误值有不同的出错原因。常见的公式错误值及其错误原因的汇总如表3-2所示。

表3-2 常见的公式错误值及其错误原因的汇总

错误值	错误原因
#VALUE!	① 公式使用标准算术运算符计算单元格中的数据，但这些单元格中包含文本； ② 使用了数学函数的公式包含的参数是文本而不是数字； ③ 工作簿使用了数据链接，而该链接不可用
#REF!	① 删除了其他公式引用的单元格； ② 存在指向当前未运行的程序的对象链接和嵌入链接； ③ 链接到了不可用的动态数据交换主题； ④ 工作簿中可能有一个宏在工作表中输入了返回值为"#REF!"的函数
#NUM!	① 可能在需要数字参数的函数中提供了错误的数据类型； ② 公式可能使用了进行迭代计算的函数，但函数无法得到结果； ③ 公式产生的结果数字可能太大或太小，以致于无法表示

任务四 统计与分析学生成绩

任务描述

计算学生成绩往往只能得到数据结果，而要想发现数据的规律和特点，并依靠数据发现问题、作出决策，就需要统计和分析数据。数据的统计与分析是循序渐进的过程，准确的数据结论大多建立在大量数据分析的基础上。下面通过排序与筛选、图表等功能分析"学生成绩（分析）"工作簿中的数据，介绍使用 Excel 2016 进行数据统计与分析的操作。

技术分析

（一）数据的排序与筛选

在工作表中完成数据的输入后，为了便于查阅，有时需要对数据进行排序，有时则需要显示数据中某一类特定的信息。此时，用户可以使用 Excel 2016 的排序和筛选功能来实现相应操作。下面介绍数据排序与筛选的具体方法。

1. 数据排序

数据排序是统计工作中的一项重要内容，在 Excel 2016 中可将数据按照指定的规律排序。一般情况下，数据排序分为以下3种情况。

- 单列数据排序。单列数据排序是指在工作表中以一列单元格中的数据为依据，对工作表中的所有数据进行排序。

- 多列数据排序。在对多列数据进行排序时，需要按某个数据进行排列，该数据就称为"关键字"。以关键字排序，其他列中的单元格数据将随之发生变化。对多列数据进行排序时，先要选择多列数据对应的单元格区域，然后选择关键字，Excel 2016 会自动根据该关键字排序，未选择的单元格区域将不参与排序。图 3-76 所示为多列数据排序效果，先根据主要关键字"成交/套"进行升序排列，"成交/套"的值相同时，再按次要关键字"成交面积/平方"进行降序排列。

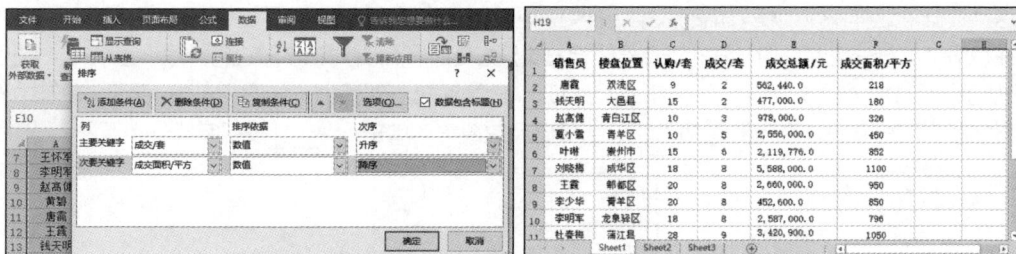

图 3-76　多列数据排序效果

- 自定义排序。使用自定义排序可以设置多个关键字对数据进行排序，并且可以用其他关键字对相同的数据进行排序。图 3-77 所示为自定义关键字"高层,多层,小高层"的排序效果。

图 3-77　自定义排序效果

2. 数据筛选

数据筛选是分析数据时常用的操作之一。数据筛选分为以下 3 种情况。

- 自动筛选。自动筛选数据即根据用户设定的筛选条件，自动将表格中符合条件的数据显示出来，而表格中的其他数据将会被隐藏。
- 自定义筛选。自定义筛选是在自动筛选的基础上进行的，即先对数据进行自动筛选操作，再单击自定义的字段名称右侧的"筛选"下拉按钮 ⯆，在弹出的下拉列表中选择相应的选项以确定筛选条件，最后在打开的"自定义自动筛选方式"对话框中进行相应设置，如图 3-78 所示。

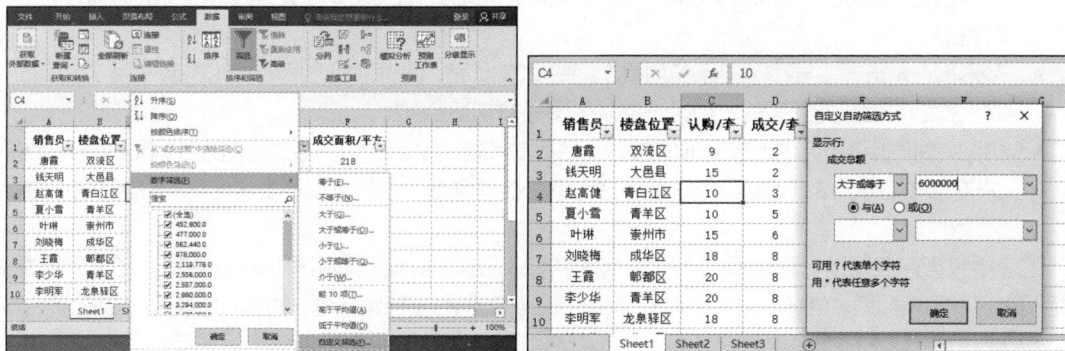

图 3-78　自定义筛选

- 高级筛选。若需要根据自己设置的筛选条件筛选数据，则需要使用高级筛选功能。高级筛选功能可以筛选出同时满足两个或两个以上条件的数据。

（二）数据的分类汇总

数据的分类汇总就是将性质相同或相似的一类数据放到一起，使它们成为"一类"，并进一步统计或计算这类数据。这样不仅能使表格的数据结构更加清晰，还能有针对性地汇总数据。

在表格中进行分类汇总的方法：选择要进行分类汇总的字段，并对该字段进行排序设置；在"数据"/"分级显示"组中单击"分类汇总"按钮 ，打开"分类汇总"对话框，如图 3-79 所示，在其中设置好分类字段、汇总方式、选定汇总项、汇总结果显示位置等，单击 确定 按钮完成分类汇总。

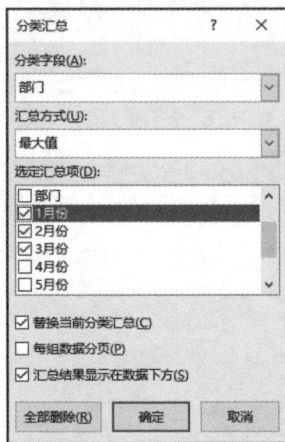

图 3-79 "分类汇总"对话框

（三）图表的种类

利用图表可将抽象的数据直观地表现出来。另外，将表格中的数据与图形联系起来，会让数据更加清楚、更容易理解。Excel 2016 提供了 10 多种标准类型的图表和多种自定义类型的图表，如柱形图、折线图、条形图、饼图等。

- 柱形图。柱形图主要用于显示一段时间内的数据变化情况或对数据进行对比分析。在柱形图中，通常沿水平坐标轴显示类别，沿垂直坐标轴显示数值。
- 折线图。折线图用于直观地显示数据的变化趋势，因此，折线图一般适用于显示在相等时间间隔下数据的变化趋势。在折线图中，沿水平坐标轴均匀分布的是类别数据，沿垂直坐标轴分布的是所有值。
- 条形图。条形图主要用于显示各项目之间的比较情况，使得项目之间的对比关系一目了然。如果表格中的数据是持续型的，那么选择条形图是非常适合的。
- 饼图。饼图用于显示相应数据项占该数据系列总和的比例值，饼图中的数据为数据项的占有比例。饼图通常应用于市场份额分析、市场占有率分析等场合，它能直观地表达出每一块区域所占的比例大小。

图表中包含许多元素，默认情况下只显示其中部分元素，其他元素可根据需要添加。图表元素主要包括图表区、图表标题、坐标轴（水平坐标轴和垂直坐标轴）、坐标轴标题、图例、绘图区、数据系列等。图 3-80 所示为簇状柱形图。

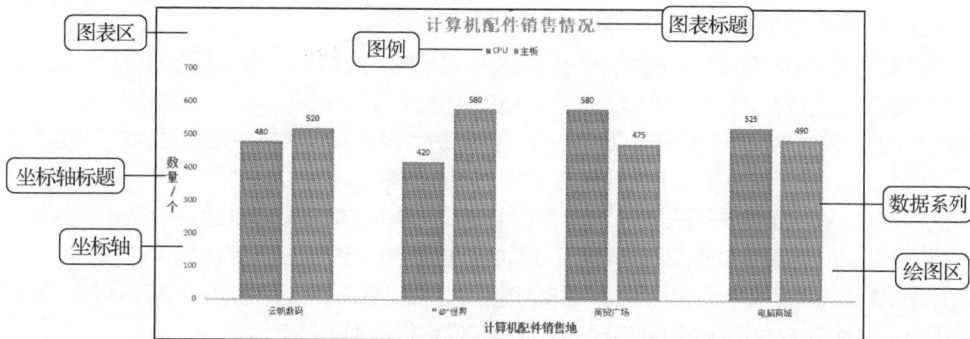

图 3-80　簇状柱形图

- 图表区。图表区是指包含整个图表及全部图表元素的区域。图表区的设置包括填充图表区的背景、设置图表区的边框，以及设置三维格式等。
- 图表标题。图表标题是一段文本，对图表起补充说明作用。创建图表时，系统一般会自动添加图表标题。若图表中未显示标题，则可以手动添加，并将其放在图表上方或下方。
- 坐标轴。坐标轴用于对数据进行度量和分类，它包括水平坐标轴和垂直坐标轴，在垂直坐标轴中显示图表数据，在水平坐标轴中显示数据分类。
- 坐标轴标题。坐标轴标题包括主要横坐标轴标题和主要纵坐标轴标题，用于设置坐标轴名称。
- 图例。图例是一个方框，用于标识图表中的数据系列或分类指定的图案或颜色。图例一般显示在图表区的右侧，但图例的位置不是固定不变的，而是可以根据需要进行移动。
- 绘图区。绘图区是由坐标轴界定的区域，在二维图表中，绘图区包括所有数据系列。而在三维图表中，绘图区除了包括所有数据系列外，还包括分类名、刻度线标志和坐标轴标题等。
- 数据系列。数据系列即在图表中对数据的图形化展示，这些数据来源于工作表的行或列。图表中的每个数据系列都具有唯一的颜色或图案，并且表示在图表的图例中。用户可以在图表中绘制一个或多个数据系列。

（四）认识数据透视表

数据透视表可以快速汇总大量数据并建立交叉列表，它能够清晰地反映表格中的数据信息。此外，数据透视表是一个动态汇总报表，用户通过它可以对数据信息进行分析和处理。从结构上看，数据透视表由 4 部分组成，如图 3-81 所示，各部分的作用如下。

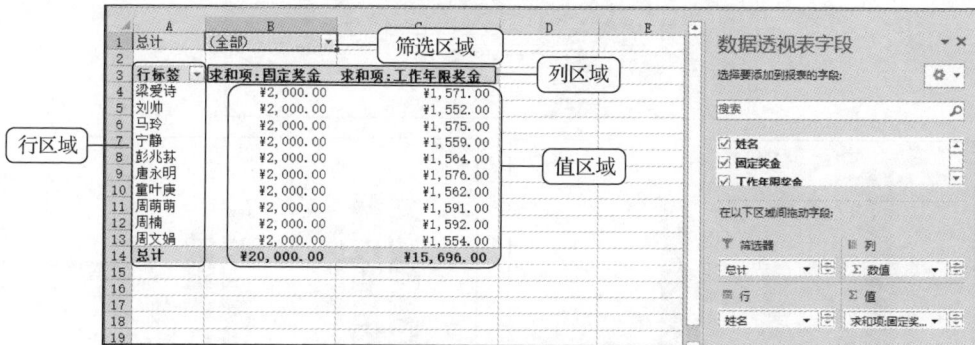

图 3-81　数据透视表

- 筛选区域。该区域中的字段将作为数据透视表中的报表筛选字段。
- 行区域。该区域中的字段将作为数据透视表的行标签。

- 列区域。该区域中的字段将作为数据透视表的列标签。
- 值区域。该区域中的字段将作为数据透视表中显示的汇总数据。值的汇总方式默认为"求和"，可以根据需要将其更改为"计数""平均值""最大值""最小值"等。

将字段添加到数据透视表的操作很简单，在"数据透视表字段"窗格中勾选要添加字段对应的复选框即可。除此之外，还可以使用以下两种方法来快速添加字段。

- 鼠标右键。在"数据透视表字段"窗格中要添加的字段上单击鼠标右键，在弹出的快捷菜单中选择添加字段的位置，如图 3-82 所示。这种方法适用于用户自定义筛选模式。
- 拖动鼠标。将鼠标指针定位至要添加的字段上，按住鼠标左键将其拖动至目标区域中，如图 3-83 所示。这种方法便于用户根据自己的需求自定义数据透视表的字段。

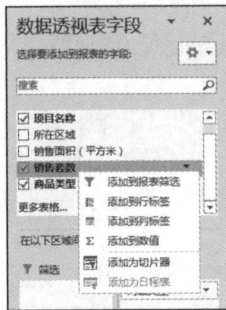

图 3-82　通过鼠标右键添加字段　　　图 3-83　拖动鼠标添加字段

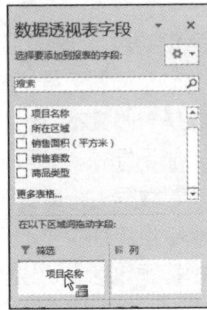

示例演示

本任务为统计与分析"学生成绩（分析）"工作簿中的数据，参考效果如图 3-84 所示。其中，利用排序和筛选功能分析成绩数据，利用分类汇总和图表功能汇总与分析各组成绩，利用数据透视表和数据透视图动态分析成绩数据。

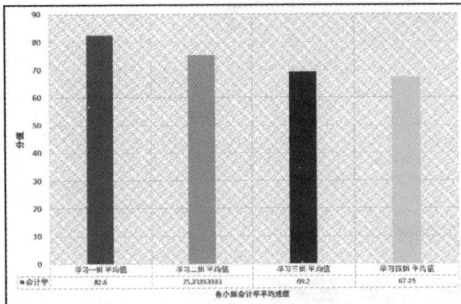

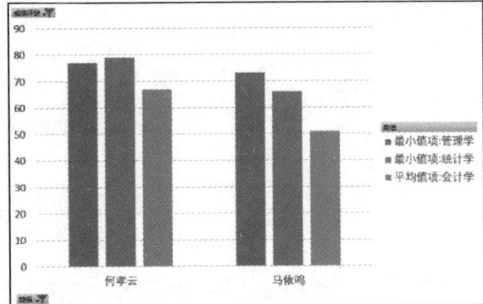

图 3-84　统计与分析"学生成绩（分析）"工作簿中的数据的参考效果

任务实现

（一）排序学生成绩

使用 Excel 2016 中的数据排序功能对成绩数据进行排序，有助于快速和直观地显示、组织和查找所需的数据。下面对学生成绩数据与素养评价数据进行简单排序和自定义排序，具体操作如下。

（1）打开"学生成绩（分析）.xlsx"工作簿（配套资源：\素材\模块三\学生成绩（分析）.xlsx），在"数据分析"工作表中选择I列中的任意单元格，然后单击"数据"/"排序和筛选"组中的"降序"按钮 。此时，学生的平均成绩将由高到低排列，效果如图 3-85 所示。

（2）选择工作表中包含数据的任意单元格，在"数据"/"排序和筛选"组中单击"排序"按钮 。

（3）打开"排序"对话框，在"主要关键字"下拉列表中选择"素养评价"选项，在"次序"下拉列表中选择"自定义序列"选项，如图 3-86 所示。

图 3-85　查看降序排列效果

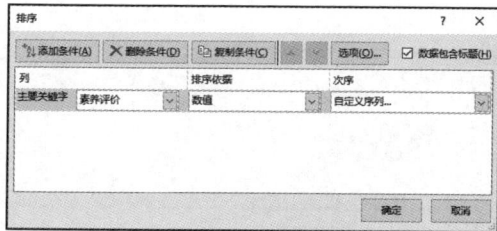

图 3-86　"排序"对话框

（4）打开"自定义序列"对话框，在"输入序列"列表框中输入图 3-87 所示的内容，然后依次单击 添加(A) 按钮和 确定 按钮。

（5）返回"排序"对话框，"次序"下拉列表中将显示设置的自定义序列，确认无误后单击 确定 按钮。返回"数据分析"工作表，此时工作表中的数据将按照"素养评价"中的自定义序列排序，效果如图 3-88 所示。

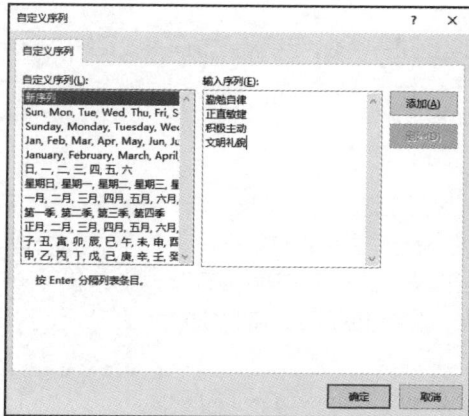

图 3-87　输入序列

图 3-88　自定义排序的效果

（二）筛选成绩数据

Excel 2016 中的数据筛选功能可根据需要显示满足某个或某几个条件的数据，而隐藏其他的数据。

微课

自动筛选

1. 自动筛选

自动筛选功能可以在工作表中快速显示指定字段的记录并隐藏其他记录。下面在"学生成绩（分析）.xlsx"工作簿中筛选"团员"的数据信息，具体操作如下。

（1）选择"数据分析"工作表中的任意单元格，在"数据"/"排序和筛选"组中单击"筛选"按钮 ▼，进入筛选状态，列标题中的各单元格右侧将显示"筛选"下拉按钮 ▼。

（2）在 L2 单元格中单击"筛选"下拉按钮 ▼，在弹出的下拉列表中取消勾选"党员"复选框，仅勾选"团员"复选框，然后单击 [确定] 按钮，如图 3-89 所示。

（3）此时，将显示"政治面貌"为"团员"的数据信息，而其他数据将被隐藏，结果如图 3-90所示。

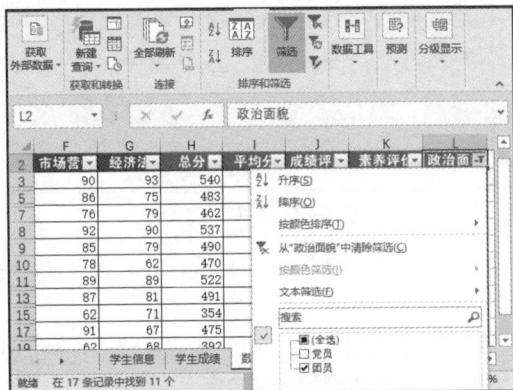

图3-89 选择要筛选的字段　　　　　图3-90 查看筛选结果

2. 自定义筛选

微课

自定义筛选

自定义筛选多用于筛选数值数据，设定筛选条件可以将满足指定条件的数据筛选出来，而隐藏其他数据。下面筛选"总分"大于 470 的学生信息，具体操作如下。

（1）在"数据"/"排序和筛选"组中单击"清除"按钮 ▼，清除工作表中的筛选条件。单击"总分"单元格右侧的"筛选"下拉按钮 ▼，在弹出的下拉列表中选择"数字筛选"/"大于"选项。

（2）打开"自定义自动筛选方式"对话框，在"总分"栏的"大于"下拉列表右侧的下拉列表中输入"470"，然后单击 [确定] 按钮，如图 3-91 所示。

（3）返回表格编辑区以查看自定义筛选结果，如图3-92所示。

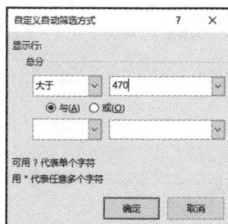

图3-91　自定义筛选

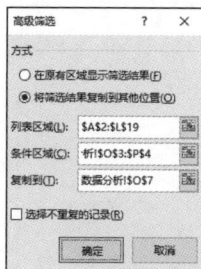

图3-92　查看自定义筛选结果

3. 高级筛选

用户通过高级筛选功能可以自定义筛选条件，在不影响当前工作表的情况下显示筛选结果。对于较复杂的筛选，也可以使用高级筛选功能。下面在"学生成绩（分析）.xlsx"工作簿中筛选统计学分数大于"90"，且平均成绩大于"80"的学生的数据信息，具体操作如下。

（1）在"数据"/"排序和筛选"组中单击"筛选"按钮 ▼，退出工作表的筛选状态。

（2）选择O3单元格并输入筛选序列"统计学"，在O4单元格中输入条件">90"；选择P3单元格并输入筛选序列"平均分"，在P4单元格中输入条件">80"，如图3-93所示。

（3）选择包含数据的任意单元格，然后在"数据"/"排序和筛选"组中单击"高级"按钮 ▼。

（4）打开"高级筛选"对话框，选中"将筛选结果复制到其他位置"单选项，在"列表区域"参数框中输入"$A$2:$L$19"，在"条件区域"参数框中输入"数据分析!$O$3:$P$4"，在"复制到"参数框中输入"数据分析!$O$7"，单击 确定 按钮，如图3-94所示。

（5）返回"数据分析"工作表，原工作表的O7单元格（起始位置）中将单独显示筛选结果。

图3-93　输入高级筛选条件

图3-94　设置高级筛选参数

（三）按组别分类汇总成绩

Excel 2016的分类汇总功能可统计表格中的同类数据，使工作表中的数据更加清晰、直观。下面按组别进行分类汇总，具体操作如下。

（1）在"数据分析"工作表中选择 A2:L19 单元格区域，按"Ctrl+C"组合键复制数据；切换到"Sheet 1"工作表，选择 A2 单元格，然后按"Ctrl+V"组合键粘贴数据。删除"成绩评定""素养评价""政治面貌"列。

（2）在 A 列后增加一列"学习小组"，依次输入"学习一组""学习二组""学习三组""学习四组"，在 A 列前增加一列"学号"，依次输入学号数据，然后将工作表重命名为"分类汇总"。

（3）选择"分类汇总"工作表中任意有数据的单元格，在"数据"/"分级显示"组中单击"分类汇总"按钮 ，如图 3-95 所示。

（4）打开"分类汇总"对话框，在"分类字段"下拉列表中选择"学习小组"选项，在"汇总方式"下拉列表中选择"求和"选项，在"选定汇总项"列表框中勾选"会计学"复选框，然后单击 确定 按钮，如图 3-96 所示。

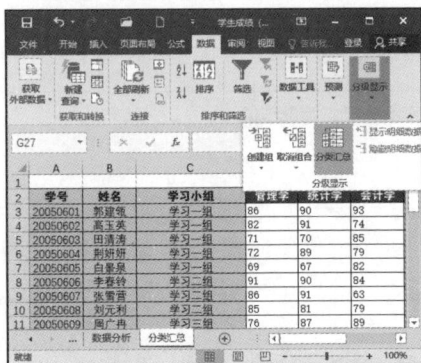

图 3-95　单击"分类汇总"按钮

图 3-96　设置分类汇总参数

（5）此时可分类汇总表格中的数据，同时直接在表格中显示汇总结果。选择任意有数据的单元格，使用相同的方法打开"分类汇总"对话框，在"汇总方式"下拉列表中选择"平均值"选项，取消勾选"替换当前分类汇总"复选框，最后单击 确定 按钮，如图 3-97 所示。

> **提示**　分类汇总实际就是分类加汇总，其操作过程是先用排序功能对数据进行分类排序，然后按照分类进行汇总。如果没有进行分类排序，汇总的结果就没有意义。所以，在汇总之前，应先对数据进行分类排序，且分类排序的条件最好是需要分类汇总的相关字段，这样汇总的结果才会更加清晰。

（6）返回"分类汇总"工作表，查看不同小组的会计学平均成绩，如图 3-98 所示。

图 3-97　继续设置分类汇总参数

图 3-98　分类汇总的结果

> **提示** 打开分类汇总后的工作表，在表中选择任意单元格，然后在"数据"/"分级显示"组中单击"分类汇总"按钮 ⊞ ，打开"分类汇总"对话框，直接单击 全部删除(R) 按钮将删除表格中已创建的分类汇总效果。

（四）利用图表分析各组成绩

图表可以将工作表中的数据以图例的形式展现出来。下面在"学习成绩（分析）.xlsx"工作簿中用柱形图分析各小组的会计学平均成绩，具体操作如下。

（1）选择"分类汇总"工作表，在按住"Ctrl"键的同时，依次选择 C8、F8、C13、F13、C20、F20、C26、F26 共 8 个不连续的单元格。

（2）在"插入"/"图表"组中单击"插入柱形图或条形图"按钮 ▮▮，在弹出的下拉列表中选择"簇状柱形图"选项，如图 3-99 所示。

（3）此时可在当前工作表中创建一个柱形图，其中显示了各学习小组的会计学平均成绩。将鼠标指针移动到柱形图中的某一数据系列上，可查看该数据系列对应小组的平均分数值，如图 3-100 所示。

图 3-99　选择"簇状柱形图"选项

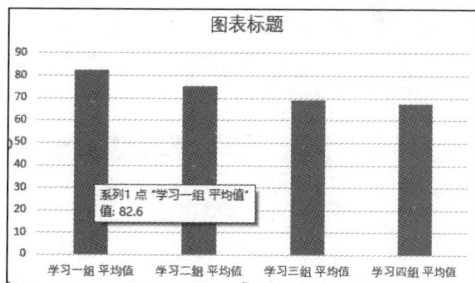

图 3-100　查看数据系列

（4）在"图表工具-设计"/"位置"组中单击"移动图表"按钮 ▥ ，打开"移动图表"对话框，选中"新工作表"单选项，在右侧的文本框中输入工作表的名称，这里输入"会计学平均成绩分析"，单击 确定 按钮，如图 3-101 所示。

（5）此时图表将移动到新工作表中，同时自动调整为适合工作表区域的大小，效果如图 3-102 所示。

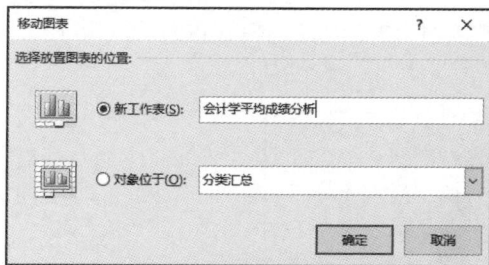

图 3-101　选择放置图表的位置

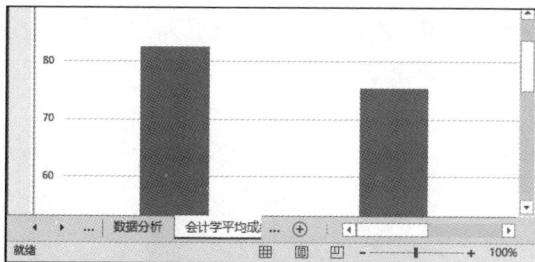

图 3-102　移动后的图表效果

（6）在"图表工具-设计"/"图表布局"组中单击"快速布局"按钮 ▦ ，在弹出的下拉列表中选择"布局 5"选项，如图 3-103 所示。

（7）在"图表工具-设计"/"图表布局"组中单击"添加图表元素"按钮 ▮ ，在弹出的下拉列表中选择"图表标题"/"无"选项，如图 3-104 所示，不显示图表标题。

图3-103　选择图表布局类型

图3-104　选择"图表标题"/"无"选项

（8）再次单击"添加图表元素"按钮 ，在弹出的下拉列表中选择"轴标题"/"主要横坐标轴"选项，为图表添加横坐标轴，选择横坐标轴标题，将其名称修改为"各小组平均成绩"。按照该方法为图表添加"主要纵坐标轴"标题，将其名称修改为"分值"。

（9）选择图表，在"图表工具-设计"/"图表样式"组的样式列表框中选择"样式 8"选项，如图3-105 所示。

（10）选择图表左侧的纵坐标轴标题框，按"Delete"键删除。在"图表工具-设计"/"数据"组中单击"选择数据"按钮 ，打开"选择数据源"对话框，在"图例项（系列）"列表框中单击 按钮，打开"编辑数据系列"对话框，在"系列名称"文本框中输入"会计学"，单击 按钮，返回"选择数据源"对话框，可以看到默认的"系列 1"图例项名称已更改为"会计学"，如图3-106 所示。单击 按钮完成修改。

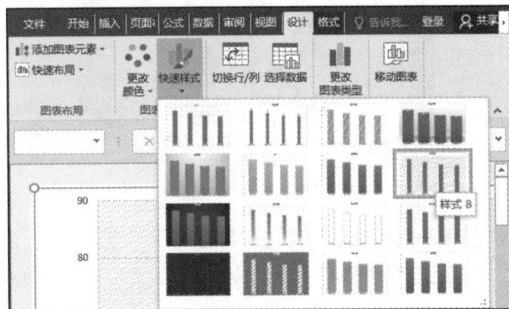

图3-105　为图表应用样式

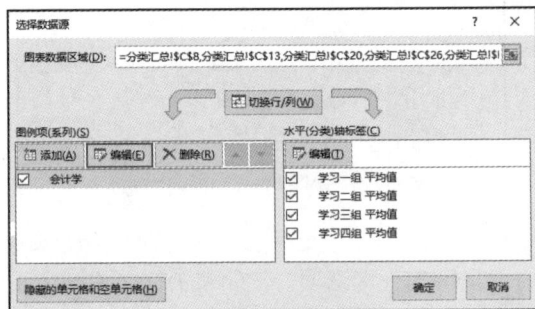

图3-106　更改图例项名称

（11）分别选择图表中的图例项，在"图表工具-格式"/"形状样式"组中设置填充颜色为"浅蓝""橙色""紫色""黄色"，在"开始"/"字体"组中分别将纵坐标和横坐标的字号设置为"14""12"，图表最终效果如图3-107 所示。

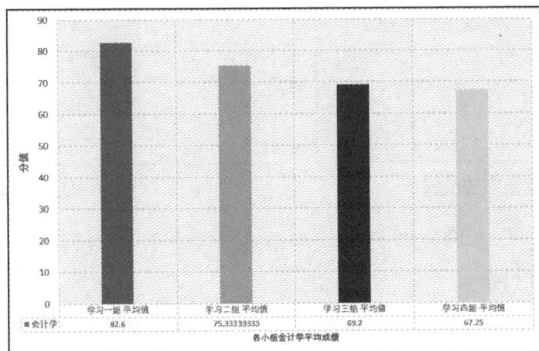

图3-107　图表最终效果

（五）创建并编辑数据透视表

数据透视表是一种交互式的数据报表，可以快速汇总大量的数据，同时对汇总结果进行筛选，以查看源数据的不同统计结果。下面在"学生成绩（分析）.xlsx"工作簿中创建数据透视表，具体操作如下。

（1）切换到"数据分析"工作表，选择 A2:L19 单元格区域，在"插入"/"表格"组中单击"数据透视表"按钮🔄，打开"创建数据透视表"对话框。

（2）由于已经选择了数据区域，因此只需确定放置数据透视表的位置，这里选中"新工作表"单选项，然后单击 确定 按钮，如图 3-108 所示。

（3）此时系统将新建一张工作表，并在其中显示空白的数据透视表，其右侧会显示"数据透视表字段"窗格。在"数据透视表字段"窗格中将"成绩评定"字段拖动到"筛选器"下拉列表中，然后用同样的方法将"姓名"字段拖动到"行"下拉列表中。

（4）使用同样的方法，按顺序将"管理学""统计学""会计学"字段拖动到"值"下拉列表中，如图 3-109 所示。

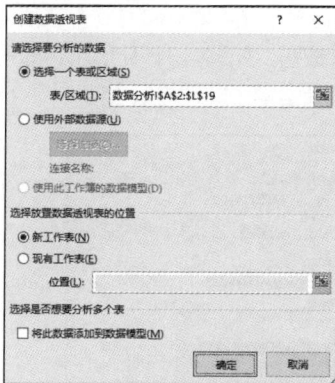

图 3-108　确定放置数据透视表的位置

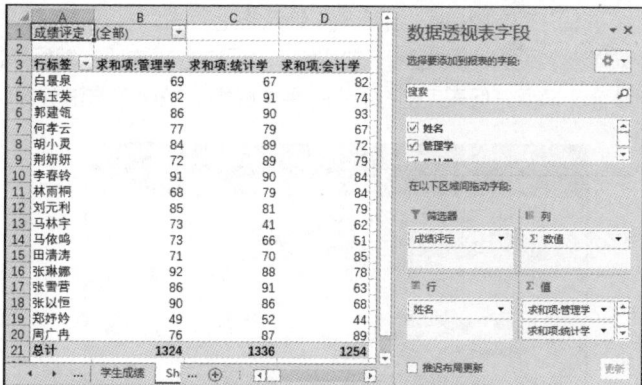

图 3-109　拖动字段到指定区域

（5）在创建好的数据透视表中单击"成绩评定"字段右侧的下拉按钮，在弹出的下拉列表中勾选"选择多项"复选框，然后取消勾选"补习"复选框，并单击 确定 按钮，如图 3-110 所示。

（6）返回"数据分析"工作表，数据透视表中将自动筛选出"优秀""良好"的学生数据。

（7）单击"姓名"字段右侧的下拉按钮，在弹出的下拉列表中选择"值筛选"/"小于"选项，如图 3-111 所示。

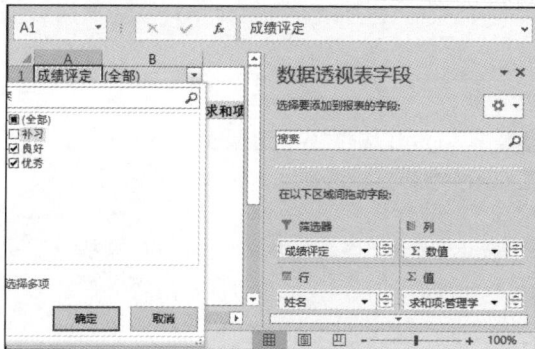

图 3-110　筛选多项数据

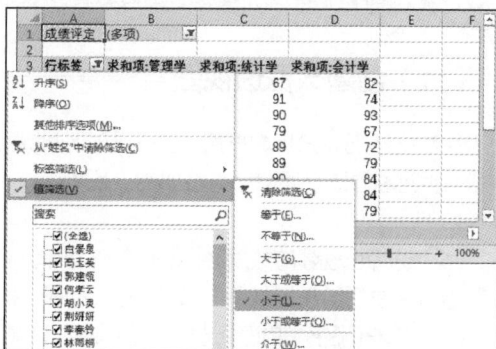

图 3-111　根据值筛选数据

（8）打开"值筛选（姓名）"对话框，在第一个下拉列表中选择"求和项:会计学"选项，在第二个下拉列表中选择"小于"选项，在右侧的文本框中输入"70"，然后单击 确定 按钮，如图 3-112 所示。

（9）返回"数据分析"工作表，此时，数据透视表中将自动筛选出会计学成绩小于 70 的学生信息，如图 3-113 所示。

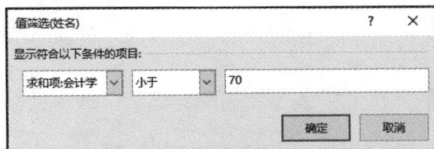

图 3-112 设置值筛选参数

图 3-113 查看筛选结果

（10）在"数据透视表工具-设计"/"数据透视表样式选项"下拉列表中勾选"镶边行"复选框，设置数据透视表的样式，如图 3-114 所示。

（11）在"求和项: 会计学"单元格上双击，打开"值字段设置"对话框，在"值汇总方式"选项卡中选择该字段的计算类型，这里选择"平均值"选项，然后单击 确定 按钮，如图 3-115 所示，即可计算会计学得分低于 70 的学生的平均成绩。按照该方法计算管理学与统计学学生成绩的最小值。

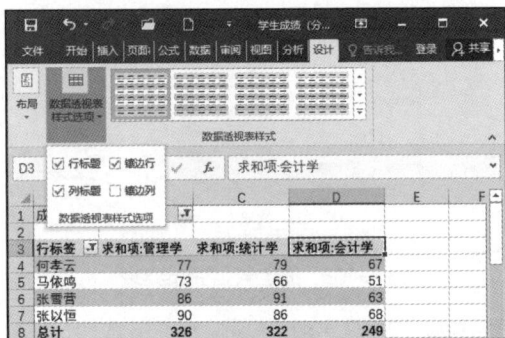

图 3-114 设置数据透视表的样式

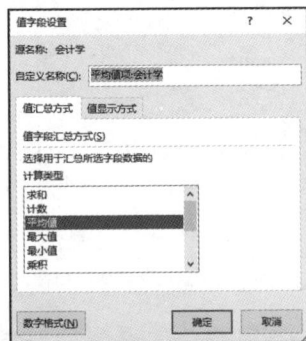

图 3-115 选择值字段的计算类型

> **提示** 在"数据透视表字段"窗格中取消勾选相应复选框后，可以将该字段从数据透视表中删除；也可以在"数据透视表字段"窗格中将某个区域内的字段拖动到左侧的工作表中，当鼠标指针右下方出现 ✕ 标记时，释放鼠标左键即可从数据透视表中删除该字段。

（六）创建数据透视图

用数据透视表分析数据后，为了更直观地查看数据情况，还可以根据数据透视表制作数据透视图。下面在"学生成绩（分析）.xlsx"工作簿中创建数据透视图，具体操作如下。

（1）选择已创建的数据透视表中的任意单元格，在"数据透视表工具-分析"/"工具"组中单击"数据透视图"按钮 ，打开"插入图表"对话框。

（2）在左侧的列表框中选择"柱形图"选项，在右侧选择"簇状柱形图"选项，单击 确定 按钮，可在数据透视表中创建数据透视图，如图 3-116 所示。

微课

创建数据透视图

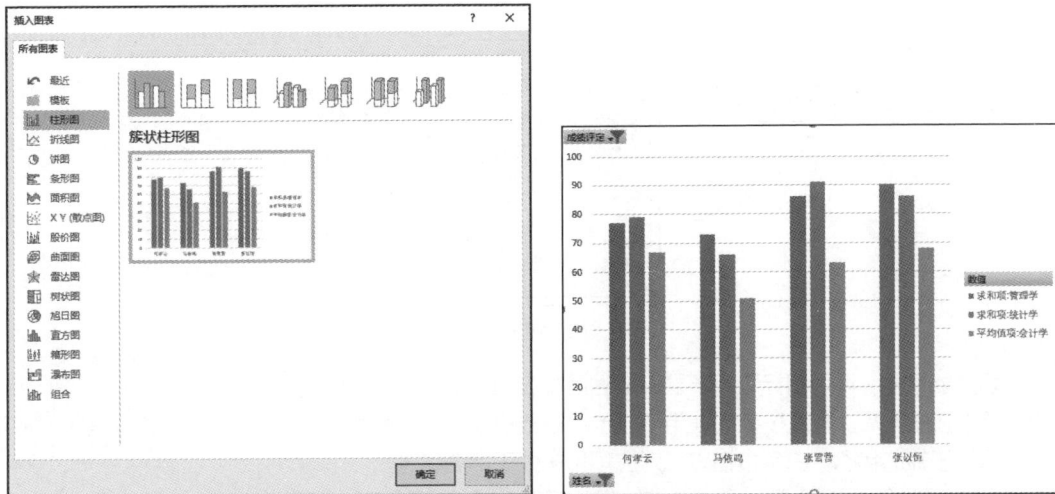

图 3-116　创建数据透视图

> **提示**　数据透视图和数据透视表是相互关联的，改变数据透视表中的内容，数据透视图中也将发生相应的变化。另外，数据透视表中的字段可拖动到数据透视图的 **4** 个区域：筛选区域，可用于进行自动筛选，可以通过该区域设定条件；行区域和列区域，用于将数据横向或纵向显示，与分类汇总选项的分类字段的作用相同；值区域，主要用于显示数据内容。

（3）在创建好的数据透视图中单击 姓名 按钮，在弹出的下拉列表中取消勾选"全选"复选框，然后勾选"何孝云""马依鸣"两个复选框，最后单击 确定 按钮，可在数据透视图中看到这两名学生的相关信息；同时，数据透视表中的数据发生了相应的变化，如图 3-117 所示（配套资源：\效果\模块三\学生成绩（分析）.xlsx）。

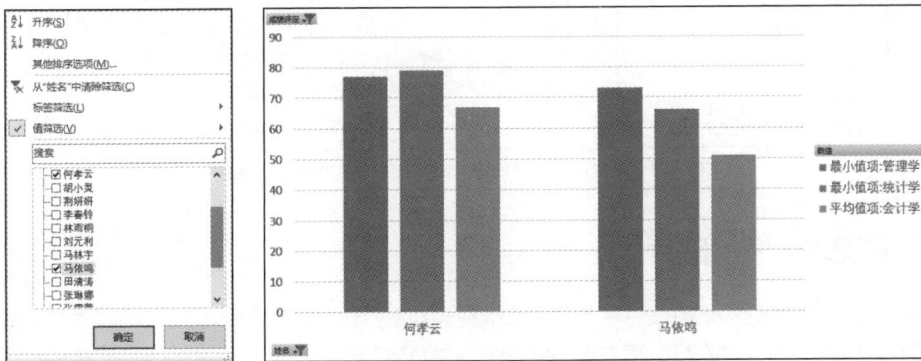

图 3-117　筛选数据透视图中的"姓名"字段

能力拓展

（一）使用切片器

Excel 2016 提供了切片器功能，使用切片器不仅能筛选数据，还能快速、直观地查看筛选信息。切片器其实就是一组筛选按钮，其中包括切片器标题、筛选按钮列表、"清除筛选器"按钮、"多选"按钮等，如图 3-118 所示。

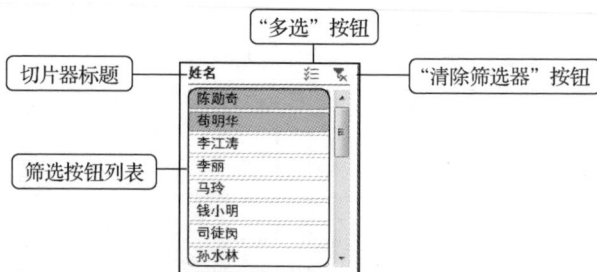

图3-118　切片器的组成

- 切片器标题。切片器标题用于显示数据透视表的行区域中的字段名称。
- 筛选按钮列表。筛选按钮列表用于显示数据透视表中的项目类别。其中，深蓝色按钮表示对应项目处于筛选状态；白色按钮表示对应项目未处于筛选状态。
- "清除筛选器"按钮 🏹 。单击该按钮可以清除筛选按钮列表中的筛选状态。
- "多选"按钮 ⋛ 。单击该按钮可以同时选中切片器中的多个筛选按钮，若未单击该按钮，则只能选择切片器筛选按钮列表中的一个按钮。

在工作表中插入切片器的方法：先在工作表中创建一个数据透视表，然后单击数据透视表中的任意单元格，在"插入"/"筛选器"组中单击"切片器"按钮 🎬 ，打开"插入切片器"对话框，选中要为其创建切片器的数据透视表字段对应的复选框后单击 确定 按钮，即可为选中的字段创建一个切片器，在切片器中单击要筛选的项目便可实现快速筛选，如图3-119所示。

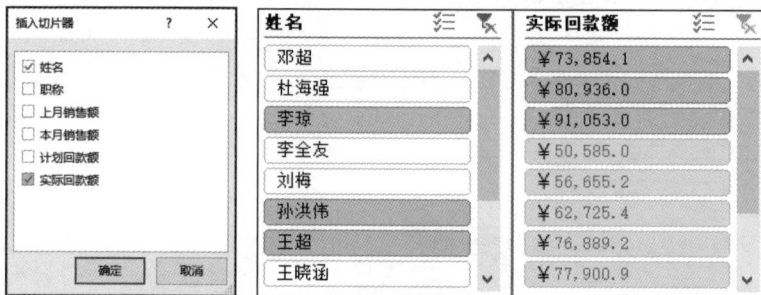

图3-119　为"姓名""实际回款额"字段添加切片器

（二）在图表中添加图片

在使用 Excel 2016 生成图表时，如果希望图表更加生动、美观，则可以使用图片填充默认的单色数据系列。为图表中的数据系列填充图片的方法：打开包含图表的工作簿，选择图表中的某个数据系列，并在该数据系列上单击鼠标右键，在弹出的快捷菜单中单击"填充"按钮 🖌️ ，在弹出的下拉列表中选择"图片"选项，如图3-120所示。打开"插入图片"对话框，单击 浏览▸ 按钮，在打开的"插入图片"对话框中选择一张图片，单击 插入(S) ▾ 按钮，将所选图片插入图表中的数据系列，效果如图3-121所示。

> **提示**　在对插入的图表进行美化设置时，除了可以为图表添加图片外，还可以为图片设置渐变、纹理效果。其方法与添加图片类似，在弹出的快捷菜单中单击"填充"按钮 🖌️ ，在弹出的下拉列表中选择"渐变"或"纹理"选项即可。

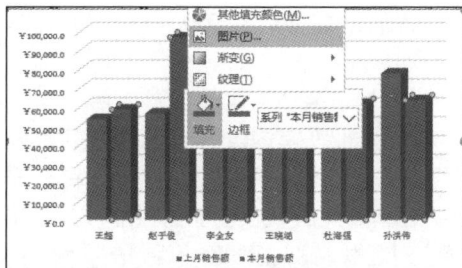

图 3-120　选择"图片"选项

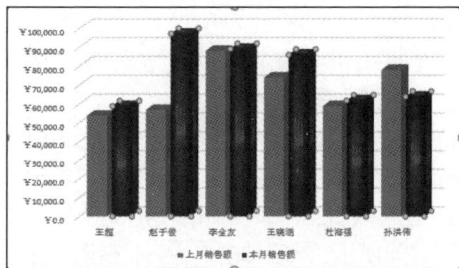

图 3-121　为数据系列添加图片后的效果

任务五　保护并打印学生成绩分析表

任务描述

　　一般情况下，学生信息属于机密信息，除教师与学校相关负责人之外，不会轻易给他人查看。为了保护学生信息的安全，可以使用 Excel 2016 提供的工作簿、工作表、单元格的保护功能对其进行加密设置。如果要对学生信息或学生成绩分析的相关数据进行密封存档，则可以将其打印下来。下面利用相关功能对学生成绩分析表进行加密设置，并对其进行打印设置。

技术分析

（一）工作簿、工作表和单元格的保护

　　为了避免表格中的重要数据被人为修改或破坏，Excel 2016 提供了全面的数据保护功能，包括工作簿的保护、工作表的保护及单元格的保护等。下面介绍实现保护功能的操作方法。

1. 保护工作簿

　　保护工作簿是指将工作簿设置为保护状态，禁止他人访问、修改和查看。对工作簿进行保护设置后，可防止他人随意调整工作表窗口的大小和更改工作表标签。

　　保护工作簿的方法：打开要保护的工作簿，选择"文件"/"信息"命令，在打开的"信息"界面中单击"保护工作簿"按钮，在弹出的下拉列表中选择"用密码进行加密"选项，如图 3-122 所示。打开"加密文档"对话框，输入密码后，单击 确定 按钮，如图 3-123 所示。继续在打开的"确认密码"对话框中输入相同密码，最后单击 确定 按钮，完成工作簿的加密。

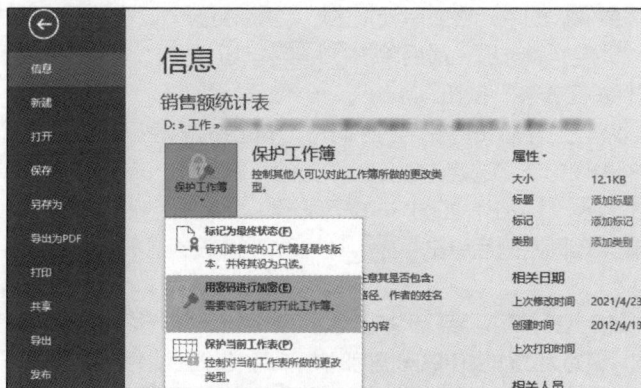

图 3-122　选择"用密码进行加密"选项

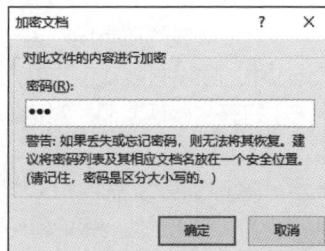

图 3-123　"加密文档"对话框

对工作簿进行保护后，再次打开该工作簿时，系统会自动弹出"密码"对话框，提示用户当前工作簿有密码保护，需要输入密码后才能打开该工作簿。

2. 保护工作表

保护工作表实质上就是为工作表设置一些限制条件，从而起到保护其内容的作用。保护工作表的方法：选择要保护的工作表，在"审阅"/"更改"组中单击"保护工作表"按钮 ⃞，打开"保护工作表"对话框，在"取消工作表保护时使用的密码"文本框中输入密码，并在下方勾选允许用户进行的操作，如图 3-124 所示，然后单击 ⃞ 确定 ⃞ 按钮。打开"确认密码"对话框，输入相同密码后单击 ⃞ 确定 ⃞ 按钮，完成工作表的保护设置。

此时，对工作表中的数据进行编辑，系统将弹出提示对话框，如图 3-125 所示，提示用户只有取消工作表保护后才能更改数据。

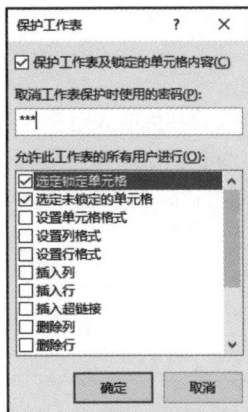

图 3-124　设置保护密码和允许
　　　　　用户进行的操作

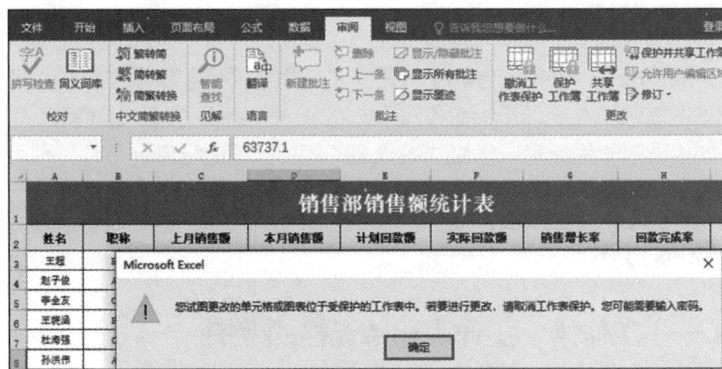

图 3-125　验证工作表保护效果

3. 保护单元格

制作 Excel 表格时，有时需要对工作表中的个别单元格进行保护，以避免误删数据。对单元格进行保护的具体操作如下。

（1）打开要保护的单元格的工作表，单击第 1 行行号和 A 列列标相交处的"全选"按钮 ⃞，全选单元格，在"开始"/"单元格"组中单击"格式"按钮 ⃞，在弹出的下拉列表中选择"设置单元格格式"选项。

（2）打开"设置单元格格式"对话框，单击"保护"选项卡，取消勾选"锁定"复选框，单击 ⃞ 确定 ⃞ 按钮，如图 3-126 所示。

（3）返回工作表，选择当前工作表中需要保护的单元格或单元格区域，重新打开"设置单元格格式"对话框，单击"保护"选项卡，然后勾选"锁定"复选框，最后单击 ⃞ 确定 ⃞ 按钮。

（4）在"审阅"/"更改"组中单击"保护工作表"按钮 ⃞。

（5）打开"保护工作表"对话框，在"取消工作表保护时使用的密码"文本框中输入密码，如"123"；在"允许此工作表的所有用户进行"列表框中仅勾选"选定未锁定的单元格"复选框，表示用户只能在此工作表中选中没有被锁定的单元格，单击 ⃞ 确定 ⃞ 按钮，如图 3-127 所示。

（6）打开"确认密码"对话框，再次输入相同密码后单击 ⃞ 确定 ⃞ 按钮，完成设置。

> **提示**　单元格的保护需要和工作表的保护结合起来使用，若只保护了单元格，但未对工作表进行保护设置，则无法达到保护单元格的目的。只有为工作表和单元格同时进行保护设置后，才能实现单元格的保护效果。

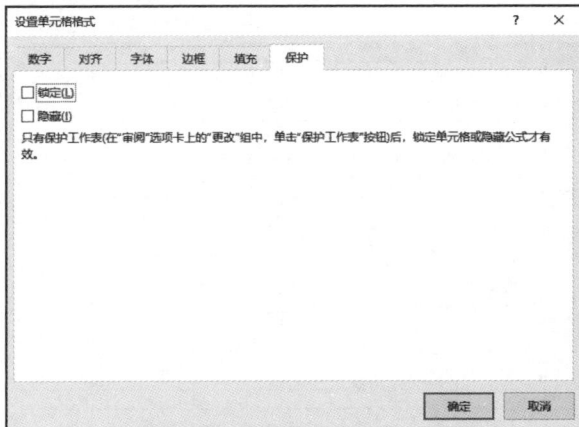

图 3-126　取消勾选"锁定"复选框

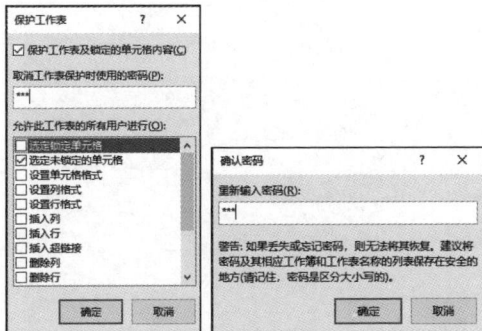

图 3-127　设置保护密码和允许用户进行的操作

（二）工作表的打印设置

工作表制作完成后，可以将其打印出来，在打印之前，用户还可以根据需要设置工作表的打印区域。其方法为选择要打印的单元格区域，在"页面布局"/"页面设置"组中单击"打印区域"按钮 🖶，在弹出的下拉列表中选择"设置打印区域"选项，如图 3-128 所示。选择"文件"/"打印"命令，在"打印"界面右侧预览工作表的打印效果，可以设置打印份数、选择打印机，还可以设置打印区域、页数范围、打印顺序、打印方向、页面大小、页边距等，设置完成后单击"打印"按钮 🖶，如图 3-129 所示。

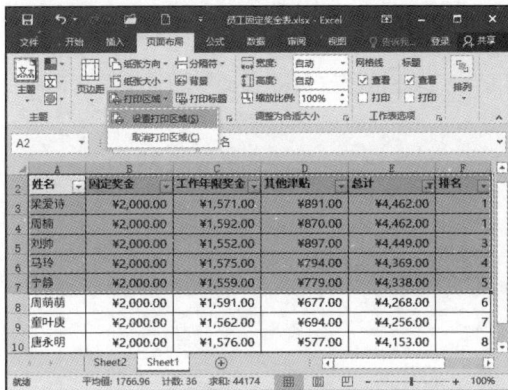

图 3-128　设置打印区域

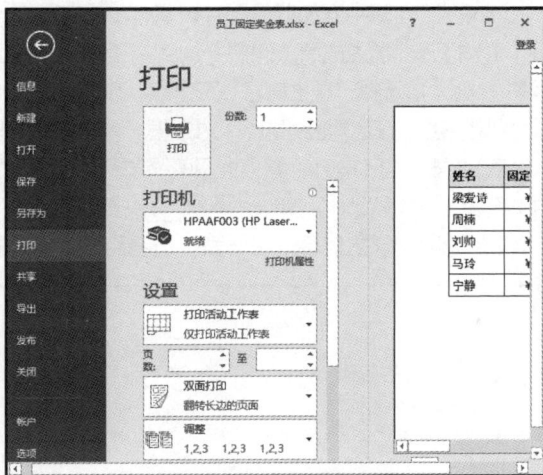

图 3-129　设置打印参数

示例演示

下面首先对"学生信息"工作表的背景、主题和表格样式进行美化，然后对"学生成绩（保护）.xlsx"工作簿和该工作簿中的"分类汇总"工作表同时进行保护设置，并将分类汇总结果打印出来，参考效果如图 3-130 所示。本任务包含美化、保护和打印 3 个关键操作，在"页面布局"选项卡中可以设置工作表背景与主题，在"开始"/"样式"组中可以快速套用表格格式，在"审阅"/"更改"组中可以对工作簿和工作表进行保护设置，在"打印"界面中可以设置页边距、打印份数等打印参数。

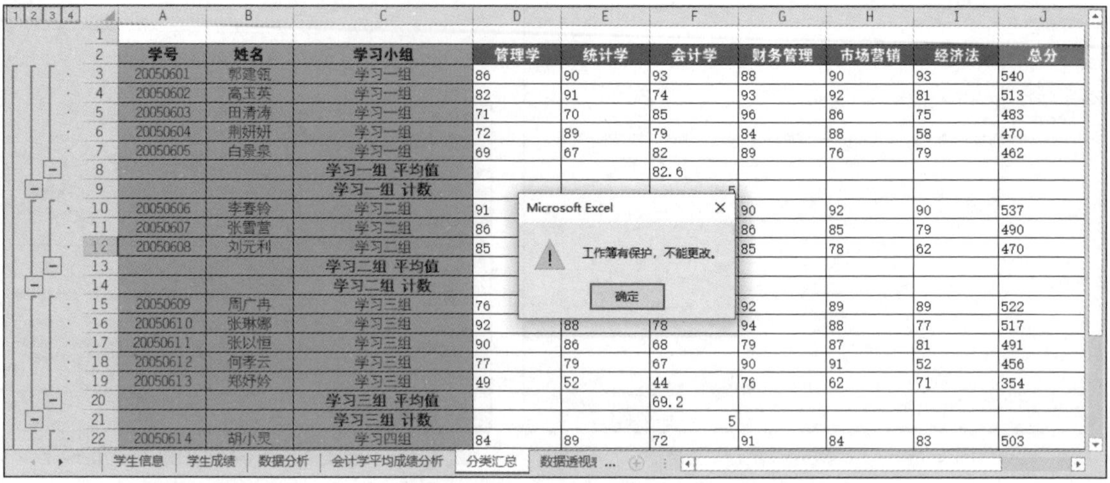

图3-130　保护表格的参考效果

任务实现

（一）设置工作表背景

默认情况下，Excel 2016 工作表中的数据呈白底黑字显示。为使工作表更美观，除了可以为其填充颜色之外，还可以插入图片作为背景。下面在"学生成绩（保护）.xlsx"工作簿中添加背景图片，具体操作如下。

（1）打开"学生成绩（保护）.xlsx"工作簿（配套资源：\素材\模块三\学生成绩（保护）.xlsx），选择"学生信息"工作表，在"页面布局"/"页面设置"组中单击"背景"按钮🏞，打开"插入图片"对话框，单击 浏览 按钮，如图3-131所示。

（2）打开"工作表背景"对话框，选择所需的背景图片，这里选择"背景.png"图片（配套资源：\素材\模块三\背景.png），单击 插入(S) ▼ 按钮。

（3）返回"学生信息"工作表，可看到图片被设置为了工作表背景，效果如图3-132所示。

图3-131　"插入图片"对话框

图3-132　设置工作表背景的效果

（二）设置工作表主题和样式

在编辑表格的过程中，除了可以计算和分析工作表中的数据外，还可以设置工作表的主题和样式，使最终的表格效果更加专业和美观。

1. 设置工作表主题

在 Excel 2016 中新建工作簿或者工作表后，显示的是 Excel 2016 的默认主题。如果用户对该默认主题不满意，则可以选择 Excel 2016 提供的其他主题，并修改该主题中的字体、颜色、效果，具体操作如下。

（1）在"学生信息"工作表中单击"页面布局"/"主题"组中的"主题"按钮 ，在弹出的下拉列表中选择"电路"选项，如图 3-133 所示。

（2）单击"页面布局"/"主题"组中的"字体"按钮 ，在弹出的下拉列表中选择"自定义字体"选项。

（3）打开"新建主题字体"对话框，在"中文"栏的"标题字体（中文）"下拉列表中选择"方正大黑简体"选项，在"正文字体（中文）"下拉列表中选择"方正细等线简体"选项，然后单击 保存(S) 按钮，如图 3-134 所示。

图 3-133　选择"电路"选项

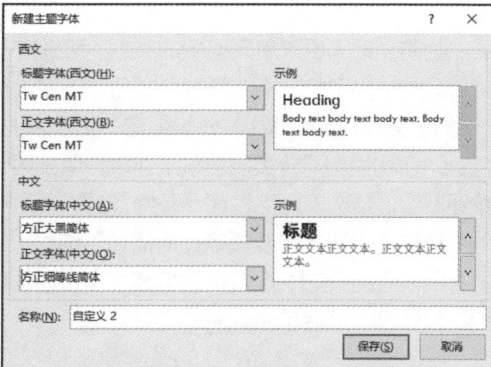

图 3-134　自定义主题字体

返回 Excel 2016 的操作界面，此时工作表中的字体已自动变化。

> **提示**　直接套用 Excel 2016 主题可快速改变当前工作表的风格。单击"页面布局"/"主题"组中的"效果"按钮 ，在弹出的下拉列表中选择相应的选项可更改主题效果。

2. 套用表格格式

如果用户希望工作表更美观，但又不想花费太多的时间设置工作表格式，则可直接套用系统中已设置好的表格格式，具体操作如下。

（1）选择"学生信息"工作表，选择 A2:I19 单元格区域，在"开始"/"样式"组中单击"套用表格格式"按钮 ，在弹出的下拉列表中选择一种表格样式，这里选择"中等深浅"栏中的"表样式中等深浅 28"选项，如图 3-135 所示。

（2）由于已选中需要套用表格格式的单元格区域，因此直接在打开的"套用表格式"对话框中单击 确定 按钮即可。

（3）返回 Excel 2016 的操作界面，将自动激活"表格工具-设计"选项卡，并在表头自动添加"筛选"按钮。如果想删除"筛选"按钮，则可在"表格工具-设计"/"工具"组中单击"转换为区域"按钮 ，在打开的提示对话框中单击 是(Y) 按钮，将套用表格格式的单元格区域转换为普通的单元格区域，并退出工作表的筛选状态，如图 3-136 所示。

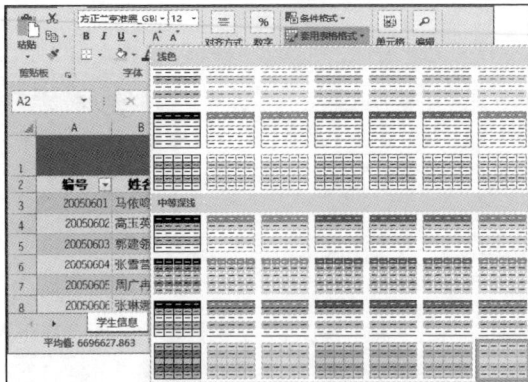

图 3-135 选择表格格式

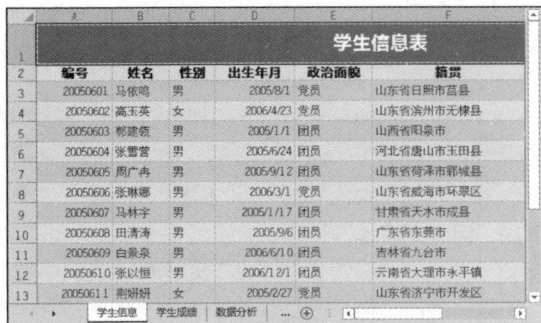

图 3-136 转换为普通的单元格区域

（三）单元格与工作表的保护

为防止他人更改单元格中的数据，可锁定一些重要的单元格，或隐藏单元格中的计算公式。锁定单元格或隐藏公式后，还需进行保护工作表操作。下面对"学生信息（保护）.xlsx"工作簿中"分类汇总"工作表的单元格区域进行保护，具体操作如下。

微课

单元格与工作表的保护

（1）切换到"分类汇总"工作表，单击第1行行号和A列列标相交处的"全选"按钮 ▓ ，全选单元格，在"开始"/"单元格"组中单击"格式"按钮 ▓ ，在弹出的下拉列表中选择"设置单元格格式"选项。

（2）在打开的"设置单元格格式"对话框中单击"保护"选项卡，取消勾选"锁定"复选框，然后单击 确定 按钮。

（3）返回 Excel 2016 的操作界面，选择 A2:D13 单元格区域，重新打开"设置单元格格式"对话框，单击"保护"选项卡，勾选"锁定"复选框，再单击 确定 按钮，如图 3-137 所示。

（4）在"审阅"/"保护"组中单击"保护工作表"按钮 ▓ ，打开"保护工作表"对话框，在"取消工作表保护时使用的密码"文本框中输入密码，如"123"；在"允许此工作表的所有用户进行"列表框中仅勾选"选定未锁定的单元格"复选框，表示用户只能在此工作表中选中没有被锁定的单元格区域，单击 确定 按钮，如图 3-138 所示。

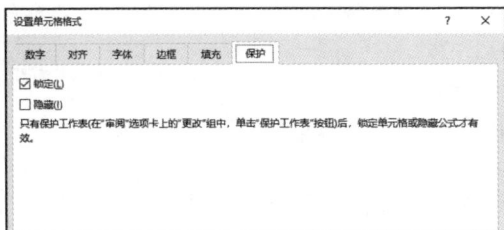

图 3-137 锁定目标单元格

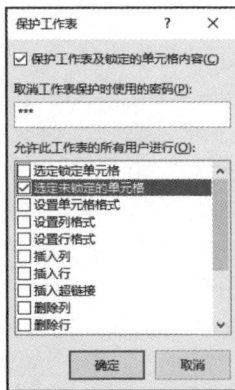

图 3-138 输入密码并设置允许用户进行的操作

（5）打开"确认密码"对话框，在"重新输入密码"文本框中输入相同的密码，单击 确定 按钮，完成对单元格和工作表的保护操作。

（四）工作簿的保护与共享

若想保护工作簿中的所有工作表，则需要对工作簿进行保护设置。除此之外，有时为了方便进行协同办公，多个用户可能需要共享某个工作簿，此时，可利用 Excel 2016 的共享功能实现工作簿的共享操作。

1. 工作簿的保护

若不希望工作簿中的重要数据被他人查看或使用，则可使用保护工作簿功能，具体操作如下。

（1）在"学生成绩（保护）.xlsx"工作簿中选择"文件"/"信息"命令，在打开的"信息"界面中单击"保护工作簿"按钮 🔒，在弹出的下拉列表中选择"保护工作簿结构"选项，如图 3-139 所示。

（2）打开"保护结构和窗口"对话框，在"密码（可选）"文本框中输入密码"123"，单击 确定 按钮，如图 3-140 所示。

（3）在打开的"确认密码"对话框中输入相同密码，最后单击 确定 按钮，完成对工作簿结构的保护设置。

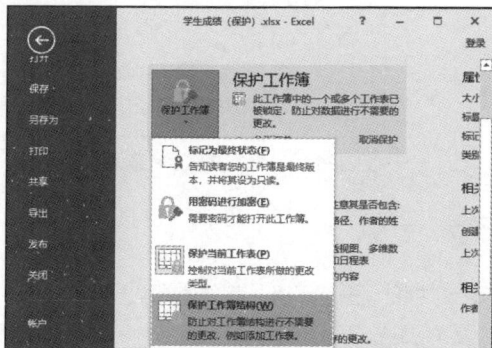

图 3-139 选择"保护工作簿结构"选项

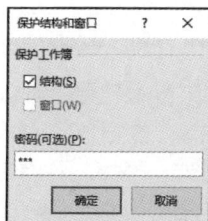

图 3-140 输入保护密码

（4）返回 Excel 2016 的操作界面，双击任意一个工作表标签，将弹出提示信息"工作簿有保护，不能更改"。

> **提示** 要撤销对工作表或工作簿的保护，可在"审阅"/"更改"组中单击"保护工作表"按钮 或单击"保护工作簿"按钮，在打开的对话框中输入工作表或工作簿的保护密码，输入完成后单击 确定 按钮。

2. 工作簿的共享

将 Excel 表格共享到网络中，可以实现多人在线同时编辑表格的操作。在对工作簿进行共享时，可以采用云共享或发送邮件两种方式。下面将"学生成绩（保护）.xlsx"工作簿以链接的形式分享给其他用户，具体操作如下。

（1）选择"文件"/"另存为"命令，然后选择"OneDrive"选项，登录该网站（若无账号，则可单击"注册"超链接注册账号），如图 3-141 所示。

（2）成功登录后，再次选择"文件"/"另存为"命令，在打开的"另存为"界面中选择"OneDrive-个人"选项，再在打开的界面中单击"某人的 OneDrive"文件夹，如图 3-142 所示。

（3）打开"另存为"对话框，保持默认的文件路径和名称，单击 保存(S) 按钮，如图 3-143 所示。

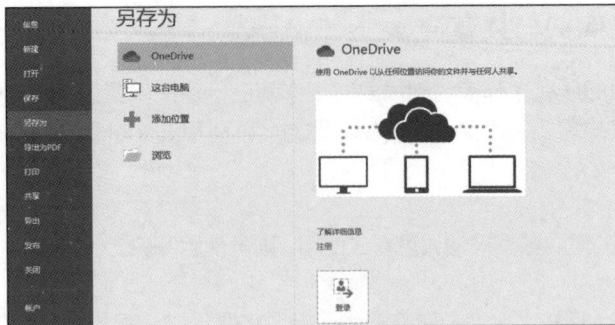

图 3-141　登录 OneDrive

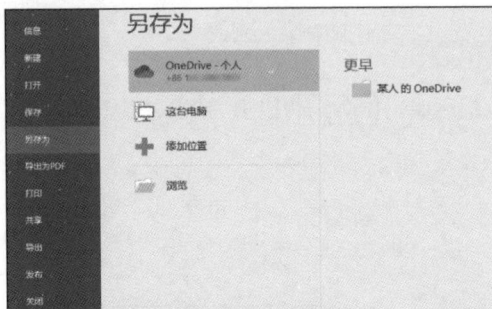

图 3-142　单击"某人的 OneDrive"文件夹

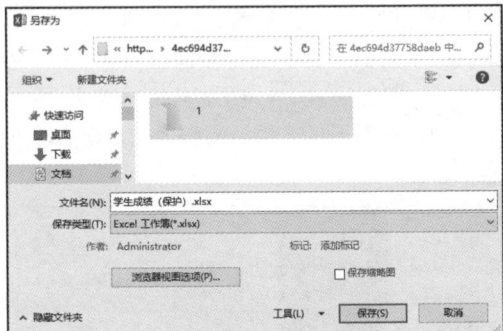

图 3-143　上传文件至"某人的 OneDrive"文件夹

（4）成功将表格另存到 OneDrive 中后，选择"文件"/"共享"命令，在打开的"共享"界面中单击"与人共享"按钮 ，如图 3-144 所示。

（5）此时，Excel 2016 的操作界面中将显示"共享"任务窗格，在"邀请人员"文本框中可输入相关人员的电子邮箱地址（多个地址之间用";"分隔），如图 3-145 所示，在 可编辑 ▼ 下拉按钮下方的文本框中可输入邀请信息，设置完成后单击 共享 按钮。

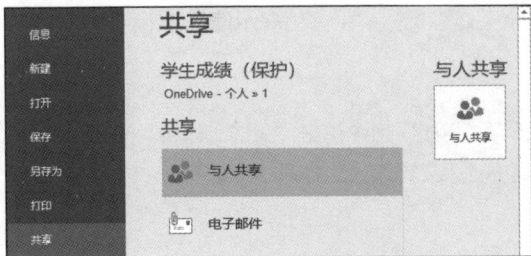

图 3-144　单击"与人共享"按钮

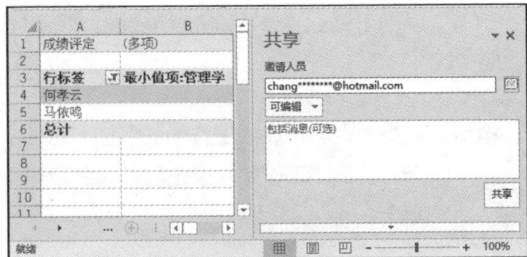

图 3-145　邀请共享人员

（6）受到邀请的人员将收到一封电子邮件，其中包含指向共享文档的超链接，当其单击该超链接后，共享的电子表格将在受邀人员的 Excel 或 Excel 网页版中打开，这样即可实现多人在线编辑文档。

提示　将要共享的电子表格成功上传至"OneDrive-个人"文件夹后，单击 Excel 2016 标题栏右上角的"共享"按钮 ，也可以打开"共享"任务窗格，以便进行共享设置。

（7）选择"文件"/"另存为"命令，单击"浏览"选项，打开"另存为"对话框，将文件以"学生成绩（保护）.xlsx"为名保存在计算机中（配套资源：\效果\模块三\学生成绩（保护）.xlsx）。

（五）工作表的打印与设置

在打印表格前需预览打印效果，确认数据无误后再开始打印。在 Excel 2016 中，根据打印内容的不同，可分为两种打印情况：一种是打印整张工作表，另一种是打印部分区域。

1. 设置打印参数

选择需打印的工作表，预览其打印效果后，若对表格内容和页面设置不满意，则可重新设置，如设置纸张方向和纸张页边距等，直至满意后再打印。下面对"学生成绩（保护）.xlsx"工作簿进行预览并打印，具体操作如下。

（1）选择"分类汇总"工作表，然后选择"文件"/"打印"命令，在"打印"界面右侧预览工作表的打印效果，在"打印"界面中间的"设置"栏的"纵向"下拉列表中选择"横向"选项，如图 3-146 所示，在"打印"界面底部单击"页面设置"超链接。

（2）在打开的"页面设置"对话框中单击"页边距"选项卡，在"居中方式"栏中勾选"水平"和"垂直"复选框，然后单击 确定 按钮，如图 3-147 所示。

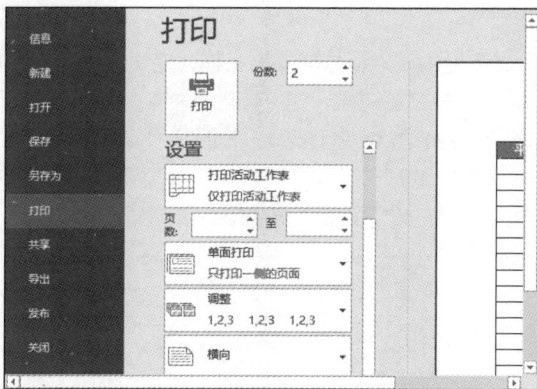

图 3-146　预览打印效果并设置纸张方向

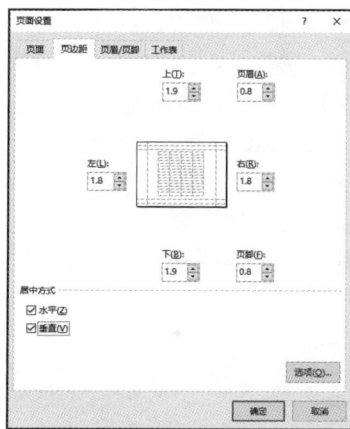

图 3-147　设置居中方式

（3）返回"打印"界面，在界面中间的"打印"栏的"份数"数值框中设置打印份数，这里输入"2"，设置完成后单击"打印"按钮 🖶，即可打印表格。

> **提示**　在"页面设置"对话框中单击"工作表"选项卡，在其中可设置打印区域和打印标题等。单击 确定 按钮，返回工作表的"打印"界面，单击"打印"按钮 🖶，即可打印设置的部分区域。

2. 设置打印部分区域

当只需打印表格中的部分区域时，应先设置工作表的打印区域再进行打印。下面在"学生成绩（保护）.xlsx"工作簿中设置打印的区域，具体操作如下。

（1）选择"数据分析"工作表，并选择 A2:H19 单元格区域，在"页面布局"/"页面设置"组中单击"打印区域"按钮 📄，在弹出的下拉列表中选择"设置打印区域"选项，如图 3-148 所示。

（2）此时，工作表的名称框中将显示"Print_Area"文本，表示将所选区域作为打印区域。选择"文件"/"打印"命令，在打开的"打印"界面中单击"打印"按钮 🖶，如图 3-149 所示，即可打印指定区域。

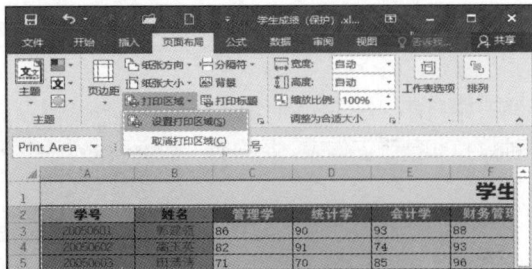

图3-148　设置打印区域

图3-149　"打印"界面

能力拓展

（一）新建表格样式

Excel 2016提供了多种不同类型的表格样式，如果用户对内置的表格样式不满意，则可以根据实际需求新建表格样式，具体操作如下。

（1）选择要应用样式的工作表，在"开始"/"样式"组中单击"套用表格格式"按钮 ，在弹出的下拉列表中选择"新建表格样式"选项。

（2）打开"新建表样式"对话框，在"名称"文本框中输入新建样式的名称，这里输入"工资表"；在"表元素"列表框中选择需要设置样式的对象，如"最后一列""第一列""标题行"等，这里选择"标题行"选项，然后单击 格式(F) 按钮，如图3-150所示。

（3）打开"设置单元格格式"对话框，单击"边框"选项卡，在"样式"列表框中选择边框样式，这里选择第2列中的第5个选项，然后单击"边框"栏中的"下边框"按钮 ，如图3-151所示。

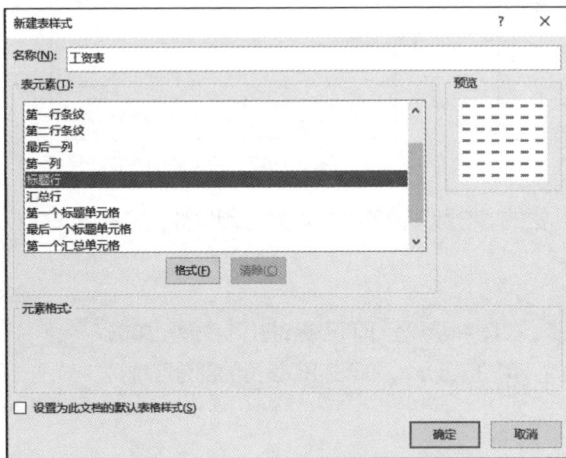

图3-150　选择要设置样式的对象

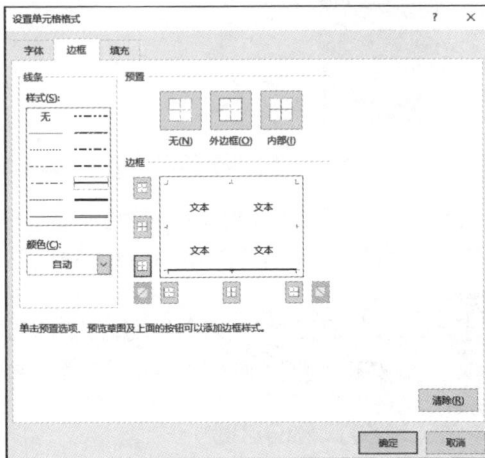

图3-151　设置表格的边框

（4）单击"填充"选项卡，单击 填充效果(I)... 按钮，如图3-152所示。

（5）打开"填充效果"对话框，在"渐变"选项卡的"颜色2"下拉列表中选择"标准色"栏中的"橙色"选项，选中"水平"单选项，如图3-153所示，依次单击 确定 按钮。

（6）返回Excel 2016的操作界面，再次单击"套用表格格式"按钮 ，在弹出的下拉列表中将显示新建的"工资表"样式，如图3-154所示。此时，按照套用表格格式的操作方法，为工作表应用自定义的表格样式。

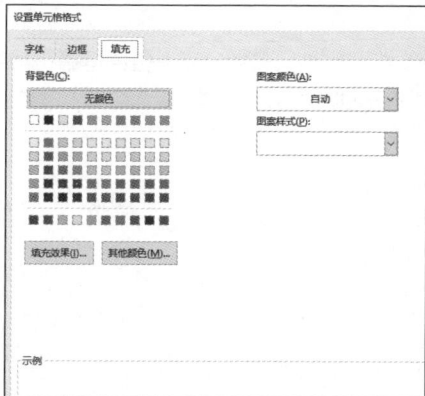

图 3-152 单击"填充效果"按钮　　　　图 3-153 设置填充效果　　　　图 3-154 查看自定义的表格样式

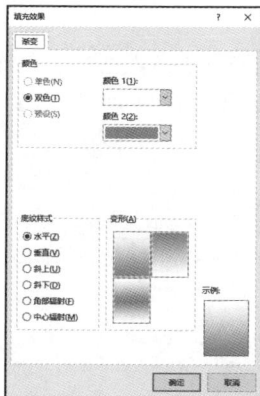

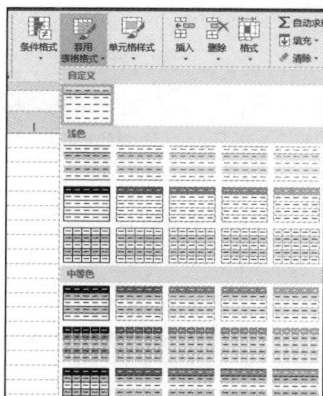

（二）新建单元格样式

　　在美化表格时，有时需要去掉单元格格式，仅保留单元格的内容。此时，如果直接按"Delete"键，则会将单元格中的内容全部删除，而无法达到保留数据的目的。要想在清除表格格式的同时保留数据，需要利用"清除"按钮 ✐ 来实现。其方法为在工作表中选择需要清除样式的单元格或单元格区域，然后单击"开始"/"编辑"组中的"清除"按钮 ✐，弹出的下拉列表中提供了 6 个选项，如图 3-155 所示。

　　选择"全部清除"选项，会将所选单元格中的数据全部删除，包括格式和内容；选择"清除格式"选项，会将所选单元格中的格式全部删除，但保留内容；选择"清除内容"选项，会将所选单元格中的内容全部删除，但保留单元格应用的格式；选择"清除批注"选项，将清除单元格中插入的批注内容；选择"清除超链接"选项，将清除单元格中的超链接。

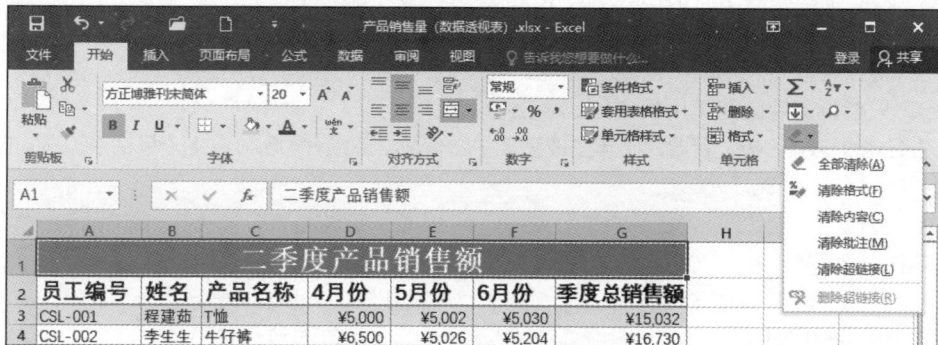

图 3-155 "清除"下拉列表

课后练习

一、填空题

　　1. 工作簿的基本操作主要包括工作簿的_____、_____、_____和_____等。

　　2. 如果用户想在关闭工作簿的同时退出 Excel 2016，则应在打开的工作簿中单击标题栏右侧的"_____"按钮。

　　3. 选择第 1 张工作表后，按住"_____"键不放，继续单击任意一个工作表标签，可同时选择多张不相邻的工作表。

4. Excel 2016 中的公式即对工作表中的数据进行计算的等式，以＿＿＿开始，通过各种运算符号将值或常量，以及单元格引用、函数返回值等组合起来，得到公式表达式。

5. 在 Excel 2016 中输入文字时，默认对齐方式是＿＿＿对齐。

6. Excel 2016 中有＿＿＿、＿＿＿和＿＿＿3 种引用方式。

7. 某老师要统计班级学生期末考试成绩的总分，可运用 Excel 2016 中的"＿＿＿"函数。

8. 在 Excel 2016 中，单击编辑栏中的 *fx* 按钮可向单元格中插入＿＿＿。

二、选择题

1. 在 Excel 2016 中，默认的工作表有（　　　）张。
   A. 2　　　　　　　　B. 3　　　　　　　　C. 1　　　　　　　　D. 4

2. 在默认情况下，在 Excel 2016 的某单元格中输入数据后，按"Enter"键执行的操作是（　　　）。
   A. 换行
   B. 不执行任务操作
   C. 自动选择右侧单元格
   D. 自动选择下一个单元格

3. 对 Excel 2016 中的工作表标签进行重命名操作后，下列说法正确的是（　　　）。
   A. 只改变工作表的名称
   B. 只改变工作簿的名称
   C. 只改变工作表的内容
   D. 既改变工作表的名称，又改变工作表的内容

4. 要对工作表的行高和列宽进行调整，应单击（　　　）组中的"格式"按钮。
   A. "样式"　　　　　B. "单元格"　　　　C. "编辑"　　　　D. "对齐方式"

5. 在 Excel 2016 中，进行分类汇总之前，要对工作表进行（　　　）处理。
   A. 筛选　　　　　　B. 设置格式　　　　C. 排序　　　　　　D. 计算

6. 在 Excel 2016 中，下列关于自动套用表格格式的表述中正确的是（　　　）。
   A. 对表格自动套用表格格式后，不能再对表格进行任何修改
   B. 在对旧表自动套用表格格式时，必须选定整张表格
   C. 可在生成新表格时，自动套用格式或在插入表格后自动套用格式
   D. 只能直接用自动套用格式生成表格

7. 在 Excel 2016 中，若要找出学生成绩表中所有数学成绩在 95 分以上（包括 95 分）的学生，最适合使用（　　　）命令。
   A. 查找　　　　　　B. 分类汇总　　　　C. 定位　　　　　　D. 筛选

8. 在 Excel 2016 中，公式"=AVERAGE(D6:D8)"等价于（　　　）。
   A. =(D6+D7+D8)*3　　　　　　　B. =D6+D7+D8/3
   C. =D6+D7+D8　　　　　　　　　D. =(D6+D7+D8)/3

9. 某学生想分析最近 4 个月里的成绩变化，适合使用的图表类型是（　　　）。
   A. 条形图　　　　　B. 柱形图　　　　　C. 折线图　　　　　D. 饼图

10. 在 Excel 2016 中，如果需要表达不同类别占总类别的百分比，则适合使用的图表类型是（　　　）。
   A. 条形图　　　　　B. 柱形图　　　　　C. 折线图　　　　　D. 饼图

11. 下列关于工作簿、工作表、单元格的表述中正确的是（　　　）。
   A. 工作簿结构的保护是指用户不能插入、删除、隐藏、重命名、复制或移动工作表
   B. 保护工作表后不可以增加新的工作表
   C. 仅进行单元格的保护也有实际意义

D. 工作簿的保护是限制其他用户对工作表的操作，同时受保护的工作表内的单元格不可以被修改

12. 在 Excel 表格中建立数据透视表时，默认的字段汇总方式是（　　）。

A. 求最小值　　B. 求平均值　　C. 求和　　D. 求最大值

三、操作题

1. 启动 Excel 2016，按照下列要求对表格进行操作，参考效果如图 3-156 所示。

个人记账表													
	1月	2月	3月	4月	5月	6月	7月	8月	9月	10月	11月	12月	年
总支出													
现金不足/盈余													
收入：													
类别	1月	2月	3月	4月	5月	6月	7月	8月	9月	10月	11月	12月	年
收入													
兼职													
杂项													
汇总													
支出：													
类别	1月	2月	3月	4月	5月	6月	7月	8月	9月	10月	11月	12月	年
生活													
学习													
杂项													
汇总													

图 3-156 “个人记账表”参考效果

（1）新建工作簿，将其另存为“个人记账表.xlsx”工作簿。

（2）在表格中输入文本、数字等内容，并设置其字体格式分别为“华文中宋、24、白色”“华文中宋、12”。

（3）合并居中第 1、5、11 行单元格，调整其行高，并为部分单元格设置底纹。

（4）设置保护，对整个工作簿进行加密，密码为“111”（配套资源：\效果\模块三\个人记账表.xlsx）。

2. 打开素材文件“月度奖金计算表.xlsx”工作簿（配套资源：\素材\模块三\月度奖金计算表.xlsx），按照下列要求对表格进行操作，参考效果如图 3-157 所示。

月度奖金计算表					
姓名	固定奖金	特殊贡献奖	其他津贴	总计	排名
梁爱诗	¥2,000.00	¥1,571.00	¥891.00	¥4,462.00	1
周楠	¥2,000.00	¥1,592.00	¥870.00	¥4,462.00	1
刘帅	¥2,000.00	¥1,552.00	¥897.00	¥4,449.00	3
马玲	¥2,000.00	¥1,575.00	¥794.00	¥4,369.00	4
宁静	¥2,000.00	¥1,559.00	¥779.00	¥4,338.00	5
周萌萌	¥2,000.00	¥1,591.00	¥677.00	¥4,268.00	6
童叶庚	¥2,000.00	¥1,562.00	¥694.00	¥4,256.00	7
唐永明	¥2,000.00	¥1,576.00	¥577.00	¥4,153.00	8
彭兆荪	¥2,000.00	¥1,564.00	¥584.00	¥4,148.00	9
周文娟	¥2,000.00	¥1,554.00	¥571.00	¥4,125.00	10
孙水林	¥2,000.00	¥1,571.00	¥377.00	¥3,948.00	11
王永胜	¥2,000.00	¥1,569.00	¥362.00	¥3,931.00	12
王丹妮	¥2,000.00	¥1,587.00	¥287.00	¥3,874.00	13
李江涛	¥2,000.00	¥1,598.00	¥261.00	¥3,859.00	14
陈励奇	¥2,000.00	¥1,557.00	¥267.00	¥3,824.00	15
严歌	¥2,000.00	¥1,599.00	¥174.00	¥3,773.00	16
司徒阅	¥2,000.00	¥1,599.00	¥160.00	¥3,759.00	17
郑宁	¥2,000.00	¥1,563.00	¥187.00	¥3,750.00	18

图 3-157 “月度奖金计算表”参考效果

（1）调整列宽和行高，并设置表格的格式，包括单元格边框、填充颜色、数字格式等。

（2）利用自动求和函数“SUM”计算个人月度奖金总额。

（3）利用排名函数“RANK.EQ”分析个人奖金排名情况，在对该函数中的“ref”参数进行设置时，所引用的单元格要为绝对引用单元格。

（4）对 E 列单元格进行降序排列。

广识天地——用 AI 工具快速制作表格

如果我们要使用 Excel 2016 来计算和分析数据，则必须熟悉 Excel 2016 的基本操作，记住具有不同作用的函数和公式。对不经常使用 Excel 的人来说，这一点无疑会增加数据计算和统计的难度，降低工作和学习效率。那么有没有什么好的办法可以解决这个问题呢？其实，我们可以使用 AI 工具来制作表格，或计算并分析数据。

酷表 Chat Excel、智谱清言的 ChatGLM、百度的文心一言等都具备快速制作表格的功能。其中，酷表 Chat Excel 作为专业的表格制作和数据分析工具，支持通过自然语言对话的方式来控制和操作 Excel 表格，从而简化数据处理和操作的过程，降低 Excel 表格的使用门槛。

假设要制作一个汇总我国各省 GDP 数据的表格，应当如何利用 AI 来制作呢？

1. 选择 AI 工具

如果只是快速制作表格，则对 AI 工具的要求不高，文心一言、通义千问等 AI 工具就可以实现。如果要制作专业表格，同时对数据进行计算和分析，则可以使用酷表 Chat Excel 等专业的表格 AI 工具。

2. 整理数据

搜集到表格需要的数据后，可以手动输入表格中，也可以要求 AI 工具根据数据整理表格，图 3-158 所示为使用文心一言整理的表格数据。待 AI 工具完成表格数据的整理后，将其保存至 Excel 表格中，如图 3-159 所示。

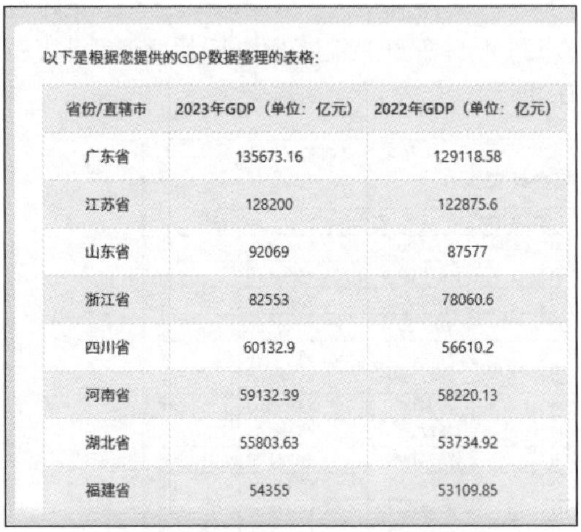

以下是根据您提供的GDP数据整理的表格：

省份/直辖市	2023年GDP（单位：亿元）	2022年GDP（单位：亿元）
广东省	135673.16	129118.58
江苏省	128200	122875.6
山东省	92069	87577
浙江省	82553	78060.6
四川省	60132.9	56610.2
河南省	59132.39	58220.13
湖北省	55803.63	53734.92
福建省	54355	53109.85

图 3-158　使用文心一言整理的表格数据

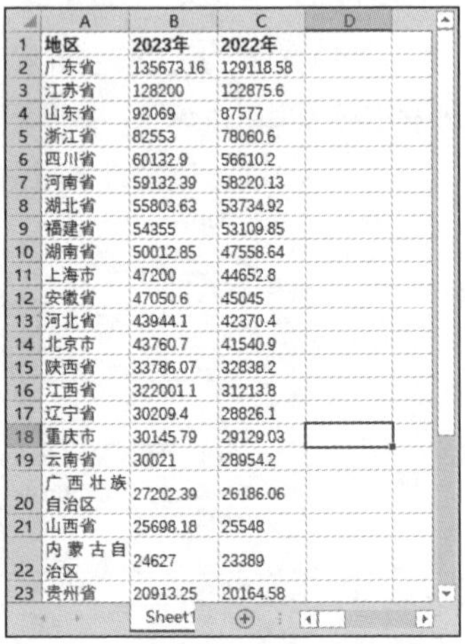

	A	B	C	D
1	地区	2023年	2022年	
2	广东省	135673.16	129118.58	
3	江苏省	128200	122875.6	
4	山东省	92069	87577	
5	浙江省	82553	78060.6	
6	四川省	60132.9	56610.2	
7	河南省	59132.39	58220.13	
8	湖北省	55803.63	53734.92	
9	福建省	54355	53109.85	
10	湖南省	50012.85	47558.64	
11	上海市	47200	44652.8	
12	安徽省	47050.6	45045	
13	河北省	43944.1	42370.4	
14	北京市	43760.7	41540.9	
15	陕西省	33786.07	32838.2	
16	江西省	322001.1	31213.8	
17	辽宁省	30209.4	28826.1	
18	重庆市	30145.79	29129.03	
19	云南省	30021	28954.2	
20	广西壮族自治区	27202.39	26186.06	
21	山西省	25698.18	25548	
22	内蒙古自治区	24627	23389	
23	贵州省	20913.25	20164.58	

图 3-159　将数据保存到 Excel 表格中

3. 向 AI 工具提出制作要求

将整理好的 Excel 工作簿上传至 AI 工具网站，以酷表 Chat Excel 为例，进入其主界面后，可以选择“上传文件”选项，将文件上传至网站，酷表 Chat Excel 将自动输入表格中的数据。在酷表 Chat Excel 网页下方的文本框中输入“增加一列‘增量’”并执行，酷表 Chat Excel 将自动增加一列“增量”，并计算 2023 年相比于 2022 年的 GDP 增量，如图 3-160 所示。如果酷表 Chat Excel 没有自动计算数据，则用户可以再次要求它计算数据。此外，如果需要筛选数据，则可以要求"筛选出 2023 年 GDP 超过 50000 的省份"，如果需要修改某个单元格的数值，则可以要求"请将××单元格数据修改为××"。

图 3-160　使用酷表 Chat Excel 计算和分析数据

4. 保存表格

检查酷表 Chat Excel 的计算无误后，可以将表格下载下来。在酷表 Chat Excel 网页上方选择"下载文件"选项，选择需要下载的表格即可。

模块四
演示文稿制作

04

人们常说"字不如表，表不如图"，而在当今这个信息时代，这句话应进一步拓展为"图不如多媒体"。信息的视觉化程度越高，越接近于自然世界里的事物，就越容易被大家理解和接受。尤其是多媒体所传达的内容，相较于文字、表格、图片，显得更加立体、形象、逼真。正是基于这样的优势，演示文稿才逐渐成为用户首选的演示制作方案。无论是个人简介、工作计划、教学课件，还是商业计划书、投标书等专业文档，用演示文稿来制作和实现都能得到出色的演示效果。

课堂学习目标

- **知识目标：** 掌握演示文稿和幻灯片的基本操作，掌握在幻灯片中编辑文本和插入对象的方法，掌握美化演示文稿、添加动画，以及放映演示文稿的操作。

- **技能目标：** 能熟练利用 PowerPoint 制作和编辑演示文稿。

- **素质目标：** 提高对美学的认识，重视美育思想，培养良好的视觉艺术感。

任务一 创建中华传统文化演示文稿

任务描述

中华传统文化是中华民族在几千年的历史中观察、记录、总结和传承下来的文化瑰宝，是一个多元而复杂的体系，包含哲学思想、文学艺术、节日习俗、物质文化等多个方面的内容。例如，春秋战国"百家争鸣"时期诞生的众多哲学思想，就是中华传统文化的典型代表。学习中华传统文化，可以滋养个人品格，提高个人审美能力，丰富个人的精神生活。下面利用 PowerPoint 2016 创建与中华传统文化有关的演示文稿，重点介绍演示文稿、幻灯片和文本的基本操作。

技术分析

（一）了解演示文稿的应用场景

演示文稿具有可以将静态信息表现为动态信息的特点，应用的场景非常多。

- 总结汇报。当需要总结或汇报某项工作或事务时，演示文稿是非常有效的一种工具，它不仅能够配合演讲者的总结和汇报内容展示信息，还能将枯燥乏味的内容变得生动有趣，从而让观众更容易理解和接受内容。

- 宣传推广。无论是企业宣传还是产品推广，演示文稿都可以借助多媒体获得更好的效果，使介绍内容淋漓尽致地展现在观众眼前。
- 培训课件。无论是企业培训还是教学课件，演示文稿的交互功能都可以更好地辅助演讲人完成培训或授课任务。其生动的画面和形象的动画也能提高观众的兴趣。

（二）熟悉 PowerPoint 2016 的操作界面

选择"开始"/"所有程序"/"PowerPoint"命令或双击计算机中保存的 PowerPoint 2016 演示文稿（扩展名为.pptx）可启动 PowerPoint 2016，并打开 PowerPoint 2016 的操作界面，如图 4-1所示。

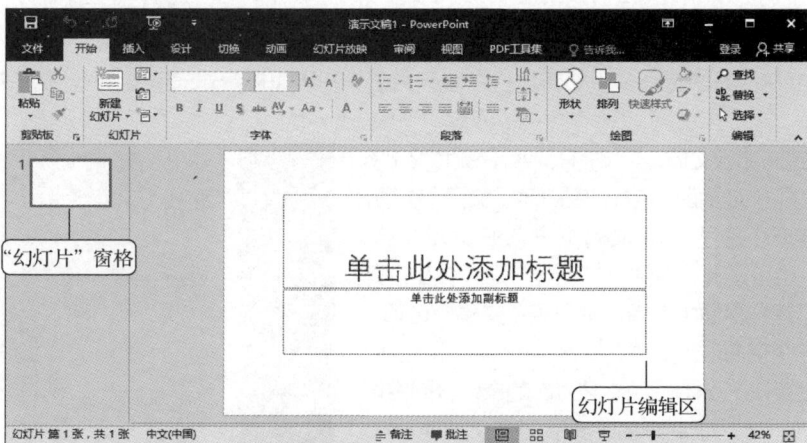

图 4-1　PowerPoint 2016 的操作界面

PowerPoint 2016 的操作界面特有的组成部分是幻灯片编辑区和"幻灯片"窗格，其他组成部分的作用和使用方法与 Word 2016 和 Excel 2016 类似。

- 幻灯片编辑区。幻灯片编辑区用于显示和编辑幻灯片的内容。默认情况下，标题幻灯片包含一个主标题占位符和一个副标题占位符，内容幻灯片包含一个标题占位符和一个内容占位符。
- "幻灯片"窗格。"幻灯片"窗格位于幻灯片编辑区左侧，用来显示当前演示文稿中所有幻灯片的缩略图。单击某张幻灯片的缩略图，可跳转到该幻灯片并在右侧的幻灯片编辑区中显示该幻灯片的内容。

（三）演示文稿的制作流程

演示文稿的制作流程并没有硬性规定，用户可根据自身的操作习惯确定。一般来讲，用户可以参考以下制作流程，并结合自身的操作习惯来确定具体制作流程。

1. 创建基本内容

制作演示文稿时，需要先创建演示文稿，再在幻灯片中输入基本内容。这些内容主要是文本内容，从而确定整个演示文稿的内容框架。

2. 统一演示文稿

所谓统一演示文稿，主要是指统一演示文稿的背景、主题，以及对象格式等。这样一方面可以提高制作演示文稿的效率；另一方面，具备统一风格的演示文稿会显得更加美观和专业。

3. 丰富演示文稿

在具备内容框架的条件下，可以根据内容来调整演示文稿，如将文本调整为图表，插入形状、图片，创建表格，插入音频、视频等。这些生动的对象可以更好地丰富演示文稿内容。

4. 添加动画

动画是 PowerPoint 2016 独有的特色功能，完善演示文稿的风格和内容后，可以为幻灯片及幻灯片中的对象添加活泼、有趣的动画，进一步提升演示文稿的交互性和趣味性。

5. 放映并发布演示文稿

完成上述所有环节后，需要放映演示文稿来检查其内容，只有不断地放映、检查和调整，才能得到最终的演示文稿并根据需要将其发布到相关平台。

（四）演示文稿的基本操作

启动 PowerPoint 2016 后，就可以对 PowerPoint 文件（即演示文稿）进行操作了。

1. 新建演示文稿

新建演示文稿的方法有很多，如新建空白演示文稿、利用模板新建演示文稿等，用户可根据实际需要进行选择。

- 新建空白演示文稿。启动 PowerPoint 2016 后，在打开的界面中选择"空白演示文稿"选项，可新建一个名为"演示文稿 1"的空白演示文稿。另外，也可选择"文件"/"新建"命令，在打开的"新建"界面中选择"空白演示文稿"选项，新建一个空白演示文稿，如图 4-2 所示。当然，也可直接在 PowerPoint 2016 的操作界面中按"Ctrl+N"组合键新建空白演示文稿。

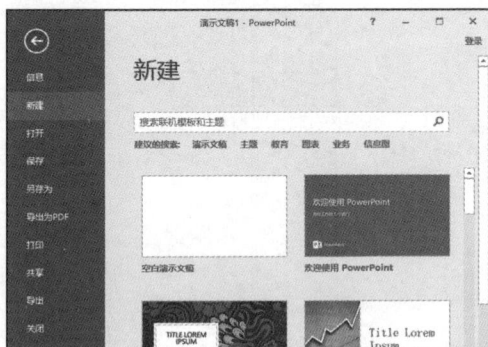

图 4-2　新建空白演示文稿

- 利用模板新建演示文稿。PowerPoint 2016 提供了许多模板，用户可在预设模板的基础上快速新建带有内容和格式的演示文稿。其方法为选择"文件"/"新建"命令，在打开的"新建"界面中选择某个已有的模板选项；或在"搜索联机模板和主题"搜索框中输入模板关键字后按"Enter"键，选择某个搜索到的模板选项，然后单击"创建"按钮 🗋，便可根据该模板来新建演示文稿。

2. 打开演示文稿

当需要对演示文稿进行编辑、查看和放映时，应先将其打开。打开演示文稿的方法主要有以下几种。

- 打开演示文稿。启动 PowerPoint 2016 后，选择"文件"/"打开"命令或按"Ctrl+O"组合键，在打开的界面中选择"浏览"选项，打开"打开"对话框，在其中选择需要打开的演示文稿，然后单击 打开(O) ▼ 按钮。
- 打开最近使用的演示文稿。选择"文件"/"打开"命令，在打开的界面中选择"最近"选项，其右侧的列表框中将显示最近打开过的演示文稿，选择对应的选项可将其打开。
- 以只读方式打开演示文稿。以只读方式打开的演示文稿只能浏览，此时可以打开"打开"对话框，在其中选择需要打开的演示文稿，单击 打开(O) 按钮右侧的下拉按钮 ▼，在弹出的下拉列表中选择"以只读方式打开"选项。此时，打开的演示文稿的标题栏中将显示"只读"字样。
- 以副本方式打开演示文稿。以副本方式打开演示文稿是指将演示文稿作为副本打开，在副本中进行编辑，不会影响源文件中的内容。其方法为打开"打开"对话框，在其中选择需打开的演示文稿，单击 打开(O) 按钮右侧的下拉按钮 ▼，在弹出的下拉列表中选择"以副本方式打开"选项。此时，打开的演示文稿的标题栏中将显示"副本"字样。

3. 保存演示文稿

制作好的演示文稿应及时保存在计算机中，可以根据需要选择不同的保存方式。

- 直接保存演示文稿。选择"文件"/"保存"命令，或单击快速访问工具栏中的"保存"按钮 ▣，或按"Ctrl+S"组合键，在打开的界面中选择"浏览"选项，打开"另存为"对话框，在其中设置演示文稿的保存名称和保存位置，单击 保存(S) 按钮。当执行过一次保存操作后，再次选择"文件"/"保存"命令，或单击"保存"按钮 ▣，或按"Ctrl+S"组合键，将直接覆盖之前保存的文档，而不会打开"另存为"对话框。

- 另存为演示文稿。若不想改变原有演示文稿中的内容，则可通过"另存为"命令将演示文稿另存为新的文件。其方法为选择"文件"/"另存为"命令，在打开的界面中选择"浏览"选项，打开"另存为"对话框，在其中按保存演示文稿的方法进行操作。

- 另存为模板演示文稿。打开"另存为"对话框，在"保存类型"下拉列表中选择"PowerPoint模板"选项，单击 保存(S) 按钮即可。将演示文稿保存为模板后，可以通过该模板来新建演示文稿。当需要经常使用同一种风格的演示文稿时，将其保存为模板，并通过该模板来新建演示文稿是不错的方法。

- 保存为低版本演示文稿。如果希望保存的演示文稿可以在 PowerPoint 97 或 PowerPoint 2003等低版本软件中打开，则可在"另存为"对话框的"保存类型"下拉列表中选择"PowerPoint 97-2003 演示文稿"选项，其余操作与直接保存演示文稿的操作相同。

- 自动保存演示文稿。选择"文件"/"选项"命令，打开"PowerPoint 选项"对话框，选择"保存"选项，在"保存演示文稿"栏中勾选"保存自动恢复信息时间间隔"复选框，并在其右侧的数值框中输入自动保存的时间间隔，然后单击 确定 按钮。

4. 关闭演示文稿

关闭演示文稿的常用方法有以下几种。

- 通过单击按钮关闭。单击 PowerPoint 2016 的操作界面标题栏右侧的"关闭"按钮 ✕，关闭演示文稿并退出 PowerPoint。

- 通过快捷菜单关闭。在 PowerPoint 2016 的操作界面标题栏上单击鼠标右键，在弹出的快捷菜单中选择"关闭"命令。

- 通过快捷键关闭。按"Alt+F4"组合键。

（五）幻灯片的基本操作

幻灯片是演示文稿的重要组成部分，编辑幻灯片是制作演示文稿的主要操作之一。

1. 新建幻灯片

当演示文稿中的幻灯片不够用时，可手动新建幻灯片。

- 在"幻灯片"窗格中新建。在"幻灯片"窗格中的空白区域或已有幻灯片的缩略图上单击鼠标右键，在弹出的快捷菜单中选择"新建幻灯片"命令；也可单击某张幻灯片的缩略图，按"Enter"键完成新建操作。

- 通过"幻灯片"组新建。在"开始"/"幻灯片"组中单击"新建幻灯片"按钮 ▣ 下方的下拉按钮 ▾，在弹出的下拉列表中选择一种幻灯片版式即可完成新建操作。

2. 应用幻灯片版式

如果对新建的幻灯片版式不满意，则可随时更改，其方法为在"开始"/"幻灯片"组中单击 ▣ 版式 ▾ 下拉按钮，在弹出的下拉列表中选择所需的幻灯片版式。

3．选择幻灯片

选择幻灯片是编辑幻灯片的前提，选择幻灯片主要有以下3种方法。

- 选择单张幻灯片。在"幻灯片"窗格中单击幻灯片缩略图将选择当前幻灯片。
- 选择多张幻灯片。在"幻灯片"窗格中按住"Shift"键并单击幻灯片缩略图将选择多张连续的幻灯片，按住"Ctrl"键并单击幻灯片缩略图将选择多张不连续的幻灯片。
- 选择全部幻灯片。在"幻灯片"窗格中按"Ctrl+A"组合键，将选择全部幻灯片。

4．移动或复制幻灯片

当需要调整某张幻灯片的顺序时，可直接移动该幻灯片。当需要使用某张幻灯片中已有的版式或内容时，可直接复制该幻灯片并进行更改，以提高工作效率。

- 通过拖曳鼠标操作。单击"幻灯片"窗格中的幻灯片缩略图，在其上按住鼠标左键并将其拖曳到目标位置后，释放鼠标左键完成移动操作。若按住"Ctrl"键进行拖曳，则可以实现复制幻灯片的操作。
- 通过菜单命令操作。单击"幻灯片"窗格中的幻灯片缩略图，在其上单击鼠标右键，在弹出的快捷菜单中选择"剪切"或"复制"命令；然后在"幻灯片"窗格中定位到目标位置，单击鼠标右键，在弹出的快捷菜单中选择"粘贴"命令，可完成幻灯片的移动或复制操作。
- 通过快捷键操作。单击"幻灯片"窗格中的幻灯片缩略图，按"Ctrl+X"组合键进行剪切操作或按"Ctrl+C"组合键进行复制操作；然后在"幻灯片"窗格中定位到目标位置，按"Ctrl+V"组合键进行粘贴操作，完成幻灯片的移动或复制操作。

5．删除幻灯片

删除幻灯片的方法如下。

- 在"幻灯片"窗格中单击要删除的幻灯片的缩略图，按"Delete"键。
- 在"幻灯片"窗格中某张要删除的幻灯片的缩略图上单击鼠标右键，在弹出的快捷菜单中选择"删除幻灯片"命令。

（六）幻灯片母版视图

为保持视觉上的美观与协调，通常需要为演示文稿设置统一的视觉效果，而这些操作可以借助幻灯片母版来实现。PowerPoint 2016提供了3种母版视图，分别是幻灯片母版、讲义母版和备注母版，在"视图"/"母版视图"组中单击相应的按钮可进入对应的视图模式。下面介绍它们各自的作用。

- 幻灯片母版。在幻灯片母版中可以统一设置幻灯片及其中对象的内容和格式。PowerPoint 2016有多种母版，也就是说，如果只对某个母版进行了设置，则只有应用该母版的幻灯片才会同步应用对应的效果。当然，也可以在幻灯片母版视图中对所有幻灯片的格式和内容进行统一设置。
- 讲义母版。讲义是指在演讲时打印出来使用的文件。因此，讲义母版的主要作用是在幻灯片打印为讲义时设置内容显示方向（即纸张方向）、幻灯片大小、每页讲义包含的幻灯片数量、页眉与页脚的内容等，也可设置幻灯片的主题样式和背景效果。
- 备注母版。备注是幻灯片放映和演讲者演讲时的附加内容（在幻灯片编辑区下方有一个"单击此处添加备注"区域，在其中定位插入点可插入备注内容），作用是提醒演讲者在放映该幻灯片或演讲该幻灯片内容时需要注意的事项。备注母版的作用与讲义母版相似，可以设置幻灯片备注页的内容显示方向、幻灯片大小、页眉与页脚的内容，以及幻灯片的主题样式和背景效果。

示例演示

本任务将通过对演示文稿和幻灯片的操作来创建"中华传统文化之诸子百家"演示文稿的基本内

容框架，然后复制并移动幻灯片，设置幻灯片背景，利用形状和文本美化幻灯片，其参考效果（部分）如图 4-3 所示。

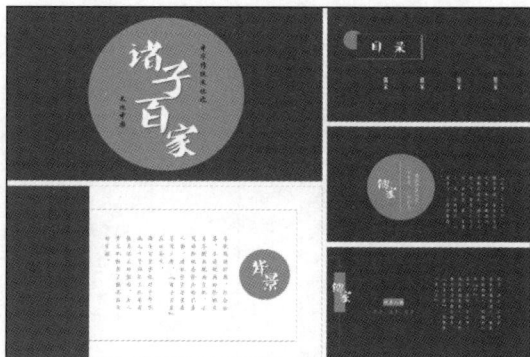

图 4-3 "中华传统文化之诸子百家"演示文稿的参考效果（部分）

任务实现

（一）新建演示文稿与幻灯片

演示文稿的内容几乎都是保存在一张张幻灯片中的，新建的演示文稿中默认只有一张标题幻灯片，用户需要根据实际情况手动新建幻灯片。下面新建一个空白演示文稿，将其以"中华传统文化之诸子百家"为名保存到计算机中，并在演示文稿中新建幻灯片，具体操作如下。

（1）选择"开始"/"PowerPoint 2016"命令，启动 PowerPoint 2016，在打开的界面中选择"空白演示文稿"选项，如图 4-4 所示。

（2）此时将新建一个名为"演示文稿 1"的空白演示文稿，在 PowerPoint 2016 的操作界面中单击快速访问工具栏中的"保存"按钮 🔲 。

（3）打开"另存为"界面，选择"浏览"选项，如图 4-5 所示。打开"另存为"对话框，在"文件名"下拉列表中输入"中华传统文化之诸子百家"，在左侧的导航窗格中选择文件保存位置，单击 保存(S) 按钮，完成演示文稿的保存。

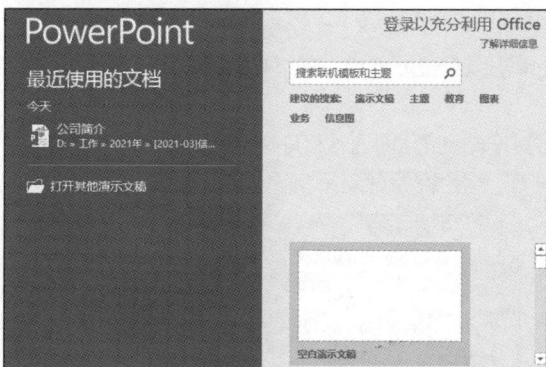

图 4-4 新建空白演示文稿

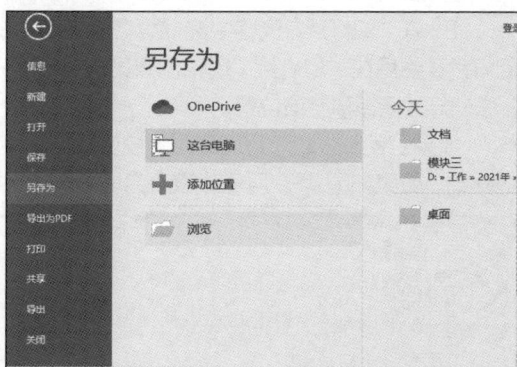

图 4-5 通过"浏览"选项保存演示文稿

（4）在演示文稿左侧的"幻灯片"窗格中选择默认创建的幻灯片的缩略图，按"Enter"键可新建一张空白幻灯片，如图 4-6 所示。

（5）新建幻灯片的版式默认为"标题和内容"版式，包含标题占位符和内容占位符两个对象。

（6）在"开始"/"幻灯片"组中单击 版式 下拉按钮，在弹出的下拉列表中选择"空白"选项，如图4-7所示。

（7）在"开始"/"幻灯片"组中单击"新建幻灯片"按钮 下方的下拉按钮，在弹出的下拉列表中选择"空白"选项，再次新建一张"空白"版式的幻灯片。按照相同方法创建其他幻灯片。

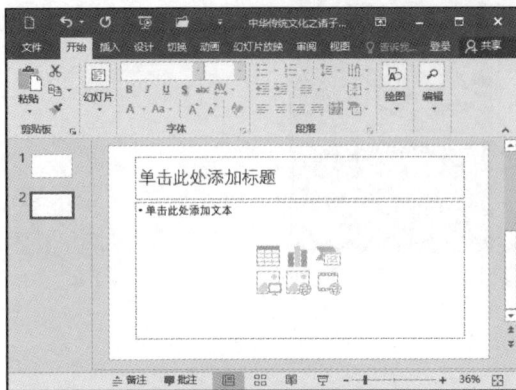

图4-6　新建一张空白幻灯片

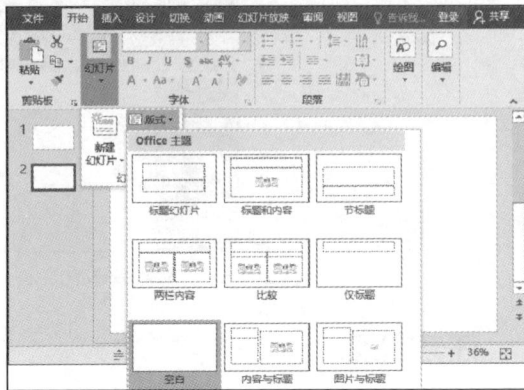

图4-7　更改幻灯片版式

> **提示**　幻灯片中常见的占位符包括标题占位符、副标题占位符、内容占位符和文本占位符。其中，标题、副标题和文本占位符主要用于输入幻灯片的标题、副标题和正文内容；内容占位符既可以输入正文内容，又可以单击相应按钮插入所需的对象。

（二）复制并移动幻灯片

在制作演示文稿时，通常需要为某一类幻灯片应用相同的版式，此时可以通过复制幻灯片来实现。如果要调整幻灯片顺序，则可以通过移动幻灯片来实现。下面通过复制并移动幻灯片来进一步完善演示文稿的框架，具体操作如下。

微课

复制并移动
幻灯片

（1）在"幻灯片"窗格中选择第1张幻灯片的缩略图，按"Ctrl+C"组合键，然后拖动"幻灯片"窗格右侧的滑块，拖动到最后一张幻灯片处，在最后一张幻灯片下方单击以定位插入点，按"Ctrl+V"组合键，完成幻灯片的复制操作，效果如图4-8所示。

（2）在"幻灯片"窗格中选择第2张幻灯片的缩略图，按"Ctrl+X"组合键剪切幻灯片，然后在"幻灯片"窗格倒数第2张幻灯片处单击以定位插入点，按"Ctrl+V"组合键，此时第2张幻灯片便被移至该位置。

（3）在第5张幻灯片缩略图上按住鼠标左键，将其拖动到第10张幻灯片缩略图下方，完成幻灯片的移动，效果如图4-9所示。设置完成后，按"Ctrl+S"组合键保存演示文稿。

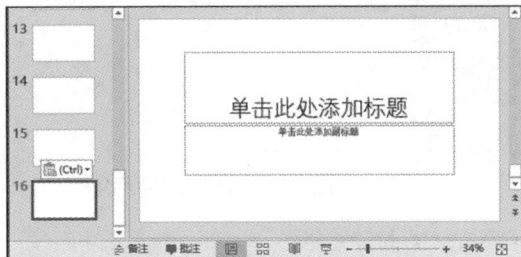

图4-8　复制幻灯片的效果

图4-9　移动幻灯片的效果

（三）设置幻灯片背景

为保持视觉上的美观与协调，通常需要为演示文稿设置统一的视觉效果，例如，使用统一的色彩、设置相同或类似的背景等，下面利用幻灯片母版为演示文稿设置统一的背景颜色，具体操作如下。

（1）在"视图"/"母版视图"组中单击"幻灯片母版"按钮 ，在"幻灯片"窗格中选择第 1 张幻灯片的缩略图，在"幻灯片母版"/"背景"组中单击"背景样式"按钮 ，在弹出的下拉列表中选择"设置背景格式"选项，如图 4-10 所示。

（2）打开"设置背景格式"窗格，在"填充"栏中选中"纯色填充"单选项，单击"颜色"按钮 ，如图 4-11 所示。

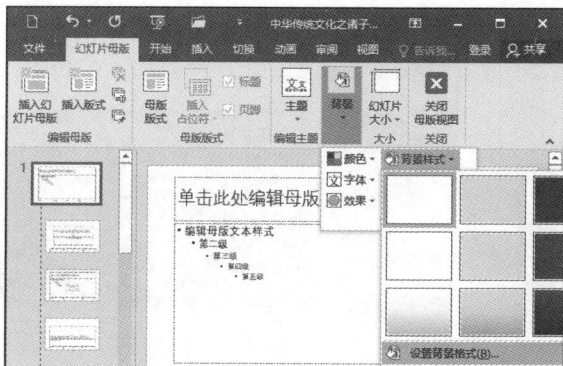

图 4-10　设置幻灯片背景

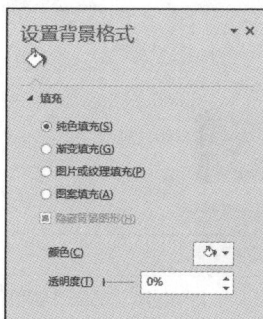

图 4-11　"设置背景格式"窗格

（3）在弹出的下拉列表中选择"其他颜色"选项，打开"颜色"对话框，单击"自定义"选项卡，在"颜色模式"下拉列表中选择"RGB"选项，在"红色""绿色""蓝色"数值框中分别输入"48""81""102"，单击 确定 按钮，如图 4-12 所示。

此时，可以看到所有幻灯片背景已更换为设置的颜色，效果如图 4-13 所示。

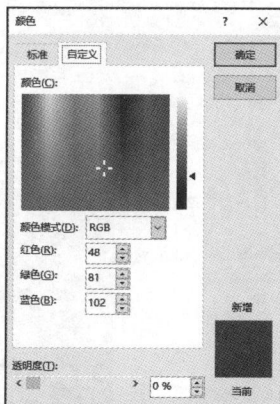

图 4-12　设置颜色数值

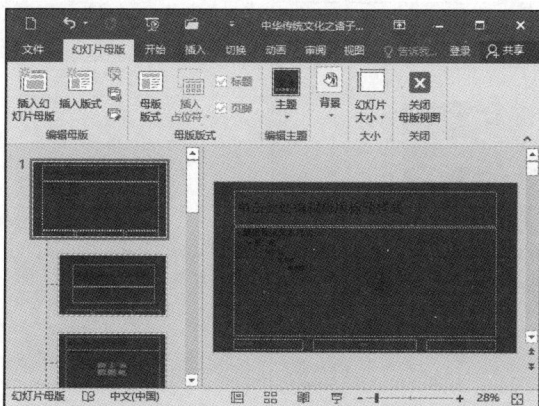

图 4-13　幻灯片背景设置效果

> **提示**　为幻灯片应用主题可以快速统一幻灯片的视觉效果。幻灯片主题是一系列属性的集合，包括颜色、字体、效果、背景样式等。在"设计"/"主题"组的"样式"下拉列表中选择相应的选项，可快速为幻灯片应用主题。

（四）插入形状美化幻灯片

为了提升幻灯片整体的视觉效果及美观度，用户可以合理利用形状美化幻灯片的背景、版面等，下面利用幻灯片母版在演示文稿中插入形状，通过设置形状来美化幻灯片的视觉效果，具体操作如下。

微课

插入形状美化幻灯片

（1）保持幻灯片母版处于编辑状态，在"幻灯片"窗格中选择第2张幻灯片，即标题幻灯片。删除该幻灯片中的文本框，然后在"插入"/"插图"组中单击"形状"按钮，在弹出的下拉列表中选择"基本形状"栏中的"椭圆"选项，如图4-14所示。

（2）按住"Shift"键在幻灯片正中绘制一个圆形，如图4-15所示。

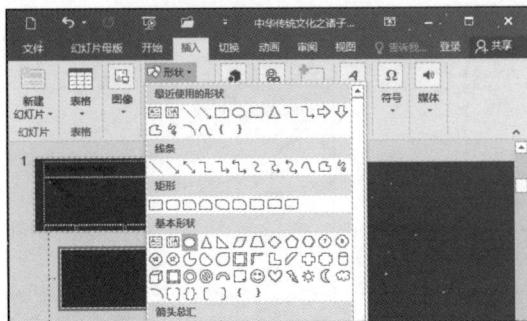

图4-14　选择"椭圆"选项

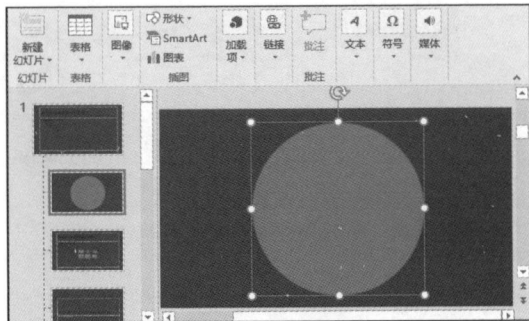

图4-15　绘制圆形

（3）选择绘制的圆形，在"绘图工具-格式"/"形状样式"组中单击"形状填充"按钮，在弹出的下拉列表中选择"其他填充颜色"选项，打开"颜色"对话框，将"红色""绿色""蓝色"分别设置为"205""152""83"，如图4-16所示。

（4）在"绘图工具-格式"/"形状样式"组中单击"形状轮廓"按钮，在弹出的下拉列表中选择"无轮廓"选项，如图4-17所示。

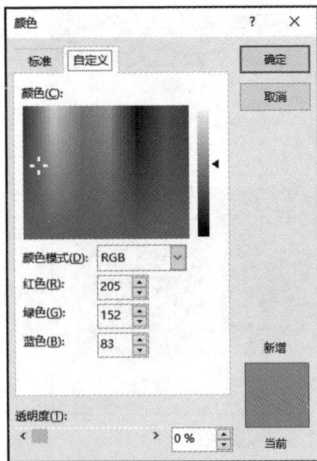

图4-16　设置颜色

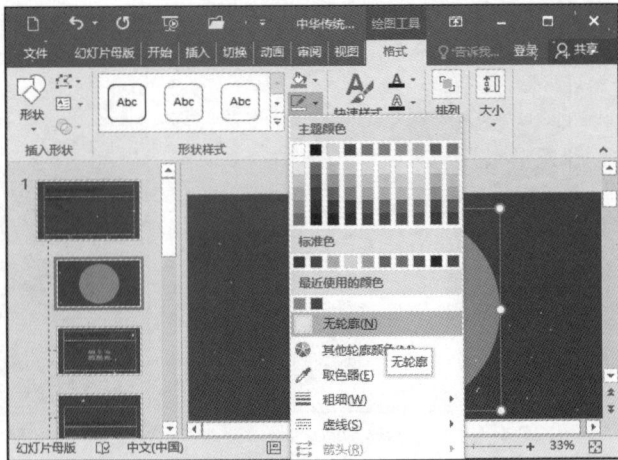

图4-17　设置形状轮廓

（5）在"幻灯片"窗格中选择第3张幻灯片，绘制一个与幻灯片大小相同的矩形，然后在"绘图工具-格式"/"形状样式"组中单击"形状填充"按钮，在弹出的下拉列表中选择"白色，背景1"选

项，在"绘图工具-格式"/"形状样式"组中单击"形状轮廓"按钮 ，在弹出的下拉列表中选择"无轮廓"选项，将该幻灯片背景颜色修改为白色，效果如图 4-18 所示。

（6）按照该方法，继续绘制一个略小于背景的矩形，将形状轮廓颜色的"红色""绿色""蓝色"分别设置为"205""152""83"，形状填充颜色设置为"无填充颜色"。再绘制一个藏青色的矩形，将其放置于幻灯片左侧，绘制一个黄色圆形，将其放置于幻灯片右侧，如图 4-19 所示。

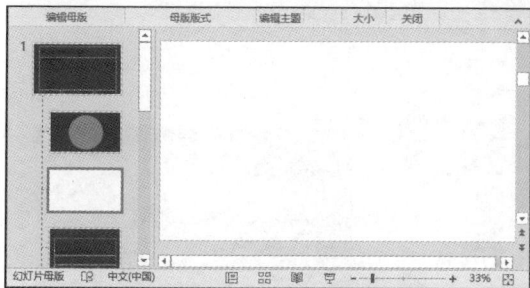

图 4-18　绘制形状作为背景的效果

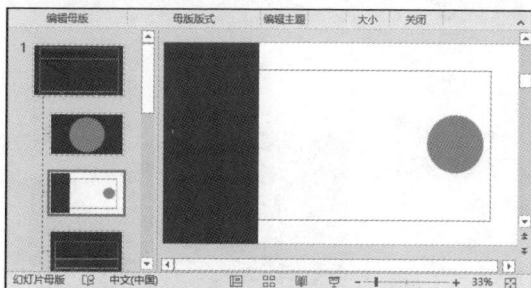

图 4-19　绘制形状

（7）按照该方法，分别选择第 4、5、6、7、8 张幻灯片，在其中绘制各种形状，并设置填充颜色和轮廓颜色等，效果如图 4-20 所示。

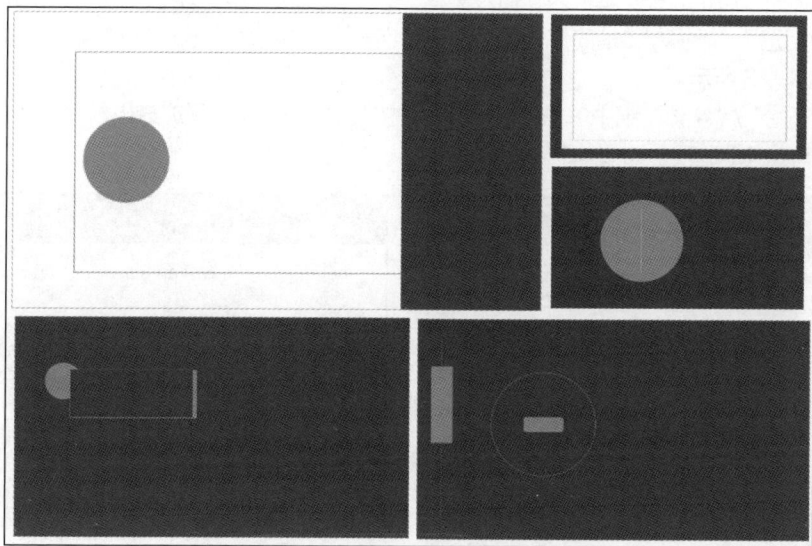

图 4-20　设置其他幻灯片中的形状的效果

（8）在"幻灯片母版"/"关闭"组中单击"关闭母版视图"按钮 ，退出母版编辑状态。在"幻灯片"窗格中选择第 2 张幻灯片，在"开始"/"幻灯片"组中单击 版式▼ 下拉按钮，在弹出的下拉列表中选择相应的选项，即可应用对应版式。

（五）插入文本框并编辑文本

在演示文稿中，文本主要是通过文本框来输入和编辑的，幻灯片中通常会默认插入文本占位符。此外，用户也可以根据文本输入和排版需求来插入文本框。下面在幻灯片中插入文本框，并在文本框中编辑文本，具体操作如下。

（1）在"幻灯片"窗格中选择第 1 张幻灯片，在"插入"/"文本"组中单

微课

插入文本框并
编辑文本

击"文本框"按钮 下方的下拉按钮 ，在弹出的下拉列表中选择"横排文本框"选项，如图4-21所示。

（2）此时，在幻灯片编辑区域按住鼠标左键不放并进行拖动，绘制一个横排文本框，如图4-22所示。

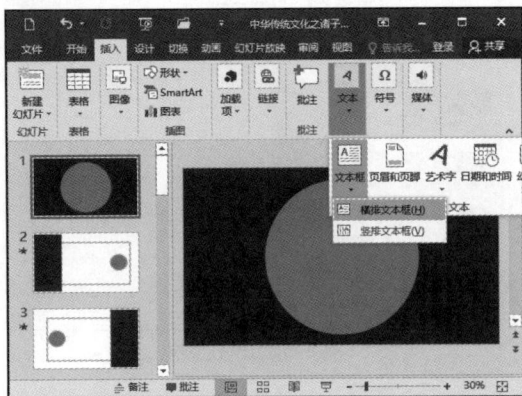

图4-21　选择"横排文本框"选项

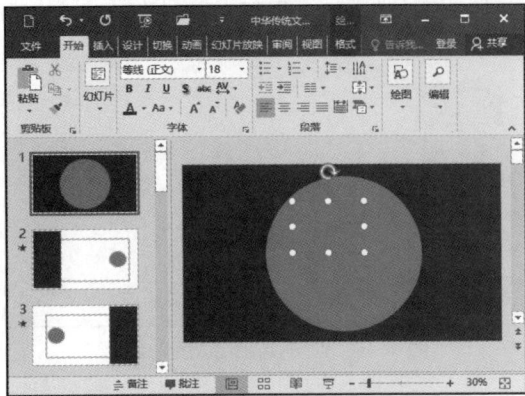

图4-22　绘制横排文本框

（3）将文本插入点定位于文本框内，输入文本"诸"，选择文本框，在"开始"/"字体"组中的"字体"下拉列表中选择"叶根友特楷简体"选项，在"字号"下拉列表中输入"113"，单击"文字阴影"按钮 S，如图4-23所示。

（4）在"开始"/"字体"组中单击"字体颜色"按钮 A·右侧的下拉按钮 ·，在弹出的下拉列表中选择"白色，背景1"选项，如图4-24所示。

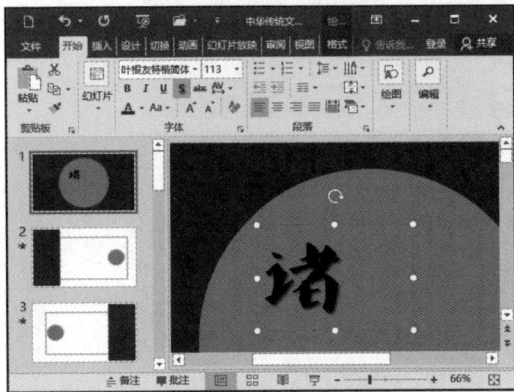

图4-23　设置字体格式

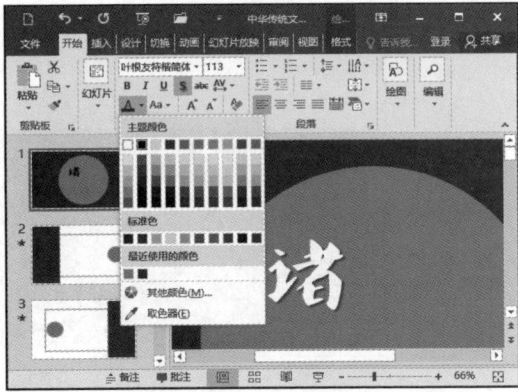

图4-24　设置字体颜色

（5）复制3个"诸"文本框，将其中的文本更改为"子""百""家"，然后拖动文本框，调整其位置，如图4-25所示。

（6）在"插入"/"文本"组中单击"文本框"按钮 下方的下拉按钮 ，在弹出的下拉列表中选择"竖排文本框"选项，绘制两个竖排文本框，在其中输入文本，并设置字体格式为"华文行楷""24"，如图4-26所示。

（7）选择第2张幻灯片，绘制两个横排文本框，输入"背""景"文本，设置字体格式为"叶根友特楷简体""60""文字阴影""白色，背景 1"。绘制一个竖排文本框，输入文本，设置字体格式为"汉仪瘦金书简""18""加粗""茶色"，效果如图4-27所示。

（8）选择第5张幻灯片，绘制4个形状，设置形状填充颜色为"无填充颜色"，形状轮廓颜色的"红色"

"绿色""蓝色"分别设置为"205""152""83"。在形状上绘制文本框，在文本框中输入文本并设置字体格式，效果如图 4-28 所示。

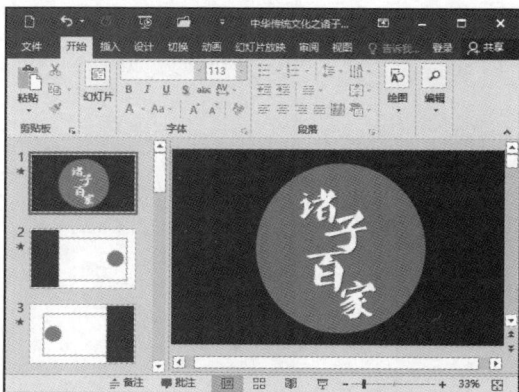

图 4-25　复制并调整文本框的位置

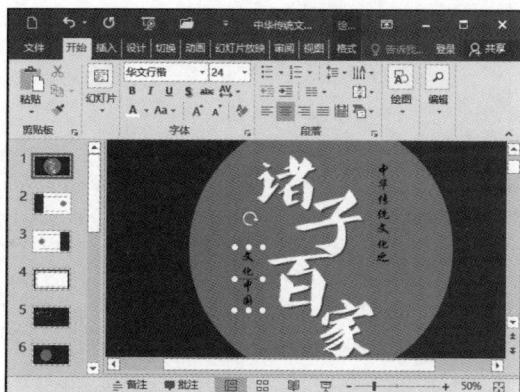

图 4-26　插入竖排文本框并输入文本

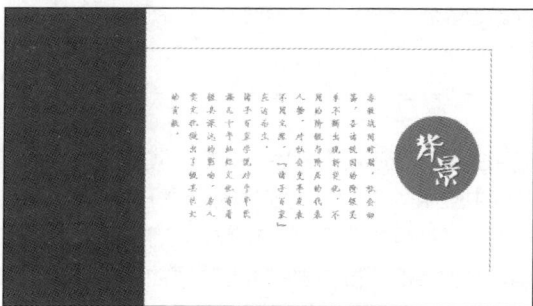

图 4-27　绘制文本框并输入文本的效果

图 4-28　绘制形状和文本框并输入文本的效果

（9）按照该方法，继续在其他幻灯片中绘制文本框、形状等，并输入文本、设置字体格式（配套资源：\效果\模块四\中华传统文化之诸子百家.pptx）。

能力拓展

（一）设置幻灯片背景的效果

为进一步美化幻灯片，可以为幻灯片的背景设置渐变、图案、纹理等特殊效果，或将图片设置为幻灯片背景。其方法为在"设计"/"自定义"组中单击"设置背景格式"按钮，打开"设置背景格式"任务窗格，选中相应的单选项进行设置。

- 渐变填充。选中"渐变填充"单选项，在下方可设置渐变填充的类型、方向、角度、渐变光圈、颜色、位置、透明度等，如图 4-29 所示。
- 图片或纹理填充。选中"图片或纹理填充"单选项，单击 文件(F)... 按钮，在打开的对话框中可以选择本地计算机中的图片作为幻灯片背景。在"纹理"下拉列表中选择一种纹理作为幻灯片背景，如图 4-30 所示。
- 图案填充。选中"图案填充"单选项，在"图案"栏中可以选择一种图案作为幻灯片背景，单击"前景"按钮 或"背景"按钮 ，还可以更改图案的前景和背景颜色，如图 4-31 所示。

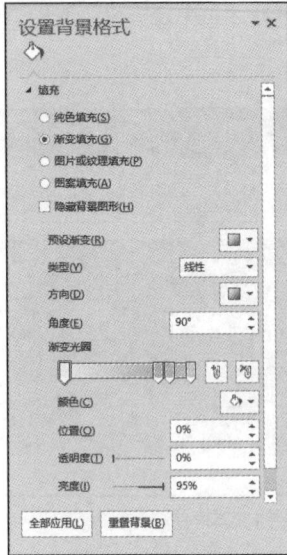

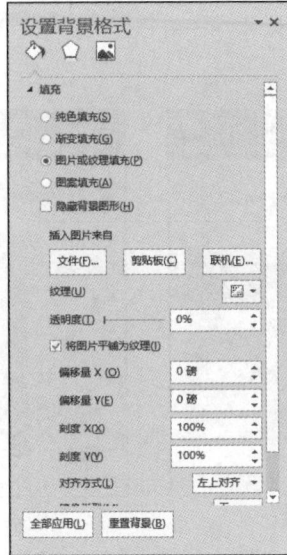

图4-29　渐变填充　　　　　　图4-30　图片或纹理填充　　　　　图4-31　图案填充

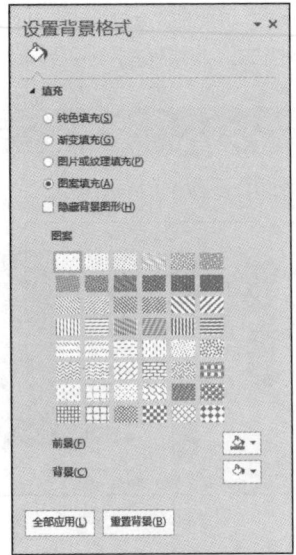

（二）在同一演示文稿中应用多个主题

在"设计"/"自定义"组中可以快速为演示文稿应用主题。在应用主题后，如果为演示文稿重新应用主题，则原主题效果会被取代。如果想在同一演示文稿中应用多个主题，则需要在幻灯片母版视图中进行设置。其方法为进入幻灯片母版视图后，在最后一张幻灯片版式缩略图下方单击以定位插入点，在"幻灯片母版"/"编辑主题"组中单击"主题"按钮 ，在弹出的下拉列表中可选择其他主题样式，此时"幻灯片"窗格中将同时显示2个主题的版式效果，如图4-32所示。当需要为幻灯片应用不同主题时，单击 版式 下拉按钮，在打开的下拉列表中选择不同的主题版式即可。

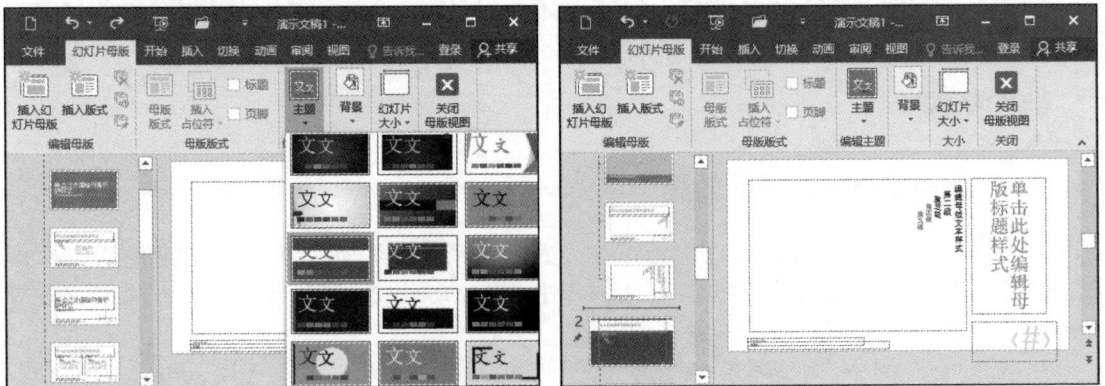

图4-32　查看多个主题效果

任务二　在演示文稿中插入对象

任务描述

如果只通过文字来制作演示文稿，则内容会略显枯燥，且这样的演示形式也无法发挥演示文稿生动、形象的优势。因此在编辑演示文稿时，可以思考如何将单调的内容转化为生动、有趣的内容，如用图示、表格等来简化数据的表现，或使用云纹、花枝等传统元素美化演示文稿。本任务将使用各种不同的对象来表现演示文稿的内容，以充分发挥演示文稿的优势。

技术分析

（一）幻灯片对象的布局原则

幻灯片中除文本之外，还可以包含图片、表格、图形等对象。合理、有效地将这些对象布局到各张幻灯片中，不仅可以增强演示文稿的表现力，还可以增强演示文稿的说服力。分布排列幻灯片中的各个对象时，应遵循以下 5 个原则。

- 画面平衡。布局幻灯片时，应尽量保持幻灯片页面平衡，使整个幻灯片画面协调，避免出现左重右轻、右重左轻及头重脚轻的情况。
- 布局简单。虽然一张幻灯片是由多种对象组合而成的，但一张幻灯片中的对象不宜过多，否则幻灯片会显得很拥挤，不利于传递信息。
- 统一协调。统一演示文稿中各张幻灯片标题文本的位置，文字采用的字体、字号、颜色和页边距等也应尽量统一，不能随意设置，以免破坏幻灯片的整体效果。
- 强调主题。为了让观众能快速、深刻地对幻灯片所表达的内容产生共鸣，可通过颜色、字体及样式等强调幻灯片中要表达的核心内容，以引起观众注意。
- 内容简练。幻灯片只是辅助演讲者传递信息的一种方式，且人在短时间内可接收并记住的信息并不多，因此，在一张幻灯片中只需列出要点或核心内容。

（二）插入媒体文件

在 PowerPoint 2016 中插入图片、形状、SmartArt 图形、表格等对象的操作，与在 Word 2016 中的操作大致相似。插入对象后，可以直接在幻灯片中随意调整其位置，相对在 Word 2016 中需要将对象的环绕方式设置为"浮于文字上方"而言，在 PowerPoint 2016 中设置对象的操作更加简便。下面重点介绍在 PowerPoint 2016 中插入音频和视频等媒体文件的方法。

1. 插入音频文件

根据实际需要，可以在幻灯片中直接插入已有的音频文件，也可以通过录音得到需要的音频文件。

- 插入计算机中的音频文件。选择幻灯片，在"插入"/"媒体"组中单击"音频"按钮 🔊，在弹出的下拉列表中选择"PC 上的音频"选项，打开"插入音频"对话框，在其中选择需要插入的音频文件后，单击 插入(S) 按钮。需要注意的是，音频文件被插入幻灯片以后，将以"喇叭"标记 🔊 的形式出现，拖曳该标记可调整其位置，选择该标记可在显示的工具栏中播放音频，如图 4-33 所示。另外，选择该标记后，在"音频工具-播放"选项卡中可以对音频文件进行更多设置，如剪裁、淡化、调整音量、设置播放参数等，如图 4-34 所示。

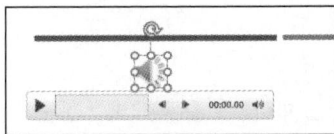

图 4-33 音频标记与工具栏

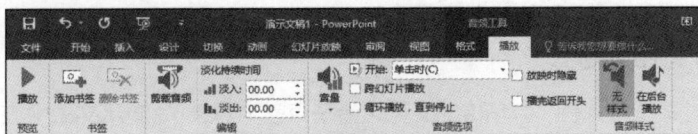

图 4-34 设置音频文件的参数

- 录制音频。选择幻灯片，在"插入"/"媒体"组中单击"音频"按钮 🔊，在弹出的下拉列表中选择"录制音频"选项，打开"录制声音"对话框，在"名称"文本框中可设置该音频的名称。

单击"录制"按钮 ⦿ 可开始录音（需确保计算机上连接有麦克风等音频输入设备），如图4-35所示。单击"停止"按钮 ▇ 可停止录音，单击 确定 按钮完成录制操作，所录制的音频同样将以"喇叭"标记 🔊 的形式插入幻灯片中。

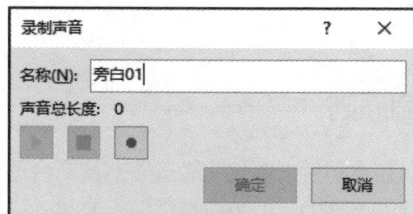

图4-35　"录制声音"对话框

2. 插入视频文件

视频文件的插入方法与音频文件的插入方法类似，可以在PowerPoint 2016中插入联机视频或计算机中的视频文件。

- 插入联机视频。在"插入"/"媒体"组中单击"视频"按钮 🎞，在弹出的下拉列表中选择"联机视频"选项，打开"插入视频"对话框，其中提供了两种插入方式：以搜索方式插入YouTube网站中的视频和以嵌入代码方式插入网站中的视频。这里在第二个文本框中粘贴来自网站的嵌入代码，如图4-36所示，单击"插入"按钮 ➡，以插入视频对象。
- 插入计算机中的视频。在"插入"/"媒体"组中单击"视频"按钮 🎞，在弹出的下拉列表中选择"PC上的视频"选项，打开"插入视频文件"对话框，在其中选择需要插入的视频文件，单击 插入(S) 按钮即可成功插入视频文件，效果如图4-37所示。对于插入幻灯片中的视频对象，用户可以通过拖曳的方式调整其位置，也可以通过拖曳控制点的方式调整其尺寸。同样，可以利用"视频工具-播放"选项卡对视频文件进行剪裁、淡化、调整音量、设置播放参数等操作。

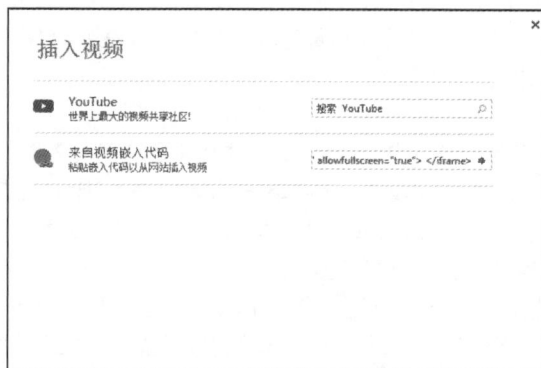

图4-36　粘贴联机视频的嵌入代码

图4-37　插入视频文件后的效果

示例演示

本任务将在"中华传统文化之诸子百家（对象）"演示文稿中应用各种对象，参考效果（部分）如图4-38所示。其中，将充分利用图片、图形、表格等对象展示幻灯片内容，并使用动作按钮在幻灯片中创建超链接等，使整个演示文稿看上去既生动、有趣，又方便演讲者在放映演示文稿时控制放映过程。

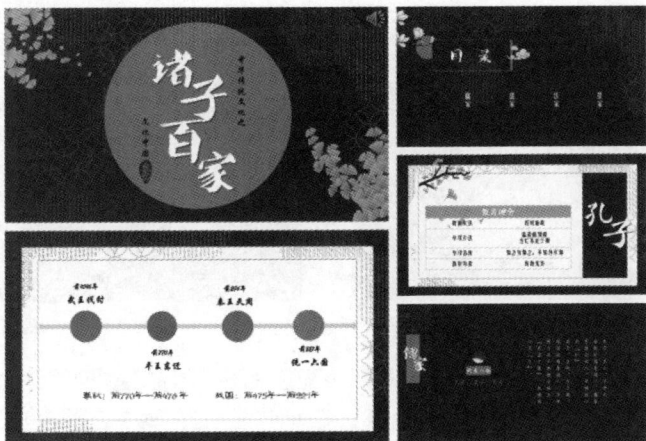

图 4-38　在"中华传统文化之诸子百家（对象）"演示文稿中应用各种对象的参考效果（部分）

任务实现

（一）插入图片

　　照片、插图等简单的图片往往能够展示十分丰富的信息，在幻灯片中合理使用图片，不仅能丰富幻灯片的内容，还能通过更加形象的方式向观众展示需要表达的内容。下面在"中华传统文化之诸子百家（对象）"演示文稿中插入图片，具体操作如下。

　　（1）打开"中华传统文化之诸子百家（对象）.pptx"演示文稿（配套资源：\素材\模块四\中华传统文化之诸子百家（对象）.pptx），选择第 1 张幻灯片，在"插入"/"图像"组中单击"图片"按钮 ，如图 4-39 所示。

　　（2）打开"插入图片"对话框，选择"底纹.png"图片（配套资源：\素材\模块四\图片\底纹.png），单击 插入(S) 按钮，如图 4-40 所示。

图 4-39　单击"图片"按钮

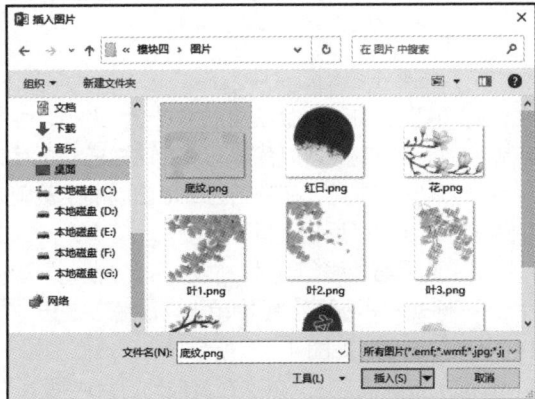

图 4-40　选择图片

　　（3）拖曳图片右下角的控制点，将图片放大至幻灯片页面大小，效果如图 4-41 所示。

　　（4）继续插入"印章.png"图片（配套资源：\素材\模块四\图片\印章.png），拖曳图片右下角的控制点，适当缩小图片。将鼠标指针移动到图片上，按住鼠标左键不放，将图片拖曳到"文化中国"文本下方，效果如图 4-42 所示。

157

图4-41　放大图片的效果

图4-42　调整图片的效果

（5）在第1张幻灯片中插入"叶1.png"图片（配套资源：\素材\模块四\图片\叶1.png），在"图片工具-格式"/"排列"组中单击"旋转"按钮 ，在弹出的下拉列表中选择"向右旋转90度"选项，如图4-43所示，然后将旋转后的图片移动到幻灯片右下角。

（6）继续在第1张幻灯片中插入"叶2.png"图片（配套资源：\素材\模块四\图片\叶2.png），将其移动到页面左上角，插入图片后的效果如图4-44所示。

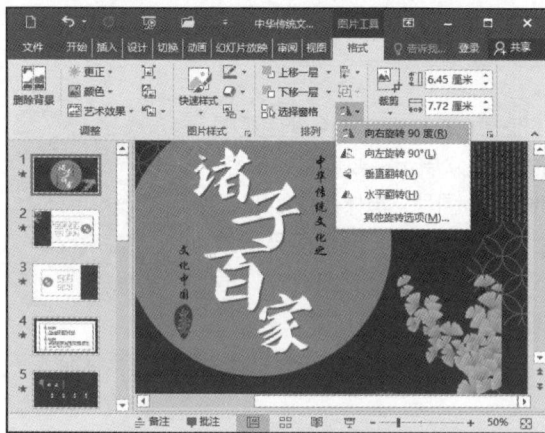

图4-43　旋转图片

图4-44　插入图片后的效果

（7）在第1张幻灯片中复制"底纹.png"图片，并将其粘贴到第2张幻灯片中。选择粘贴的"底纹.png"图片，在"图片工具-格式"/"大小"组中单击"裁剪"按钮 ，此时，图片四周将出现黑色控制点，拖曳控制点可以裁剪图片。这里拖动图片右侧的控制点，向图片左侧裁剪，如图4-45所示。

（8）裁剪完成后，在空白区域单击以确定裁剪效果。继续在第2张幻灯片中插入"叶2.png"图片，并将其移动至幻灯片左上角。

（9）选择第4张幻灯片，插入"叶3.png"图片（配套资源：\素材\模块四\图片\叶3.png）。在"图片工具-格式"/"调整"组中单击"颜色"按钮 ，在弹出的下拉列表中选择"色调"栏中的"色温：11200K"选项，如图4-46所示。

（10）按照该方法，依次在其他幻灯片中插入"花.png""云纹.png""红日.png""底纹.png"等图片（配套资源：\素材\模块四\图片\花.png、云纹.png、红日.png、底纹.png），效果如图4-47所示。

> **提示**　在PowerPoint 2016中插入图片时，后插入的图片将覆盖在先插入的图片上，如果需要将叠压在下方的图片向上移动或置于底层，则可以选择该图片，单击鼠标右键，在弹出的快捷菜单中选择"置于顶层"或"置于底层"命令。

图 4-45 裁剪图片

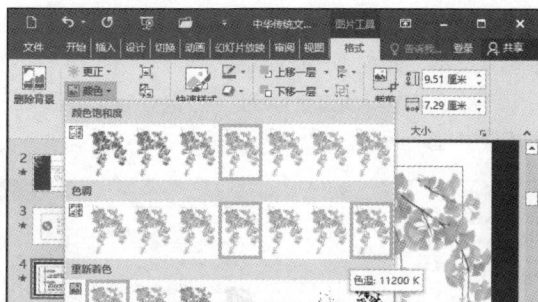

图 4-46 调整图片颜色

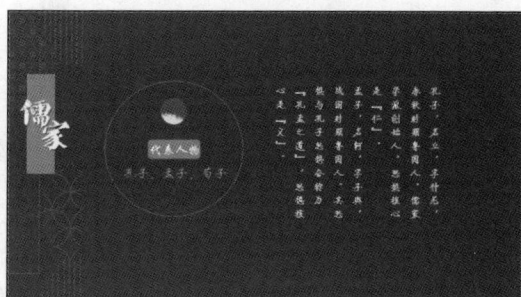

图 4-47 插入其他图片后的效果

（二）插入 SmartArt 图形

SmartArt 图形是形状和文字的可视化表示形式，具有层次分明、条理清晰、信息表现力强等诸多优点，非常适合展示文字少、层次较明显的文本。下面在"中华传统文化之诸子百家（对象）"演示文稿中插入 SmartArt 图形，具体操作如下。

（1）在"幻灯片"窗格中第 4 张幻灯片与第 5 张幻灯片之间单击，定位插入点，然后在"开始"/"幻灯片"组中单击"新建幻灯片"按钮 下方的下拉按钮，在弹出的下拉列表中选择一个白底的幻灯片版式。

（2）在"插入"/"插图"组中单击"SmartArt"按钮，如图 4-48 所示。

（3）打开"选择 SmartArt 图形"对话框，选择左侧列表框中的"流程"选项，然后选择右侧列表框中图 4-49 所示的选项，单击 确定 按钮。

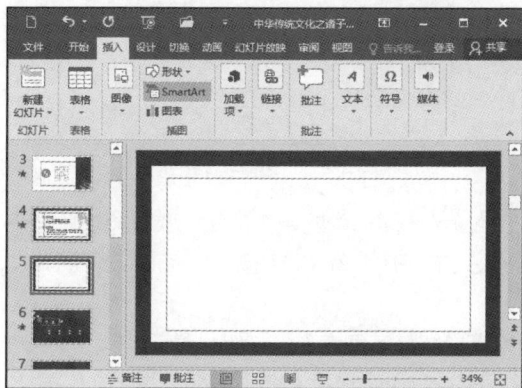

微课
插入 SmartArt
图形

图 4-48 单击"SmartArt"按钮

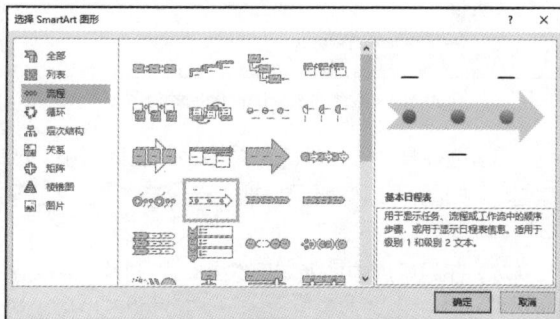

图 4-49 选择 SmartArt 图形

（4）单击 SmartArt 图形左侧边框上的"展开"按钮 ⟨，打开"在此处键入文字"任务窗格，在其中输入文本，如图 4-50 所示。

（5）文本输入完成后，按"Enter"键，可以在 SmartArt 图形中新建一个形状，继续输入文本，效果如图 4-51 所示。

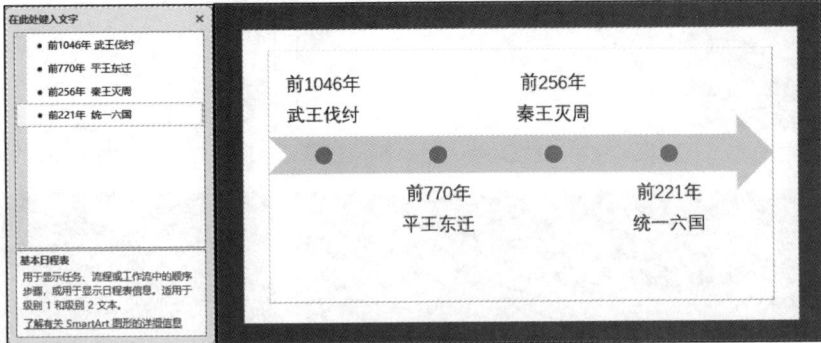

图 4-50　输入文本　　　　　　　　　　　　　图 4-51　新建形状的效果

> **提示**　选择插入的 **SmartArt** 图形，在"**SmartArt 工具-设计**"/"**创建图形**"组中单击"**添加形状**"按钮 ⬚，在弹出的下拉列表中选择相应的选项，也可以为 **SmartArt** 图形添加一个新的形状。

（6）选择插入的 SmartArt 图形，在"SmartArt 工具-设计"/"SmartArt 样式"组中单击"更改颜色"按钮 ⬡，在弹出的下拉列表中选择"彩色"栏中的第 2 个选项，如图 4-52 所示。

（7）选择 SmartArt 图形中的文本，依次将其字体格式设置为"华文行楷、18""华文行楷、24"，如图 4-53 所示。

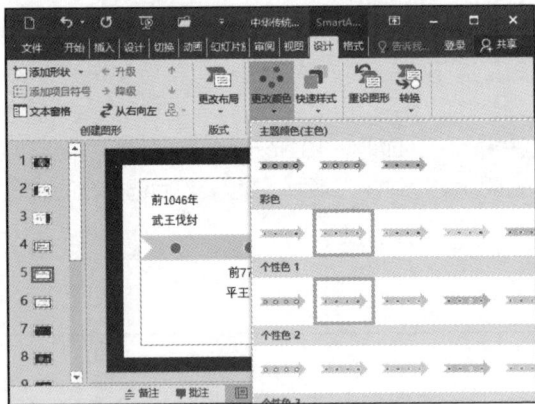

图 4-52　设置 SmartArt 图形的颜色　　　　　　图 4-53　设置字体格式

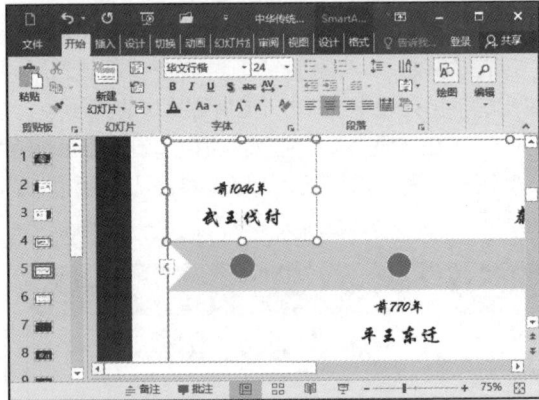

（8）选择整个 SmartArt 图形，调整其大小。选择 SmartArt 图形中的单个形状，依次调整其大小和位置，如图 4-54 所示。插入一个文本框，在其中输入文本，并设置字体格式为"方正古隶简体、24"。

（9）在幻灯片中插入"底纹.png"图片，将该图片放大至幻灯片同等大小，在"图片工具-格式"/"大小"组中单击"裁剪"按钮 ⬚ 下方的下拉按钮 ⌄，在弹出的下拉列表中选择"裁剪为形状"/"图文框"选项，如图 4-55 所示，将图片裁剪为形状。

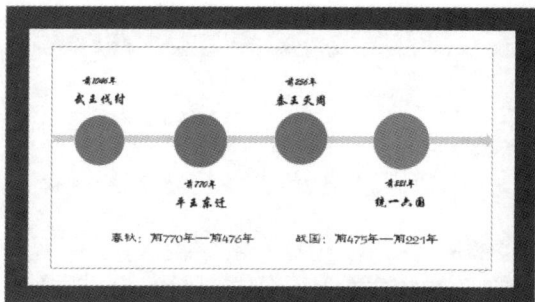

图 4-54　调整 SmartArt 图形

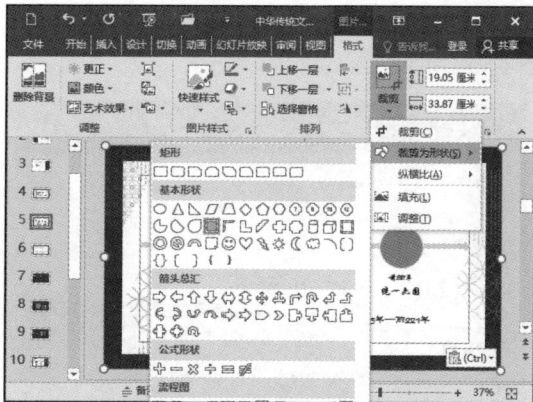

图 4-55　将图片裁剪为形状

> **提示**　选择幻灯片中的 SmartArt 图形，在"SmartArt 工具-设计"/"版式"组的"样式"下拉列表中可重新更改 SmartArt 图形的类型。在"重置"组中单击"重设图形"按钮，可将其还原为默认的格式；单击"转换"按钮，在弹出的下拉列表中选择相应的选项，可将 SmartArt 图形转换为文本或形状，便于更充分地使用 SmartArt 图形。

（三）插入表格

表格是编辑幻灯片时较常用的一种工具，能够更好地对比、汇总数据信息，或使枯燥的内容条理化、简洁化。下面在"中华传统文化之诸子百家（对象）"演示文稿中插入表格，具体操作如下。

微课

插入表格

（1）在"幻灯片"窗格中第 8 张幻灯片与第 9 张幻灯片之间单击，定位插入点，然后在"开始"/"幻灯片"组中单击"新建幻灯片"按钮下方的下拉按钮，在弹出的下拉列表中选择一个白底的幻灯片版式。

（2）选择第 9 张幻灯片，在"插入"/"表格"组中单击"表格"按钮，将鼠标指针定位到弹出的下拉列表中表示"2×5 表格"的位置，单击即可插入一个 2 列 5 行的表格，如图 4-56 所示。

（3）在表格的单元格中单击以定位插入点，然后在单元格中输入文本，如图 4-57 所示。

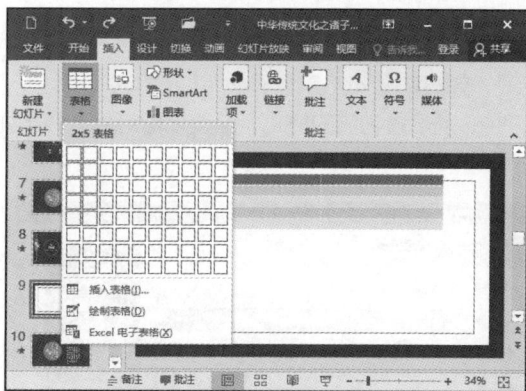

图 4-56　选择表格尺寸

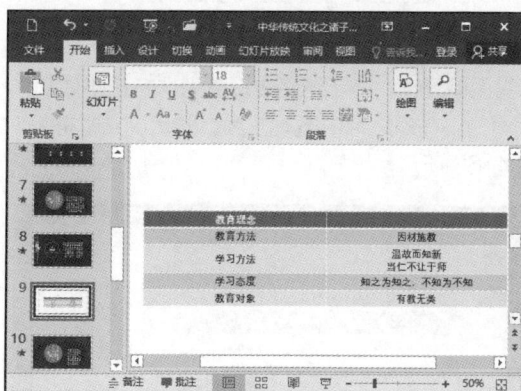

图 4-57　输入文本

（4）拖曳鼠标选择第 1 行单元格，在"表格工具-布局"/"合并"组中单击"合并单元格"按钮，如图 4-58 所示。

161

（5）单击表格中的任意单元格，在"表格工具-设计"/"表格样式"组的"样式"下拉列表中选择图4-59所示的选项。

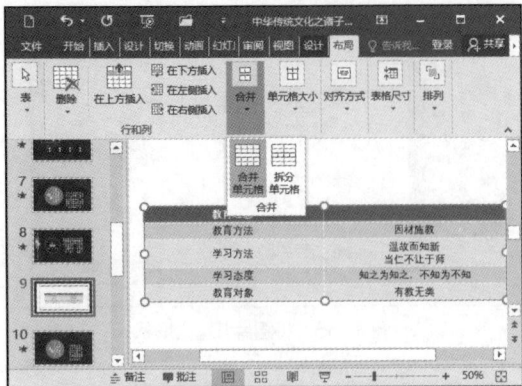

图4-58 合并单元格

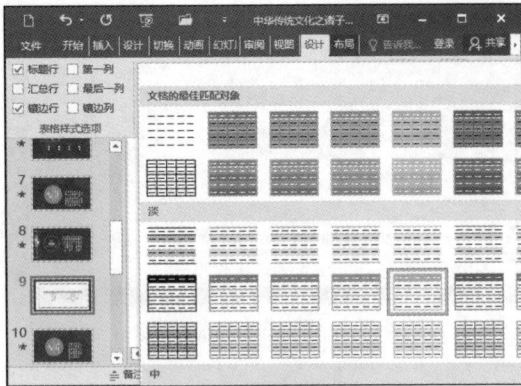

图4-59 选择表格样式

（6）拖曳表格边框上的控制点，适当调整表格尺寸，效果如图4-60所示。

（7）在"表格工具-布局"/"对齐方式"组中依次单击"居中"按钮 ▤ 和"垂直居中"按钮 ▤，设置单元格中文本的对齐方式，如图4-61所示。

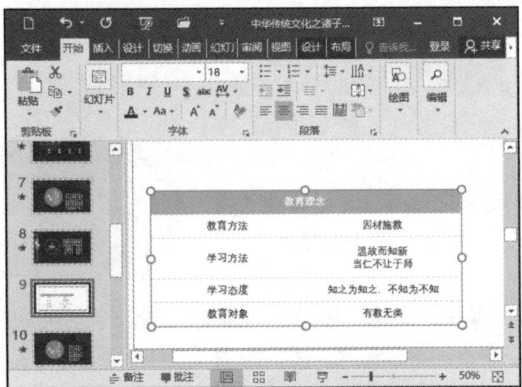

图4-60 调整表格尺寸后的效果

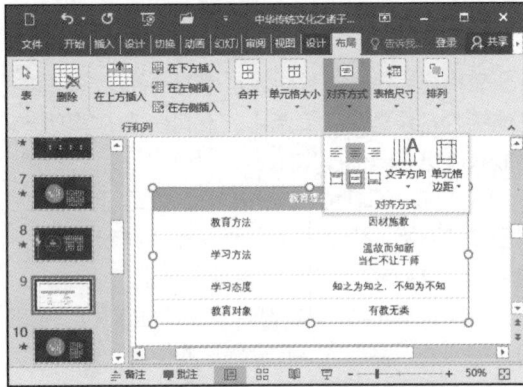

图4-61 设置单元格中文本的对齐方式

（8）拖曳鼠标选择第1行单元格，将字体格式设置为"叶根友特楷简体、32""白色，背景1"，选择其他单元格，将字体格式设置为"方正姚体简体、20"，效果如图4-62所示。

（9）在幻灯片中插入图片、形状、文本框等对象，并分别设置它们的格式，以美化幻灯片，效果如图4-63所示。

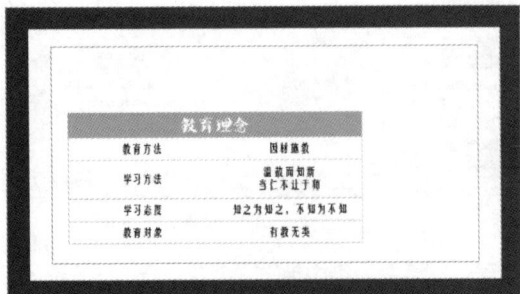

图4-62 设置表格字体格式后的效果

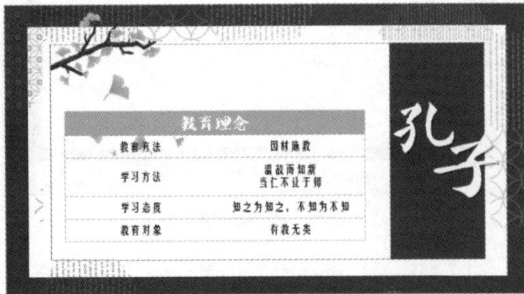

图4-63 美化幻灯片后的效果

（四）插入图表

图表是展示数据的有效手段，无论是对比数据大小、分析数据变化趋势，还是查看数据占比等，利用图表都能得到直观的效果。下面在"中华传统文化之诸子百家（对象）"演示文稿中插入图表，具体操作如下。

（1）在第 5 张幻灯片后新建一张白底版式的幻灯片，在"插入"/"插图"组中单击"图表"按钮 ▮▮，如图 4-64 所示。

（2）打开"插入图表"对话框，在左侧列表框中选择"折线图"选项，在右侧上方的列表框中选择"折线图"选项，然后单击 确定 按钮，如图 4-65 所示。

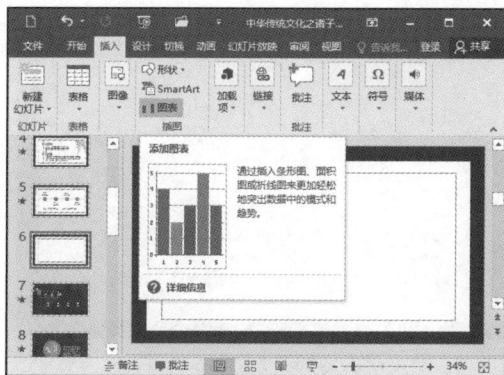

图 4-64　单击"图表"按钮

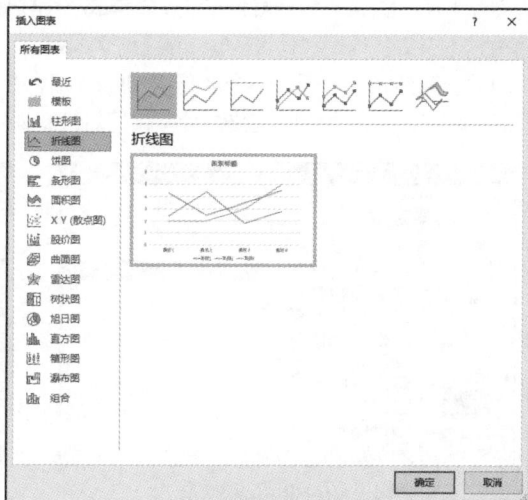

图 4-65　选择图表类型

（3）此时，PowerPoint 2016 将在插入折线图的同时打开 Excel 对话框，其中显示了一些默认的文本和数据。这里根据需要修改 Excel 对话框中的数据，如图 4-66 所示，修改完成后关闭该对话框。

（4）返回幻灯片编辑区域，可以查看折线图中已经出现数据。拖曳图表边框上的控制点，可以调整图表大小，如图 4-67 所示。

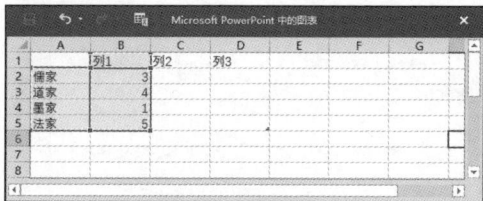

图 4-66　修改数据

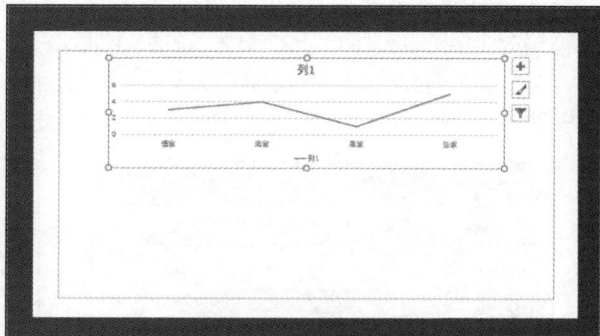

图 4-67　调整图表大小

（5）将文本插入点定位于"列 1"标题文本框中，将其修改为"先秦儒道法墨代表人物不完全列举"，选择"列 1"图例项，按"Delete"键将其删除，如图 4-68 所示。

（6）修改图表文本字号，选择横坐标轴文本，将字号设置为"18"，选择纵坐标轴文本，将字号设置为"16"，如图 4-69 所示。

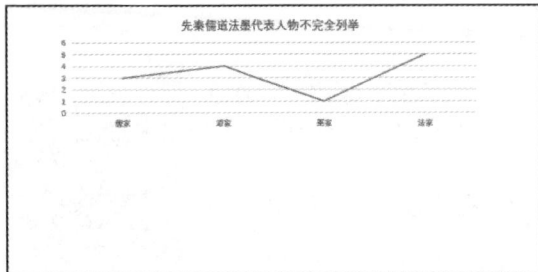

图4-68　修改图表标题

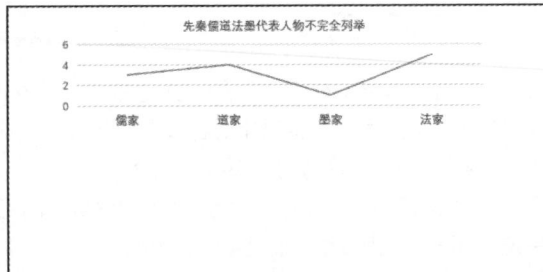

图4-69　修改图表文本字号

（7）在"图表工具-设计"/"图表样式"组中单击"更改颜色"按钮，在弹出的下拉列表中选择"单色"栏中的"彩色8"选项，如图4-70所示。

（8）在图表下方插入一个4行2列的表格，在表格中输入文字，并设置其字体格式，对图表内容进行辅助说明，并适当使用底纹图片美化幻灯片，如图4-71所示。

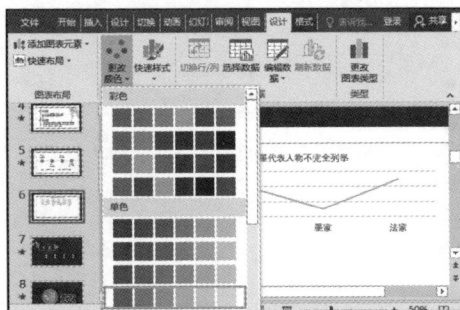

图4-70　更改图表颜色

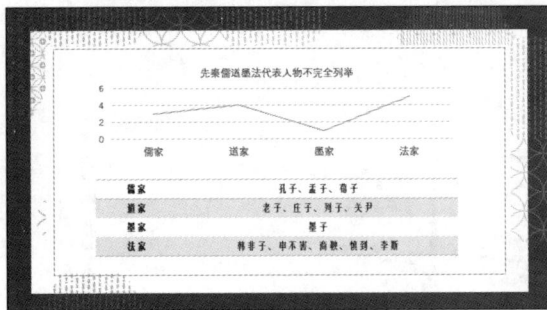

图4-71　添加表格并美化幻灯片

（五）插入音频

演示文稿是集文、图、音、画为一体的多媒体设计工具，人们在制作演示文稿时，往往会根据放映需求在演示文稿中插入音频，以提升放映效果。下面在"中华传统文化之诸子百家（对象）"演示文稿中插入并设置音频对象，具体操作如下。

（1）选择第1张幻灯片，在"插入"/"媒体"组中单击"音频"按钮，在弹出的下拉列表中选择"PC上的音频"选项，如图4-72所示。

（2）打开"插入音频"对话框，选择"背景音乐.mp3"文件（配套资源：\素材\模块四\背景音乐.mp3），单击 插入(S) 按钮，如图4-73所示。

图4-72　选择"PC上的音频"选项

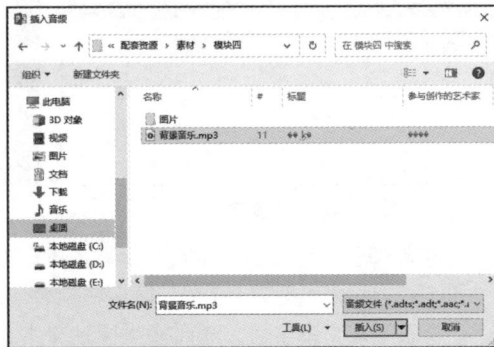

图4-73　选择音频文件

（3）拖曳"音频"标记🔊至幻灯片右上方，如图 4-74 所示。

（4）在"音频工具-播放"/"音频选项"组的"开始"下拉列表中选择"自动"选项，依次勾选"跨幻灯片播放""循环播放，直到停止""放映时隐藏"复选框，如图 4-75 所示。

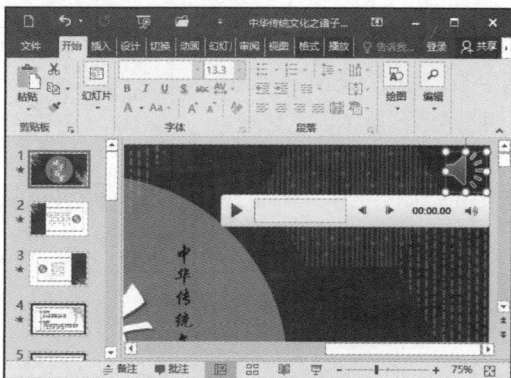

图 4-74 拖曳"音频"标记

图 4-75 设置音频选项

（六）插入超链接

超链接用于在放映演示文稿时跳转到指定的幻灯片，从而达到自主控制演示文稿放映过程的目的。下面在"中华传统文化之诸子百家（对象）"演示文稿中为对象插入超链接，具体操作如下。

（1）选择第 7 张幻灯片，并选择"儒家"文本框，在"插入"/"链接"组中单击"超链接"按钮🌐，如图 4-76 所示。

（2）打开"插入超链接"对话框，选择"链接到"栏中的"本文档中的位置"选项，在"请选择文档中的位置"列表框中选择"8.幻灯片 8"选项，单击 确定 按钮，如图 4-77 所示。

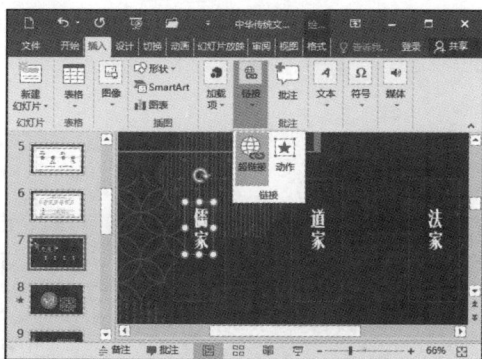

图 4-76 单击"超链接"按钮

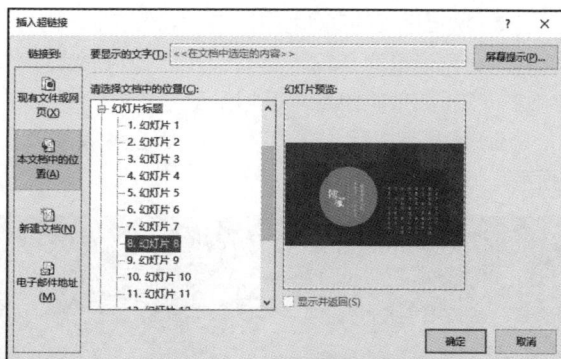

图 4-77 指定链接目标

（3）按照相同方法将"目录"幻灯片中的其他对象链接到当前演示文稿对应的幻灯片中。

提示 在 PowerPoint 2016 中，如果直接选择文本插入超链接，则文本颜色会发生变化，且文本下方将出现下画线。此时，可以选择文本，重新为其设置颜色。如果为文本框插入超链接，则文本颜色不会发生变化。

（七）插入动作按钮

动作按钮是一种具备超链接功能的形状，在放映演示文稿时，单击动作按钮，可以跳转到指定的幻灯片，便于演讲者自主控制演讲过程。下面在"中华传统文化之诸子百家（对象）"演示文稿中插入动作按钮，具体操作如下。

（1）选择第7张幻灯片，单击"插入"/"插图"组中的"形状"按钮▣，在弹出的下拉列表中选择"动作按钮"栏中的第5个选项，如图4-78所示。

（2）在幻灯片中单击，将自动打开"操作设置"对话框，可见"单击鼠标"选项卡中的超链接目标为"第一张幻灯片"，说明单击该动作按钮将跳转至第1张幻灯片，单击 确定 按钮，如图4-79所示。

图4-78　选择动作按钮

图4-79　指定链接目标

（3）在"绘图工具-格式"/"形状样式"组中为创建的动作按钮应用"预设"栏中第2行第2列对应的形状样式，在"大小"组中将动作按钮的宽度和高度均设置为"1厘米"，并将其移至幻灯片右下角，效果如图4-80所示。

（4）选择插入的动作按钮，在"绘图工具-格式"/"形状样式"组中将填充颜色的"红色""绿色""蓝色"分别设置为"48""81""102"，将形状轮廓颜色的"红色""绿色""蓝色"分别设置为"205""152""83"，效果如图4-81所示。

（5）设置完成后，按"Ctrl+S"组合键保存演示文稿（配套资源：\效果\模块四\中华传统文化之诸子百家（对象）.pptx）。

图4-80　设置动作按钮后的效果

图4-81　设置动作按钮样式后的效果

> **提示** 动作按钮的原理实际上与超链接大致相同，都可以通过单击操作跳转到指定目标。而它们的区别在于：动作按钮不仅可以设置单击时的动作，还可以设置定位鼠标指针时的动作，即在"操作设置"对话框的"鼠标悬停"选项卡中设置当鼠标指针移至对象上时可以发生什么动作，而超链接无法实现这种效果。要想为文本框、形状等其他对象设置定位鼠标指针时发生某个动作，则需要借助"插入"/"链接"组中的"动作"按钮 ★ 来实现。

能力拓展

（一）使用取色器

如果要为幻灯片中的形状、文本等应用某一种颜色，但不知道该颜色的具体数值，则可以使用取色器来吸取并应用颜色。假设要将某图片中的颜色应用于幻灯片的文本中，其方法为选择需要应用颜色的文本，在"开始"/"字体"组中单击"字体颜色"按钮 **A** 右侧的下拉按钮 ，在弹出的下拉列表中选择"取色器"选项，此时鼠标指针将变为吸管形状，在图片中需要取色的区域单击，即可将该颜色应用到所选文本中，如图 4-82 所示。

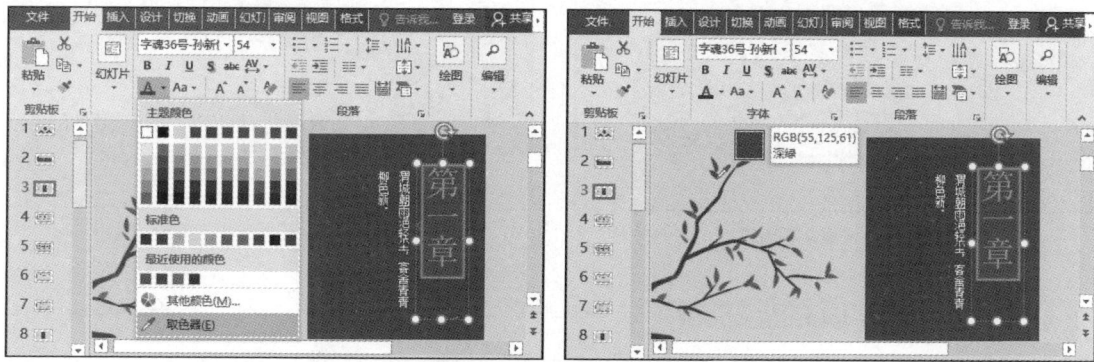

图 4-82　吸取并应用颜色

除了文本以外，形状填充颜色、轮廓颜色、图表颜色、表格颜色等也可以通过取色器来自定义。当需要为演示文稿设计比较统一的色彩方案时，较常使用取色器功能。

（二）插入艺术字

PowerPoint 2016 中的艺术字同时具有文本和形状的属性，非常适合在需要突出内容、强调重点时使用。其应用方法为选择幻灯片，在"插入"/"文本"组中单击"艺术字"按钮 **A**，在弹出的下拉列表中选择艺术字样式，此处选择图 4-83 所示的选项。选择艺术字样式后，可将文本插入点定位于艺术字文本框中，输入艺术字内容，如图 4-84 所示。

如果要修改艺术字的文本格式，则可以在"开始"/"字体"组中重新设置字体、字号等，如图 4-85 所示。也可在"绘图工具-格式"/"艺术字样式"组中更改艺术字的文本填充效果、文本轮廓等，单击"文本效果"按钮 **A**，在弹出的下拉列表中选择相应的选项，可以设置文本的阴影、映像、发光等效果，如图 4-86 所示。

图 4-83　选择艺术字样式

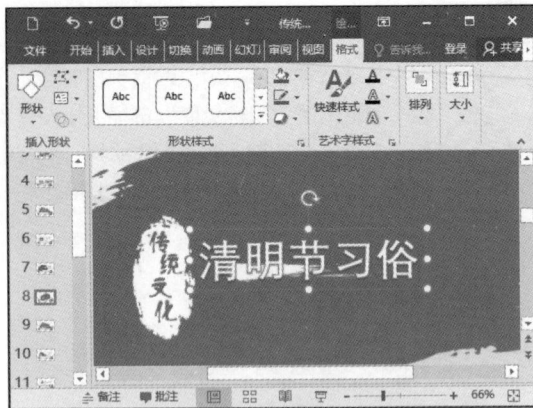

图 4-84　输入艺术字内容

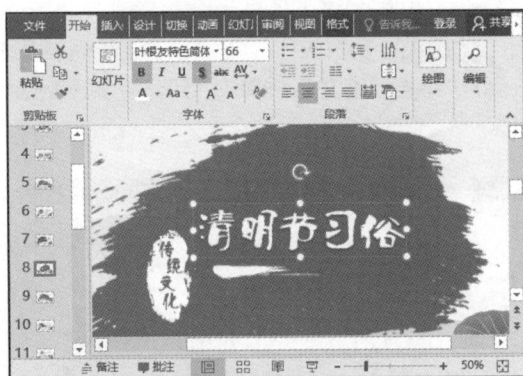

图 4-85　设置文本格式

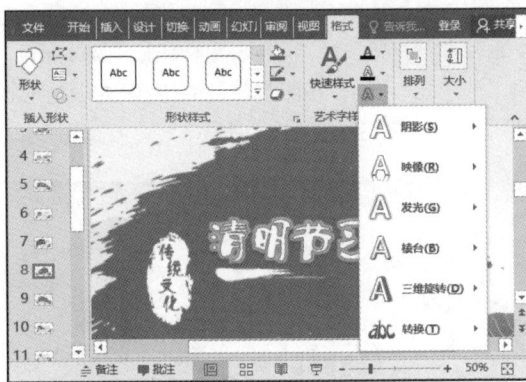

图 4-86　设置艺术字效果

（三）为艺术字填充渐变效果

除了可以为艺术字填充普通的颜色外，还可以为其填充渐变、纹理、图片等。下面以填充渐变效果为例进行说明，其方法为选择艺术字对象，在"绘图工具-格式"/"艺术字样式"组中单击 文本填充 下拉按钮，在弹出的下拉列表中选择"渐变"/"其他渐变"选项；打开"设置形状格式"任务窗格，选中"渐变填充"单选项，然后设置渐变效果的各个参数，如图 4-87 所示。

图 4-87　设置渐变填充参数

- 渐变方向。单击"方向"栏中的下拉按钮，可在弹出的下拉列表中选择渐变方向。
- 角度。在"角度"数值框中可设置渐变效果的显示角度。
- 渐变光圈。拖曳"渐变光圈"栏中的滑块，可调整各种渐变颜色的产生位置；单击"添加渐变光圈"按钮 🖫 可增加新的颜色；单击"删除渐变光圈"按钮 🖫 可删除已选择的渐变颜色。设置渐变光圈时，选择某个渐变光圈后，可单击"颜色"下拉按钮 🖾，在弹出的下拉列表中选择该光圈的颜色，并可在"位置""透明度""亮度"数值框中设置该光圈的产生位置、透明度和亮度等属性。

（四）自定义图表样式

如果 PowerPoint 2016 中预设的图表样式与幻灯片整体设计风格不搭配，那么用户可以根据制作需求，自定义图表中的数据系列格式，如为其填充不同的颜色，设置不同的渐变效果、图案填充等，还可以利用图片来填充数据系列。其方法为在图表数据系列上单击鼠标右键，在弹出的快捷菜单中选择"设置数据系列格式"命令，打开"设置数据点格式"任务窗格；单击"填充与线条"按钮 🖎，在其中选中相应的单选项，可为图表中的数据系列设置纯色填充效果、渐变填充效果、图案填充效果或图片填充效果等。图 4-88 所示为用图案填充数据系列的效果。

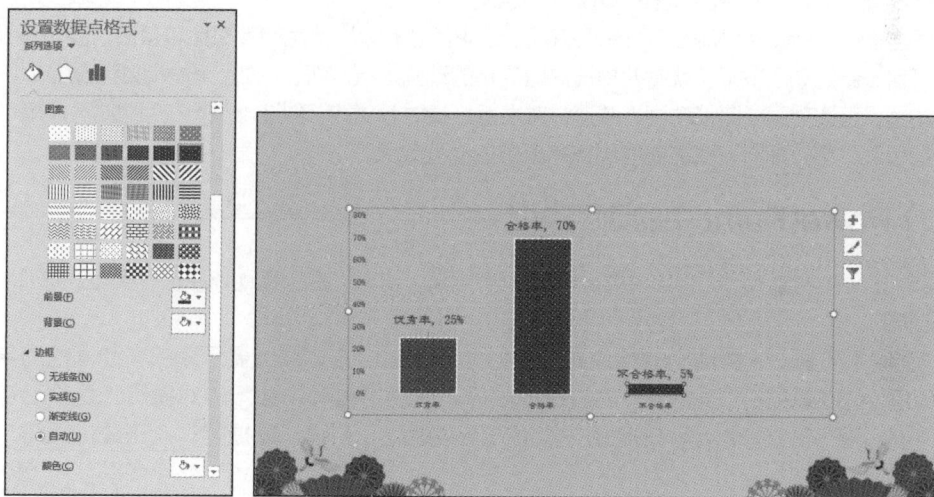

图 4-88　用图案填充数据系列的效果

任务三　为演示文稿设置动画

任务描述

演示文稿作为一种多媒体教学课件，不仅要展示内容，还要兼顾放映效果。良好的放映效果一方面可以强化演示文稿的特点，提升其生动性、趣味性，另一方面可以结合动画渲染相关氛围，让学生沉浸式地学习相关知识。下面在演示文稿中设置幻灯片之间的切换效果，以及每张幻灯片中各对象的动画效果。

技术分析

（一）PowerPoint 动画的基本设置原则

PowerPoint 动画包括幻灯片切换动画和对象动画两大类，而对象动画又有进入、强调、退出和动作路径等类型。在设计时，怎样使用动画才能提升演示文稿的放映效果呢？这里有几个基本设置原则可供参考。

- 宁缺毋滥。PowerPoint 2016 毕竟不是专业的动画制作软件，虽然动画是演示文稿的特色之一，能够将静态事物以动态的形式展示，但如果这个动态效果并不理想，则有可能无法发挥出这种优势，此时还不如放弃设置动画。虽然少了动态效果，但如果幻灯片版面、颜色、文字、表格、图表、形状的质量较高，也能让演示文稿展现出生动直观、丰富多彩的效果。在制作一些具有商业性质的演示文稿时，"宁缺毋滥"的原则更应当受到重视。

- 繁而不乱。在一些精美的幻灯片中，虽然一张幻灯片中就可能存在上百个动画效果，但整体效果的呈现却相得益彰。反之，一些只有几个动画效果的幻灯片，呈现出的动画效果却是杂乱无章、混乱不堪的。究其原因，就是乱用动画。在使用动画时，无论动画效果多与少，都要秉承统一、自然、适当的理念，使用数量依情况决定，但一定不能让动画不受控制。乱用动画不仅会降低演示文稿的质量，还会让观众反感和厌弃。

- 突出重点。动画的作用不仅是让演示文稿生动形象，更重要的是让观众能接收到幻灯片需要传达的重点内容。因此，在设计动画时，一定要遵循"突出重点"的原则，有目的地让动画效果为内容服务，而不单是为了取悦观众。例如，要强调某年销售额突破新高，可以在最高数值处添加强调动画，引导观众明白数据的重要性和意义。

- 适当创新。PowerPoint 2016 仅有几种动画类型，单独使用的效果比较普通，要想设计出让人耳目一新的动画效果，就需要根据这些简单的动画进行创新。例如，巧妙地组合进入动画、退出动画、强调动画或路径动画，并通过触发器、计时等功能，创造出更具交互性的动画等。只要多加思考，留心细节，就能制作出富有新意的动画效果。

（二）PowerPoint 中的动画类型

前面说过，PowerPoint 2016 中的对象动画有强调、进入、退出和动作路径等类型，这几种动画类型的区别如下。

- "强调"动画。这类动画的特点是放映时，通过指定方式突出显示添加了动画的对象，无论动画是在放映前、放映中，还是在放映后，应用"强调"动画的对象始终是显示在幻灯片中的。图 4-89 所示为在标题文本上应用"强调"动画，以提醒观众正式进入第二部分的学习。

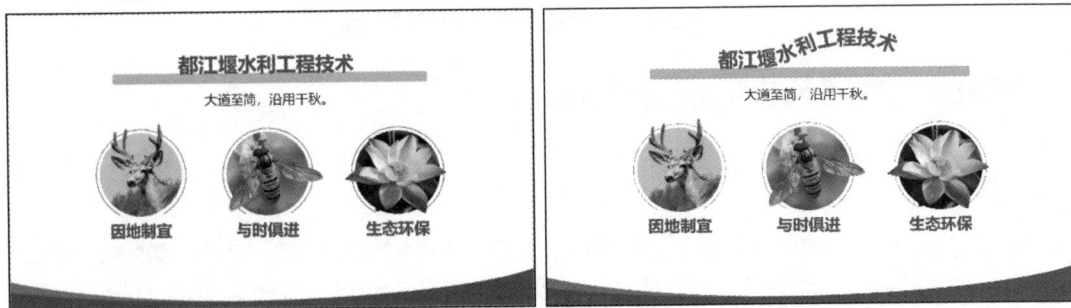

图 4-89 "强调"动画效果展示

- "进入"动画。这类动画的特点是从无到有，在放映幻灯片时，一开始并不会出现应用了"进入"动画的对象，而是在特定时间或特定操作下才会在幻灯片中以动画方式显示该对象，如显示指定的内容或单击后。图 4-90 所示的幻灯片利用"进入"动画动态显示了手机机身、引导线和说明文字。

- "退出"动画。这类动画的特点与"进入"动画刚好相反，是通过动画使幻灯片中的某个对象消失。图4-91所示为标题占位符上的矩形对象从遮挡住标题文本的状态，慢慢向左侧退出直到仅显示一小部分的效果。该"退出"动画的目的是强调标题文本，也就是说，"退出"动画一般应用在辅助对象上，以引导主体对象或强调主体对象。在整个过程中，主体对象虽然始终处于静止状态，但由于辅助对象的"退出"，它也产生了类似"动态出现"的效果。

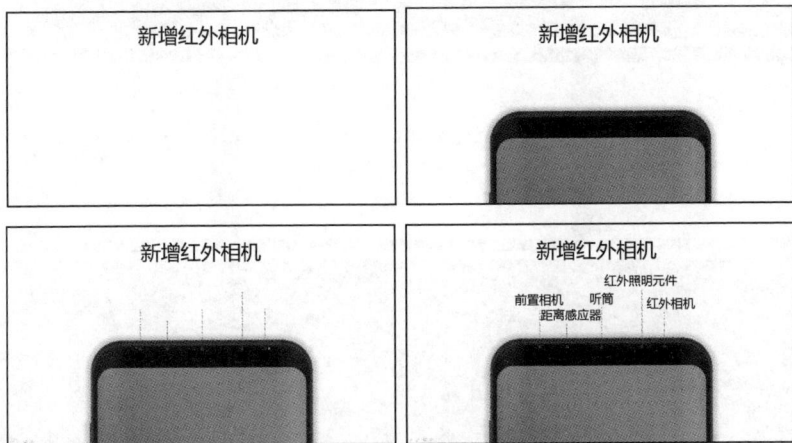

图4-90 "进入"动画效果展示

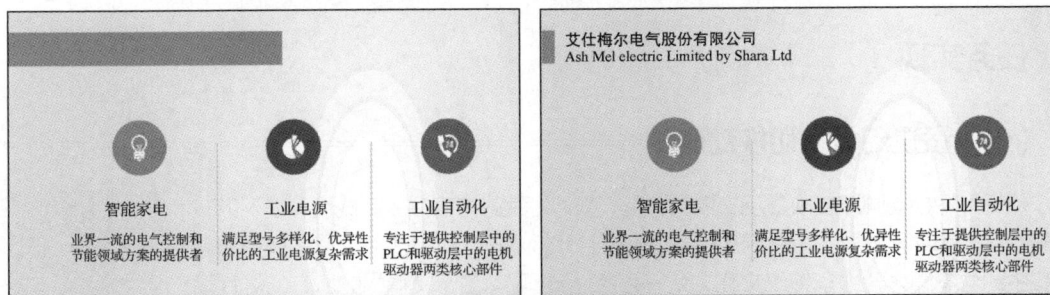

图4-91 "退出"动画效果展示

- "动作路径"动画。这类动画的特点是使对象在动画放映时产生位置变化，并能控制具体的变化路线。图4-92所示为对菱形后面的对象添加了从左到右做直线运动的"路径"动画的效果，其中最右侧的图片显示的是路径情况。

图4-92 "动作路径"动画效果展示

示例演示

本任务将为"中华传统文化之诸子百家（动画）"演示文稿中的幻灯片及对象添加动画效果。其中，为幻灯片应用切换动画，为幻灯片中的各对象应用进入、强调等动画。图4-93所示为"中华传统文化之诸子百家（动画）"演示文稿的部分幻灯片动画效果。

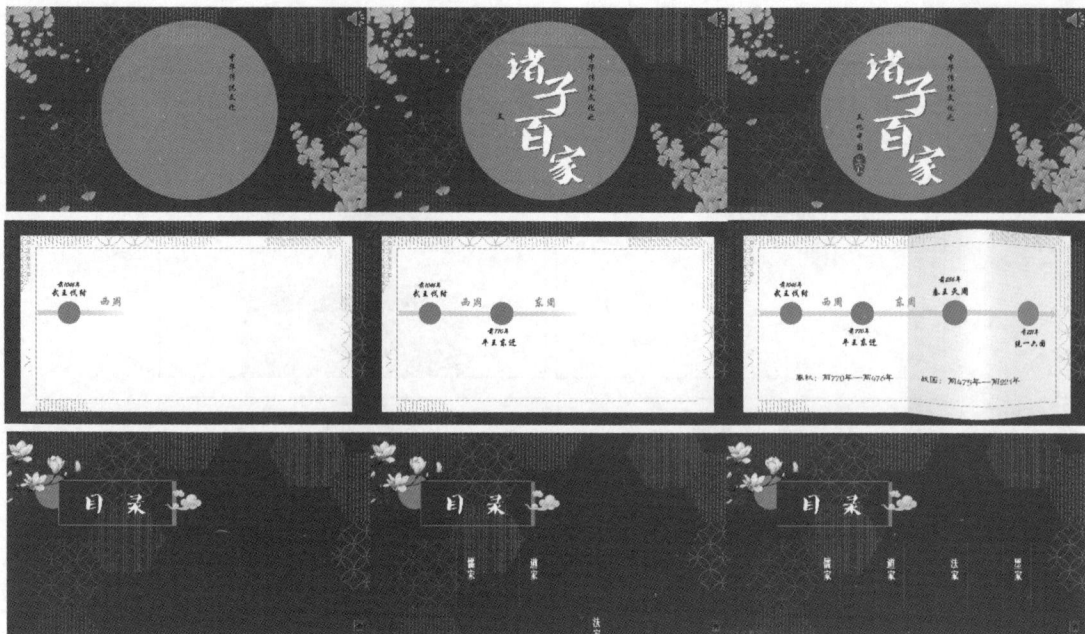

图4-93 "中华传统文化之诸子百家（动画）"演示文稿的部分幻灯片动画效果

任务实现

（一）设置幻灯片切换动画

幻灯片切换动画即放映演示文稿时，当一张幻灯片的内容播放完成后，进入下一张幻灯片时的动画效果。为演示文稿添加幻灯片切换动画，可以使幻灯片切换更加自然和生动。下面为"中华传统文化之诸子百家（动画）"演示文稿中的所有幻灯片设置切换动画，具体操作如下。

（1）打开"中华传统文化之诸子百家（动画）.pptx"演示文稿（配套资源：\素材\模块四\中华传统文化之诸子百家（动画）.pptx），在"切换"/"切换到此幻灯片"组的"切换效果"下拉列表中选择"华丽型"栏中的"页面卷曲"选项，如图4-94所示。

（2）在"切换"/"计时"组的"声音"下拉列表中选择"风铃"选项，勾选"单击鼠标时"复选框，然后单击 [全部应用] 按钮，如图4-95所示。

图4-94 选择切换动画

图4-95 设置并应用切换动画

（二）设置幻灯片中各对象的动画效果

动画一方面可以提升演示文稿放映时的动态性和美观性，另一方面可以方便演讲者控制放映进度。在 PowerPoint 2016 中，用户可以为各个幻灯片对象设置单一动画，也可以为一个对象叠加多个动画，从而实现复杂的动画效果。下面在"中华传统文化之诸子百家（动画）"演示文稿中设置各个对象的动画效果，包括黄叶飘落动画、进度条动画等，具体操作如下。

（1）打开"中华传统文化之诸子百家（动画）.pptx"演示文稿，选择第 1 张幻灯片编辑区外部的叶子图片，然后在"动画"/"动画"组的"样式"下拉列表中选择"动作路径"栏中的"自定义路径"选项，如图 4-96 所示。

（2）此时，鼠标指针将变为十字形状，按住鼠标左键不放进行拖动，绘制一条从黄叶到幻灯片底端的动作路径，绘制到结尾时，双击以确定路径，如图 4-97 所示。

图 4-96　选择"自定义路径"选项

图 4-97　绘制动作路径

提示　绘制动作路径后，路径两头将分别出现绿色和红色的箭头，其中绿色代表动作路径的起点，红色代表动作路径的终点。如果要调整动作路径的起点和终点，则可以选择箭头进行拖动，也可以选择整个路径，拖动其边框进行调整。

（3）按照该方法，为其他黄叶添加自定义路径的动画，如图 4-98 所示。

（4）单击"动画"/"高级动画"组中的 动画窗格 按钮，打开"动画窗格"任务窗格，其中将显示所有树叶的动画选项，按住"Ctrl"键选择除第一个动画之外的其他动画选项，如图 4-99 所示。

图 4-98　添加其他自定义路径的动画

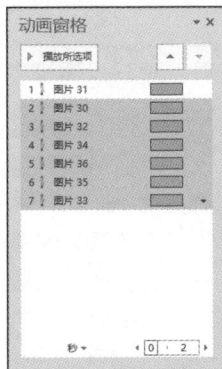

图 4-99　选择动画选项

（5）在"动画"/"计时"组的"开始"下拉列表中选择"与上一动画同时"选项，如图 4-100 所示，设置其他动作路径动画与第一个动作路径动画同时播放。

（6）在"动画窗格"任务窗格中选择所有动作路径动画，单击鼠标右键，在弹出的快捷菜单中选择"计时"命令，如图 4-101 所示。

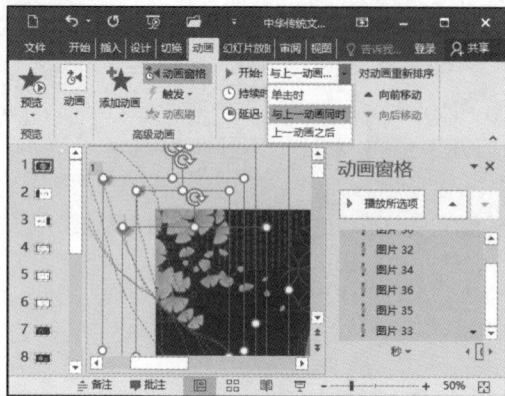

图 4-100　设置动画开始方式

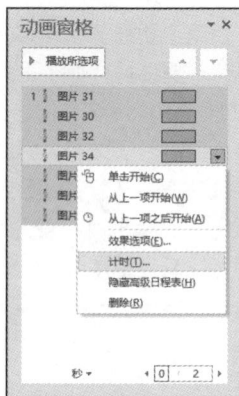

图 4-101　选择"计时"命令

（7）打开"自定义路径"对话框，在"期间"下拉列表中选择"非常慢（5 秒）"选项，在"重复"下拉列表中选择"直到幻灯片末尾"选项，单击 确定 按钮，如图 4-102 所示。

（8）在"动画窗格"任务窗格中选择一个动画选项，按住鼠标左键进行拖动，调整动画播放时的延迟时间，如图 4-103 所示，依次拖动调整每一个动作路径动画的延迟时间。

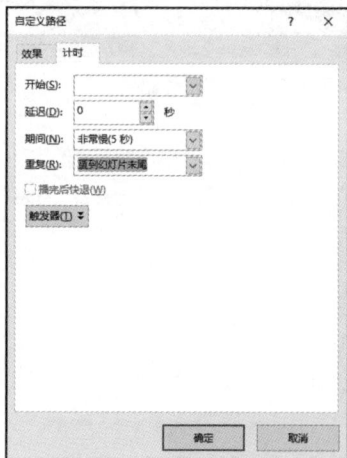

图 4-102　设置计时效果

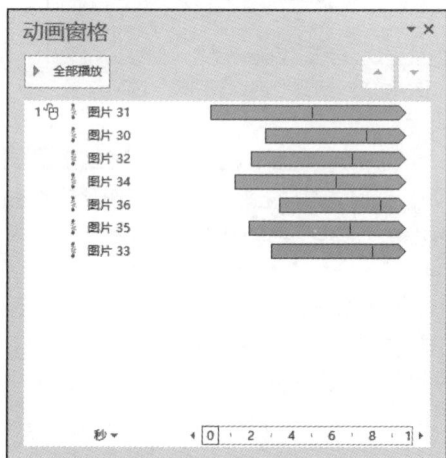

图 4-103　调整动画播放时的延迟时间

（9）在"动画窗格"任务窗格中单击 全部播放 按钮，预览动画效果，此时，可以看到幻灯片编辑区外的黄叶渐次从幻灯片顶端飘落到幻灯片底端，如图 4-104 所示。

（10）选择第 1 张幻灯片中的所有文本框，在"动画"/"动画"组的"样式"下拉列表中选择"进入"栏中的"出现"选项，如图 4-105 所示。

（11）打开"动画窗格"任务窗格，选择除第一个文本框动画之外的其他文本框动画，单击鼠标右键，在弹出的快捷菜单中选择"计时"命令，打开"出现"对话框，在"开始"下拉列表中选择"上一动画之后"选项，如图 4-106 所示。

（12）单击"效果"选项卡，在"动画文本"下拉列表中选择"按字母"选项，如图 4-107 所示。

图 4-104　预览动画效果

图 4-105　选择"出现"选项

图 4-106　设置开始计时选项

图 4-107　选择"按字母"选项

（13）在"动画窗格"任务窗格中依次调整文本进入动画的延迟时间，如图 4-108 所示。

（14）选择第 1 张幻灯片中的印章图片，在"动画"/"动画"组的"样式"下拉列表中选择"更多进入效果"选项，打开"更改进入效果"对话框，选择"温和型"栏中的"基本缩放"选项，单击 确定 按钮，如图 4-109 所示。

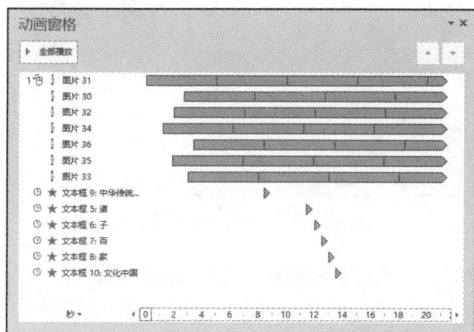

图 4-108　调整文本进入动画的延迟时间

图 4-109　选择进入动画

（15）在"动画"/"动画"组中单击"效果选项"按钮 ，在弹出的下拉列表中选择"切出"选项，如图 4-110 所示。

（16）在"动画"/"计时"组中将印章图片的动画的"开始"设置为"上一动画之后"，然后在"动画"/"预览"组中单击"预览"按钮 ，预览整张幻灯片的动画效果，如图 4-111 所示。

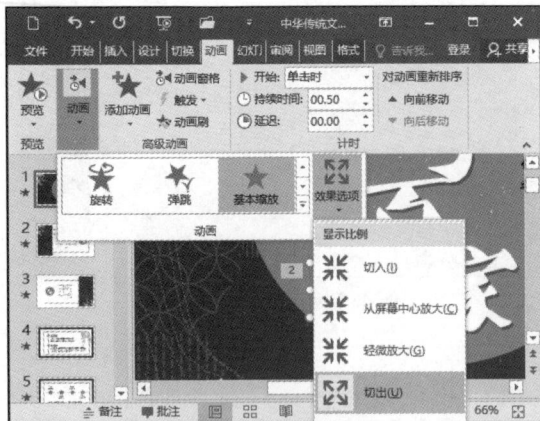

图4-110 更改效果选项

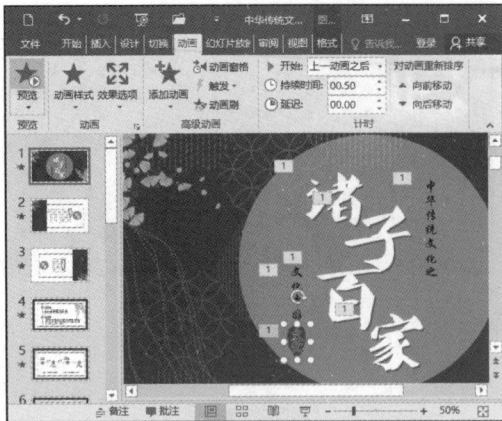

图4-111 预览整张幻灯片的动画效果

提示 为幻灯片对象应用动画效果后，如果想取消该动画效果，可以选择该对象，然后在"动画"/"动画"组的列表框中选择"无"选项。

（17）选择第1张幻灯片编辑区外的所有黄叶，按"Ctrl+C"组合键复制黄叶，然后选择第2张幻灯片，按"Ctrl+V"组合键，将黄叶及其动画复制到第2张幻灯片中，如图4-112所示。

（18）选择第1张幻灯片中的"诸"文本框，在"动画"/"高级动画"组中双击 ★动画刷 按钮，然后选择第2张幻灯片，单击"背"文本框，将"诸"文本框的动画效果复制到"背"文本框上，如图4-113所示。

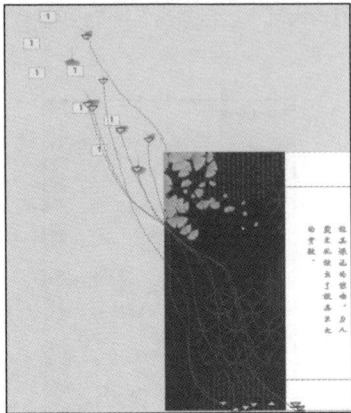

图4-112 复制黄叶动画

图4-113 使用动画刷复制动画

（19）按照该方法，为"景"文本框复制动画效果。单击 ★动画刷 按钮，退出动画复制状态。选择第2张幻灯片中的内容文本框，为其应用"飞入"进入动画效果，然后将"效果选项"设置为"自右侧"，"开始"设置为"上一动画之后"。

（20）继续为第3张幻灯片中的文本框应用进入动画，其中"背""景"文本框为"出现"动画，内容文本框为"自左侧""飞入"的进入动画。将"背"文本框动画的"开始"设置为"单击时"，其他对象的"开始"设置为"上一动画之后"，如图4-114所示。

（21）选择第4张幻灯片，同时选择文本框、形状等多个对象，添加"自右侧""飞入"的进入动画，如图4-115所示。

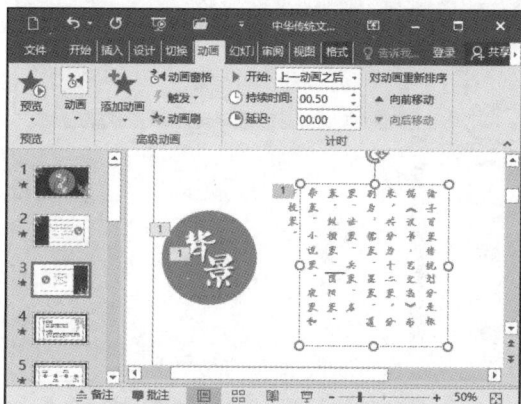

图4-114　添加进入动画

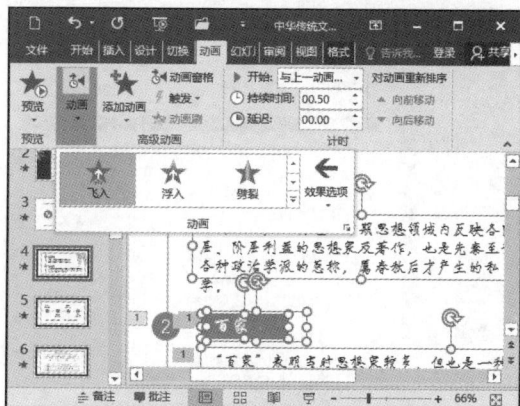

图4-115　继续添加进入动画

（22）选择第5张幻灯片，选择其中的SmartArt图形，在"SmartArt工具-格式"/"排列"组中单击"组合"按钮，在弹出的下拉列表中选择"取消组合"选项，如图4-116所示，将整个SmartArt图形拆分为多个形状。

（23）选择箭头形状，为其应用"擦除"进入动画，并将"效果选项"设置为"自左侧"，如图4-117所示。

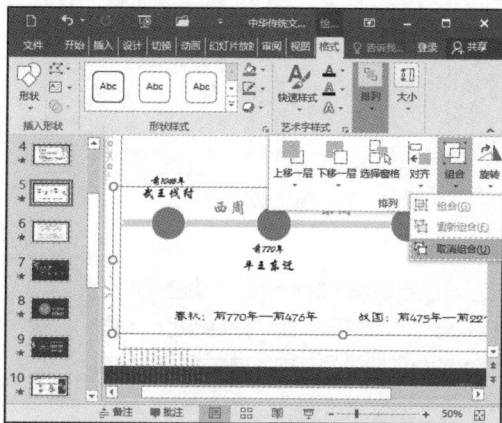

图4-116　选择"取消组合"选项

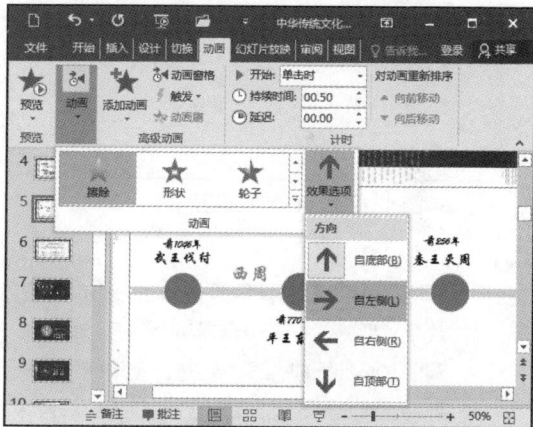

图4-117　设置箭头形状的进入动画

（24）继续选择该箭头，在"动画"/"计时"组中的"持续时间"数值框中输入"00.80"，如图4-118所示，将箭头的动画播放时间设置为8秒。

（25）选择从左开始的第一个文本框和圆形，将进入动画设置为"淡出"，将"开始"设置为"与上一动画同时"，如图4-119所示。

（26）按照该方法，依次为其他文本框和圆形设置"淡出"进入动画，并将"开始"设置为"与上一动画同时"。

（27）设置完成后，打开"动画窗格"任务窗格，在其中依次拖动文本框和圆形动画滑块，调整动画延迟时间，如图4-120所示。

（28）在"动画窗格"任务窗格中单击 ▶ 全部播放 按钮，预览动画效果，可以看到该幻灯片中的文本框和圆形会随着箭头形状"擦除"动画的播放进度渐次出现，如图4-121所示。

177

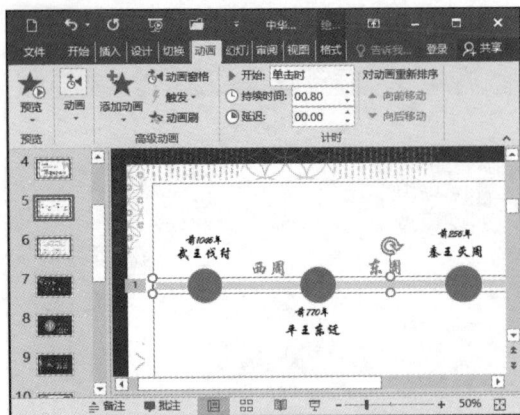

图 4-118　设置箭头形状的动画持续时间

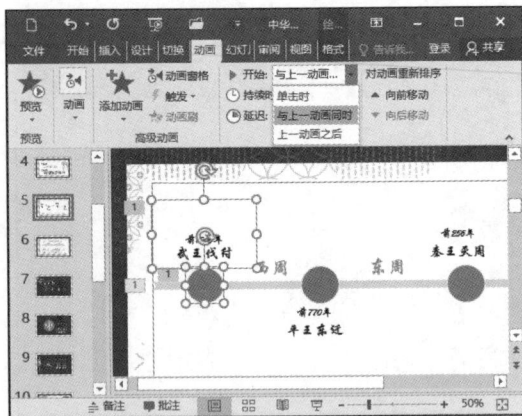

图 4-119　设置文本框和圆形的动画

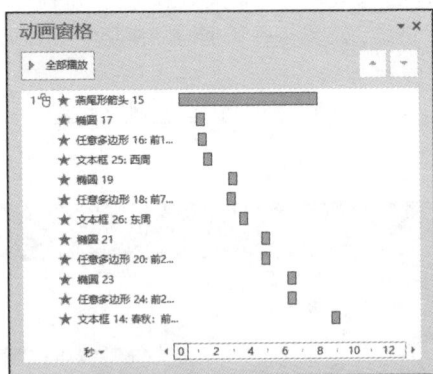

图 4-120　调整动画延迟时间

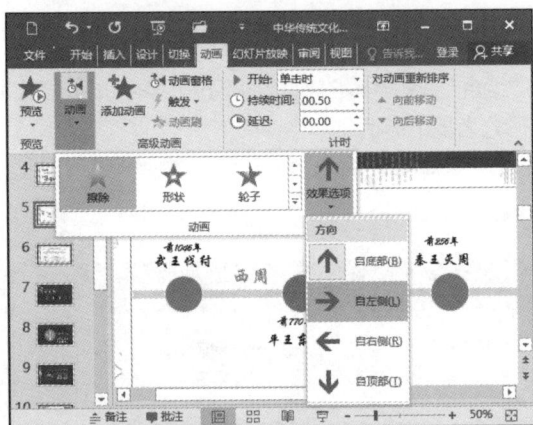

图 4-121　预览动画效果

> **提示**　"动画窗格"任务窗格是管理动画的有效工具，通过它可以直观地了解幻灯片中动画的播放顺序和效果。另外，在其中选择某个动画选项后，单击"向前移动"按钮 ▲ 或"向后移动"按钮 ▼ 可调整动画的播放顺序。当然，直接拖曳动画选项也能调整动画播放的顺序。若单击 ▶ 播放自 按钮，则将直接从所选动画选项开始放映幻灯片中的动画。

（29）选择第 7 张幻灯片左上角的花朵图片，图片上方将出现 @ 形状的控制点，向左拖动该控制点，调整图片的旋转角度，如图 4-122 所示。

（30）在"动画"/"动画"组的"样式"下拉列表中选择"更多强调效果"选项，打开"更改强调效果"对话框，选择"温和型"栏中的"跷跷板"选项，单击 确定 按钮，如图 4-123 所示，为花朵图片应用强调动画。

（31）打开"动画窗格"任务窗格，在强调动画上单击鼠标右键，在弹出的快捷菜单中选择"计时"命令，打开"跷跷板"对话框，在"期间"下拉列表中选择"非常慢（5 秒）"选项，在"重复"下拉列表中选择"直到幻灯片末尾"选项，单击 确定 按钮，如图 4-124 所示。

（32）选择云朵图片，为其应用与花朵相同的动画效果，然后将"开始"设置为"与上一动画同时"，将"延迟"设置为"02.00"，如图 4-125 所示。

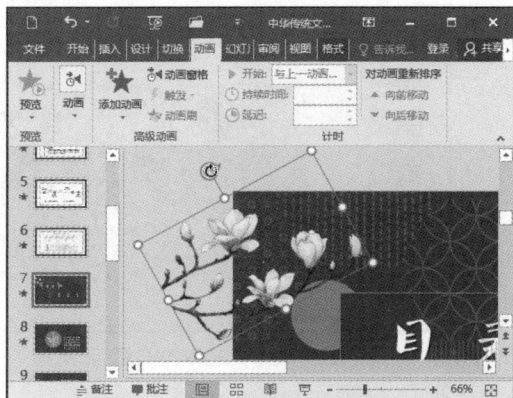

图 4-122　调整图片的旋转角度

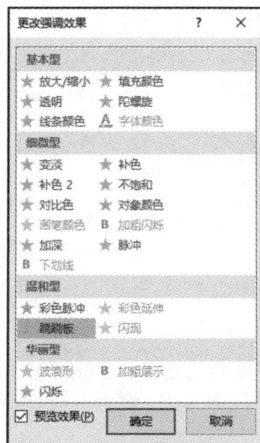

图 4-123　选择强调动画

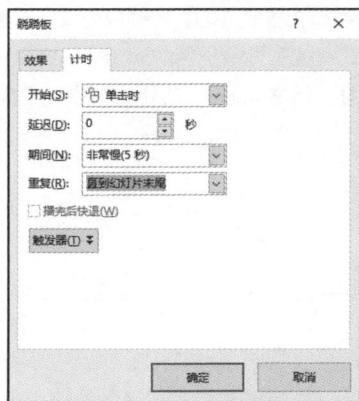

图 4-124　设置计时效果

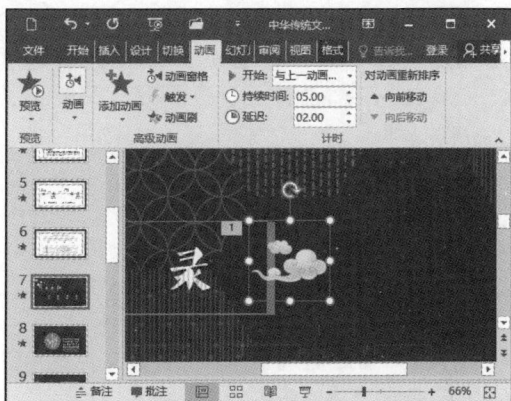

图 4-125　设置云朵的计时效果

提示　如果要为幻灯片对象应用复杂的动画效果，则可以对进入、强调、退出动画等进行叠加使用，如选择幻灯片对象，先为其应用一种动画，然后在"动画"/"高级动画"组中单击"添加动画"按钮 ★，在弹出的下拉列表中继续为其添加动画。为同一个对象添加多个动画效果后，在"动画窗格"任务窗格中可以调整该对象每个动画的播放时间、播放方式等。

（33）继续为"目""录"文本框设置"出现"进入动画，为"儒家""道家""法家""墨家"4 个组合形状设置"自底部""飞入"的进入动画，将"开始"均设置为"与上一动画同时"，然后在"动画窗格"任务窗格中调整各个动画的延迟时间，如图 4-126 所示。

（34）为其他幻灯片中的各对象应用进入动画。选择第 1 张幻灯片中除背景音乐之外的所有对象，按"Ctrl+C"组合键复制，选择最后一张幻灯片，按"Ctrl+V"组合键粘贴，将第 1 张幻灯片中的对象及其动画效果粘贴到最后一张幻灯片中。将"诸子百家"修改为"谢谢大家"，删除"中华传统文化之"文本框，再调整各对象的位置，效果如图 4-127 所示。

（35）完成动画制作，按"Ctrl+S"组合键保存演示文稿（配套资源：\效果\模块四\中华传统文化之诸子百家（动画）.pptx）。

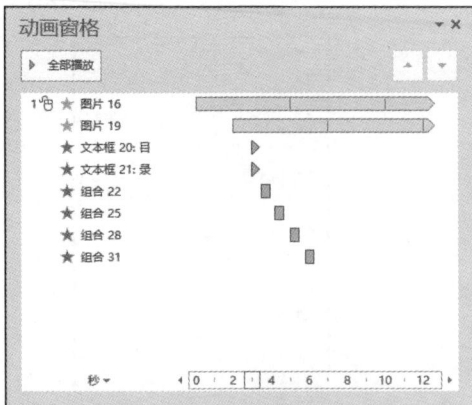

图 4-126　调整动画的延迟时间

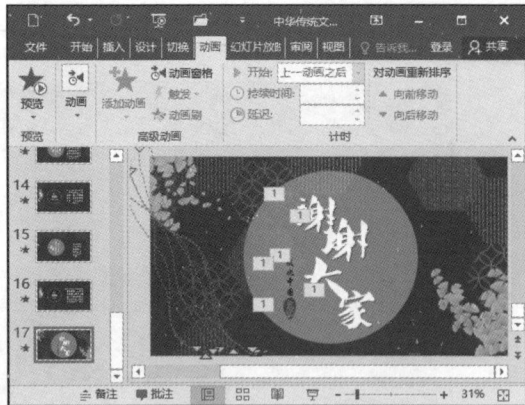

图 4-127　调整对象位置后的效果

提示　要想真正熟练掌握和精通演示文稿的设计、制作、动画设置等操作，需要不断地练习、总结和积累。实际上，一些开始完全不熟悉 PowerPoint 的用户，通过大量的练习，也能成为该领域的佼佼者。他们有的可以为客户提供优质的演示文稿设计模板，有的则凭借出色的演示文稿制作技能在单位中脱颖而出，备受领导赏识。只要我们端正学习态度，持之以恒，相信也能成为与他们比肩的人才。

能力拓展

（一）为音频文件应用动画效果

默认情况下，在幻灯片中插入的音频文件不会自动播放，需要放映时手动控制。如果想实现放映幻灯片时自动播放背景音乐的效果，则可以为音频应用动画效果。其方法为选择插入幻灯片中的音频文件，在"动画"/"动画"组的列表框中选择"播放"选项，在"动画"/"计时"组中设置音频的"开始""持续时间""延迟"等参数，如图 4-128 所示。

图 4-128　为音频设置动画效果

（二）设置自动换片

对于一些不需要演讲者讲解和控制放映进度的欣赏类演示文稿，可以为其设置自动换片，即演示文稿根据设置的时间自动切换幻灯片。其方法为选择幻灯片，在"切换"/"计时"组中勾选"设置自动换片时间"复选框，在其后的数值框中输入自动换片时间，如"00:10.00"，如图 4-129 所示。进入放映状态后，该幻灯片会在 10 秒后自动切换到下一张幻灯片。如果要取消自动换片，则取消勾选"设置自动换片时间"复选框即可。

图 4-129　设置自动换片

（三）触发器的应用

触发器是 PowerPoint 2016 的交互动画工具，其触发对象可以是图片、形状、按钮，也可以是其他对象。一旦用户在操作过程中触发了相关条件，便将自动执行设置的行为，这个工具使演示文稿具备了交互性。使用触发器的方法：选择添加了动画效果的对象，在"动画"/"高级动画"组中单击 触发 下拉按钮，在弹出的下拉列表中选择"单击"选项，在弹出的子下拉列表中选择触发源，即单击该触发源时会触发所选对象的动画效果。图 4-130 所示为幻灯片中的后 4 个文本框设置了触发效果，触发源为"目录"文本框。在放映该幻灯片时，只有单击"目录"文本框对象，才会触发这 4 个文本框的动画效果。

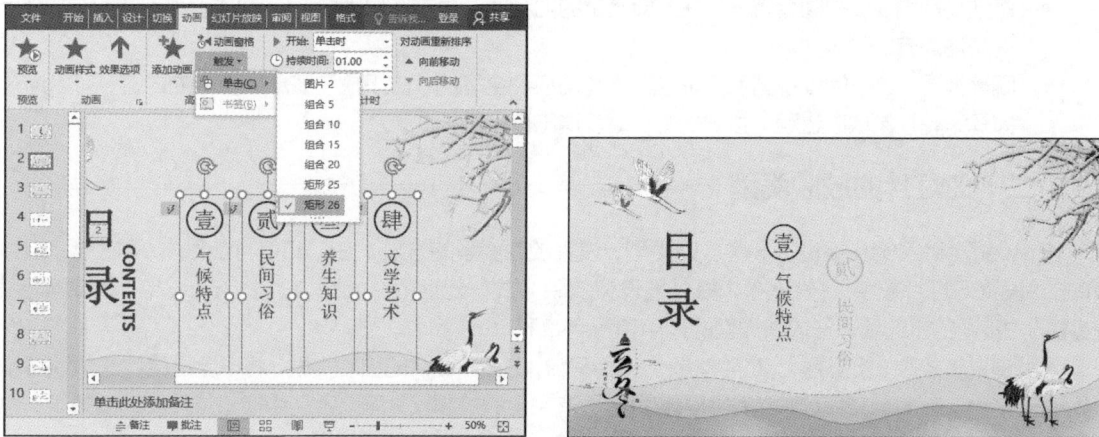

图 4-130　设置触发效果

> **提示** 巧妙应用触发器可以设计出许多极具交互性的动画。例如，单击某个按钮后打开该按钮的下拉列
> 表便是典型的触发操作之一。

任务四　放映并发布演示文稿

任务描述

演示文稿是一种多媒体文件，其多媒体特征主要依靠放映来体现，因此演示文稿的制作多以放映为主要目的。在完成演示文稿的制作后，可以先进行放映。这样做，一方面可以检查演示文稿是否存在内容或放映上的错误，以便及时修正；另一方面可以通过放映进行试讲，便于在课堂或其他授课场合更加游刃有余地控制授课进度和节奏，以达到更好的授课效果。下面放映"中华传统文化之诸子百家（放映）"演示文稿，放映完成后需要将其打印和打包输出。

技术分析

（一）演示文稿的视图模式

PowerPoint 2016 提供了普通视图、幻灯片浏览视图、幻灯片放映视图、备注页视图和阅读视图 5 种视图模式，熟悉各种视图的作用和特点，便于管理演示文稿。在 PowerPoint 2016 操作界面的"视图"/"演示文稿视图"组中单击相应的按钮可进入相应的视图，各视图的功能如下。

- 普通视图。普通视图是 PowerPoint 2016 默认的视图模式，打开演示文稿可进入普通视图。用户可以在其中调整幻灯片的总体结构，也可以编辑单张幻灯片。普通视图是编辑幻灯片常用的视图模式。
- 幻灯片浏览视图。在该视图中可以浏览演示文稿中所有幻灯片的整体效果，并且可以调整幻灯片结构，如调整演示文稿的背景、移动或复制幻灯片等，但是不能编辑幻灯片中的内容。
- 幻灯片放映视图。进入幻灯片放映视图后，幻灯片将按放映设置进行全屏放映。在幻灯片放映视图中，可以浏览每张幻灯片放映时的内容展示情况、动画效果等，以测试幻灯片放映效果，并控制放映过程。
- 备注页视图。该视图会将"备注"窗格中的内容同时显示在界面中，以便更好地编辑各种幻灯片的备注内容。
- 阅读视图。进入阅读视图后，可以在无须切换到全屏的状态下放映演示文稿中的内容，可以通过鼠标滚轮控制放映进程，按"Esc"键可退出该视图模式。

（二）幻灯片的放映类型

PowerPoint 2016 提供了 3 种放映类型，设置放映类型的方法：在"幻灯片放映"/"设置"组中单击"设置幻灯片放映"按钮 🔄，打开"设置放映方式"对话框，如图 4-131 所示，在"放映类型"栏中选中不同的单选项。各放映类型的作用和特点如下。

- 演讲者放映（全屏幕）。此类型是 PowerPoint 2016 默认的放映类型，将以全屏的状态放映演示文稿。在演示文稿放映过程中，演讲者具有完全的控制权，可以手动切换幻灯片和动画效果，也可以将演示文稿暂停或为演示文稿添加细节等，还可以在放映过程中录制旁白。

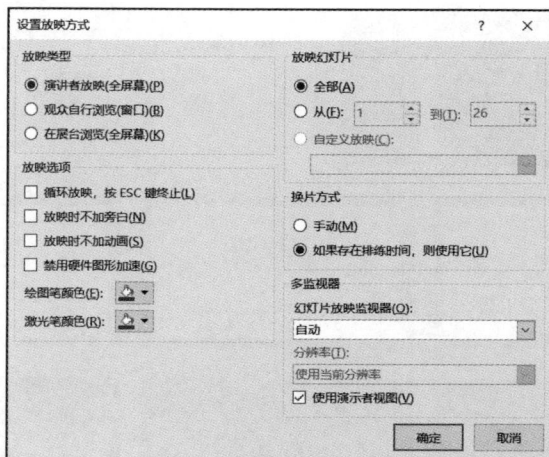

图 4-131 "设置放映方式"对话框

- 观众自行浏览（窗口）。此类型将以窗口形式放映演示文稿，在放映过程中可利用滚动条、"PageDown"键、"PageUp"键切换幻灯片，但不能通过单击切换幻灯片。
- 在展台浏览（全屏幕）。此类型是较简单的一种放映类型，不需要人为控制，系统将自动全屏循环放映演示文稿。使用这种类型的方式放映演示文稿时，不能通过单击来切换幻灯片，但可以通过单击幻灯片中的超链接和动作按钮来切换幻灯片，按"Esc"键可结束放映。

（三）幻灯片的输出格式

为更加充分地利用演示文稿资源，可以将演示文稿中的幻灯片输出为不同的文件。其方法为选择"文件"/"另存为"命令，选择"浏览"选项，打开"另存为"对话框，在其中选择文件的保存位置，然后在"保存类型"下拉列表中选择需要的选项，单击 保存(S) 按钮。下面介绍 4 种常见的输出格式。

- 图片。选择"GIF 可交换的图形格式（*.gif）""JPEG 文件交换格式（*.jpg）""PNG 可移植网络图形格式（*.png）""TIFF Tag 图像文件格式（*.tif）"选项，可将当前演示文稿中的幻灯片保存为一张对应格式的图片。如果要在其他软件中使用，则可以将这些图片插入对应的软件中。
- 视频。选择"Windows Media 视频（*.wmv）"选项，可将演示文稿保存为视频。如果在演示文稿中排练了所有幻灯片，则保存的视频将自动播放这些幻灯片。将演示文稿保存为视频文件后，视频文件播放时的随意性更强，不受字体、PowerPoint 版本的限制，只要计算机中安装了视频播放软件就可以播放演示文稿，这在一些需要自动展示演示文稿的场合中非常实用。
- 自动放映的演示文稿。选择"PowerPoint 放映（*.ppsx）"选项，可将演示文稿保存为自动放映的演示文稿，之后双击该演示文稿将不再启动 PowerPoint 2016，而是直接启动放映模式，开始放映幻灯片。
- 大纲文件。选择"大纲/RTF 文件（*.rtf）"选项，可将演示文稿中的幻灯片保存为大纲文件。生成的大纲文件中将不再包含图形、图片及插入幻灯片的文本框中的内容，而仅保留标题文本和正文文本等大纲信息。

示例演示

本任务将对"中华传统文化之诸子百家（放映）"演示文稿进行放映、排练计时、打印、打包等一系列设置，排练计时后的效果如图 4-132 所示。通过学习可以进一步掌握放映幻灯片、隐藏幻灯片、排练计时、打印演示文稿，以及打包演示文稿的具体操作方法。

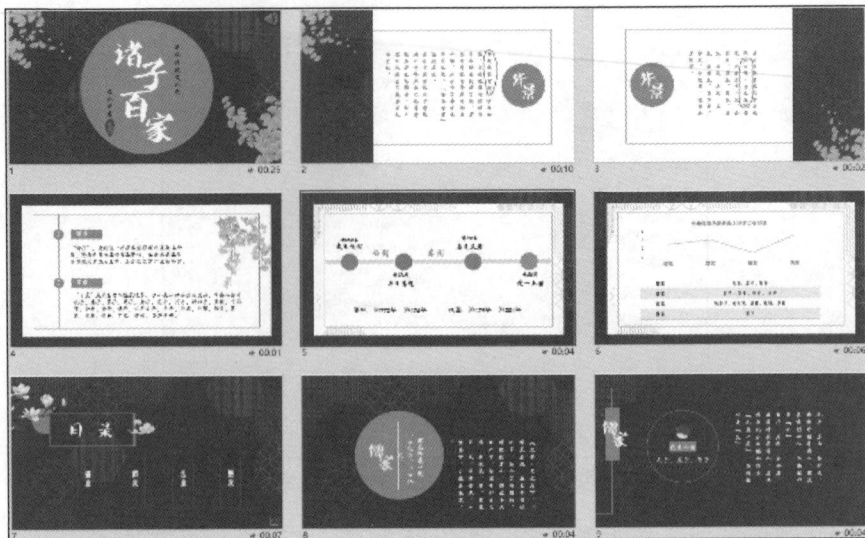

图 4-132 "中华传统文化之诸子百家（放映）"演示文稿排练计时后的效果

任务实现

（一）放映幻灯片

放映幻灯片可以查看演示文稿的放映效果，及时查看演示文稿的内容是否存在问题以便改正。下面放映"中华传统文化之诸子百家（放映）"演示文稿，具体操作如下。

（1）打开"中华传统文化之诸子百家（放映）.pptx"演示文稿（配套资源：\素材\模块四\中华传统文化之诸子百家（放映）.pptx），在"幻灯片放映"/"开始放映幻灯片"组中单击"从头开始"按钮![icon]，或直接按"F5"键，进入幻灯片放映视图，并从第 1 张幻灯片开始放映。此时将自动响起背景音乐，单击后，幻灯片中的对象将按照设置的动画效果展现出来，如图 4-133 所示。

微课

放映幻灯片

图 4-133 从头放映演示文稿

（2）单击以放映下一个动画（如果幻灯片中的对象动画设置了单击鼠标时播放，则在放映状态下单击即可放映该动画；如果幻灯片中的对象动画设置了"上一动画之后"或"与上一动画同时"，且当前幻灯片中的动画均播放完毕，则单击可切换幻灯片）。

（3）依次单击放映各张幻灯片，查看放映效果，检查基本内容和动画效果是否有误，如图 4-134 所示。

图 4-134　查看放映效果

（4）在放映的幻灯片上单击鼠标右键，在弹出的快捷菜单中选择"上一张"命令，如图 4-135 所示，可以切换到上一张幻灯片。

（5）在放映的幻灯片上单击鼠标右键，在弹出的快捷菜单中选择"查看所有幻灯片"命令，可以进入幻灯片预览视图，如图 4-136 所示，在其中选择任意一张幻灯片，可切换至该幻灯片进行放映。

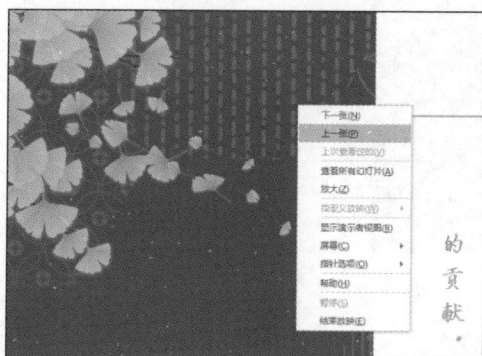

图 4-135　切换到上一张幻灯片

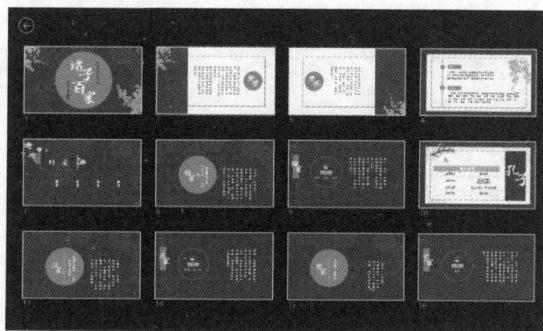

图 4-136　幻灯片预览视图

（6）选择第 7 张幻灯片，跳转至该幻灯片，单击"儒家"文本框超链接，跳转至第 9 张幻灯片，如图 4-137 所示。

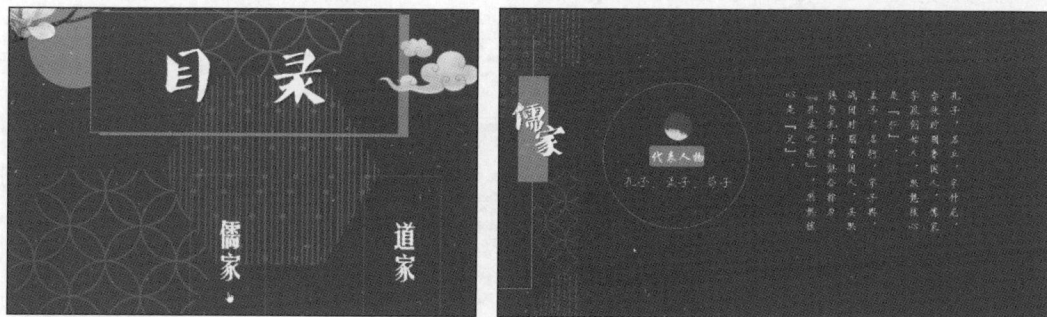

图 4-137　通过超链接实现幻灯片跳转

（7）返回目录页幻灯片，单击幻灯片右下角的动作按钮，跳转至第 1 张幻灯片，如图 4-138 所示。

（8）继续放映幻灯片，在放映状态的幻灯片上单击鼠标右键，在弹出的快捷菜单中选择"指针选项"/"墨迹颜色"/"红色"命令，如图 4-139 所示，设置墨迹颜色。

（9）继续单击鼠标右键，在弹出的快捷菜单中选择"指针选项"/"笔"命令，此时鼠标指针将变为笔形状，拖曳鼠标对幻灯片内容进行标记，如图 4-140 所示。

图 4-138　通过动作按钮实现幻灯片跳转

图 4-139　设置墨迹颜色

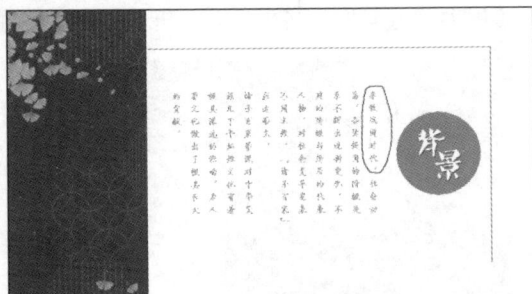

图 4-140　标记内容

（10）在将鼠标指针切换为"笔"状态后，可以通过键盘上的"↑""↓""←""→"键来切换动画和幻灯片。如果要取消鼠标指针的"笔"状态，则可以单击鼠标右键，在弹出的快捷菜单中再次选择"指针选项"/"笔"命令。

（11）当放映完所有幻灯片后，将显示黑屏，并提示放映结束，如果在放映幻灯片时标记过内容，则会打开提示对话框，提示是否保留墨迹，如图 4-141 所示。单击 保留(K) 按钮或者 放弃(D) 按钮，可以保留墨迹并退出放映状态，或者放弃保存墨迹并退出放映状态。

（12）在退出放映状态后，如果要删除墨迹，则可以选择墨迹后按"Delete"键，如图 4-142 所示。

图 4-141　提示是否保留墨迹

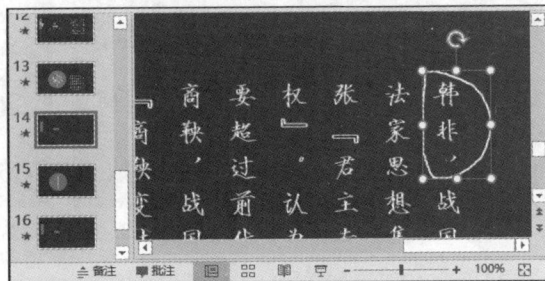

图 4-142　删除墨迹

> **提示**　按"Shift+F5"组合键表示从当前所选的幻灯片位置开始放映演示文稿，其作用等同于在"幻灯片放映"/"开始放映幻灯片"组中单击"从当前幻灯片开始"按钮。

（二）隐藏幻灯片

放映幻灯片时，系统将自动按照设置的放映方式依次放映每张幻灯片，但在实际放映过程中，可以隐藏暂时不需要放映的幻灯片，等到需要时再重新显示，这样可以提高放映速度与检查效率。下面将"中华传统文化之诸子百家（放映）"演示文稿中的 4 张幻灯片隐藏起来，具体操作如下。

（1）在"幻灯片"窗格中同时选择第 12~15 张幻灯片，在"幻灯片放映"/"设置"组中单击"隐藏幻灯片"按钮 ，隐藏幻灯片，如图 4-143 所示。

（2）此时，"幻灯片"窗格中被隐藏的幻灯片编号上将出现斜线标记，且幻灯片缩略图变为半透明状态，代表对应的幻灯片已经被隐藏，效果如图 4-144 所示。按"F5"键从头开始放映演示文稿，此时将不再放映隐藏的幻灯片。

微课
隐藏幻灯片

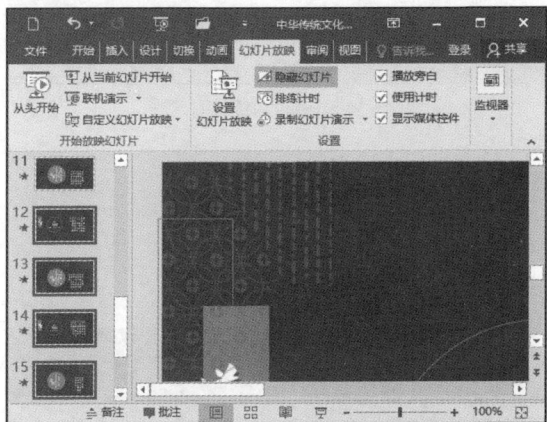

图 4-143　选择并隐藏幻灯片

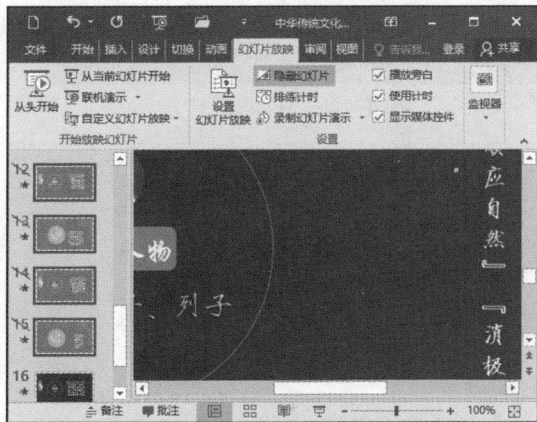

图 4-144　隐藏幻灯片后的效果

> **提示**　若要重新显示隐藏的幻灯片，则可在"幻灯片"窗格中已隐藏的幻灯片缩略图上单击鼠标右键，在弹出的快捷菜单中选择"隐藏幻灯片"命令。

（三）排练计时

排练计时是指将演示文稿中的每一张幻灯片的放映时间记录下来，这样在正式放映时，演讲者就可以专心进行演讲而不用执行幻灯片的切换操作。同时，通过排练计时，演讲者可以了解讲解进度，以更好地控制讲解节奏。下面在"中华传统文化之诸子百家（放映）"演示文稿中设置排练计时，具体操作如下。

微课
排练计时

（1）在"幻灯片放映"/"设置"组中单击"排练计时"按钮 ，进入放映排练状态，同时打开"录制"工具栏自动开始为该幻灯片计时，如图 4-145 所示。

（2）单击或按"Enter"键控制幻灯片中下一个动画出现的时间。

（3）一张幻灯片播放完成后，单击切换到下一张幻灯片，"录制"工具栏将从头开始为该幻灯片的放映计时。

（4）放映结束后，自动打开提示对话框，提示排练计时时间，并询问是否保留新的幻灯片排练时间，单击 是(Y) 按钮，以保存排练计时数据，如图 4-146 所示。

（5）进入幻灯片浏览视图，此时每张幻灯片的左下角将显示幻灯片的播放时间。在"幻灯片放映"/"设置"组中单击"设置幻灯片放映"按钮 ，在打开的"设置放映方式"对话框中选中"换片方式"栏中的"如果存在排练时间，则使用它"单选项，单击 确定 按钮，如图 4-147 所示。这样当演示文稿中存在排练计时的信息时，演示文稿在放映过程中就可以根据排练计时的信息自动放映，而不需要演讲者手动控制幻灯片放映。

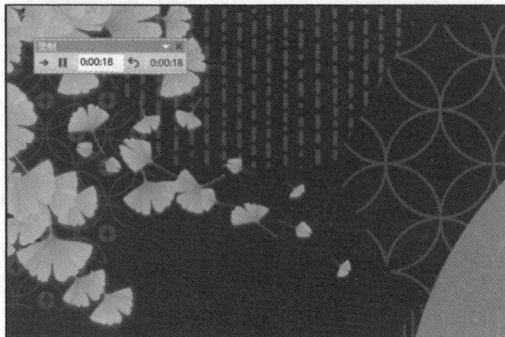

图 4-145　开始排练计时

图 4-146　保存排练计时数据

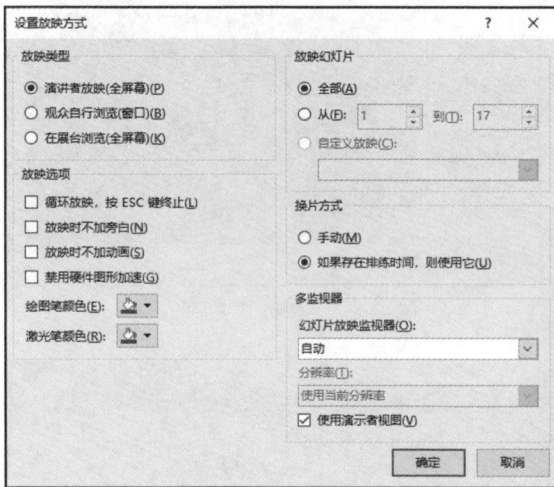

图 4-147　设置换片方式

（四）打印演示文稿

演示文稿中的内容同样可以打印出来以供用户查看，下面打印"中华传统文化之诸子百家（放映）"演示文稿，具体操作如下。

（1）选择"文件"/"打印"命令，打开"打印"界面，在"份数"数值框中设置打印份数，这里输入"2"，即打印两份。

（2）在"打印机"下拉列表中选择已与计算机相连的打印机。

（3）在"设置"栏的"整页幻灯片"下拉列表中设置每页打印的幻灯片数量，这里选择"讲义"栏中的"2 张幻灯片"选项，勾选"幻灯片加框"和"根据纸张调整大小"复选框，此时会自动为要打印的幻灯片添加边框效果，且自动调整幻灯片大小，如图 4-148 所示。

（4）在"打印"界面右侧预览幻灯片打印效果，如图 4-149 所示，单击"打印"按钮 开始打印幻灯片。

微课

打印演示文稿

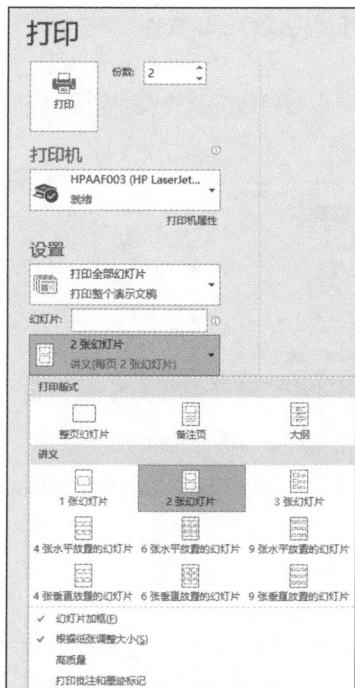

图 4-148　打印设置

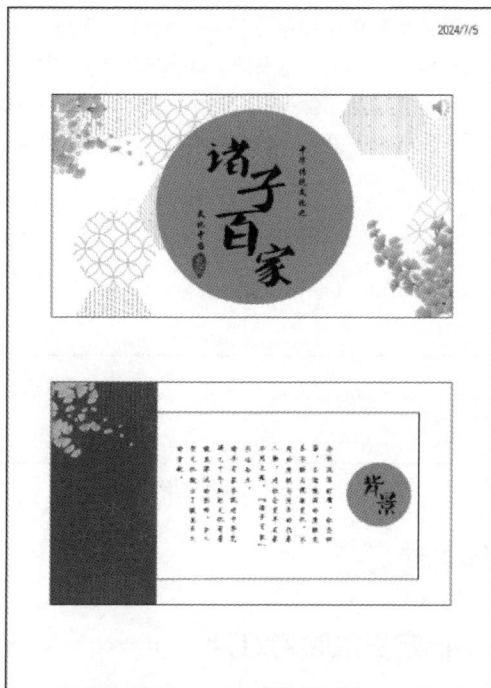

图 4-149　预览幻灯片打印效果

（五）打包演示文稿

演示文稿制作好后，有时需要在其他计算机上放映，若想一次性传输演示文稿及相关的音频、视频文件，则可将制作好的演示文稿打包。下面将前面设置好的"中华传统文化之诸子百家（放映）"演示文稿打包到文件夹中，并命名为"中华传统文化课件"，具体操作如下。

（1）选择"文件"/"导出"命令，选择"导出"栏中的"将演示文稿打包成 CD"选项，单击"打包成 CD"按钮 ，如图 4-150 所示。

（2）打开"打包成 CD"对话框，然后单击 复制到文件夹(F)... 按钮，打开"复制到文件夹"对话框，在"文件夹名称"文本框中输入"中华传统文化课件"，单击 浏览(B)... 按钮，选择打包后的文件的保存位置，单击 确定 按钮，如图 4-151 所示。

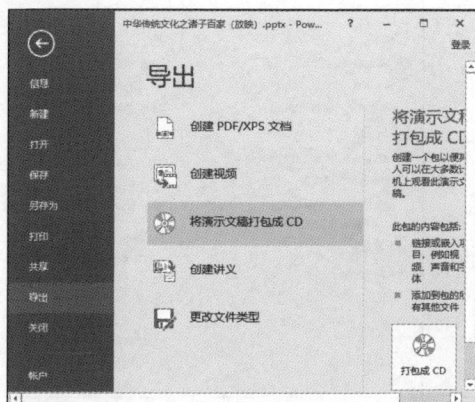

图 4-150　打包演示文稿

图 4-151　"复制到文件夹"对话框

189

（3）如果演示文稿中链接了文件，则将打开提示对话框，提示是否保存链接文件，单击 是(Y) 按钮，如图4-152所示，完成打包操作，关闭提示对话框。

（4）打包后的演示文稿将以文件夹的形式保存在计算机中，查看打包的文件夹，如图4-153所示（配套资源：\效果\模块四\"中华传统文化课件"文件夹）。

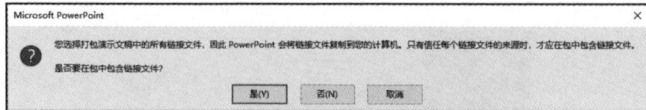

图4-152　保存链接

图4-153　查看打包的文件夹

能力拓展

（一）自定义放映幻灯片

自定义放映幻灯片可以放映演示文稿中指定的幻灯片，具体操作如下。

（1）在"幻灯片放映"/"开始放映幻灯片"组中单击"自定义幻灯片放映"按钮，在弹出的下拉列表中选择"自定义放映"选项，打开"自定义放映"对话框，然后单击 新建(N)... 按钮，如图4-154所示。

（2）此时将打开"定义自定义放映"对话框，在"幻灯片放映名称"文本框中输入自定义放映的名称，如"框架"；在"在演示文稿中的幻灯片"列表框中勾选需要放映的幻灯片对应的复选框，依次单击 添加(A) 按钮和 确定 按钮，如图4-155所示。

图4-154　"自定义放映"对话框

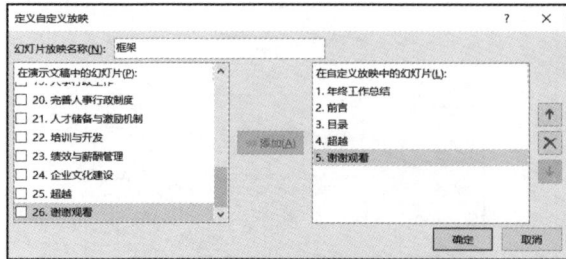

（3）返回并关闭"自定义放映"对话框。

（4）在"幻灯片放映"/"设置"组中单击"设置幻灯片放映"按钮，在打开的"设置放映方式"对话框的"放映幻灯片"栏中选中"自定义放映"单选项，在其下方的下拉列表中选择"框架"选项，单击 确定 按钮，如图4-156所示。按"F5"键，该演示文稿将会按创建的自定义放映模式进行放映。

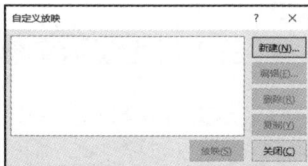

图4-155　"定义自定义放映"对话框

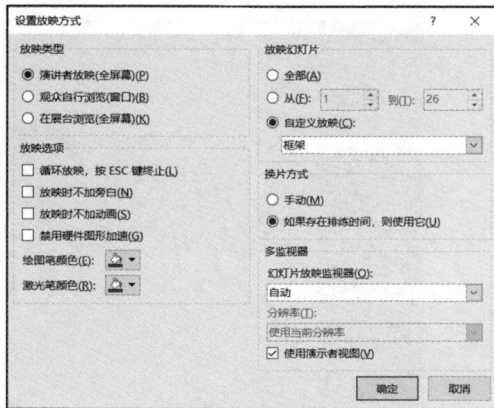

图4-156　"设置放映方式"对话框

（二）打包演示文稿中的字体

在制作演示文稿时，为得到更好的视觉效果，可能会使用一些特殊的字体。如果要放映的计算机上未安装相同的字体，则会导致演示文稿的内容失真。为避免此类现象发生，可以将制作演示文稿时用到的全部字体嵌入文件中。其方法为选择"文件"/"选项"命令，打开"PowerPoint 选项"对话框，选择左侧的"保存"选项，在右侧的"共享此演示文稿时保持保真度"栏中勾选"将字体嵌入文件"复选框，单击 确定 按钮，如图 4-157 所示。

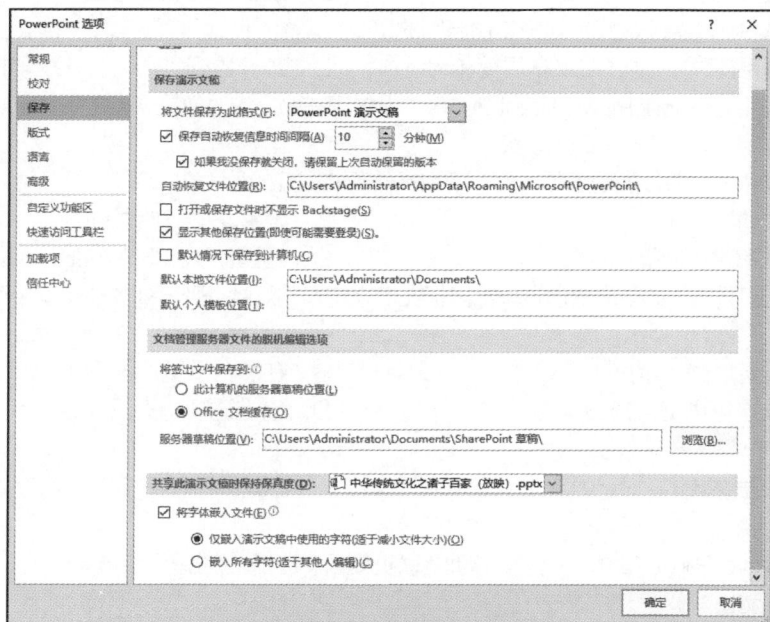

图 4-157　将字体嵌入文件

课后练习

一、填空题

1. 与 Word 2016 和 Excel 2016 相比，能够体现演示文稿的交互性和趣味性，是 PowerPoint 2016 独特功能的是_____。

2. 在"幻灯片"窗格中新建幻灯片时，需要先单击某张幻灯片缩略图确定新建位置，再按"_____"键进行新建操作。

3. 在幻灯片中插入音频文件后，会显示一个"喇叭"标记 🔊 ，该标记在进行演示文稿放映时是可以激活_____的。

4. PowerPoint 2016 提供了多种动画类型供用户选择，具体包括_____动画、_____动画、_____动画和_____动画等。

5. 能够浏览所有幻灯片，并可以调整幻灯片顺序，但无法编辑幻灯片内容的视图模式是_____。

6. 若需要从当前所选幻灯片处开始放映演示文稿，则可以按"_____"组合键来实现。

二、选择题

1. 下列不适合使用 PowerPoint 的场景是（　　）。

　　A. 总结汇报　　　　　B. 数据分析　　　　　C. 宣传推广　　　　　D. 培训授课

2. 下列关于 PowerPoint 演示文稿基本操作的说法中不正确的是（　　）。

　　A. 按"Ctrl+N"组合键可以新建带模板内容的演示文稿

　　B. 按"Ctrl+S"组合键可以保存演示文稿

　　C. 按"Alt+F4"组合键可以关闭演示文稿

　　D. 按"Ctrl+O"组合键可以打开演示文稿

3. 若想统一设置幻灯片及其中对象的内容和格式，则应该选择的母版视图是（　　）。

　　A. 讲义母版　　　　　　　　　　　　B. 备注母版

　　C. 幻灯片母版　　　　　　　　　　　D. 以上各选项都可以

4. 下列选项中，不属于幻灯片对象布局原则的是（　　）。

　　A. 画面平衡　　　　　B. 布局简单　　　　　C. 统一协调　　　　　D. 内容全面

5. 下列选项中，不能在 PowerPoint 2016 中设置填充颜色的对象是（　　）。

　　A. 艺术字　　　　　　B. 形状　　　　　　C. 图片　　　　　　D. 文本框

6. 为幻灯片中的对象添加动画效果后，下列操作无法实现的是（　　）。

　　A. 更改动画效果　　　　　　　　　　B. 设置动画开始时间

　　C. 任意指定动画播放次数　　　　　　D. 调整动画放映时的显示时间

7. 在放映幻灯片时，如果需要通过单击鼠标左键来切换幻灯片，则下列放映类型中无法实现该操作的是（　　）。

　　A. 演讲者放映（全屏）　　　　　　　B. 在展台浏览（全屏）

　　C. 观众自行浏览（窗口）　　　　　　D. 以上选项均无法实现

三、操作题

1. 按照下列要求制作"礼仪培训.pptx"演示文稿，并将其保存在桌面上，参考效果（部分）如图 4-158 所示。

（1）打开 PowerPoint 2016，搜索"培训"联机模板，选择一种模板后新建一个演示文稿，将其保存为"礼仪培训.pptx"。

（2）更改幻灯片中的文本内容，并删除多余的幻灯片。

（3）选择第 5 张幻灯片，插入一个"水平项目符号列表"SmartArt 图形，在其中输入文本，并设置字体格式。选择 SmartArt 图形中标题文本下方的矩形，使用"取色器"工具为其设置幻灯片母版中的墨蓝色。

（4）删除模板中已有的图片，插入"礼仪配图.png"图片（配套资源：\素材\模块四\礼仪配图.png）。调整图片大小和位置，删除图片背景，并设置图片颜色为"色温：11200K"。

（5）为所有幻灯片应用"推进"切换效果，按"F5"键放映制作好的幻灯片，查看播放效果（配套资源：\效果\模块四\礼仪培训.pptx）。

图 4-158 "礼仪培训"演示文稿的参考效果（部分）

2. 打开"计算机图书市场调查.pptx"演示文稿（配套资源：\素材\模块四\计算机图书市场调查.pptx），按照下列要求编辑演示文稿，参考效果（部分）如图 4-159 所示。

（1）为第 2 张幻灯片中的 SmartArt 图形对象添加超链接。

（2）为幻灯片添加统一的"覆盖"切换效果，并将切换效果的持续时间调整为"02.00"。

（3）为各张幻灯片的标题对象添加"进入/浮入/下浮"动画。

（4）为第 1 张幻灯片中的副标题添加"进入/浮入/上浮"动画。

（5）为第 2 张幻灯片中的图形对象添加"进入/翻转式由远及近"动画。

（6）为其他幻灯片中的对象添加"进入/淡出"动画。

（7）对幻灯片进行打包操作，并使用播放器播放打包后的文件（配套资源：\效果\模块四\计算机图书市场调查.pptx）。

图 4-159 "计算机图书市场调查"演示文稿的参考效果（部分）

广识天地——使用讯飞星火认知大模型智能生成 PPT

人类社会的每一次重大进步，几乎都建立在生产方式、生产工具大革新的基础上。例如，机器代替手工，计算机代替人工计算等。可以说，不断革新生产方式、提高学习和工作效率，是人类社会不断探索的重要方向。AI 就是当今时代生产革新的产物，将 AI 技术、AI 工具应用于各行各业，可以极大地提高人们学习和工作的效率。

在 PPT 制作领域，模板和内容设计是影响制作效率的主要因素。特别是对很多非专业设计人员而言，PPT 的配色、配图、文字设计、内容排版等，都需要花费大量时间进行反复修改和调整，而这个难题可以通过 AI 工具来解决。

假设要设计一个以"中华戏曲文化与历史"为主题的 PPT，可以使用 AI 工具依次完成 PPT 大纲、PPT 内容的生成、修改和优化等，甚至可以更改 PPT 模板等。

1. 选择 PPT 生成工具

现在，讯飞星火认知大模型、WPS Office、ChatPPT、iSlide 等工具都提供了一键生成 PPT 的功能。但不同的工具有不同的特点，使用方法也略有不同。例如，选择讯飞星火认知大模型来生成 PPT，其内容的调整和修改比较自由。选择 ChatPPT 生成 PPT，可以不断通过提问的方式调整主题、大纲标题、内容丰富度、设计风格等。图 4-160 所示为讯飞星火认知大模型的生成界面，图 4-161 所示为 ChatPPT 的生成界面。如果想强调 PPT 的视觉效果，则可以使用稿定 PPT，其生成的 PPT 模板在视觉效果上往往有更好的表现力。当然，综合使用多种工具可以达到更好的效果。

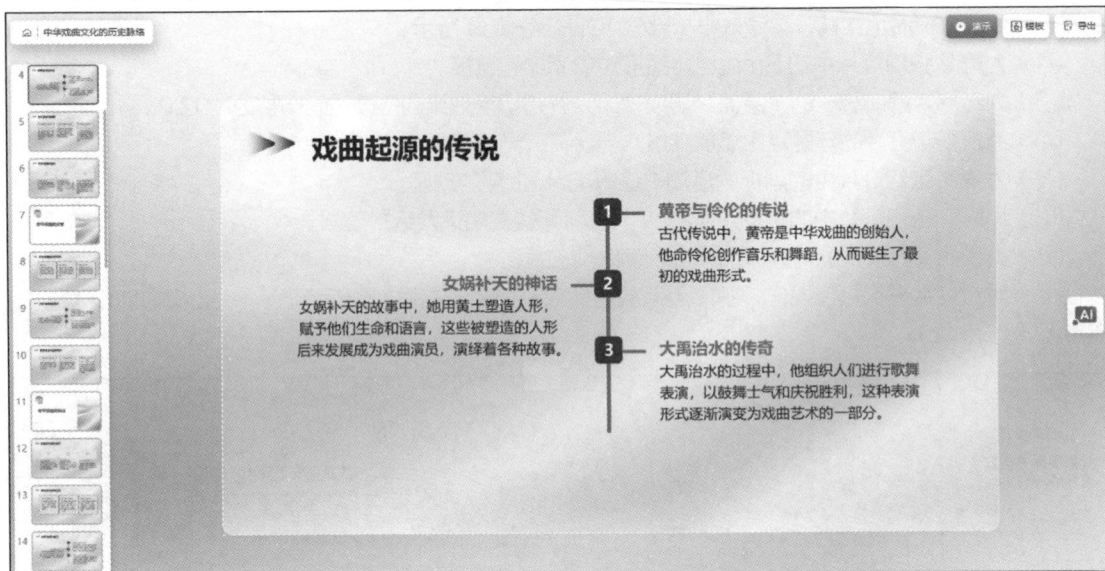

图 4-160　讯飞星火认知大模型的生成界面

图 4-161　ChatPPT 的生成界面

2. 生成并优化 PPT 内容

与 Word 文档相比，PPT 的内容大多简明扼要，但结构比较复杂，使用 AI 工具一键生成的 PPT 虽然在内容上已经具有一定的完整性，但内容的具体细节很难完全满足制作需求，这时就需要进行调整、优化。讯飞星火认知大模型支持单独修改每一张幻灯片中的内容，选择需要修改的内容，并要求 AI 工具修改、扩写等即可。图 4-162 所示为使用讯飞星火认知大模型修改 PPT 内容的效果。

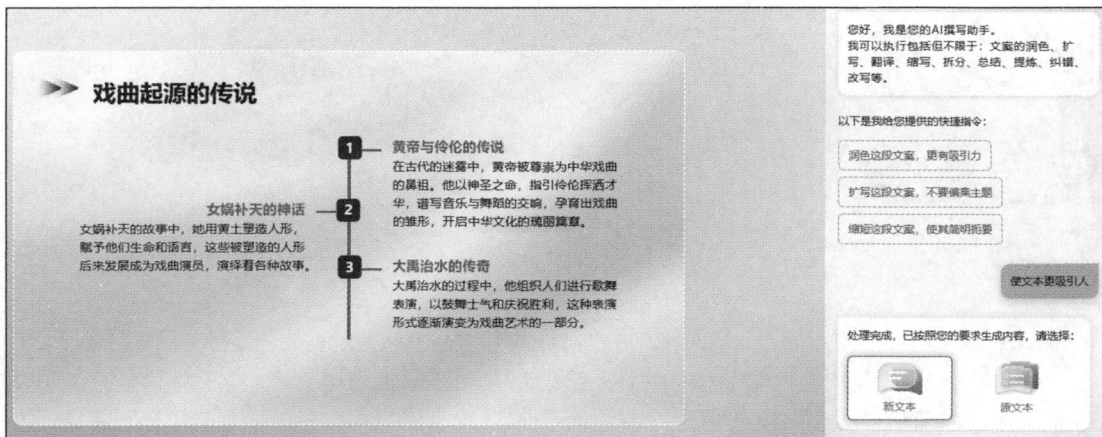

图 4-162　使用讯飞星火认知大模型修改 PPT 内容的效果

3. 美化 PPT 内容

AI 工具在生成 PPT 时，通常会根据具体内容自动完成 PPT 的字体设计、排版设计等，并为 PPT 应用模板。如果该模板不符合制作需求，则可以进行更换。也可以使用稿定 PPT 等在模板设计上更具优势的工具来生成模板，最后结合内容和模板完成 PPT 的制作。

模块五
信息检索

05

在信息时代，信息不断创造着价值，每个人都能随时随地获取海量信息，学习知识、增长见识。但如何获取信息呢？信息检索技术应运而生。学会信息检索后，用户就可以使用不同的检索工具，从互联网中快速获取有效信息。信息检索是信息时代每个人的必备能力，本模块将从基础概念出发，并结合实际操作介绍如何精准、快捷地从互联网中获取所需的信息资源，包括认识信息检索、网络信息检索、专业信息检索等。

课堂学习目标

- **知识目标**：了解信息检索的相关概念，掌握使用搜索引擎进行信息检索的操作，并能够利用学术检索工具检索学术信息。

- **技能目标**：能够在互联网中快速检索出自己所需的信息。

- **素质目标**：在信息检索过程中培养钻研精神，培养严谨的科学态度和实事求是的工作作风。

任务一　认识信息检索

任务描述

当今社会是一个高度信息化的社会，人们的工作、学习、生活等都离不开大量信息的支持，学会信息检索是保证各项活动顺利开展的重要前提。但在学习信息检索之前，要了解信息检索的基础知识，包括信息检索的概念、分类等。

相关知识

（一）信息检索的概念

"信息检索"一词出现于 20 世纪 50 年代，它是指将信息按照一定的方式组织和存储起来，并根据用户的需要找出相关信息的过程。

- 狭义的信息检索。在互联网中，用户经常会通过搜索引擎搜索各种信息，像这种从一定的信息集合中找出所需要的信息的过程，就是狭义的信息检索，也就是人们常说的信息查询（Information Search 或 Information Seek）。
- 广义的信息检索。广义的信息检索包括信息存储和信息获取两个过程。信息存储是指通过对大量无序信息进行选择、收集、著录、标引后，组建成各种信息检索工具或系统，使无序信息转化为有序信息集合的过程。信息获取是根据用户特定的需求，运用已组织好的信息检索系统将特定的信息查找出来的过程。

（二）信息检索的分类

信息检索的划分方式有多种，通常会按检索对象、检索手段、检索途径 3 种方式来划分，如图 5-1 所示。

1. 按检索对象划分

根据检索对象的不同，信息检索可以分为以下 3 种类型。

- 文献检索（Document Retrieval）。文献检索以特定的文献为检索对象，包括全文、文摘、题录等。文献检索是一种相关性检索，不会直接给出用户所提出问题的答案，只会提供相关的文献以供参考。

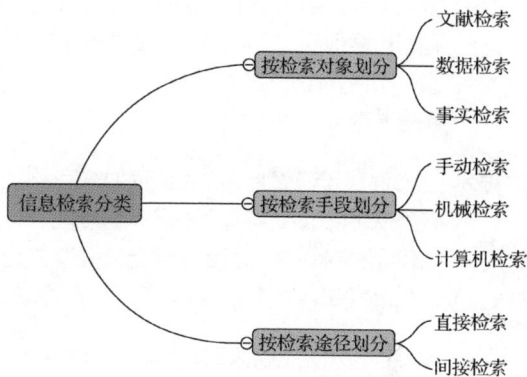

图 5-1　信息检索的分类

- 数据检索（Data Retrieval）。数据检索以特定的数据为检索对象，包括统计数据、工程数据、图表、计算公式等。数据检索是一种确定性检索，能够返回确切的数据，直接回答用户提出的问题。
- 事实检索（Fact Retrieval）。事实检索以特定的事实为检索对象，如有关某一事件的发生时间、地点、人物和过程等。事实检索是一种确定性检索，一般能够直接提供给用户所需且确定的事实。

2. 按检索手段划分

根据检索手段的不同，信息检索可以分为以下 3 种类型。

- 手动检索。手动检索是一种传统的检索方法，是利用工具书，包括图书、期刊、目录卡片等进行信息检索的一种手段。手动检索不需要特殊的设备，用户根据要检索的对象，利用相关的检索工具就可以进行检索。手动检索的缺点是既费时又费力，尤其是在进行专题检索时，用户要翻阅大量工具书和使用大量的检索工具进行反复查询。此外，手动检索很容易造成误检和漏检。
- 机械检索。机械检索是指利用计算机检索数据库的过程，优点是速度快；缺点是回溯性不好，且有时间限制。
- 计算机检索。计算机检索是指在计算机或者计算机检索网络终端上，使用特定的检索策略、检索指令、检索词，从计算机检索系统的数据库中检索出所需信息后，再由终端设备显示、下载和打印相应信息的过程。计算机检索具有检索方便快捷、获得信息类型多、检索范围广泛等特点。

3. 按检索途径划分

根据检索途径的不同，信息检索可以分为以下两种类型。

- 直接检索。直接检索是指用户通过直接阅读，浏览一次或三次文献，从而获得所需资料的过程。
- 间接检索。间接检索是指用户利用二次文献或借助检索工具查找所需资料的过程。

（三）信息检索的流程

信息检索是用户获取知识的一种快捷方式，一般来说，信息检索的流程包括分析问题、选择检索工具、确定检索词、构建检索提问式、调整检索策略、输出检索结果。

- 分析问题。分析要检索内容的特点和类型（如文献类型、出版类型等），以及所涉及的学科范围、主题要求等。
- 选择检索工具。根据检索要求得到的信息类型、时间范围、检索经费等因素，经过综合考虑后，选择合适的检索工具。正确选择检索工具是保证检索成功的基础。
- 确定检索词。检索词是计算机检索系统中进行信息匹配的基本单元。检索词会直接影响最终的检索结果。常用的确定检索词的方法有选用专业术语、选用同义词与相关词等。
- 构建检索提问式。检索提问式是在计算机信息检索中用来表达用户检索提问的逻辑表达式，由检索词和各种布尔逻辑运算符、截词符、位置算符组成。检索提问式将直接影响信息检索的查全率和查准率。

> **提示**　截词符是用于截断一个检索词的符号，它是预防漏检、提高查全率的一种检索符号。不同的检索系统使用的截词符有所不同，通常有"*""?""#""$"等。位置算符是用来规定符号两边的词出现在文献中的位置的逻辑运算符，它主要用于表示词与词之间的相互关系和前后次序，常见的位置算符有 W 算符、N 算符、S 算符等。

- 调整检索策略。检索时，用户要及时分析检索结果，若发现检索结果与检索要求不一致，则要根据检索结果对检索提问式进行相应的修改和调整，直至得到满意的检索结果为止。
- 输出检索结果。根据检索系统提供的检索结果输出格式，用户可以选择需要的记录及相应的字段，将检索结果存储到磁盘中或直接打印输出。至此，完成整个信息检索过程。

任务实现

大家在互联网上进行过信息检索操作吗？检索过哪些类型的数据？使用的是什么检索工具呢？请将具体内容填入表 5-1 中。

表 5-1　检索对象与方法整理

检索对象	检索方法
概念、术语	使用"百度百科"或"MBA 智库"等工具进行检索
书籍	
热点视频	
时事新闻	
音乐	
网络课程	
……	

任务二　网络信息检索

任务描述

网络信息检索是人们日常生活和学习中常用的检索形式，通常以搜索引擎为主要检索工具。通过搜索引擎，用户可以便捷地从海量信息中获取有用的信息。由于网络信息十分庞杂，在检索网络信息时，必须加强对信息的辨识能力。例如，要学会从传统文化中检索出有意义、有价值的信息，将优秀传统文化、传统哲学思想融入日常的生活和学习中，以此来提升个人的道德素养，树立正确的世界观、人生观和价值观。下面通过搜索引擎进行信息检索，帮助读者学会使用搜索引擎检索信息的相关操作。

技术分析

（一）搜索引擎的类型

搜索引擎是根据一定的策略、运用特定的计算机程序从互联网上采集信息，并在对信息进行组织和处理后，为用户提供检索服务的一个系统。使用搜索引擎是目前进行信息检索的常用方式。随着搜索引擎技术的不断发展，其种类也越来越多，主要包括全文搜索引擎、目录索引、元搜索引擎等。

1. 全文搜索引擎

全文搜索引擎（Full Text Search Engine）是目前广泛应用的搜索引擎。全文搜索引擎从互联网中提取各个网站的信息（以网页文字为主），并建立数据库，当用户进行信息检索时，它们先在数据库中检索出与用户查询条件相匹配的记录，然后按一定的排列顺序将结果返回给用户。

根据搜索结果来源的不同，全文搜索引擎又可以分为两类：一类是拥有自己的蜘蛛程序的搜索引擎，它能够建立自己的网页、数据库，也能够直接从其数据库中调用搜索结果，如百度和 360 搜索；另一类则是租用其他搜索引擎的数据库，然后按照自己的规则和格式来排列及显示搜索结果的搜索引擎，如 Lycos。

2. 目录索引

目录索引（Search Index/Directory）是互联网上最早提供的网站资源查询服务之一。目录索引主要通过搜集和整理互联网中的资源，根据搜索到的网页内容，将其网址分配到相关分类主题目录不同层次的类目之下，形成像图书馆目录一样的分类树形结构。

用户在目录索引中查询网站时，可以使用关键词进行查询，也可以按照相关目录进行逐级查询。但需要注意的是，使用目录索引进行信息检索时，只能按照网站的名称、网址、简介等内容进行查询，所以目录索引的查询结果只是网站的统一资源定位符（Uniform Resource Locator，URL），而不是具体的网站页面。国内的搜狐目录、hao123，以及国外的 DMOZ 等都是目录索引。

3. 元搜索引擎

元搜索引擎（Meta Search Engine）在接收用户的查询请求后会同时在多个搜索引擎上进行搜索，并将结果返回给用户。著名的元搜索引擎有 InfoSpace、Dogpile、Vivisimo 等。在搜索结果排列方面，有的元搜索引擎直接按来源排列搜索结果，如 Dogpile；有的元搜索引擎则按自定的规则将结果重新排列组合，如 Vivisimo。

（二）常见搜索引擎推荐

目前，国内的搜索引擎主要有百度、360 搜索、搜狗搜索等，国外的搜索引擎主要有 Bing 等。

1. 百度

2000 年 1 月，百度公司创立于北京中关村，致力于向人们提供"简单、可依赖"的信息获取方式。"百度"二字源于我国宋朝词人辛弃疾的《青玉案·元夕》中的"众里寻他千百度"，象征着百度公司对中文信息检索技术的执着追求。百度的服务器分布在全国各地，能直接从最近的服务器上把搜索信息返回给当地用户，使用户享受到极快的搜索传输速度。百度每天可处理来自 100 多个国家多达数亿次的搜索请求，每天都有超过 7 万个用户将其设置为首页，用户可以通过百度搜索到世界各地的新兴、全面的中文信息。

2. 360 搜索

360 搜索属于全文搜索引擎，是目前广泛应用的主流搜索引擎之一。其包含新闻、影视等搜索类别，旨在为用户提供安全、真实的搜索服务。360 搜索不但掌握了通用搜索技术，而且独创了 PeopleRank 算法、拇指计划等新技术。目前，360 搜索已建立由数百名工程师组成的核心搜索技术团队，拥有上万台服务器与庞大的蜘蛛爬虫系统，每日抓取网页数高达 10 亿个，收录的优质网页达数百亿个。360 搜索的网页搜索速度和质量都处于行业领先地位。

3. 搜狗搜索

搜狗搜索是国内领先的中文搜索引擎之一，致力于中文互联网信息的深度挖掘，帮助我国的互联网用户更加快速地获取信息，并为用户创造价值。在搜狗搜索中，音乐搜索具有小于 2% 的死链率，图片搜索具有独特的组图浏览功能，新闻搜索具有能够及时反映互联网热点事件的"看热闹"功能，地图搜索具有全国无缝漫游的功能。这些功能极大地满足了用户的日常需求，使用户可以更加便利地畅游在互联网中。

4. Bing

Bing（必应）是微软公司于 2009 年推出的搜索引擎，它集成了首页图片设计，崭新的搜索结果导航模式，创新的分类搜索和相关搜索用户体验模式，视频搜索结果无须单击即可直接预览播放，图片搜索结果无须翻页等功能。

任务实现

（一）使用搜索引擎检索网络信息

直接在搜索引擎的搜索框中输入搜索关键词，即可进行相关信息的检索。下面在百度中搜索包含"云计算"关键词的 Word 文档，具体操作如下。

（1）启动浏览器，在其地址栏中输入百度的网址后，按"Enter"键进入百度首页，然后在中间的搜索框中输入要查询的关键词"云计算"，按"Enter"键或单击 百度一下 按钮。

（2）打开搜索结果页面，单击搜索框下方的"搜索工具"按钮 ，如图 5-2 所示。

（3）显示搜索工具，单击 站点内检索 按钮，在打开的搜索文本框中输入百度的网址，然后单击 确认 按钮，返回百度网站中的搜索结果页面，如图 5-3 所示。

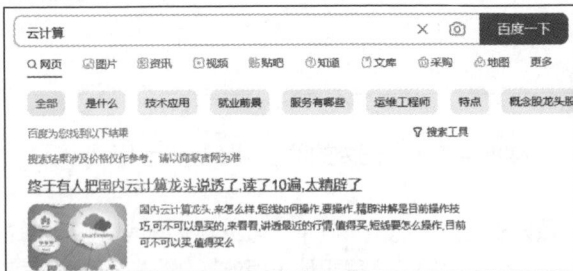

图 5-2　单击"搜索工具"按钮

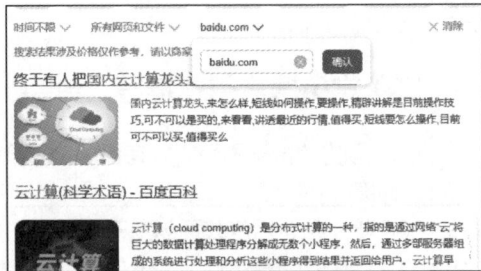

图 5-3　搜索结果页面

（4）在搜索工具中单击 所有网页和文件 按钮，在弹出的下拉列表中选择"Word(.doc)"选项。搜索结果页面中将只显示搜索到的 Word 文件，如图 5-4 所示。

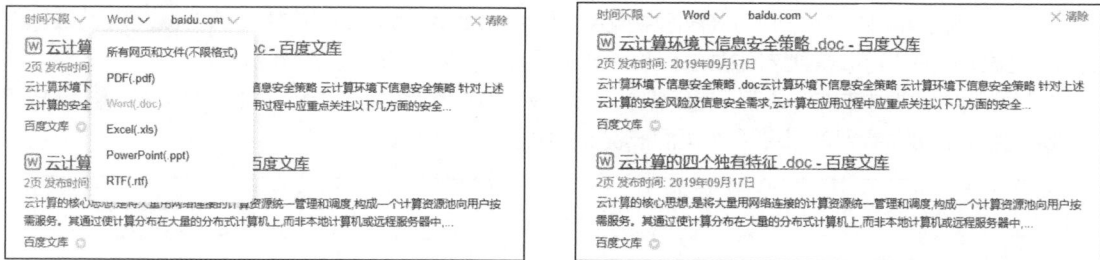

图 5-4 选择检索文件的类型

（二）使用搜索引擎的高级检索功能

使用搜索引擎的高级检索功能可以在搜索时实现包含完整关键词、包含任意关键词和不包含某些关键词的搜索。下面使用百度的高级检索功能进行搜索，具体操作如下。

（1）打开百度首页，将鼠标指针移至右上角的"设置"超链接上，在弹出的下拉列表中选择"高级搜索"选项。

（2）打开"高级搜索"界面，在"包含全部关键词"文本框中输入"贵阳 云南"，要求查询结果页面中同时包含"贵阳"和"云南"两个关键词；在"包含完整关键词"文本框中输入"手机专卖店"，要求查询结果页面中包含"手机专卖店"这个完整关键词，即关键词不会被拆分；在"包含任意关键词"文本框中输入"华为 小米"，要求查询结果页面中包含"华为"或者"小米"关键词；在"不包括关键词"文本框中输入"三星 苹果"，要求查询结果页面中不包含"三星"和"苹果"关键词，如图 5-5 所示。

（3）单击 [高级搜索] 按钮完成搜索，信息检索结果如图 5-6 所示。

图 5-5 设置搜索关键词

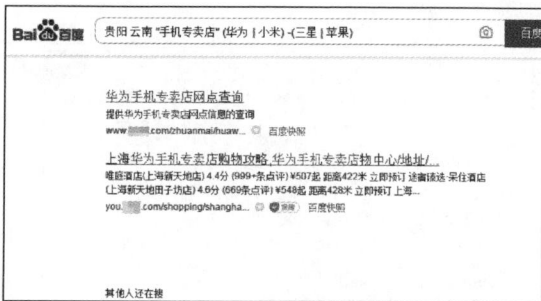

图 5-6 信息检索结果

（三）使用搜索引擎的检索指令

使用搜索引擎的检索指令可以实现较多功能，如查询某个网站被搜索引擎收录的页面数量、查找 URL 中包含指定文本的页面数量、查找网页标题中包含指定关键词的页面数量等，下面分别进行介绍。

1. site 指令

使用 site 指令可以查询某个域名被该搜索引擎收录的页面数量，其格式如下：

"site" + 半角冒号 ":" + 网站域名

下面使用 site 指令在百度中查询"人民邮电出版社"网站的收录情况，具体操作如下。

201

（1）打开百度网站，在中间的搜索框中输入"site:ptpress.com.cn"文本，单击 百度一下 按钮得到查询结果，在其中可以看到该网站共有 70100 个页面被收录，如图 5-7 所示。

（2）删除搜索框中的文本内容，重新输入"site:www.ptpress.com.cn"文本，单击 百度一下 按钮得到查询结果，可以看到有 75200 个页面被收录，如图 5-8 所示。

图 5-7　不包含"www"的查询结果

图 5-8　包含"www"的查询结果

2. inurl 指令

使用 inurl 指令可以查询 URL 中包含指定文本的页面数量，其格式如下：

"inurl"+半角冒号":"+指定文本

"inurl"+半角冒号":"+指定文本+空格+关键词

微课

inurl 指令

下面在百度中查询所有 URL 中包含"sports"文本的页面；以及 URL 中包含"sports"文本，同时页面的关键词为"搜狐"的页面，具体操作如下。

（1）在百度首页的搜索框中输入"inurl:sports"文本后，按"Enter"键得到查询结果，可以看到每个页面的网址中都包含"sports"文本，如图 5-9 所示。

（2）删除搜索框中的文本，重新输入"inurl:sports 搜狐"文本，按"Enter"键得到查询结果，可以看到每个页面的网址中都包含"sports"文本，且页面内容中包含"搜狐"关键词，如图 5-10 所示。

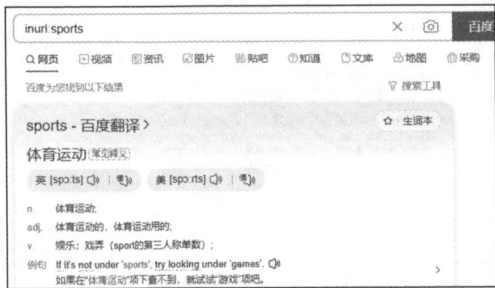

图 5-9　输入"inurl:sports"的查询结果

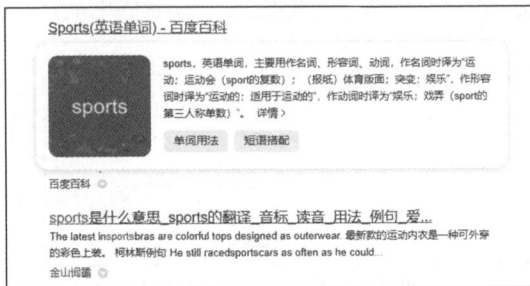

图 5-10　输入"inurl:sports 搜狐"的查询结果

3. intitle 指令

使用 intitle 指令可以查询在页面标题（title 标签）中包含指定关键词的页面数量，其格式如下：

微课

intitle 指令

"intitle"+半角冒号":"+关键词

下面在百度中查询标题中包含"数据可视化"关键词的所有页面，具体操作如下。

（1）在百度首页的搜索框中输入"intitle:数据可视化"文本。

（2）按"Enter"键或单击 百度一下 按钮得到查询结果，可以看到每个页面的标题中都包含"数据可视化"关键词，如图 5-11 所示。

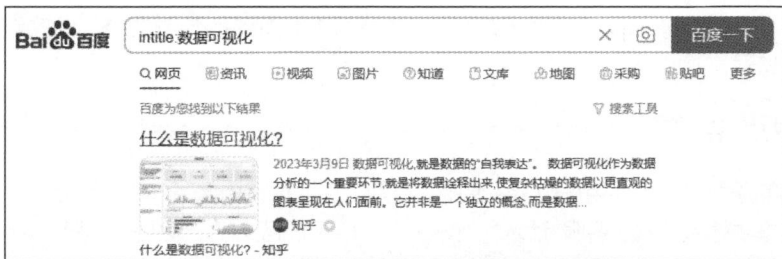

图 5-11 输入"intitle:数据可视化"的查询结果

> **提示** 使用引擎指令进行检索实质上就是一种限制检索方法。限制检索是指通过限制检索范围，达到优化检索结果目的的一种方法。限制检索的方式有多种，包括使用限制符、采用限制检索命令、进行字段检索等。例如，属于主题字段限制的有 Title、Subject、Keywords 等；属于非主题字段限制的有 Image、Text 等。

能力拓展

　　面对繁杂的互联网信息，搜索引擎的出现使信息检索变得简单、高效，用户只需要搜索关键词即可获得自己想要的信息，但检索结果中会返回一些无关的信息。此时，可以借助相关搜索技巧来筛选出更加准确的检索结果。

（一）使用加号"+"

　　在使用搜索引擎时，用户可以在关键词的前面使用加号，表示搜索结果网页中要包含所有关键词内容。例如，在百度搜索引擎中输入"+电脑+电话+传真"，表示查询结果中必须同时包含"电脑""电话""传真"这 3 个关键词。

（二）使用减号"–"

　　使用减号后，系统将搜索不包含减号后面的词的页面。使用这个指令时，减号前面必须是空格；减号后面没有空格，紧跟着需要排除的词。例如，在百度搜索引擎的搜索框中输入"卫视直播－浙江卫视直播"，表示返回网页中包含"卫视直播"这个关键词，但不包含"浙江卫视直播"这个关键词的结果。

（三）使用双引号""""

　　在使用搜索引擎时，用户可以给要查询的关键词添加双引号（半角状态），以实现精确查询。这种方法要求查询结果完全匹配搜索内容，也就是说，搜索结果页面中应包含双引号中出现的所有关键词，关键词的顺序也必须完全匹配。

　　例如，在百度搜索引擎的搜索框中输入""图片美化""，按"Enter"键后，会返回网页中包含"图片美化"这个关键词的网页，而不会返回包含"美化照片""照片美化"等关键词的网页。

（四）使用书名号"《》"

　　书名号是百度特有的一个查询指令。在其他搜索引擎中，书名号可能会被忽略，但在百度中，书名号是可被查询的。例如，在百度搜索引擎中搜索关于电影"建党伟业"的相关信息，只要为关键词加上

《》"，然后按"Enter"键，在显示的搜索结果中，书名号中的内容就不会被拆分。注意，这里的书名号是中文状态下的符号。

（五）使用星号"*"

星号是常用的通配符，也能用在搜索引擎中。目前，百度搜索引擎暂不支持该指令。例如，在 360 搜索引擎的搜索框中输入"网店客服*话术"，其中"*"表示任何文字。返回的搜索结果网页中不仅包含"网店客服"，还可能包含"网店客服话术整理"等内容。

任务三　专业信息检索

任务描述

网络检索可以用于查询并了解生活、学习中常见问题的解决方案，而如果想查询专业的信息，则可以通过专业的网站来进行检索。本任务将使用专业网站进行信息检索操作，其中主要涉及学术信息检索、专利信息检索、商标信息检索等内容。

任务实现

（一）学术信息检索

期刊、论文等学术信息主要通过各种学术网站检索，这类网站在国内主要有百度学术、万方数据知识服务平台（以下简称"万方数据"）、中国知网等，在国外主要有谷歌学术、Academic、CiteSeer 等。下面在中国知网中检索有关"元宇宙"的学术信息，具体操作如下。

（1）打开中国知网网站首页，在首页的搜索框中输入要检索的关键词"元宇宙"，单击 Q 按钮。

（2）在打开的页面中查看检索结果，在每条结果中还可以看到论文的标题、作者、被引量等信息，如图 5-12 所示。在该页面上方分别选择学术期刊、学位论文、会议、报纸、图书等选项，可以指定检索范围，例如，若选择学位论文，则只筛选出与"元宇宙"这一主题相关的学位论文。在该页面左侧分别选择"主题""学科"等选项，也可以进一步对检索结果进行筛选。

图 5-12　查看在中国知网中检索到的信息

（3）单击要查看的某篇论文的标题，在打开的页面中可以查看更详细的信息。

（二）专利信息检索

专利即专有的权利和利益。为了避免侵权及对本身拥有的专利进行保护，企业需要经常对专利信息进行检索。用户可以在世界知识产权组织（World Intellectual Property Organization，WIPO）的官网、各个国家和地区的知识产权机构的官网（如我国的国家知识产权局官网、中国专利信息网等）及各种提供专利信息的商业网站（如中国知网、万方数据等）中进行专利信息检索。

下面在万方数据中搜索有关"锂电池"的专利信息，具体操作如下。

（1）进入万方数据首页，单击搜索框左侧的按钮，在弹出的下拉列表中选择"专利"选项，然后在搜索框中输入关键词"锂电池"，如图5-13所示，单击 🔍 检索 按钮。

（2）在打开的页面中可以看到检索结果，包括每条专利的名称、专利人、摘要等信息。在该页面左侧可以根据获取范围、IPC分类、专利类型等对检索结果进行进一步筛选，如图5-14所示。单击专利名称，在打开的页面中可以看到更详细的内容。如果需要查看该专利的完整内容，则可以单击 📖 在线阅读 按钮、⬇ 下载 按钮、📄 导出 按钮（需要注册并登录）。

图5-13　输入关键字后进行专利信息检索

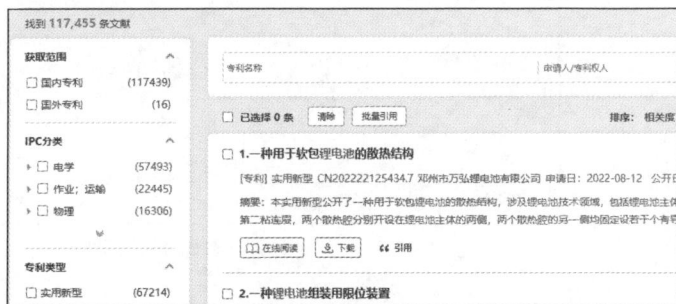

图5-14　检索结果

（三）商标信息检索

商标是用来区分一个经营者和其他经营者的品牌或服务的不同之处的。要了解商标的相关信息，通常可以在世界知识产权组织的官网、各个国家和地区的商标管理机构的网站及各种提供商标信息的商业网站中进行检索。

下面在中国商标网中查询与"清风"类似的商标，具体操作如下。

（1）打开国家知识产权局商标局官方网站——中国商标网网站首页，然后单击网页中间的"商标网上查询"超链接。打开商标查询页面，单击 我接受 按钮后，打开"商标网上查询"页面，然后单击页面左侧的"商标近似查询"按钮 🔲 ，如图5-15所示。

（2）打开"商标近似查询"页面，在"自动查询"选项卡中设置要查询商标的"国际分类""查询方式""检索要素"信息，然后单击 查询 按钮，如图5-16所示。

> **提示**　在"自动查询"选项卡中，用户要设置"国际分类""查询方式""检索要素"3项信息，系统将采用默认算法并在算法规则前做标记；在"选择查询"选项卡中，用户除了要设置上述3项信息外，还需要设置"查询类型"，系统将按用户选中的算法规则进行检索。

（3）在打开的页面中可以看到查询结果，包括每个商标的"申请/注册号""国际分类"、商标名称等信息，如图5-17所示。单击商标名称即可在打开的页面中看到该商标的详细内容。

图5-15　单击"商标近似查询"按钮

图5-16　设置"自动查询"信息

图5-17　查询结果

能力拓展

布尔逻辑检索是指利用布尔逻辑运算符连接各个检索词，然后由计算机进行相应的逻辑运算，以找出所需信息的方法。布尔逻辑检索具有使用面广、使用频率高的特点。在使用布尔逻辑检索方法之前，需了解布尔逻辑运算符及其作用。布尔逻辑运算符包括AND、OR、NOT 3种。

- AND。AND用来表示其所连接的两个检索词的交叉部分，也就是数据交集部分。如果用AND连接检索词D和检索词E，则检索式格式为"D AND E"，表示让系统检索同时包含检索词D和检索词E的信息集合。例如，在百度学术专业平台中查找"心脏搭桥手术"的资料，其检索式为"心脏 AND 搭桥手术"。

- OR。OR是逻辑关系中"或"的意思，用来连接具有并列关系的检索词。如果用OR连接检索词D和检索词E，则检索式格式为"D OR E"，表示让系统检索含有检索词D、E之一，或同时包括检索词D和检索词E的信息。例如，在百度学术专业平台中查找"远程和无线"的资料，其检索式为"远程 OR 无线"，表示只要包含"远程"和"无线"中的任意一个就是满足条件的结果。

- NOT。NOT用来连接具有排除关系的检索词，即排除不需要的和影响检索结果的内容。如果用NOT连接检索词D和检索词E，则检索式格式为"D NOT E"，表示检索含有检索词D而不含检索词E的信息，即将包含检索词E的信息集合排除。例如，查找"催化剂（不包含镍）"的文献检索格式为"催化剂 NOT 镍"。注意，使用此检索方法时，需要在专业的文献网站中进行，否则会出现检索错误。

课后练习

一、填空题

1. 广义的信息检索包括_____和_____两个过程。

2. 信息检索的划分标准有多种，通常会按_____、_____和_____3种方式来划分。

3. 根据检索途径的不同，信息检索可以分_____和_____两种类型。

4. _____是目前广泛应用的搜索引擎，国外比较有代表性的全文搜索引擎是 Google，国内则是百度和 360 搜索。

5. 通过 site 指令可以查询到某个网站被该搜索引擎收录的页面数量，其格式为_____。

6. 互联网中有很多用于检索学术信息的网站，在网站中可以检索各种学术论文。在国内，这类网站主要有_____、_____和_____等。

二、选择题

1. 下列信息检索分类中，不属于按检索对象划分的是（   ）。
   A. 文献检索   B. 手动检索   C. 数据检索   D. 事实检索

2. （   ）指人们在计算机或者计算机检索网络终端上，使用特定的检索策略、检索指令、检索词，从计算机检索系统的数据库中检索出所需信息后，再由终端设备显示、下载和打印相关信息的过程。
   A. 机械检索   B. 计算机检索   C. 直接检索   D. 数据检索

3. 下列关于搜索引擎的说法中不正确的是（   ）。
   A. 使用搜索引擎进行信息检索是目前进行信息检索的常用方式
   B. 按"关键词"搜索属于目录索引
   C. 搜索引擎按其工作方式主要有目录检索和关键词查询两种方式
   D. 著名的元搜索引擎有 InfoSpace、Dogpile、Vivisimo

4. 下列选项中，不属于布尔逻辑运算符的是（   ）。
   A. NEAR   B. OR   C. NOT   D. AND

5. 利用百度搜索引擎检索信息时，要将检索范围限制在网页标题中，应使用的指令是（   ）。
   A. intitle   B. inurl   C. site   D. info

6. 要想进行专利信息检索，应选择的平台是（   ）。
   A. 百度学术   B. CALIS 学位论文中心服务系统
   C. 谷歌学术   D. 万方数据知识服务平台

三、操作题

1. 在 360 搜索引擎中，使用 intitle 指令搜索关于"计算机编程"的信息。

2. 在百度学术平台中检索关于"安卓操作系统"的信息。

广识天地——AI 技术对传统信息检索的改进与优化

在信息检索初期，人们主要依赖人工翻阅和查找来检索信息。在计算机诞生后，计算机检索成为信息时代的主流检索方式。信息检索的发展是一个不断创新和进步的过程，与最初的信息检索相比，如今信息检索的效率和准确性都在不断提升，但在实际应用上，仍然对检索人员的检索技能存在一定要求。例如，用户在搜索引擎中检索信息时，主要通过关键词进行检索，如果关键词提炼不确定、不全面，则会直接影响检索结果。也就是说，如果用户没有掌握一定的检索技巧，则可能无法获得精确的信息。而 AI 技术的发展为传统信息检索方法提供了更多可能，使得信息检索变得更加便捷、精确。

例如，某人计划"五一劳动节"去一个适合赏花的城市旅游，想要快速选择一个理想的目的地，并了解相关旅游信息。在使用传统搜索引擎和检索方法来解决这个问题时，需要准确提炼"五一赏花城市""五一赏花目的地推荐"等关键词进行检索，然后在海量的检索结果中依次筛选、总结出自己需要的信息。如果需要缩小检索范围，如"成都五一赏花""武汉五一赏花"，则需要继续拟定关键词，进行信息检索和信息筛选。但如果使用 AI 进行搜索，这个过程就会简单很多。

下面以抖音旗下的"豆包"为例，连续检索信息，看一看 AI 搜索如何简化检索流程、提升检索精度和检索效率。

1. 描述需求并进行检索

与传统搜索引擎相比，在 AI 搜索中，用户只需要准确描述检索需求，就可以获得答案，且无须筛选信息。例如，在"豆包"中输入"我想在五一期间去一个可以赏花的城市旅游，你有哪些推荐？"并进行检索，"豆包"会直接给出清晰、明确的检索结果，如图 5-18 所示。

2. 进一步缩小检索范围

针对"豆包"给出的检索结果，如果不符合检索需求，则可以重新描述需求进行检索。如果其检索结果中有我们感兴趣的信息或符合我们需求的信息，则可以针对该信息继续描述需求并进行检索，以缩小检索范围。例如，在"豆包"推荐的五一赏花城市中，需要进一步了解"成都赏花"的信息，则可以检索"我想去成都赏花，可以推荐一些五一旅游目的地吗？"，如图 5-19 所示，"豆包"就会继续给出成都五一赏花地推荐。

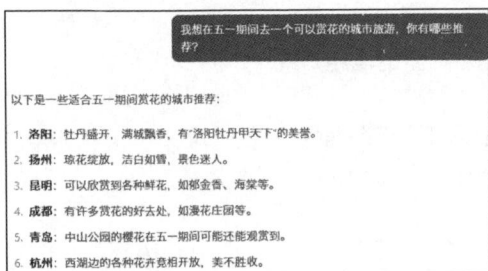

图 5-18　描述需求并进行检索

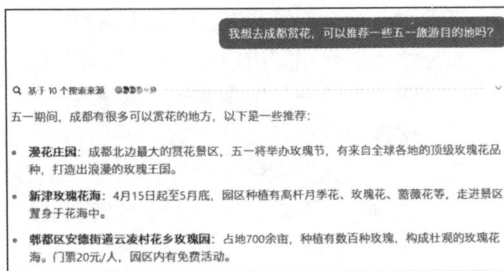

图 5-19　进一步缩小检索范围

3. 获取最终信息，解决问题

当确定以成都某一个具体地址作为五一赏花出游的目的地时，可以继续要求"豆包"给出包括门票、路线、周边景点推荐等信息的详细出游攻略，如图 5-20 所示。这样，我们就轻松、快速地通过 AI 检索解决"五一去哪里赏花"这个问题。

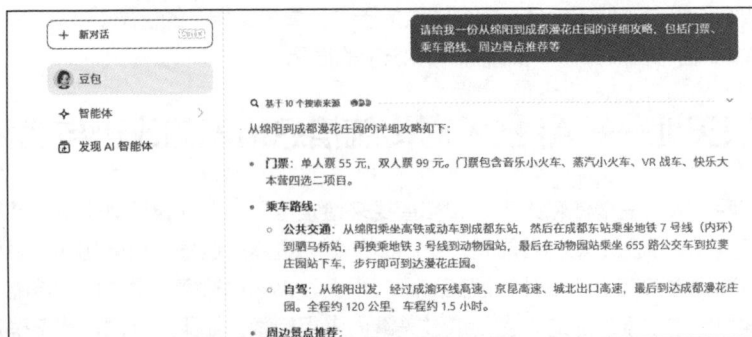

图 5-20　获取最终信息，解决问题

模块六
新一代信息技术概述

06

在信息社会，信息是重要的生产力。信息技术不仅可以推动经济增长，提高生产效率，还在改善人们的生活品质、推动社会进步以及增强国家竞争力方面发挥着重要作用。随着科技的进步与发展，新一代信息技术正在全球范围内引发新一轮的科技革命。本模块将从新一代信息技术的基本概念出发，结合一些典型应用案例，介绍新一代信息技术的发展与应用，主要包括新一代信息技术产生的原因、发展历程、特点、典型应用、与其他产业的融合等知识。

课堂学习目标

- **知识目标：** 了解新一代信息技术及其主要技术的概念与特点，了解新一代信息技术的典型应用，了解新一代信息技术与其他产业的融合发展方式。

- **素质目标：** 积极探索新一代信息技术的应用，用技术驱动创新。

任务一 新一代信息技术的基本概念

任务描述

在农业经济时代，社会基础设施主要包括道路、运河、码头、驿站等，而市场、客栈、衙门、娱乐场所等均构筑于这些社会基础设施之上，并行使它们各自的职能，满足人类的多样化需求；工业经济时代也同样如此。而在当今的数字经济时代，新一代信息技术成为整个社会的核心基础设施，也慢慢地开始渗入人们的生活。本任务将介绍主要的新一代信息技术，以及新一代信息技术产生的原因与发展历程。

技术分析

（一）认识主要的新一代信息技术

新一代信息技术是在云计算、大数据、物联网、人工智能等一批新兴技术不断产生和发展壮大的过程中，逐渐产生并完善的概念，承接原有"信息技术"的概念，并赋予了新的内涵。它既是信息技术的纵向升级，又是信息技术之间及其相关产业的横向融合。

新一代信息技术受到普遍关注，始于《国务院关于加快培育和发展战略性新兴产业的决定》（国发〔2010〕32号）列出了国家七大战略性新兴产业，其中包括"新一代信息技术产业"，随后其又被纳入国家"十二五"规划中。"十二五"规划明确指出，国家要大力发展战略性新兴产业，而新一代信息技术作为七大战略性新兴产业之一，将重点推进。新一代信息技术产业聚焦在新一代移动通信、下一代互联网、三网融合、物联网、云计算、集成电路、新型显示、高端软件、高端服务器和信息服务等范畴。

- **新一代移动通信。**移动通信（Mobile Communication）是移动体之间的通信，需要通信双方至少有一方在运动中进行信息的交换。新一代移动通信是相对上一代移动通信而言的。新一代移动通信将通过解决网络系统应用中的便易性、多媒体业务、个性化、综合服务等问题，使用户能够在任何地点、任何时间根据需求在不同无线网络系统间实现个人通信，并具有远高于上一代移动通信的性能、数据传输能力等。

- **下一代互联网。**下一代互联网是一个建立在互联网协议（Internet Protocol，IP）技术基础上的新型公共网络，能够容纳各种形式的信息，在统一的管理平台下，实现音频、视频、数据信号的传输和管理，提供各种宽带应用和传统电信业务，是一个真正实现宽带窄带一体化、有线无线一体化、有源无源一体化、传输接入一体化的综合业务网络。

- **三网融合。**三网即电信网、互联网和广播电视网。三网融合主要指在业务层上互相渗透和交叉，在网络层上实现互联互通与无缝覆盖，在应用层上趋向使用统一的IP，并通过不同的安全协议最终形成一套在网络中兼容多种业务的运行模式，即三大网络通过技术改造后，能够提供包括数据、语音、图像等综合多媒体的通信业务，实现电信网、互联网和广播电视网的网络互联互通和业务融合。例如，现在手机可以看电视、上网，电视可以上网、打电话，计算机也可以打电话、看电视。三者之间相互交叉，这就是三网融合的具体表现。

- **物联网。**物联网是各类传感器（如红外感应器、激光扫描器等）和现有的互联网相互连接的一种新技术。物联网的产业链条很长，涉及的行业包括传感器、芯片、设备制造及软件应用等。物联网带来的信息化浪潮将拉动集成电路市场需求的增长，也将推动芯片与传感器、芯片与系统的融合，带动全产业链的发展。

- **云计算。**云计算是一种资源交付和使用模式，它在计算数据后，会将程序分为若干个小程序，并且将小程序的计算结果以免费或按需租用的方式反馈给用户。云计算是分布式计算、并行计算、效用计算、网络存储、虚拟化等传统计算机技术和网络技术融合发展的产物。

- **集成电路。**集成电路（Integrated Circuit，IC）是采用特定的制造工艺，将晶体管、电容、电阻和电感等元件制作在若干块半导体晶片或者介质基片上，进而封装在一个管壳内，变成具有某种电路功能的微型电子器件或部件。集成电路是现代电子技术的重要组成部分，广泛应用于计算机、通信、自动控制等领域。

- **新型显示。**新型显示是指充分利用新兴科技和材料创造出的全新的显示技术，可以提供更高质量、更高清晰度、更节能环保和更具交互性的显示效果。

- **高端软件。**高端软件是指因具有关键或专有技术、创新或领先模式而拥有较高附加值，并能促进产业形成较高劳动生产率的软件及服务。其代表着软件技术、信息技术的发展方向和趋势，如云计算，具有重大的产业价值和知识产权价值。高端软件是一个相对的概念，基础软件包括桌面操作系统、服务器操作系统、数据库管理系统、办公软件等，高端软件则是基础软件的继承和发展，包括工业软件、信息安全软件、云计算软件、移动互联网软件及相关信息服务。

- **高端服务器。**高端服务器即"大服务器"，通常是指处理器数量为8个以上的计算机服务器。高端服务器具有强大的在线事务性能和极高的可用性，主要用作大型中间件系统和数据库系统等关键核心应用系统，是云计算的核心平台。

- **信息服务。**信息服务即利用信息资源提供的服务。信息服务以现代信息技术为手段，对用户及其信息需求进行研究，以便向用户提供有价值的信息，使用户更及时、有效和充分地利用信息。其具体服务内容包括信息检索服务、信息报道与发布服务、信息咨询服务以及网络信息的采集、处理、存储、传输等。

（二）新一代信息技术产生的原因

新一代信息技术的产生是科学技术、社会经济、国家发展等多种因素共同作用的结果。以下从技术层面、用户需求层面、国家发展战略层面等方面进行分析。

1. 技术层面

从技术层面看，计算机技术的发展、互联网的普及、移动互联网的兴起推动了新一代信息技术的形成。

- **计算机技术的发展。** 随着计算机技术的不断更新换代，计算机的速度、存储容量、处理能力都得到了极大的提高，为新一代信息技术的产生与发展提供了强有力的物质基础和核心动力。
- **互联网的普及。** 互联网的普及将全球范围内的用户紧密地联系在了一起，实现了信息的快速传递和共享，为新一代信息技术的跨越式发展提供了坚实的基础。
- **移动互联网的兴起。** 随着移动设备的普及，移动互联网得到了迅速发展。人们不再局限于固定终端，可以在任何地方通过手机、平板电脑等设备上网、下载应用等，从而为新一代信息技术的普及和应用带来了更多可能性。

另外，各种新兴信息技术之间会形成促进作用，例如，5G 具有更高的传输速率、更低的延迟和更高的安全性能等特点，这些特点使得 5G 成为物联网使用和发展的基础，而云计算的高可靠性和高扩展性为物联网提供了更为可靠的服务；云计算、物联网和人工智能的应用，为大数据的产生和利用提供了更广阔的平台及工具。

2. 用户需求层面

从用户需求层面看，以大数据为例，在移动互联网时代，个人产生的数据量迅猛增长，人们越来越重视对数据的使用和管理。同时，人们更加乐意分享自己的数据，各种数据资源得以快速积累和共享。这种大规模的数据共享为大数据的产生和广泛应用提供了重要基础。此外，人们每天都面临着大量的信息，个性化需求也越来越强烈，希望能够快速获取自己感兴趣的、有价值的信息。大数据技术的出现和应用可以为人们提供更加个性化和高效的服务，满足了人们不同的需求。

3. 国家发展战略层面

从国家发展战略层面看，战略性新兴产业是以重大技术突破和重大发展需求为基础，对经济社会全局和长远发展具有重大引领作用，知识技术密集、物质资源消耗少、成长潜力大、综合效益好的产业。加快培育和发展战略性新兴产业对推进我国现代化建设具有重要战略意义。在国际新一轮产业竞争的背景下，各国纷纷制定新兴产业发展战略，从而抢占经济和科技的制高点。目前我国经济发展正处在一个关键阶段，正在大力推进市场化、工业化、城镇化、信息化、国际化和绿色化。新一代信息技术代表了信息技术的未来发展方向，新一代信息技术的发展可以极大地推动其他战略性新兴产业的发展，牵一发而动全身，对推动我国经济增长、促进产业结构优化升级、加速信息化和工业化深度融合、加快社会整体信息化进程、提高人民生活水平起到了关键性作用。

> **提示** 新一代信息技术已然成为全球高科技企业之间的主战场。在新一轮的竞争中，谁先获得高端技术，谁就能抢占新一代信息技术产业发展的制高点。因此，我们应加强对科技人才和技能型人才的培养，并不断提高互联网人才资源全球化培养、全球化配置水平，从而为加快建设科技强国提供有力支撑。

（三）新一代信息技术的发展历程

《"十三五"国家战略性新兴产业发展规划》指出，"十二五"期间，我国新一代信息技术等战略性新兴产业快速发展，产业创新能力和盈利能力明显提升。新一代信息技术等领域一批企业的竞争力进入国际市场第一方阵，高铁、通信、航天装备、核电设备等国际化发展实现突破。大众创业、万众创新蓬勃兴起，战略性新兴产业广泛融合，加快推动了传统产业转型升级，涌现了大批新技术、新产品、新业态、新模式，创造了大量就业岗位，成为稳增长、促改革、调结构、惠民生的有力支撑。

"十四五"期间，我国新一代信息技术产业将持续向"数字产业化、产业数字化"的方向发展，数字产业化强调数字经济的重要性和数字经济的发展，产业数字化是指传统产业借助数字化技术实现产业升级。"十四五"规划和2035年远景目标纲要明确指出，要打造数字经济新优势。充分发挥海量数据和丰富应用场景优势，促进数字技术与实体经济深度融合，赋能传统产业转型升级，催生新产业、新业态、新模式，壮大经济发展新引擎。一方面，培育壮大人工智能、大数据、区块链、云计算等新兴数字产业；另一方面，依托新一代信息技术产业，传统产业也将在"十四五"期间深入实施数字化改造升级。

2022年9月，在我国工业和信息化部在举行的"大力发展新一代信息技术产业"主题新闻发布会上，介绍了党的十八大以来，我国新一代信息技术产业结构不断优化，产业规模迈上新台阶。手机、彩电、计算机、可穿戴设备等智能终端产品供给能力稳步增长，内需升级趋势明显。同时，我国作为消费电子产品的全球重要制造基地，全球主要的电子生产和代工企业大多数在我国设立了制造基地和研发中心。全球约80%的个人计算机、65%以上的智能手机和彩电在我国生产，创造直接就业岗位约400万个，相关配套产业从业人员超千万。很多"世界首发"消费电子产品的问世，如全球首款消费级可折叠柔性屏手机、全球首台卷曲屏8K激光电视、全球首台5G笔记本电脑等，彰显了我国的创新能力水平。

回顾新一代信息技术，整体上，以云计算、大数据、物联网、人工智能等为代表的新一代信息技术架构蓬勃发展，并将加快应用突破，加速渗透经济和社会生活的各个领域，软件产业服务化、平台化、融合化趋势更加明显。例如，人工智能领域产业链已初具规模，应用领域不断扩展，对教育、汽车电子、智能家电、公共安全等相关产业高端化发展形成了较强的带动作用。相关政策落地实施，以及云计算、大数据、物联网、人工智能等新一代信息技术加速迭代演进，将进一步推动传统行业走向智能化，相应的应用场景将面向工业、家居、医疗、教育等领域快速扩张，从而迎来更加广阔的发展前景与市场机遇。

概括而言，新一代信息技术的"新"主要体现在网络互联的移动化、信息处理的集中化和大数据化、信息服务的智能化和个性化上。新一代信息技术发展的特点不是信息领域各种分支技术的纵向升级，而是信息技术横向渗透融合到制造、生物医疗、汽车等行业。它强调的是信息技术渗透融合到社会和经济发展的各个行业，并推动其他行业的技术进步和产业发展。

任务实现

新一代信息技术代表了信息技术领域的最新发展和创新趋势，它不仅提高了生产效率和生活质量，还催生了新的产业和商业模式，为社会的发展注入了强大的动力。了解新一代信息技术的产业发展情况，有利于我们更好地认识新一代信息技术发展的背景，从而紧密追逐时代发展的步伐。

（1）通过百度搜索引擎搜索"新一代信息技术产业"关键词，我们可以了解到新一代信息技术产业是如今我国战略性新兴产业之一，是国民经济的战略性、基础性和先导性产业，其应用范围横跨我国国民经济中的农业、工业和服务业等三大产业。新一代信息技术产业的范围主要包括新一代信息网络产业（如新一代移动通信网络服务等）、云计算服务（如互联网+等）、大数据服务（如工业互联网及支持服务等）、人工智能（如人工智能软件开发等）、电子核心产业（如集成电路制造等）、新兴软件和新型信息技术服务（如虚拟现实、物联网等）6个方面，如图6-1所示。

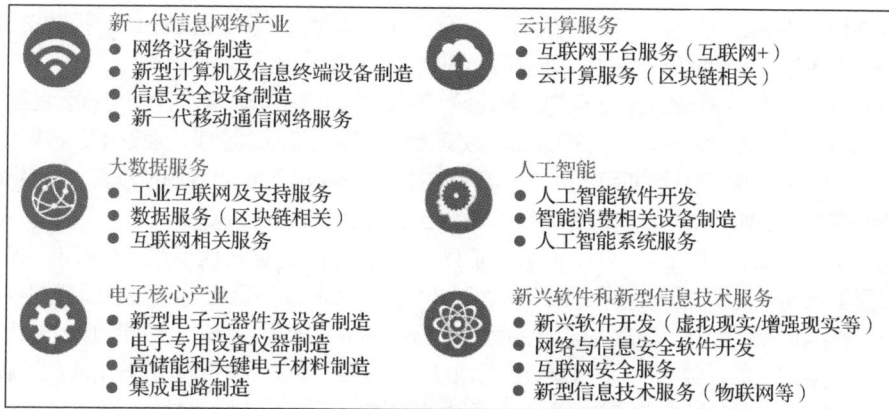

图6-1　新一代信息技术产业的范围

（2）访问华为官网，查看其公司介绍及主要的产品、服务和行业解决方案，可以发现，华为是一家全球领先的信息与通信技术（Information and Communication Technology，ICT）基础设施和智能终端提供商。华为的主要业务包括 ICT 基础设施业务、终端业务和智能汽车解决方案，其业务布局情况如图 6-2 所示，每一个业务版块都与新一代信息技术联系紧密，每一个业务的发展都有赖于新一代信息技术的不断探索和突破。

图6-2　华为公司业务布局情况

任务二　新一代信息技术的特点与典型应用

任务描述

新一代信息技术的创新异常活跃，技术融合步伐不断加快，催生出一系列新产品、新应用和新模式，如大数据、物联网、人工智能、云计算、区块链等。而新一代信息技术的应用场景也变得多种多样。例如，借助 5G 技术，用户利用手机就可以在线浏览"云货架""云橱窗"；享受 360° 全景式购物体验，参观基于虚拟现实技术的科普体验馆等。本任务将了解新一代信息技术的典型应用场景，并分析其相关技术特点。

技术分析

（一）5G、6G

现阶段，移动通信技术大致经历了第一代移动通信技术至第五代移动通信技术（1G～5G）的发展。1G、2G、3G 目前已逐渐被淘汰，4G 和 5G 是目前移动通信技术应用的主流。

在 3G 时代，附图的文字资讯已经随处可见，而在 4G 时代，文字不再是主流，视频资讯的应用更加常见。短视频在微信、微博等平台中随处可见，视频节目可以"随手获得"。

随着数据传输需求呈爆炸式增长，现有的移动通信系统难以满足未来需求，5G 应运而生。它是整合以往优势技术后构成的综合性技术，具有更高的数据传输可靠性和传输速度，理论上，数据传输速度将是 4G 的 10 倍左右，只需要几秒即可下载一部高清电影，能够满足消费者对虚拟现实、超高清视频等更高网络体验的需求。例如，由视频编码专家组（Video Coding Experts Group，VCEG）和运动图像专家组（Moving Picture Experts Group，MPEG）联合制定的新一代视频编码标准视频压缩标准 H.266，主要面向 4K 和 8K 超高清（Ultra High Definition，UHD）视频应用，由我国数字音视频编解码技术标准工作组（简称 AVS 工作组）制定的第三代音视频编码标准 AVS3，主要面向 8K 超高清视频、虚拟现实等新兴应用场景。数字视频正朝着超高清的趋势发展，超高清使图像的分辨率和清晰度有了质的飞跃，可以在视频中显示更多细节与色彩，从而为用户提供更出色的视觉体验。而 5G 完全符合当前 4K（3840 像素×2160 像素）或 8K（7680 像素×4320 像素）超高清分辨率的视频网络传输需求，并提升了数据安全性。在 5G 网络中，媒体信息的传播更加迅速，媒体间的信息共享更加紧密。

此外，6G 也已进入研发阶段，6G 在数据传输速率、时延、移动性、定位能力等方面均优于 5G，作为新一代数字信息基础设施，6G 将成为连接物理世界和数字世界的桥梁，助力实现从万物互联向万物智联的跨越。

> **提示** 运动图像专家组由国际标准化组织（International Organization for Standardization，ISO）和国际电工委员会（International Electrotechnical Committee，IEC）联合成立；视频编码专家组由国际电信联盟（International Telecommunications Union，ITU）成立。2002 年，我国成立 AVS 工作组，制定了音视频编码标准（Audio Video coding Standard，AVS），该标准是我国具备自主知识产权的数字音视频产业的共性基础标准。截至 2024 年 1 月，AVS 工作组主要发布了 3 种标准：AVS、AVS2、AVS3。2022 年 7 月，国际数字视频广播（Digital Video Broadcast，DVB）组织正式批准 AVS3 成为 DVB 标准体系中下一代视频编解码标准之一。AVS3 成功纳入 DVB 标准体系，是 AVS3 国际化的重大里程碑，将有力促进 AVS 产业化落地和国际化应用。目前，我国已启动 AVS4 标准制定。

（二）IPv6

第 6 版互联网协议（Internet Protocol version 6，IPv6）是互联网工程任务组（Internet Engineering Task Force，IETF）设计的用于替代 IPv4 的下一代 IP。

由于 IPv4 网络地址资源不足，制约了互联网的应用和发展。IPv6 的使用不仅能解决网络地址资源数量的问题，还能解决多种设备连入互联网的障碍，实现更快速度、更大容量、更加安全的网络应用。可以说，IPv6 是构建下一代互联网的基石，以 IPv6 为基础的下一代互联网，将是解决 IPv4 地址紧缺的根本途径。

因为 IPv6 的地址长度为 128 位（16 字节），是 IPv4 地址长度的 4 倍，所以 IPv4 采用的十进制格式不再适用，IPv6 采用十六进制数。一般而言，在计算机中设置 IPv6 地址时，用冒号将字符每 4 位分开来表示十六进制数，如 2345:6789:ABCD:EF01: 2345:6789:ABCD:EF01。

2021 年 7 月，中央网信办等部门印发的《关于加快推进互联网协议第六版（IPv6）规模部署和应用工作的通知》提出，到 2025 年末，全面建成领先的 IPv6 技术、产业、设施、应用和安全体系。据国家 IPv6 发展监测平台统计数据显示，2023 年 2 月，中国移动网络 IPv6 占比 50.08%，首次实现移动网络 IPv6 流量超过 IPv4 流量的突破，迎来 IPv6 规模部署及应用工作新的里程碑。

（三）云计算

云计算是国家战略性新兴产业，基于互联网服务的增加、使用和交付模式。云计算通常涉及通过互联网来提供动态、易扩展且经常是虚拟化的资源，是传统计算机和网络技术融合发展的产物。

云计算技术是硬件技术和网络技术发展到一定阶段出现的新的技术模型，是对实现云计算模式所需的所有技术的总称。分布式计算技术、虚拟化技术、网络技术、服务器技术、数据中心技术等都属于云计算技术的范畴，同时云计算技术包括新出现的 Hadoop、HPCC、Storm、Spark 等技术。云计算技术的出现意味着计算能力也可作为一种通过互联网进行流通的商品。

云计算技术作为一项应用范围广、对产业影响深远的技术，正逐步向信息产业等渗透，相关产业的结构模式、技术模式和产品销售模式等都将会随着云计算技术的发展发生深刻的改变，进而影响人们的工作和生活。

1. 云计算的特点

与传统的资源提供方式相比，云计算主要具有以下特点。

- **超大规模**。"云"具有超大的规模，Google 云计算已经拥有 100 多万台服务器，IBM、微软公司等的"云"均拥有几十万台服务器。"云"能赋予用户前所未有的计算能力。
- **高可扩展性**。云计算是一种从资源低效率地分散使用到资源高效率地集约化使用的技术。分散在不同计算机上的资源的利用率非常低，通常会造成资源的极大浪费；而将资源集中起来后，资源的利用率会大幅提升。而资源的集中化不断加强与资源需求的不断增加，也对资源池的可扩展性提出了更高要求。因此云计算系统必须具备优秀的资源扩展能力，才能方便新资源的加入。
- **按需服务**。对用户而言，云计算系统最大的优点是其可以满足自身对资源不断变化的需求，云计算系统按需向用户提供资源，用户只需为自己实际消费的资源进行付费，而不必购买和维护大量固定的硬件资源。这不仅为用户节约了成本，还促使应用软件的开发者创造出更多有趣和实用的应用。同时，按需服务使用户在服务选择上具有更大的空间，用户可以通过交纳不同的费用来获取不同层次的服务。
- **虚拟化**。云计算技术利用软件来实现硬件资源的虚拟化管理、调度及应用，支持用户在任意位置使用各种终端获取应用服务。通过"云"这个庞大的资源池，用户可以方便地使用网络资源、计算资源、硬件资源、存储资源等，大大降低了维护成本，提高了资源的利用率。

2. 云计算的应用

随着云计算技术产品、解决方案的不断成熟，云计算技术的应用领域也在不断扩大，衍生出了云安全、云存储、云游戏等各种功能。云计算对医药与医疗领域、制造领域、金融与能源领域、电子政务领域、教育科研领域的影响巨大，为电子邮箱、数据存储、虚拟办公等也提供了非常多的便利。

- **云安全**。云安全是云计算技术的重要分支，在反病毒领域得到了广泛应用。云安全技术可以通过网状的大量客户端对网络中软件的异常行为进行监测，获取互联网中木马和恶意程序的最新信息，自动分析和处理信息，并将解决方案发送到每一个客户端。
- **云存储**。云存储是一种新兴的网络存储技术，可将资源存储到"云"上供用户存取。云存储通过集群应用、网络技术或分布式文件系统等功能将网络中大量不同类型的存储设备集合起来协同工作，共同对外提供数据存储和业务访问功能。通过云存储，用户可以在任何时间、任何地点，将任何可联网的装置连接到"云"上并存取数据。
- **云游戏**。云游戏是一种以云计算技术为基础的在线游戏技术，云游戏模式中的所有游戏都在服务器端运行，并通过网络将渲染后的游戏画面压缩传送给用户。云游戏技术主要包括云端完成游戏运行与画面渲染的云计算技术，以及玩家终端与云端间的流媒体传输技术。

（四）大数据

数据是指存储在某种介质上的包含信息的物理符号。在网络时代，随着人们生产数据的能力不断提升，数据量飞速增加，大数据应运而生。大数据是指无法在一定时间范围内用常规软件或工具进行捕捉、管理、处理的数据集合。而要想从这些数据集合中获取有用的信息，就需要对大数据进行分析。这不仅需要采用集群的方法以获取强大的数据分析能力，还需要对面向大数据的新数据分析算法进行深入研究。

大数据具有数据体量巨大、数据类型多样、处理速度快、价值密度低等特点。在以云计算为代表的技术创新背景下，收集和处理数据变得更加简便，国务院在印发的《促进大数据发展行动纲要》中系统地部署了大数据发展工作。下面将对大数据的典型应用进行介绍。

1. 高能物理

高能物理是一门与大数据联系十分紧密的学科。科学家往往要从大量的数据中发现一些小概率的粒子事件，如比较典型的离线处理方式，由探测器组负责在实验时获取数据，而大型强子对撞机实验每年采集的数据量多达 15PB。高能物理中的数据量十分庞大，且数据之间没有关联性，要想从海量数据中提取有用的信息，可使用并行计算技术对各个数据文件进行较为独立的分析处理。

2. 推荐系统

推荐系统可以通过电子商务网站向用户提供商品信息和建议，如商品推荐、新闻推荐、视频推荐等。实现推荐过程需要依赖大数据技术：用户在访问网站时，网站会记录和分析用户的行为并建立模型，将该模型与数据库中的产品进行匹配后，才能完成推荐过程。为了实现这个推荐过程，系统需要存储海量的用户访问信息，并基于对大量数据的分析为用户推荐与其行为相符合的内容。

3. 搜索引擎系统

搜索引擎是常见的大数据系统，为了有效完成互联网上数量巨大的信息的收集、分类和处理工作，搜索引擎系统大多采用集群架构。搜索引擎的发展为大数据的研究积累了宝贵的经验。

（五）人工智能

人工智能（Artificial Intelligence，AI）也叫作机器智能，它是指由人工制造的系统所表现出来的智能，可以概括为研究智能程序的一门学科。人工智能研究的主要目标在于用机器来模仿和执行人脑的某些智能行为，探究相关理论、研发相应技术，如判断、推理、识别、感知、理解、思考、规划、学习等思维活动。人工智能技术已经渗透到人们日常生活的各个方面，涉及的行业也很多，包括游戏、新闻媒体、金融等，并运用于各种领先的研究领域，如量子科学等。

曾经，人工智能只在一些科幻影片中出现，但随着科学的不断发展，人工智能在很多领域得到了不同程度的应用，如在线客服、自动驾驶、智慧生活、智慧医疗等，如图6-3所示。

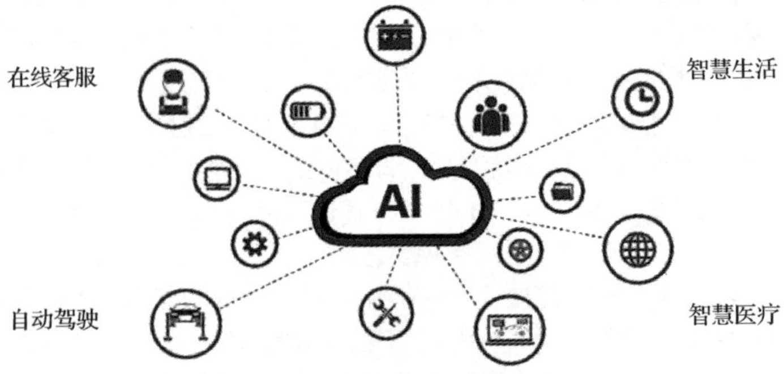

图6-3 人工智能的实际应用

1. 在线客服

在线客服是一种以网站为媒介即时进行沟通的通信技术，主要以聊天机器人的形式自动与消费者沟通，并及时解决消费者的一些问题。聊天机器人要善于理解自然语言，懂得语言所传达的意义。因此，这种技术十分依赖自然语言处理技术，若机器人能够理解不同语言代表的实际含义，那么它在很大程度上可以代替人工客服。

2. 自动驾驶

自动驾驶是现在逐渐发展成熟的一项智能应用。自动驾驶一旦实现，将会有如下改变。

- 汽车本身的形态会发生变化。自动驾驶的汽车不需要司机和方向盘，其形态可能会发生较大的变化。

- 道路将发生改变。道路可能会按照自动驾驶汽车的要求重新设计，专用于自动驾驶的车道可能变得更窄，交通信号可以更容易地被自动驾驶汽车识别。

- 完全意义上的共享汽车将成为现实。大多数的汽车可以用共享经济的模式，实现随叫随到。因为不需要司机，这些车辆可以 24 小时随时待命，可以在任何时间、任何地点提供高质量的租用服务。

3. 智慧生活

目前的机器翻译已经可以达到基本表达原文语意的水平，不影响理解与沟通。但假以时日，不断提高翻译准确度的人工智能系统很有可能悄然越过业余译员和职业译员之间的技术鸿沟，一跃成为翻译"专家"。到那时，不只是手机可以和人进行智能对话，每个家庭里的每一件家用电器都会拥有足够强大的对话功能，从而为人们提供更加方便的服务。

4. 智慧医疗

"智慧医疗"是最近兴起的专有医疗名词，它通过打造健康档案区域医疗信息平台，利用先进的物联网技术，实现患者与医务人员、医疗机构、医疗设备之间的互动，从而逐步实现医疗服务的信息化。

大数据和基于大数据的人工智能为医生诊断疾病提供了很好的支持。将来医疗行业将融入更多的人工智能、传感技术等高科技技术，使医疗服务走向真正意义上的智能化。在人工智能的帮助下，我们看到的不会是医生失业的场景，而是同样数量的医生可以服务更多的人。

> **提示** 数据与人工智能技术提升了数据的使用价值，为消费者、平台和商家带来了更多的便利。但与此同时也出现了一些"作恶行为"，如通过人工智能技术合成不雅照片，通过人工智能客服恶意拨打电话等。针对这一现象，应该从道德约束、技术标准的角度进行干预，同时加强个人信息素养。

（六）物联网

物联网就是把所有具有独立功能的物品，通过射频识别（Radio Frequency Identification，RFID）等信息传感技术与互联网连接起来并进行信息交换，以实现智能化识别和管理的信息技术。物联网技术的发展使得各种设备可以互相连接、相互交流，实现更加智能化的应用。物联网被称为继计算机、互联网之后，世界信息产业发展的第三次浪潮。物联网具有全面感知、可靠传递、智能处理等特点。

近年来，物联网已经逐步变成了现实，很多行业的发展都离不开物联网的应用。下面将对物联网的应用领域进行简单介绍，包括智慧物流、智能交通、智能医疗、智慧零售等，如图 6-4 所示。

1. 智慧物流

智慧物流以物联网、人工智能、大数据等信息技术为支撑，在物流的运输、仓储、配送等各个环节实现系统感知、全面分析和处理等。物联网在该领域的应用主要体现在仓储、运输监测和快递终端方面，即通过物联网技术实现对货物及运输车辆的监测，包括对运输车辆位置、状态、油耗、车速及货物温/湿度等的监测。

图6-4　新一代信息技术的应用——物联网

2. 智能交通

智能交通是物联网的一个重要应用领域，它利用信息技术将人、车和路紧密结合起来，可改善交通运输环境、保障交通安全并提高资源利用率。物联网技术在智能交通领域的应用包括智能公交车、智慧停车、共享单车、车联网、充电桩监测和智能红绿灯等。

3. 智能医疗

在智能医疗领域，新技术的应用必须以人为中心。物联网技术是获取数据的主要技术，能有效地帮助医院实现对人和物的智能化管理。对人的智能化管理指的是通过传感器对人的生理状态（如心率、血压等）进行监测，将获取的数据记录到电子健康文件中，方便患者或医生查阅；对物的智能化管理指的是通过 RFID 技术对医疗设备、物品进行监控与管理，实现医疗设备、用品可视化，主要表现为数字化医院。

> **提示**　RFID 技术是一种通信技术，它可通过无线电信号识别特定目标并读写相关数据，目前在许多方面已得到应用，在仓库物资、物流信息追踪、医疗信息追踪等领域都有较好的表现。

4. 智慧零售

零售业内将零售按照距离分为远场零售、中场零售、近场零售 3 种，三者分别以电商、超市和自动（无人）售货机为代表。物联网技术可以用于近场和中场零售，且主要应用于近场零售，即无人便利店和自动售货机。智慧零售通过对传统的售货机和便利店进行数字化升级及改造，打造出了无人零售模式。它还可以通过数据分析，充分运用门店内的客流和活动信息，为用户提供更好的服务。

（七）新型平板显示

显示器件"平板化"是现阶段显示器件行业的发展趋势。平板显示作为大屏幕显示时不存在投射距离问题，因此是一种比较理想的显示设备。目前新型平板显示器件主要应用的技术路线包括有机发光二极管（Organic Light-Emitting Diode，OLED）显示技术、液晶显示（Liquid Crystal Display，LCD）技术、电子纸显示技术、发光二极管（Light-Emitting Diode，LED）显示技术等。

- OLED 显示技术。OLED 显示技术是新一代的平板显示技术，具有高画质（高对比度、高亮度、宽色域）、视角限制小、超薄、响应速度快、可卷曲等特性。按驱动方式的不同，OLED 可分为被动有机发光二极管（Passive-Matrix OLED，PMOLED）、主动有机发光二极管（Active-Matrix OLED，AMOLED）和硅基 OLED 等。其中，PMOLED 结构较简单、驱动电压高，适合应用在低分辨率面板上，如手环、智能手表等设备；AMOLED 是目前 OLED 的主流技术，其工艺虽然较复杂，但其驱动电压低、发光元件使用寿命长，适合应用在高分辨率面板上，如智能手机、笔记本电脑、平板电脑、电视、车载显示器等设备；硅基 OLED 属于前沿显示技术，具有分辨率高、体积小等特性，多应用于小型设备，如头戴显示器（虚拟现实的交互设备）等。

- **LCD 技术。**LCD 的最新技术是有源式的薄膜晶体管型（TFT-LCD）。TFT-LCD 显示技术具有成本低、技术成熟和稳定的优点，广泛用在消费类电子产品上，包括智能手机、平板电脑、笔记本电脑、电视等。
- **LED 显示技术。**新型 LED 显示技术主要包括次毫米发光二极管（Mini LED）与微发光二极管（Micro LED），两者的主要区别在于尺寸大小，Micro LED 尺寸小于 Mini LED。Mini LED 显示技术主要面向大屏高清显示，包括监控指挥、高清演播、高端影院、医疗诊断、广告显示、会议会展、办公显示、虚拟现实等领域。Micro LED 显示技术主要面向小型设备，如头戴显示器等，同时 Micro LED 显示技术正在向大屏高清显示发展。
- **电子纸显示技术。**电子纸本身不发光，通过反射自然光形成图像，阅读效果与纸张类似。电子纸显示技术广泛应用于电子阅读器中，以及商超零售领域的电子价签中。

（八）高性能集成电路

电子信息产品中的核心部件是集成电路，可以说集成电路是信息产业的核心。集成电路是 20 世纪 60 年代初发展起来的一种新型半导体器件，它是把构成具有一定功能的电路所需的半导体、电容、电阻等元件及它们之间的连接导线全部集成在一小块硅片上，然后焊接封装在一个管壳内的电子器件。集成电路具有体积小、重量轻、引出线和焊接点少、使用寿命长、可靠等特点。

集成电路不仅在工用电子设备（如电视机、计算机）等方面得到了广泛应用，在军事、通信等方面也得到了广泛应用。例如，用集成电路来装配电子设备时，其装配密度是晶体管的几十倍甚至几千倍。我国正积极发展集成电路产业链，其发展重点体现在以下几个方面。

- **着力开发高性能集成电路产品。**重点开发网络通信芯片、信息安全芯片、RFID 芯片、传感器芯片等量大面广的芯片。
- **壮大芯片制造业规模。**加快 45 nm 及以下制造工艺技术的研究与应用，加快标准工艺、特色工艺模块、IP 核的开发；多渠道吸引投资进入集成电路领域，推进集成电路芯片制造业的科学发展。
- **完善产业链。**加快新设备、新仪器、新材料的开发，形成成套工艺，培育一批具有较强自主创新能力的骨干企业，推进集成电路产业链各环节紧密协作，完善产业链。

（九）工业互联网

工业互联网是全球工业系统与高级计算、分析、传感技术，以及互联网的高度融合。其核心是通过工业互联网平台把工厂、生产线、设备、供应商、客户及产品紧密地连接在一起；结合软件和大数据分析，帮助制造业实现跨地区、跨厂区、跨系统、跨设备的互联互通，从而提高生产效率，推动整个制造服务体系实现智能化。

工业互联网的核心三要素是人、机器、数据分析软件。工业互联网将带有内置感应器的机器和复杂的软件与其他机器、人员连接起来。例如，将飞机发动机连接到工业互联网中，当机器感应到满足了触发条件和接收到通信信号时，就能从中提取数据并进行分析，从而成为有理解能力的工具，能更有效地发挥潜能。

2020 年 12 月，工业和信息化部印发的《工业互联网创新发展行动计划（2021—2023 年）》工信部信管〔2020〕197 号指出，工业互联网是新一代信息通信技术与工业经济深度融合的全新工业生态、关键基础设施和新型应用模式。它以网络为基础，以平台为中枢，以数据为要素，以安全为保障，通过对人、机、物全面连接，变革传统制造模式、生产组织方式和产业形态，构建全要素、全产业链、全价值链全面连接的新型工业生产制造和服务体系；对支撑制造强国和网络强国建设，提升产业链现代化水平，推动经济高质量发展和构建新发展格局，都具有重要意义。

2024 年 1 月 5 日，中国互联网协会召开第十四届中国互联网产业年会。会上指出，2023 年是我国实施《工业互联网创新发展行动计划（2021—2023 年）》的收官之年，我国工业互联网开始进入规模化发展新阶段。截至 2023 年 11 月，我国已建成超过 270 个具有一定影响力的工业互联网平台，"5G+工业互联网"项目超过 8000 个。工业互联网在平台化设计、智能化生产、网络化协同、个性化定制、服务化延伸、数字化管理六大典型模式中加速推广。

（十）区块链

区块链（Blockchain）是分布式数据存储、加密算法、点对点传输、共识机制等计算机技术的全新应用方式，它具有数据块链式、不可伪造和防篡改、高可靠性等关键特征。区块链本质上是一个去中心化的数据库，它不再依靠中央处理节点，实现了数据的分布式存储、记录与更新，具有较高的安全性。

区块链作为一种底层协议，可以有效解决信任问题，实现价值的自由传递，在数字货币、存证防伪、数据服务等领域具有广阔前景。

- **数字货币**。区块链技术最为成功的应用之一就是数字货币。由于具备去中心化和频繁交易的特点，数字货币具有较高的流通价值。另外，相对于实体货币，数字货币具有易携带与存储、低流通成本、使用便利、易于防伪、打破地域限制等特点。

- **存证防伪**。区块链可以通过哈希时间戳证明某个文件或者数字内容在特定时间的存在，其公开、不可篡改、可溯源等特点为司法鉴证、产权保护等提供了完美的解决方案。沃尔玛公司便极力邀请其供应商抛弃纸张的追踪方式，加入沃尔玛的区块链计划。如今，沃尔玛公司利用区块链技术可以在短短几秒内将一只鸡蛋从商店一直追踪到农场。

- **数据服务**。未来互联网、人工智能、物联网都将产生海量数据，现有的数据存储方案将面临巨大挑战，基于区块链技术的边缘存储有望成为未来解决数据存储问题的方案。此外，区块链对数据的不可篡改和可追溯机制保证了数据的真实性和高质量，这将成为大数据、人工智能等一切数据应用的基础。

（十一）虚拟现实

虚拟现实（Virtual Reality，VR）是利用计算机技术模拟构建包括图像、声音等多种信息源的三维空间，并使用户能够自然地与该空间进行交互的一种技术。VR 借助计算机技术及硬件设备，建立了具备高度真实感的虚拟环境（这种虚拟环境是通过计算机图形构成的三维数字模型），并编制生成了使人们可以通过视觉、听觉、触觉等感官感知的人工环境，给人一种"身临其境"的感觉，为人们提供了一种新的人机交互方式。

VR 是人类在探索自然的过程中，发展到一定水平的计算机技术与思维科学相结合的产物，它的出现为人类认识世界开辟了一条新途径，其重要意义不言而喻。随着 VR 技术的逐步成熟，各行各业对 VR

应用的需求日益增加，这种技术也开始渗透人们的生活，在一定程度上改变了人们与数字世界的互动方式。它在沉浸式影视娱乐、虚拟旅游、沉浸式教育培训、虚拟医疗、模拟军事训练、虚拟航空航天等领域都发挥了重要作用。

- **沉浸式影视娱乐**。因操作方便、简单，且目标用户数量大，影视娱乐是 VR 技术应用最广泛的领域之一，其中又以看电影和玩游戏为主要应用场景。VR 观影和 VR 游戏使用户不仅可以观看到具有立体效果的视频，更可以实现 360° 的全景观影以及具有较强真实感的人机互动。

- **虚拟旅游**。现代社会，旅游是人们娱乐生活的重要方式，也是了解历史文化的一种途径。而 VR 技术的发展与应用为人们的旅游带来了全新的体验方式，既方便了人们出行，又使得人们能够轻松探索向往之地。

- **沉浸式教育培训**。VR 技术在教育培训领域有着广泛的应用，它为学习者营造了"自主学习"的环境，使传统的"以教促学"的学习方式转换为学习者通过自身与信息环境的相互作用来得到知识、技能的新型学习方式，如图 6-5 所示。

图6-5　学生穿戴头戴显示器自主学习的场景

- **虚拟医疗**。VR 被广泛用于医疗康复、医学仿真教学和手术模拟训练等场景中。医疗康复是指利用 VR 技术，让病人暴露在虚拟的某种刺激性情境中，使其产生耐受和适应的方法，如图 6-6 所示；医学仿真教学是指利用 VR 技术对医护人员进行临床知识讲授和技能培训，学习者可以在沉浸性和真实性的环境中接受手术、技术、设备和与患者互动的培训；手术模拟训练是指利用 VR 技术，创建虚拟手术室，搭建虚拟手术台，在虚拟环境中模拟出人体组织和器官，再借助触觉交互设备，让医护人员在其中进行模拟操作，如图 6-7 所示，使其能更快地掌握手术要领。

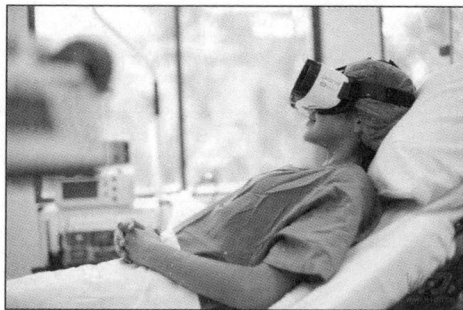

图6-6　医疗康复应用场景

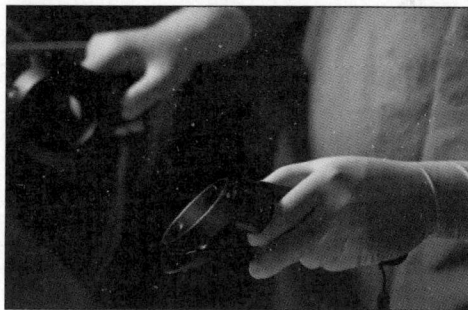

图6-7　手术模拟训练应用场景

- **模拟军事训练**。军事是 VR 重要的应用领域之一，VR 技术发展初期就在军事作战系统中得到应用，并一直受到各国的重视。其具体应用包括模拟战场环境、士兵训练、战争演习、武器研发等。

- **虚拟航空航天**。VR 在航空航天领域具有重要意义，VR 技术的应用可以在一定程度上促进航空航天的发展。VR 技术在航空航天领域的应用分为两类：一类是针对普通用户，通过 VR 交互设备，使用户置身于逼真的虚拟环境中，可以模拟飞行、太空探索和航天任务等体验，可以更好地向用户普及航空航天知识，增强用户对航空航天领域的兴趣，促进航空航天科普和推广活动的开展；另一类是为航空航天领域内的专业人员提供支持，它可以改变传统的训练、设计和模拟方式，具体应用包括飞行员培训、航空航天工程设计和太空探索模拟等。

> **提示** 与虚拟现实相关的技术是增强现实（Augmented Reality，AR）和混合现实（Mixed Reality，MR）。AR 是将真实世界的信息和虚拟世界的信息结合在一起的新技术。它能够将原本无法感知的信息添加到创建的环境中并让用户进行体验，使用户能够体会到超越现实的感受，如将其用于手机摄像头时，可直接扫描现实世界的物体，并通过图像识别技术在手机上显示对应的图片、音频、视频、3D 模型等。MR 是介于 VR 和 AR 之间的一种综合形态，可以将虚拟世界与现实世界进行更多的结合，建立一个新的环境。在这个新环境中，虚拟物品能够与现实世界中的物品共同存在，并且即时与用户产生真实的互动。也就是说，当用户对现实生活进行改变时，会间接影响到虚拟空间。

任务实现

人工智能、区块链、大数据等新一代信息技术正在经济社会的各领域快速渗透与应用，成为驱动行业技术创新和产业变革的重要力量。其中，人工智能在日常生活中的应用尤其普遍，例如，图 6-8 所示的航拍无人机便利用了人工智能、物联网、大数据技术等使其定位更加准确，图像分析结果更加精确。航拍无人机可以弥补卫星和载人航空遥感技术的不足，催生了更加多元化的应用场景，如航空拍照、地质测量、高压输电线路巡视、油田管路检查、高速公路管理、森林防火巡查、毒气勘察等。

图6-8　航拍无人机

除此之外，请读者思考还有哪些典型应用场景或产品并将其填入表 6-1 中，分析该典型应用场景和产品应用了哪些新一代信息技术及解决了哪些问题。

表 6-1　新一代信息技术的典型应用场景与产品分析

典型应用场景与产品	相关技术	解决的问题
智慧园区新生态	云计算、人工智能等	打造出以场景为核心的新园区"云管端"一体化"1+6"通用场景解决方案
百度地图慧眼迁徙大数据	大数据	运用百度地图慧眼迁徙大数据有效锁定人员流向

任务三　新一代信息技术与其他产业的融合

任务描述

新一代信息技术产业的市场规模正在逐渐扩大，快速发展的信息技术也与其他产业进行了高度融合，如工业互联网就是新一代信息技术与制造业深度融合的新兴产物。除此之外，新一代信息技术也与生物医疗产业、汽车产业等进行了深度融合。本任务将介绍新一代信息技术与制造业、生物医药产业、汽车产业的融合。

技术分析

（一）新一代信息技术与制造业融合

新一代信息技术与制造业深度融合是推动制造业转型升级的重要举措，是抢占全球新一轮产业竞争制高点的必然选择。目前，我国新一代信息技术与制造业融合发展成效显著，主要体现在以下 3 个方面。

- **产业数字化基础不断夯实。**近年来，我国以融合发展为主线，持续推动新一代信息技术在企业的研发、生产、服务等流程和产业链中的深度应用，带动了企业数字化水平的持续提升。
- **企业数字化转型步伐加快。**工业互联网平台作为新一代信息技术与制造业深度融合的产物，已成为制造大国竞争的新焦点。推广工业互联网平台，加快构建多方参与、协同演进的制造业新生态，是加快推进制造业数字化转型的重要催化剂。当前，我国工业互联网平台的发展取得了重要进展，工业互联网平台对加速企业数字化转型的作用日益彰显。
- **企业创新能力不断增强。**随着我国信息技术产业的快速发展，一大批企业脱颖而出，这些企业在创新能力、规模效益、国际合作等方面不断取得新成就，为产业数字化转型奠定了良好基础。

（二）新一代信息技术与生物医药产业融合

近年来、以云计算、智能终端等为代表的新一代信息技术在生物医药产业得到了广泛的应用。新一代信息技术与生物医药这两个领域正在进行深度融合，这种融合代表着新兴产业发展和医疗卫生服务的前沿。新一代信息技术已渗透生物医药产业的各个环节，如研发环节、生产流通环节、医疗服务环节等。

- **研发环节。**在研发环节，大数据、云计算、"虚拟人"等技术将推进医药研发的进程。很多发达国家正尝试运用信息技术建立"虚拟人"，将药品临床试验的某些阶段虚拟化。另外，针对电子健康档案数据的挖掘和分析，将有助于提高药品研发效率，降低研发费用。
- **生产流通环节。**在生产流通环节，无线 RFID 标签、温度传感器、智能尘埃等设备将在药品流通过程中得到广泛应用。提高药品流通领域的电子商务应用水平，将成为提高药品流通效率的主要方式。
- **医疗服务环节。**在医疗服务环节，电子病历、智能终端、网络社交软件等将使有限的医疗资源被更多人共享，形成新的医患关系。良好的市场前景已使许多信息技术公司介入生物产业，如 IBM 公司推出了"智慧医疗"服务产品。

（三）新一代信息技术与汽车产业融合

当汽车保有量接近饱和时，汽车产业曾经一度被误认为是夕阳产业，但实际上，全球汽车产业的发展从未止步。尤其是在新一代信息技术与汽车产业深度融合之后，汽车产业焕发新生。新一代信息技术与汽车产业的深度融合呈现出以下 3 个新特征。

- **从产品形态来看，**汽车不只是交通工具，还是智能终端。智能网联汽车配有先进的车载传感器、控制器、执行器等装置，应用了大数据、人工智能、云计算等新一代信息技术，具备智能化决策、自动化控制等功能，实现了车辆与外部节点间的信息共享及控制协同。
- **从技术层面来看，**汽车从单一的硬件制造走向软硬一体化。其中，硬件设备是真正实现智能化并得以普及的底层驱动力，它是不可变的；而软件是可变的，可变的软件能够根据个人需求改变。
- **从制造方式来看，**汽车的生产由大规模同质化生产逐步转向个性化定制。在智能制造时代，汽车产业在纵向集成、横向集成、端到端集成 3 个维度率先实现突破，其生产正从大规模同质化生产模式转向个性化定制模式。

任务实现

新一代信息技术对各行各业的发展产生了巨大的影响。例如，在制造业，新一代信息技术已成为竞争的核心要素，是推动制造业价值链重塑与发展的重要基础。在新一代信息技术的引领下，我国制造业逐步向数字化、智能化、移动化、绿色化方向发展。打开央视网，搜索以"新一代信息技术"为主题的相关视频，如图6-9所示。

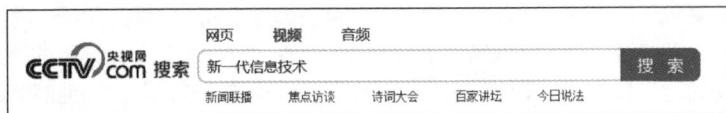

图6-9 "新一代信息技术"相关视频的搜索

在搜索结果中观看新一代信息技术与其他产业融合的相关视频，如"南京4家企业入选2023年新一代信息技术与制造业融合发展示范名单""全国新一代信息技术服务行业产教融合共同体在吉林市成立"等视频，如图6-10所示。根据视频内容，读者可以讨论并分析新一代信息技术与其他产业融合的新趋势和相关技术的应用。

图6-10 新一代信息技术与其他产业融合的视频

课后练习

一、填空题

1. 新一代信息技术的创新异常活跃，技术融合步伐不断加快，催生出一系列新产品、新应用和新模式，如＿＿＿＿、＿＿＿＿、＿＿＿＿、＿＿＿＿和＿＿＿＿等。

2. 物联网被称为继计算机、互联网之后世界信息产业发展的第三次浪潮，它具有＿＿＿＿、＿＿＿＿和＿＿＿＿等特点。

3. 工业互联网的核心三要素是＿＿＿＿、＿＿＿＿和＿＿＿＿。

4. ＿＿＿＿通过集群应用、网络技术或分布式文件系统等功能将网络中大量不同类型的存储设备集合起来协同工作，共同对外提供数据存储和业务访问功能。

二、选择题

1. 下列不属于云计算特点的是（　　　）。

    A. 高可扩展性　　　　B. 按需服务　　　　C. 高可靠性　　　　D. 非网络化

2. 人工智能的实际应用不包括（　　　）。

    A. 自动驾驶　　　　B. 人工客服　　　　C. 数字货币　　　　D. 智慧医疗

3. （　　　）是硬件技术和网络技术发展到一定阶段出现的新的技术模型，是对实现云计算模式所需的所有技术的总称。

  A. 云计算技术   B. 工业互联网   C. RFID 技术   D. 物联网

4. 下列不属于区块链特点的是（　　　）。

  A. 高可靠性   B. 价值密度低

  C. 不可伪造和防篡改   D. 数据块链式

广识天地——AIGC 技术的发展应用

如今，AI 在日常生活中的应用已经变得非常广泛和深入，几乎涵盖了人们日常生活的方方面面。例如，小度、小艺、小爱同学等 AI 助手，可以通过语音识别和自然语言处理技术理解并执行指令，帮助人们查询天气、设置提醒、播放音乐等。在家居领域，智能音箱、智能家电等设备可以通过语音控制实现家居设备的自动化和智能化，如打开/关闭电器、调节灯光亮度等。在医疗方面，AI 技术被应用于图像诊断、预测疾病风险、个性化治疗、药物研发等方面，通过深度学习和计算机视觉技术，其可以帮助医生更准确地诊断疾病，预测个人健康风险，并帮助制定个性化的治疗方案。在交通领域，智能停车系统、智能交通信号控制、智能公交系统等也依赖于 AI 算法和传感器技术等 AI 技术。

当然，AI 是一个十分广泛的领域，AI 技术的产生和应用也经历了很长时间。早期的 AI 技术主要是在模拟和学习方面进行初步尝试，而 AIGC 的出现标志着人工智能从 1.0 时代进入了 2.0 时代，为人类社会打开了认知智能的大门。

AIGC 技术涵盖了人工智能、计算机图形学和深度学习等领域，其技术基础包括 GAN、CLIP、Transformer、Diffusion、预训练模型、多模态技术、生成算法等。各种技术的融合，使得 AIGC 具有更通用和更强的基础能力。通过单个大规模数据的学习训练，AI 具备多个不同领域的知识，只需要对模型进行适当的调整修正，就能让它完成真实场景的任务。

现在，AIGC 工具的应用已经比较成熟，且逐渐在人们的学习和工作中发挥重要作用。其常见应用领域介绍如下。

（1）智能写作助手。这类工具能够基于用户的输入和指令，自动生成或修改文本内容。例如，Notion AI、豆包等工具可提供写作、改写、总结等功能，能极大地提高用户的写作效率。

（2）智能图像生成工具。这类工具主要是利用 AIGC 技术，根据用户的描述或选择，自动生成符合要求的图像或设计，如文心一格、通义万相、稿定 AI 等就是这类工具。除了图像生成工具之外，智能视频生成工具也在飞速发展，如 Sora。

（3）智能语音识别与合成工具。这类工具能够识别用户的语音指令，也可以将文本转化为自然的语音输出，在影音娱乐、智能家居、智能助手等领域有着广泛应用。

（4）智能翻译工具。这类工具主要是利用机器翻译技术，实时翻译多种语言之间的文本或语音，帮助人们跨越语言障碍进行交流。

（5）智能编程助手。智能编程助手能够提供代码自动生成、语法检查、错误修复等功能，可以提高编程效率和质量。

新一代信息技术目前正处于飞速发展阶段，新的 AI 工具和应用不断涌现，在这些工具的影响下，人们的工作效率和生活质量都将得到有效提高，各个行业的创新和发展也将面临更多机遇和挑战。

模块七
信息素养与社会责任

07

　　随着全球信息化的发展，信息素养已经成为人们需要具备的一种基本素质和能力，特别是在信息爆炸的时代，懂得利用信息资源的人才能更好地适应信息社会。信息技术的不断发展给人们带来了许许多多的便利，但各种信息安全问题和现象也在频繁出现。因此，具备良好的信息素养，培养正确的社会责任感，是当代青年人需要完成的重要课题。我们要重视信息素养的培养和提升，通过教育和实践等多种方式不断提高自己的信息素养水平，同时要遵守法律法规，恪守信息社会行为规范，保持良好的职业操守和责任感，积极倡导知识与信息的共享和合理使用。

课堂学习目标

- **知识目标：** 了解信息素养的基本概念和要素，了解信息技术的发展情况，了解信息伦理和职业行为自律等知识。

- **素质目标：** 明白信息社会的相关道德伦理，恪守信息社会的行为规范，全面提升信息素养。

任务一　信息素养概述

任务描述

　　我国倡导强化信息技术应用，鼓励学生利用信息手段主动学习、自主学习，增强运用信息技术分析、解决问题的能力。究其原因，是因为信息素养是人们在信息社会和信息时代生存的前提条件。那么什么是信息素养？在日常生活和学习中，哪些行为是具备良好信息素养的体现呢？下面分别对其进行介绍。

技术分析

（一）信息素养的基本概念

　　信息素养的概念最早于 1974 年被美国信息产业协会主席保罗•舒尔科夫斯基（Paul Zurkowski）提出，他将信息素养解释为"利用大量的信息工具及主要信息源使问题得到解答的技能"。这一概念一经提出，便得到了广泛传播和使用。

　　1987 年，信息学家帕特里夏•布雷维克（Patricia Breivik）将信息素养进一步概括为"了解提供信息的系统并能鉴别信息价值、选择获取信息的最佳渠道、掌握获取和存储信息的基本技能"。他从信息鉴别、选择、获取、存储等方面定义了信息素养的基本概念，对保罗•舒尔科夫斯基提出的概念做了进一步明确和细化。

1989 年，美国图书馆协会的信息素养总统委员会提出：要成为一个有信息素养的人，就必须能够确定何时需要信息并且能够有效地查询、评价和使用所需要的信息。

1992 年，查尔斯·多伊尔（Charles Doyle）在《信息素养全美论坛的终结报告》中提出：一个具有信息素养的人，他能够认识到精确的和完整的信息是做出合理决策的基础，明确对信息的需求，形成基于信息需求的问题，确定潜在的信息源，制定成功的检索方案，将新信息与原有的知识体系进行融合并在批判性思考和解决问题的过程中使用信息。

综上所述，信息素养主要涉及内容的鉴别与选取、信息的传播与分析等环节，它是一种了解、搜集、评估和利用信息的知识结构。随着社会的不断进步和信息技术的不断发展，信息素养已经变为一种综合能力，它涉及人文、技术、经济、法律等各方面的内容，与许多学科紧密相关，是信息能力的体现。

（二）信息素养的要素

为了更好地理解信息素养这个概念，我们可以从信息意识、信息知识、信息能力和信息道德这 4 个信息素养要素的角度进一步了解信息素养。

1. 信息意识

信息意识是指对信息的洞察力和敏感程度，体现的是捕捉、分析、判断信息的能力。判断一个人有没有信息素养、有多高的信息素养，首先要看他具备多高的信息意识。例如，在学习上遇到困难时，有的人会主动去网上查找资料、寻求老师或同学的帮助，而有的人会听之任之或放弃，后者便是缺乏信息意识的直观表现。

> **提示** 在个性化推荐如此普及的环境中，如何正确理解所接收到的各种推荐信息呢？此时，"信息意识"就显得尤为重要。良好的信息意识能够帮助我们在第一时间准确判断所获得的推荐信息的真伪与价值。例如，在某个网站寻找商品时，推荐列表中可能会夹带需额外付费的商品，此时，就需要在良好的信息意识的基础下了解、理解、从容面对这样的推荐列表，再做出有利于自己的选择。

2. 信息知识

信息知识是信息活动的基础，既包括信息基础知识，又包括信息技术知识。前者主要是指信息的概念、内涵、特征，信息源的类型、特点，组织信息的理论和基本方法，搜索和管理信息的基础知识，分析信息的方法和原则等理论知识；后者则主要是指信息技术的基本常识、信息系统结构及工作原理、信息技术的应用等知识。

3. 信息能力

信息能力是指人们有效利用信息知识、技术和工具来获取信息、分析与处理信息，以及创新和交流信息的能力。它是信息素养最核心的组成部分，主要包括对信息知识的获取、信息资源的评价、信息处理与利用、信息的创新等能力。

- 信息知识的获取能力。它是指用户根据自身的需求并通过各种途径和信息工具，熟练运用阅读、访问、检索等方法获取信息的能力。例如，要在搜索引擎中查找可以直接下载的关于人工智能的 PDF 资料，可在搜索框中输入文本"人工智能 filetype:pdf"。
- 信息资源的评价能力。互联网中的信息资源不可计量，因此用户需要对搜索到的信息的价值进行评估，并取其精华，去其糟粕。评价信息的主要指标包括准确性、权威性、时效性、易获取性等。
- 信息处理与利用能力。它是指用户通过网络找到自己所需的信息后，能够利用一些工具对其进行归纳、分类、整理的能力。例如，将搜索到的信息分门别类地存储到百度云工具中，并注明时间和主题，待需要时再使用。

- 信息的创新能力。它是指用户对已有信息进行分析和总结，结合自己所学的知识，发现创新之处并进行研究，最后实现知识创新的能力。

4. 信息道德

信息技术在改变人们的生活、学习和工作的同时，个人信息隐私、软件知识产权、网络黑客等问题也层出不穷，这就涉及信息道德。一个人信息素养的高低，与其信息伦理、道德水平的高低密不可分。能不能在利用信息解决实际问题的过程中遵守伦理道德，最终决定了个人能否成为一位高素养的信息化人才。

任务实现

信息素养是每个人基本素养的构成要素，它既是个体查找、检索、分析信息的信息认识能力，又是个体整合、利用、处理、创造信息的信息使用能力。在日常生活和未来的工作中，良好的信息素养主要体现在以下几个方面。

（1）能够熟练使用各种信息工具，尤其是网络传播工具，如网络媒体、聊天软件、电子邮件、微信、博客等。

（2）能根据自己的学习目标有效收集各种学习资料与信息，能熟练运用阅读、访问、讨论、检索等获取信息的方法。

（3）能够对收集到的信息进行归纳、分类、整理、鉴别、筛选等。

（4）能够自觉抵御和消除垃圾信息及有害信息的干扰及侵蚀，保持正确的人生观、价值观，具有自控、自律和自我调节的能力。

判断表7-1中相关人物的行为是否正确。如果不正确，则正确的做法应该是什么？读者也可自行收集案例并进行判断、分析，然后填在该表格的后面。

表7-1　判断相关人物的行为是否正确

相关行为	是否正确		若不正确，则正确的做法是什么
张明引用他人文章时从不注明出处	是□	否□	
李强偶尔会通过一些不合法的渠道来获取数据、图像、声音等信息	是□	否□	
赵明会在网络中恶意攻击他人	是□	否□	
孙明未经王丽同意，盗用王丽的身份证信息进行网贷	是□	否□	
申丽在网络中传播不良信息	是□	否□	

能力拓展

网络化、信息化是当今世界显著的特征之一，网络媒体（如社交网站、微博、微信等）已经成为现代人彼此交流、知晓时事新闻、获取知识、发布言论和进行商业宣传等的不可或缺的媒介。

随着网络媒体的发展，发布信息的门槛降低，如今人人皆可成为信息的传播者，实时发送新闻事件、行业资讯、商业文案等，导致网络信息混乱，网络中也会出现虚假的、误导性的、诱导性的信息。然而，有的人不愿意或不知如何去查证网络信息的真伪、网络信息的可靠性，从而容易使自己人云亦云，成为虚假信息、不良信息的接收者甚至传播者。

"虚拟社区"概念的提出者霍华德·莱茵戈德（Howard Rheingold）在其《网络素养》一书中引用了一句话：每个人心中，都应该有一个自动的垃圾探测仪。在信息社会，每个人不仅要培养信息辨别意识，还要提高辨别信息真伪、合理合规使用信息的能力。

- **从信息的来源和发布渠道进行判断**。针对新闻事件、发布言论，官方媒体、正规的媒体机构及权威的专家学者发布的信息可信度更高。
- **多渠道对比验证**。所谓"孤证不能定案"，这一点同样适用于网络信息的甄别和判断。比较多个渠道、多个来源的信息，可以更好地判断其真实性和可信度。例如，通过搜索引擎、微博、微信等多个渠道搜索相关的信息，通过不同媒体的报道了解信息等，从而形成相对全面的判断。
- **逻辑推理鉴别**。通过对信息的逻辑推理，可以判断其真实性和可信度。例如，通过对信息的前因后果、因果关系、逻辑链条等的推理，判断其是否合乎逻辑、是否存在逻辑漏洞等。如果信息的逻辑推理是合理的、无误的，那么可以认为其可信度较高。
- **专业知识鉴别**。对于某些需要专业知识才能判断的信息，我们可以依靠相关的专业知识来进行鉴别。例如，在医学、法律、科技等领域的信息，可以咨询相关专业人士，了解他们的意见和建议，从而判断信息的真实性和可信度。
- **利用查询工具查询违禁词、敏感词**。了解相关法律法规（如《中华人民共和国广告法》）为规范语言而设定的违禁词、敏感词。用户可通过一些查询工具进行查询，查询内容包括文字、图片、文档、网页等，如图 7-1 所示。

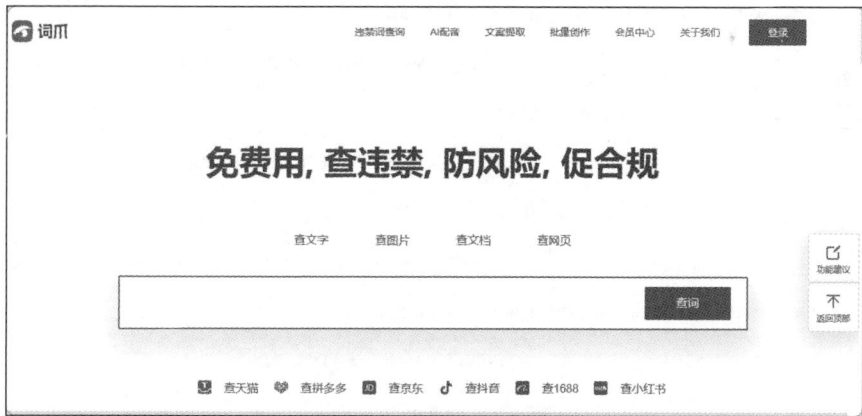

图 7-1　违禁词查询工具

综合运用以上各种方法进行综合考量，可以更准确地判断信息的真实性和可信度。另外，用户还可以自行查找一些实用的网络平台或工具，作为自己辨别信息真伪、合理合规使用信息的辅助手段。

任务二　信息技术发展与安全

任务描述

信息技术是由计算机技术、通信技术、信息处理技术和控制技术等多种技术构成的一项综合的高新技术，它的发展是以电子技术，特别是微电子技术的进步为前提的。回顾整个人类社会发展史，从语言的使用、文字的创造，到造纸术和印刷术的发明与应用，以及电报、电话、广播和电视的发明与普及等，无一不是信息技术的革命性发展成果。但是，真正标志着现代信息技术诞生的事件还是 20 世纪 60 年代电子计算机的普及使用，以及计算机与现代通信技术的有机结合，如信息网络的形成实现了计算机之间的数据通信、数据共享等。下面将通过信息技术企业的发展变化来介绍信息技术的发展情况，学习信息安全和自主可控的相关知识。

技术分析

（一）从人人网看信息技术的发展

　　随着计算机技术、通信技术、互联网技术等技术的不断发展与更新，信息技术快速发展起来。在这个背景下，许多信息技术企业如雨后春笋般不断出现，同时也不断消失，它们的发展历程从侧面说明了信息技术的发展变化。下面仅以人人网在 2005 年至 2018 年这个时期所发生的一些事件为例，说明信息技术发展变化的情况。

　　人人网曾是我国领先的实名制社交网络平台，在用户数量、页面浏览量、访问次数和用户花费时长等方面均占据优势地位。但人人公司最终以 2000 万美元的价格将人人社交网络的全部资产出售。图 7-2 所示为人人网从创建、发展，到兴盛，再到衰落的大事件示意图。

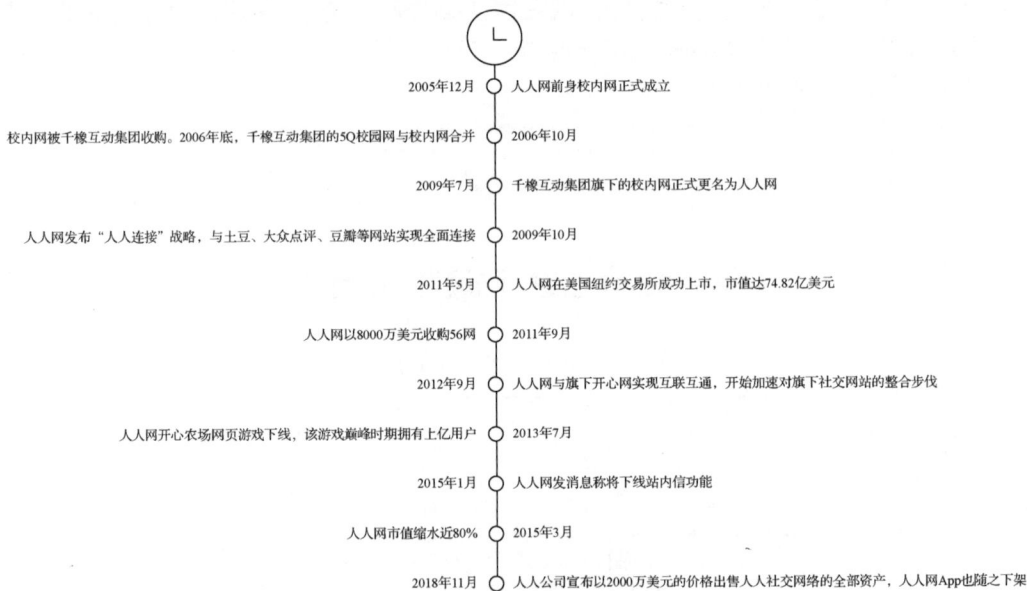

	2005年12月 人人网前身校内网正式成立
校内网被千橡互动集团收购。2006年底，千橡互动集团的5Q校园网与校内网合并	2006年10月
	2009年7月 千橡互动集团旗下的校内网正式更名为人人网
人人网发布"人人连接"战略，与土豆、大众点评、豆瓣等网站实现全面连接	2009年10月
	2011年5月 人人网在美国纽约交易所成功上市，市值达74.82亿美元
人人网以8000万美元收购56网	2011年9月
	2012年9月 人人网与旗下开心网实现互联互通，开始加速对旗下社交网站的整合步伐
人人网开心农场网页游戏下线，该游戏巅峰时期拥有上亿用户	2013年7月
	2015年1月 人人网发消息称将下线站内信功能
人人网市值缩水近80%	2015年3月
	2018年11月 人人公司宣布以2000万美元的价格出售人人社交网络的全部资产，人人网App也随之下架

图 7-2　人人网大事件示意图

　　通过人人网的发展过程，我们能看出我国信息技术的发展情况。1994 年，我国正式接入国际互联网，这一事件开启了我国信息技术蓬勃发展的大门；1995—2000 年，信息技术的发展主要体现在互联网门户网站的建立，搜狐、网易、腾讯、新浪等信息技术企业在这一时间段不断发展壮大；2001—2005 年，搜索引擎、电子商务逐渐成为信息技术的主要研发领域；2006—2010 年，社交网站开始活跃起来，这也是人人网发展最好的阶段；2011—2015 年，这一时期我国移动互联网技术开始蓬勃发展，人人网在这个时期开始逐渐从巅峰走向衰败；2016 年至今，大数据、云计算、人工智能等高新信息技术开始发展和成熟，信息时代将慢慢走向"人工智能"时代，人人网最终因无法适应时代的发展而被市场淘汰。

信息技术的不断发展带来了大量的机遇，许多信息技术企业也借着这一东风开始创建、成长，并不断壮大起来。人人网就是这一阶段非常典型的信息技术企业，它通过限制 IP 地址和电子邮箱的方式管理用户注册，保证了注册用户绝大多数都是在校大学生，并由此开创了国内大学生社交网站的历史先河。它也抓住了这一机遇，成为当时领先的实名制社交网络平台。

然而，信息技术的发展要求技术产品不断升级和变化，就人人网而言，随着微信和微博等移动互联网软件的崛起，其优势大不如前。

信息时代的千变万化告诉我们，无论多么成功的企业和产品，如果跟不上社会的进步和科学技术的发展，就有可能很快地被用户抛弃。信息技术企业要想在竞争中生存并不断发展，就一定要有清晰的定位，要适应不断变化的信息时代，要始终秉承创新的理念，否则即便辉煌一时，也会很快没落。

（二）信息安全和自主可控

信息技术的发展催生出大量数字化信息，这些信息被存储在各类网络和设备中，或借助互联网实现共享或保密独享，都无法避免信息安全问题。特别是一些不法分子为了获利，非法传播、使用各种信息，增大了信息被非法利用的概率和信息安全隐患。信息安全不仅关乎个人隐私，还关系到国家安全和社会稳定。因此，确保个人信息安全不仅是每个人的责任和义务，还是信息安全技术发展的重要方向。

1. 信息安全基础

信息安全主要是指信息被破坏、篡改、泄露的可能。其中，破坏涉及的是信息的可用性，篡改涉及的是信息的完整性，泄露涉及的是信息的机密性。因此，信息安全的核心就是要保证信息的可用性、完整性和机密性。

- 信息的可用性。当一个合法用户需要得到系统或网络服务时，系统和网络却不能提供正常的服务，这与文件资料被锁在保险柜里，开关和密码系统混乱而无法取出资料一样。也就是说，如果信息可用，则代表攻击者无法占用所有的资源，无法阻碍合法用户的正常操作；如果信息不可用，则对合法用户来说，信息已经被破坏，信息安全问题也会随之出现。
- 信息的完整性。信息的完整性是信息未经授权不能进行改变的特征，即只有得到允许的用户才能修改信息，并且能够判断出信息是否已被修改。存储器中的信息或经网络传输后的信息，必须与其最后一次修改或传输前的内容一模一样，这样做的目的是保证信息系统中的数据处于完整和未受损的状态，使信息不会在存储和传输的过程中被有意或无意的事件改变、破坏及丢失。
- 信息的机密性。由于系统无法确认是否有未经授权的用户截取网络上的信息，因此需要使用一种手段对信息进行保密处理。加密就是用来实现这一目标的手段之一，加密后的信息能够在传输、使用和转换过程中避免被第三方非法获取。

2. 信息安全现状

近年来，信息泄露的事件不断出现，如某组织倒卖业主信息、某员工泄露公司用户信息等，这些事件都说明我国信息安全目前仍然存在许多隐患。从个人信息现状的角度来看，我国目前信息安全的重点体现在以下几个方面。

- 个人信息没有得到规范采集。现阶段，虽然我们的生活方式呈现出简单和快捷的特点，但其背后也伴有诸多信息安全隐患，如诈骗电话、推销信息、搜索信息等，均会对个人信息安全产生影响。不法分子通过各类软件或程序盗取个人信息并利用信息获利，严重影响了公民的财产安全与人身安全。除了政府和得到批准的企业外，部分未经批准的商家或个人对个人信息实施非法采集甚至肆意兜售，这种不规范的信息采集行为使个人信息安全受到了极大影响，严重侵犯了公民的隐私权。
- 个人欠缺足够的信息保护意识。网络上个人信息被肆意传播、电话推销源源不断等情况时有发生，从其根源来看，这与人们欠缺足够的信息保护意识有关。我们在个人信息层面上保护意识的薄弱，给信息盗取者创造了有利条件。例如，在网上查询资料时，网站要求填写相关资料，包括电话号码、身份证号码等极为隐私的信息，这些信息还可能是必填的项目。一旦填写，如果我们面对的是非法程序，就有可能导致信息泄露。因此，我们一定要增强信息保护意识，在不确定的情况下不公布各种重要信息。

- 相关部门的监管力度不够。相关部门在对个人信息采取监管和保护措施时，可能存在界限模糊的问题。大数据需要以网络为基础，而网络用户的信息量大且繁杂，很难实现精细化管理。因此，只有继续探讨信息管理的相关办法，有针对性地出台相关政策法规，才能更好地保护个人信息安全。

3. 信息安全面临的威胁

随着信息技术的飞速发展，信息技术为我们带来更多便利的同时，也使得我们的信息堡垒变得更加脆弱。就目前来看，信息安全面临的威胁主要有以下几点。

- 黑客恶意攻击。黑客是一群专门攻击网络和个人计算机的用户，他们随着计算机和网络的发展而成长，一般精通各种编程语言和各类操作系统，具有熟练的计算机技术。就目前信息技术的发展趋势来看，黑客多采用病毒对网络和个人计算机进行破坏。这些病毒采用的攻击方式多种多样，对没有网络安全防护设备（防火墙）的网站和系统具有很大的破坏力，这给信息安全防护带来了严峻的挑战。

- 网络自身及其管理有所欠缺。互联网的共享性和开放性使网络信息的安全管理存在不足，在安全防范、服务质量、带宽和方便性等方面存在滞后性与不适应性。许多企业、机构及用户对其网站或系统都疏于这方面的管理，没有制定严格的管理制度。而实际上，网络系统的严格管理是企业、组织及相关部门和用户信息免受攻击的重要措施。

- 因软件设计的漏洞或"后门"而产生的问题。随着软件系统规模的不断增大，新的软件产品被开发出来，其系统中的安全漏洞或"后门"也不可避免地存在。无论是操作系统，还是各种应用软件，大多被发现过存在安全隐患。不法分子往往会利用这些漏洞，将病毒、木马等恶意程序传输到网络和用户的计算机中，从而造成相应的损失。

提示 "后门"即后门程序，一般是指那些绕过安全性控制而获取对程序或系统访问权的程序。开发软件时，程序员为了方便以后修改错误，往往会在软件内创建后门程序，一旦这种程序被不法分子获取，或是在软件发布之前没有删除，它就会成为安全隐患，容易被黑客当作漏洞进行攻击。

- 非法网站设置的陷阱。互联网中有些非法网站会故意设置一些盗取他人信息的软件，并且可能隐藏在下载的信息中，只要用户登录或下载网站资源，其计算机就会被控制或感染病毒，严重时计算机中的所有信息会被盗取。这类网站往往会"乔装"成人们感兴趣的内容，让大家主动进入网站查询信息或下载资料，从而成功将病毒、木马等恶意程序传输到用户计算机上，以完成各种别有用心的操作。

- 用户不良行为引起的安全问题。用户误操作导致信息丢失、损坏，没有备份重要信息，在网上滥用各种非法资源等，都可能对信息安全造成威胁。因此我们应该严格遵守操作规定和管理制度，不给信息安全带来各种隐患。

4. 信息安全的自主可控

国家安全对任何国家而言都是至关重要的，处于信息时代，信息安全是不容忽视的安全内容之一。信息泄露、网络环境安全等将直接影响到国家安全。近年来，我国也在不断完善相关法律，目的就是要坚定不移地按照"国家主导、体系筹划、自主可控、跨越发展"的方针，解决在信息技术和设备上受制于人的问题。

我国信息安全等级保护标准一直在不断完善，目前已经覆盖各地区、各单位、各部门、各机构，涉及网络、信息系统、云平台、物联网、工控系统、大数据、移动互联等各类技术的应用平台和应用场景，以最大限度确保按照我国自己的标准来利用和处理信息。

信息安全等级保护标准中涉及的信息技术和软硬件设备，如安全管理、网络管理、端点安全、安全开发、安全网关、应用安全、数据安全、身份与访问安全、安全业务等都是我国信息系统自主可控发展不可或缺的核心，而这些技术与设备大多是我国的企业自主研发和生产的，这也进一步使信息安全的自主可控成为可能。

任务实现

目前，全球 90%以上的人生活在被移动蜂窝信号覆盖的地方，而 5G 也是新一代信息技术的重要支柱。5G 给人们带来的影响是显而易见的，如在 5G 时代下，几秒就能下载一部 1080P 的电影。对企业而言，5G 将在汽车交通、安防、金融、医疗健康等众多领域创造价值。因此，大力发展 5G 已经成为全球的共识。

我国 5G 技术目前处于领跑状态，这与华为公司的贡献是密不可分的。华为 5G 技术的领跑优势不仅体现在华为的 5G 网络专利上，还体现在华为 5G 网络端到端全产业链的设备制造能力上，华为甚至囊括了 5G 网络配套的相关服务等。

- 专利技术方面。华为与高通在 5G 网络专利方面的竞争相当激烈，华为在 5G 网络专利研发数量方面明显多于高通。市场调查机构 CINNO Research 公布的一组数据显示，华为海思芯片在中国市场 2020 年第一季度的份额首次超越了高通芯片。
- 5G 网络设备全产业链的制造能力。华为并非仅具备 5G 网络基站的制造能力。在芯片方面，华为具有基站端的天罡芯片，5G 基带芯片巴龙 5000；在用户端方面，华为具有 5G CPE 设备，5G 手机等；在基站端方面，华为采用了"刀片式"的设计方案，使基站的安装极为简便，更有利于电信运营商部署 5G 网络，并为用户节约了大量的建设成本。
- 5G 网络的相关配套服务。华为不局限于开发硬件设备，还提供各项服务，可以与运营商进行深度合作。

5G 网络基于低时延、高可靠的特点，在面向工业控制、无人驾驶汽车、无人驾驶飞机等场景时，都有无限的应用可能。这 3 个场景对应着 5G 技术的几个子标准，所有 5G 技术的运用均是围绕着这 3 个场景在各行各业中展开的，如 5G+医疗、均衡医疗资源、实现及时救治等。

了解了华为 5G 技术的相关知识后，请填写表 7-2，围绕 5G 技术在不同行业的应用，探讨信息技术的发展史。

表 7-2 5G 技术在不同行业的应用探讨

领域	2G	4G	5G
交通	人工控制	摄像头监控	智慧城市，智能控制
娱乐			
教育			
制造			
医疗			
互联网			

能力拓展

信息安全问题一直受到人们的高度关注，随着计算机技术的发展出现了各种解决方法。我们可以了解一些常用的信息安全知识，包括防火墙技术、加密技术、认证技术、虚拟专用网络（Virtual Private Network，VPN）、安全套接字层（Secure Socket Layer，SSL）、公钥基础设施（Public-Key Infrastructure，PKI）和无线公钥基础设施（Wireless PKI，WPKI）等，提升对信息安全的认知。

1. 防火墙技术

防火墙技术是针对互联网不安全因素所采取的一种保护措施，用于在内部网与外部网、专用网与公用网等多个网络系统之间构造一道安全的保护屏障，阻挡外部不安全的因素，防止未授权用户的非法侵入。防火墙主要由服务访问政策、验证工具、包过滤和应用网关 4 个部分组成，任何程序或用户都需要通过层层关卡才能进入网络，从而过滤了不安全的服务，降低了安全风险。

2. 加密技术

加密技术是最基本的安全技术之一，是实现信息保密性的一种重要手段，目的是防止合法接收者之外的人获取信息系统中的机密信息。

加密技术与密码学息息相关，涉及信息（明文、密文）、密钥（加密密钥、解密密钥）和算法（加密算法、解密算法）3 种基本术语。明文是指传输的原始信息，对信息进行加密后，明文则变为密文。密钥和算法都是加密的技术，密钥是进行明文与密文转换时算法中的一组参数，可以是数字、字母或词语；算法是明文与密钥的结合，通过加密运算则成为密文，密文通过解密算法运算则成为明文。

（1）对称加密技术

对称加密采用对称密码编辑技术，即加密与解密使用相同的密钥。对称加密技术常用于文件（如文档、图片、视频等）加密、银行账户信息加密、移动设备加密、数据传输加密等场景，可以确保只有拥有密钥的人才能访问和解密数据，或者确保数据在传输过程中的安全性和完整性。

（2）非对称加密技术

非对称加密技术也称为公开密钥加密技术，它使用公开密钥（简称公钥）和私有密钥（简称私钥）来进行加密和解密。公钥可以公开分享给任何人，私钥则保持机密。非对称加密技术广泛应用于数据传输，其工作过程如下：乙方生成一对密钥（公钥和私钥）并向甲方公开公钥；得到公钥的甲方使用该密钥对机密信息进行加密，再发送给乙方；乙方用自己保存的另一把专用密钥（私钥）对加密后的信息进行解密。与对称加密相比，采用非对称加密的优点是在数据传输过程中无须共享密钥，即使公钥被截获，如果没有与其匹配的私钥，也无法解密。非对称加密技术的加密与解密过程需要的时间更长，速度更慢。

3. 认证技术

加密技术主要用于网络信息传输的通信保密，不能保证网络通信双方身份的真实性，因此还需要认证技术来验证网络活动对象是否属实与有效。常见的认证技术主要包括身份认证技术、数字摘要、数字签名等。

（1）身份认证技术

身份认证技术是一种用于鉴别、确认用户身份的技术。其通过对用户的身份进行认证，判断用户是否具有对某种资源的访问和使用权限，以保证网络系统的正常运行，防止非法用户冒充并攻击系统。

身份认证的过程只在两个对话者之间进行，它要求被认证对象提供身份凭证信息和与凭证有关的鉴别信息，且鉴别信息要事先告诉对方，以保证身份认证的有效性和真实性。身份认证是网络安全的第一道关口，其认证方法主要包括以下 3 种。

- 根据所知道的信息认证。一般以静态密码（登录密码、短信密码）和动态口令等方式进行验证，但密码和口令容易泄露，安全性不高。

- 根据所拥有的信息认证。通过用户自身拥有的信息，如网络护照（Virtual Identity Electronic Identification，VIEID）、密钥盘（Key Disk）、智能卡等进行身份认证，认证的安全性较高，但认证系统较为复杂。

- 根据所具有的特征认证。通过用户的生物特征，如声音、虹膜和指纹等进行认证，其安全性最高，但实现技术更加复杂。

为了保证身份认证的有效性，常采用2种或3种认证方法结合的方式进行认证。

（2）数字摘要

数字摘要通过单向散列函数将需要加密的明文"摘要"成一串固定长度（128位）的密文，这个密文就是所谓的数字指纹，有固定的长度。不同的明文摘要成密文的结果总是不同的，而同样的明文摘要成的密文必定一致。数字摘要常用于数据完整性校验、密码验证等。

- 数据完整性校验。通过比较原始数据和摘要数据的差异，可以判断数据是否被篡改。在文件传输、数据库存储等场景中，可以使用数字摘要来确保数据的完整性。

- 密码验证。密码通常不会以明文形式保存，而是转换为摘要数据存储。用户输入密码后，系统也会将用户输入的密码转换为摘要数据，并与存储的摘要数据进行比对，以验证密码的正确性。

（3）数字签名

数字签名又称公钥数字签名，是只有信息的发送者才能产生的、别人无法伪造的一段数字串，这段数字串同时是对发送者发送信息真实性的一个有效证明。它使用非对称加密技术来实现，简单来说，数字签名是非对称加密技术与数字摘要技术的综合应用。

4. 虚拟专用网络

VPN是对企业内部网的扩展，可以帮助异地用户、公司分支机构、商业伙伴及供应商同公司的内部网建立可信的安全连接，并保证数据的安全传输。VPN通过专门的隧道加密技术在公共数据网络上仿真一条点到点的专线技术，是在互联网上临时建立的安全专用虚拟网络，用户节省了租用专线的费用及长途电话费，同时，除了购买VPN设备或VPN软件产品外，企业所付出的仅仅是向企业所在地的互联网服务提供商（Internet Service Provider，ISP）支付一定的上网费用。

5. 安全套接字层

SSL是基于Web应用的安全协议，主要用于解决Web上信息传输的安全问题。它指定了一种在应用程序协议（如HTTP、Telnet、NNTP和FTP等）和TCP/IP之间提供数据安全性分层的机制，为TCP/IP连接提供数据加密、服务器认证、消息完整性以及可选的客户机认证。

SSL协议是一种层次化的协议，包括SSL记录协议（SSL Record Protocol）和SSL握手协议（SSL Handshake Protocol）。SSL记录协议建立在可靠的传输协议上，用于为上层协议提供数据封装、压缩和加密等支持；SSL握手协议建立在SSL记录协议上，用于完成服务器和客户端之间的相互认证、协商加密算法和加密密钥等发生在应用协议层传输数据之前的事务。

SSL的具体实现过程包括两个方面：一是将传输的信息分成可以控制的数据段，并对这些数据段进行压缩、文摘和加密等操作，然后进行结果的传送；二是对接收的数据进行解密、检验和解压操作，并将数据传送给上层协议。

6. 公钥基础设施

为了解决互联网环境的一系列安全问题，实现密码技术的变革，需要一套完整的互联网安全解决方案，即公钥基础设施技术。公钥基础设施是一组安全服务的集合，采用证书管理公钥，通过第三方的可信任机构——认证中心（Certificate Authority，CA）将用户的公钥和其他标识信息（如身份证号码、姓名和电子邮箱等）捆绑在一起，用以验证用户在互联网中的身份。

公钥基础设施的系统组成部分包括认证中心、数字证书库、密钥备份及恢复系统、证书作废系统和应用程序接口（Application Programming Interface，API）等。

- 认证中心。认证中心是数字证书的申请及签发机关，也是 PKI 系统最核心的组成部分之一，负责管理 PKI 结构下的所有用户（包括各种应用程序）的证书，并进行用户身份的验证。为了保证验证结果的准确性，认证中心必须具备权威性。

- 数字证书库。数字证书库用于存储已签发的数字证书及公钥，并为用户提供所需的其他用户的证书及公钥。

- 密钥备份及恢复系统。为了避免用户丢失解密数据的密钥，导致数据无法解密，PKI 需要提供密钥备份与恢复功能。为了保证密钥的唯一性，只能使用解密密钥进行备份与恢复，私钥不能作为其备份与恢复的依据。

- 证书作废系统。与纸质证书一样，网络证书也有一定的有效期限，在有效期限内，证书能够正常使用并用于用户身份的验证。但若发生密钥介质丢失或用户身份变更等情况，则需要废除原有的证书，重新安装新的证书。

- 应用程序接口。应用程序接口为众多应用程序提供了接入 PKI 的接口，使这些应用能够使用 PKI 进行身份的验证，确保网络环境的安全。

7. 无线公钥基础设施

WPKI 是将 PKI 的安全机制改进之后引入无线网络环境中的一套遵循既定标准的密钥及证书管理平台体系，能为无线网络中的各种应用程序提供数据加密和数字签名等安全服务，以此创造安全的无线网络环境，为信息传输和身份认证提供安全保证。

WPKI 系统与 PKI 系统相似，由认证中心、数字证书库、密钥备份及恢复系统、证书作废系统、应用程序接口等部分构成。WPKI 与 PKI 的主要区别在于协议、证书格式和加密算法的优化。

任务三　信息伦理与职业行为自律

任务描述

信息技术已渗透人们的日常生活中，也深度融入国家治理、社会治理的过程中，在提升国家治理能力、实现美好生活、促进社会道德进步方面起着重要作用。但随着信息技术的深入发展，也出现了一些伦理、道德问题，如有些人沉迷于网络虚拟世界，厌弃现实世界中的人际交往。这种去伦理化的生存方式，从根本上否定了传统社会伦理生活的意义和价值，这种错误行为是要摒弃的。本任务将简要介绍信息伦理与职业行为自律的相关知识等。

技术分析

（一）信息伦理概述

信息伦理对每个社会成员的道德规范要求是相似的，在信息交往自由的同时，每个人都必须承担同等的伦理道德责任，共同维护信息伦理秩序，这也对我们今后形成良好的职业行为规范有积极的影响。信息伦理是信息活动中的规范和准则，主要涉及信息隐私权、信息准确性权利、信息产权、信息资源存取权等方面的问题。

- 信息隐私权即依法享有的自主决定的权利及不被干扰的权利。
- 信息准确性权利即享有拥有准确信息的权利，以及要求信息提供者提供准确的信息的权利。
- 信息产权即信息生产者享有自己所生产和开发的信息产品的所有权。
- 信息资源存取权即享有获取所应该获取的信息的权利，包括对信息技术、信息设备及信息本身的获取。

> **提示** 信息伦理体现在生活和工作中的方方面面，我们要时刻维护信息伦理秩序，并养成良好的职业道德。例如，张军是一名程序员，他负责开发一款应用软件，软件的开发过程一直很顺利，但在软件即将开发完成时，张军遇到了一个技术难题，始终无法攻破。此时，张军发现以前工作的公司开发的一个类似项目的源代码可以解决当前的难题，但出于职业操守和信息伦理道德，张军并没有使用该代码，而是自己想办法解决了这个技术难题。

（二）与信息伦理相关的法律法规

在信息领域，仅仅依靠信息伦理并不能完全解决问题，还需要强有力的法律做支撑。因此，与信息伦理相关的法律法规显得十分重要。有关的法律法规与国家强制力的威慑，不仅可以有效打击在信息领域造成严重后果的行为者，还可以为信息伦理的顺利实施构建较好的外部环境。

随着计算机技术和互联网技术的发展与普及，我国为了更好地保护信息安全，培养公众正确的信息伦理道德，陆续制定了一系列法律法规，用以制约及规范对信息的使用行为和阻止有损信息安全的事件发生。

在法律层面上，我国于 1997 年修订的《中华人民共和国刑法》中首次界定了计算机犯罪。其中，第二百八十五条的非法侵入计算机信息系统罪、第二百八十六条的破坏计算机信息系统罪、第二百八十七条的利用计算机实施犯罪的提示性规定等，能够有效确保信息的正确使用和解决相关安全问题。

在政策法规层面上，我国自 1994 年起陆续颁布了一系列法规文件，如《中华人民共和国计算机信息系统安全保护条例》《中华人民共和国计算机信息网络国际联网管理暂行规定》《中国互联网络信息中心域名注册实施细则》《金融机构计算机信息系统安全保护工作暂行规定》等。这些法规文件都明确规定了信息的使用方法，使信息安全得到了有效保障，也能在公众当中形成良好的信息伦理。

（三）职业行为自律

一个行业的健康发展离不开相关法律法规的保护和监管，同时需要行业从业者通过自我约束、自律管理等方式，加强职业行为建设，做好职业行为自律。职业行为自律是一个行业自我规范、自我协调的行为机制，也是维护市场秩序、保持公平竞争、促进行业健康发展、维护行业利益的重要措施。另外，职业行为自律是个人或团体完善自身的有效方法，是提升自身修养的必备环节，是提高自身觉悟、净化思想、强化素质、改善观念的有效途径。我们应该从坚守健康的生活情趣、培养良好的职业态度、秉承正确的职业操守、维护核心的商业利益、规避产生个人不良记录等方面，培养自己的职业行为自律思想。职业行为自律的培养途径主要有以下 3 个方面。

- 确立正确的人生观是职业行为自律的前提。
- 职业行为自律要从培养自己良好的行为习惯开始。
- 发挥榜样的激励作用，向先进模范人物学习，不断激励自己。学习先进模范人物时，还要密切联系自己职业活动和职业道德的实际，注重实效，自觉抵制拜金主义、享乐主义等腐朽思想的侵蚀，大力弘扬新时代的创业精神，提高自己的职业道德水平。

除此之外，我们应该充分发挥以下几种个人特质，逐步建立起自己的职业行为自律标准。

- 责任意识。具有强烈的责任感和主人翁意识，对自己的工作负全责。
- 自我管理。在可能的范围内，身先士卒，做企业形象的代言人和员工的行为榜样。
- 坚持不懈。面对激烈的竞争，尤其是在面临困境或危急的时候，能够顽强坚持，不轻言放弃。
- 抵御诱惑。有较高的职业道德素养和坚定的品格，能够在各种利益诱惑下做好自己。

当然，各行业、各职业均有从业者应遵守的专有的职业行为自律准则，对信息技术职业从业者来说，要做好职业行为自律，还要遵守以下几个方面的内容。

- 严格遵守保密规定。从业者应严格保护公司和客户的信息以及其他敏感信息，防止信息泄露，确保信息安全。这是职业行为自律的基本要求，也是职业道德的重要体现。

- 诚信经营，公正竞争。从业者应以诚实、正直的原则开展业务活动，遵守公平竞争规则，不得以不正当手段获取商业利益。

- 保护知识产权。知识产权保护是信息技术行业中的一项重要任务，从业者应尊重和保护他人的知识产权，不得未经许可使用、复制或传播他人的专利、商标、版权等。同时，从业者应自觉遵守相关法律法规，进行合规操作，确保业务活动合法、合规。

- 终身学习，持续创新。信息技术行业是一个飞速发展的行业，随着技术的不断进步，从业者也需要不断学习新知识、新技能，以适应行业发展的需要。同时，要保持创新精神，积极探索新的应用和技术，推动行业的进步。

总的来说，从业者应当时刻保持警惕，自觉遵守相关规定和准则，为行业的健康发展贡献自己的力量。

（四）树立正确的职业理念

理念是指导人们行动的思想，职业理念则是人们从事职业工作时形成的职业意识，在特定情况下，这种职业意识也可以理解为职业价值观。树立正确的职业理念，对个人、单位、社会、国家都是非常有益的。

1. 职业理念的作用

职业理念可以指导我们的职业行为，让我们感受到工作带来的快乐，使我们在职场上不断进步。

- 指导我们的职业行为。职业行为一般是在一定的职业理念指导下形成的，会对企业管理产生实质性的影响。例如，如果我们对职业安全不以为然，对工作中可能存在的潜在危险就会浑然不知，这可能导致危险事件发生。相反，如果我们的职业理念告诉我们应该重视生产生活安全，那么发生事故的概率必然会大幅降低。

- 让我们感受到工作带来的快乐。工作是我们生活中重要的组成部分，它不仅为我们提供了经济来源，其产生的社交活动也是我们在现代社会中保持身心健康的一种因素。愉快的工作会让我们减少消极的情绪，能够正确面对工作中遇到的困难，并快速地成长。而只有树立了正确的职业理念，我们才可能做到主动感受工作中的各种乐趣。

> **提示** 没有明确的职业理念，就没有明确的工作目标，工作时就会无精打采、不思进取，最终会对工作越来越厌倦，工作效率和质量自然越来越低。

- 使我们在职场上不断进步。正确的职业理念对我们的职业生涯具有良好的指引作用，使我们能自觉地改变自己，跨上新的职业台阶。知识可以改变人的命运，职业理念则可以改变人的职业生涯。

2. 正确的职业理念

职业理念能产生如此积极的作用，那么什么样的职业理念才是正确的呢？

- 职业理念应当合时宜，即职业理念要和社会经济发展水平相适应，要适合企业所在地域的社会文化。脱离了企业所在地域的社会文化和价值观、生搬硬套的某种所谓"先进"的职业理念，是无法产生积极作用的。

- 职业理念应当是适时的，任何超前或滞后的职业理念都会影响我们的职业发展。企业处在什么样的发展阶段，我们就应该秉承什么样的适合企业当前发展阶段的职业理念。当企业向前发展时，如果我们的职业理念仍停留在原来的阶段，不学习也不改变，那么自然会跟不上企业的发展。同样，如果我们的职业理念过于超前，脱离了企业发展的实际，那么也无法发挥自己的能力。

- 职业理念必须符合企业管理的目标。企业的成长过程实际上是企业管理目标的实现过程。只有充分了解企业管理的目标，才能构建与企业管理目标一致的职业理念。

任务实现

当前，以互联网、大数据、人工智能为代表的新一代信息技术蓬勃发展，深刻改变着人类的生存和交往方式，但同时可能带来伦理风险。如果留心，就会发现网络上经常有引发全社会关注的信息伦理事件，这些事件对社会产生了各种深远影响。如图 7-3 所示为人工智能技术的广泛应用对人类伦理道德提出的挑战。例如，智能推荐带来了隐私方面的问题，如为了精确刻画用户画像，相关算法需要对用户的历史行为、个人特征等数据进行深入、细致的挖掘，这可能导致推荐系统过度收集用户的个人数据；自动驾驶汽车面对的伦理问题有自动驾驶汽车上市前对事故风险的必要社会共识的讨论，以及自动驾驶与现行交通法律法规体系的协调等。

请大家尝试讨论并分析应对信息伦理的方法与措施，也可以通过网络进一步了解信息化带来伦理挑战的相关文章，如《信息时代的伦理审视》等，从而进一步加强对自身信息伦理道德的规范和审视。

图 7-3 人工智能技术的广泛应用对人类伦理道德提出的挑战

能力拓展

由于信息技术的发展，文字、图片、音频、视频、动画、游戏等数字媒体作品的获取和传输变得越来越容易，这极大地增加了作品被侵权的风险。如果没有严格的版权保护措施，导致作者辛苦创作的作品遭到侵权，损害了作者的利益，那么，作者创作和生产数字媒体内容的积极性会遭受打击，降低创新动力，致使整个行业的创新受到影响。因此，数字时代的版权保护显得尤为重要。

数字媒体版权保护不仅需要健全和完善版权保护的法律制度，加强版权保护的法律措施，还需要增强版权保护的行业规范与自律，增强版权保护的宣传教育，增强公众的版权保护意识。除此之外，还可以采取一定的技术手段进行版权保护，以形成全面的保护机制。

1. 加密保护文件

对敏感数据或重要数据进行加密，可以保护其在传输和存储过程中的安全性。一般来说，可以使用磁盘加密软件对整块硬盘进行加密，或者使用文件加密软件对特定文件进行加密。Office 组件大多自带加密功能，可以直接对文件进行加密。如果要对整个文件夹进行加密，则可以在文件夹上单击鼠标右键，在弹出的快捷菜单中选择"属性"命令，在打开的文件夹属性对话框中单击 高级(D)... 按钮，在打开的"高级属性"对话框中勾选"加密内容以便保护数据"复选框，如图 7-4 所示，设置并确定密码。

如果需要为整个磁盘设置加密保护，则可以打开控制面板，选择"BitLocker 驱动器加密"选项，在打开的窗口中启用 BitLocker，如图 7-5 所示，并设置密码。

此外，也可以选择第三方软件（如 AxCrypt、VeraCrypt 等）对文件夹进行加密，下载并安装软件后，即可选择文件夹进行加密，或创建加密文件容器并进行加密。

需要注意的是，虽然加密是保护信息安全的一种重要手段，但在使用过程中也需遵守一些注意事项，以提高信息安全保护效率。

（1）进行文件夹加密之前，务必备份重要数据，以防发生意外数据丢失。

（2）如果使用密码进行加密，则建议定期更改密码，以提高安全性。若使用加密密钥，则要妥善保管密钥。建议在加密时使用足够强度的密码，包括字母、数字和特殊字符等。

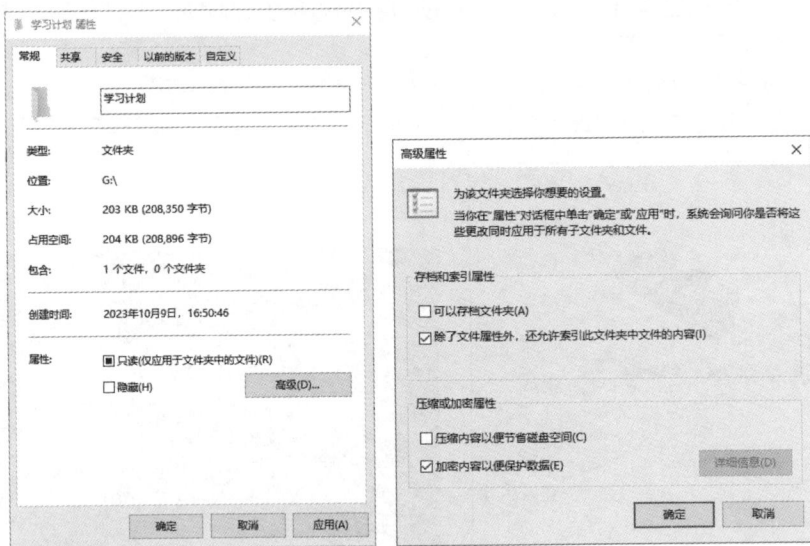

图 7-4　加密文件夹

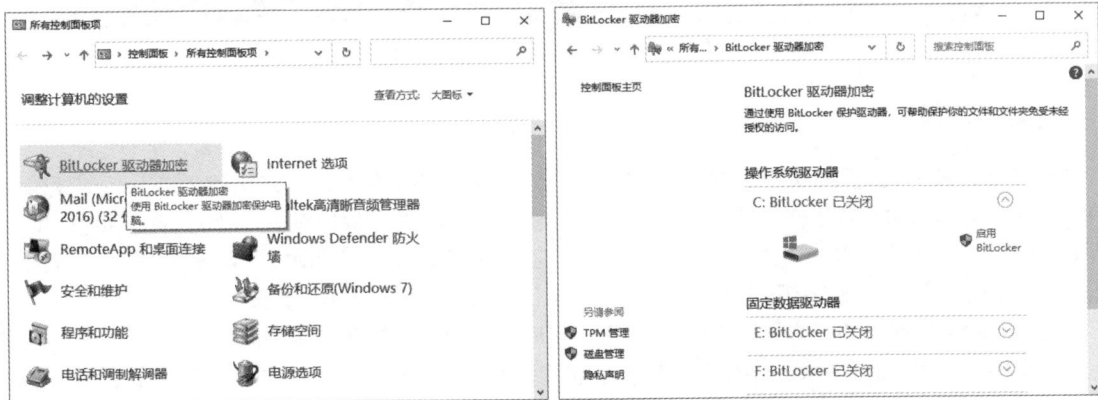

图 7-5　加密磁盘

2. 文件压缩加密保护

文件压缩加密保护即利用压缩软件在压缩文件或文件夹的过程中设置密码来保护文件或文件夹。其方法是选择文件或文件夹，单击鼠标右键，在弹出的快捷菜单中选择"添加到加密文件"命令，打开"压缩文件名和参数"对话框，在其中单击 设置密码(P)... 按钮，在打开的"输入密码"对话框中输入密码并确认，如图 7-6 所示，即可将文件压缩为压缩文件，并完成加密保护设置。

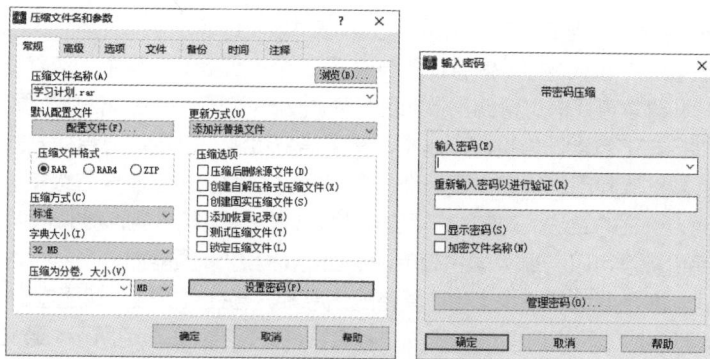

图7-6 文件压缩加密保护设置

课后练习

一、填空题

1. 信息素养这一概念最早被提出是在_____年。
2. 职业理念的作用主要体现在_____、感受到工作带来的快乐、使人们在职场上不断进步等方面。
3. 信息安全的核心就是要保证信息的_____、_____和_____。

二、选择题

1. 下列信息检索分类中，不属于按检索对象划分的是（　　　）。
   A. 信息意识　　　　　B. 信息知识　　　　　C. 信息能力　　　　　D. 信息道德
2. 下列关于职业理念的说法中不正确的是（　　　）。
   A. 职业理念应当合时宜　　　　　　　　　B. 职业理念应当是适时的
   C. 职业理念必须符合企业管理的目标　　　D. 职业理念应当符合个人的要求与目标
3. 下列选项中，不属于信息伦理涉及的问题的是（　　　）。
   A. 信息私有权　　　　B. 信息隐私权　　　　C. 信息产权　　　　D. 信息资源存取权

广识天地——当代大学生应具有的信息素养与社会责任

在信息时代，信息技术持续地改变着人们的生活。如果不了解信息技术知识，未能及时地跟上信息化的步伐，就很容易被时代的潮流抛弃。大学生是当前信息工具使用的主要群体，是推动科技社会进步的重要力量。那么对大学生来说，要具备怎样的信息素养与社会责任，才能适应信息化社会发展的需要呢？

事实上，关于学生的信息素质能力，国内外曾推出了一些评价标准。

例如，1998年，美国图书馆协会和教育传播与技术协会制定了学生学习的九大信息素养标准，包括具有信息素养的学生能够有效和高效地获取信息；具有信息素养的学生能够熟练地、批判性地评价信息；具有信息素养的学生能够精确地、创造性地使用信息；具有信息素养的学生能够探求与个人兴趣有关的信息；具有信息素养的学生能够欣赏作品并进行创造性内容的表达；具有信息素养的学生能够在信息查询和知识创新中做得最好；具有信息素养的学生能够认识信息对民主化社会的重要性；具有信息素养的学生能够实行与信息和信息技术相关的符合伦理道德的行为；具有信息素养的学生能够积极参与小组的活动探求和信息创建。

2005年8月，中国科学技术信息研究所承接了联合国教科文组织的中国国民信息素质教育研究项目，深入评价和分析了我国 41 所高校 1036 名学生的信息素质综合水平，并建立了相应的信息素质评价指标体系，包括信息意识、信息能力、信息观念与伦理 3 个一级指标。其中，信息意识指标之下包含对信息素质概念的了解、寻求查找信息帮助、参加信息素质活动情况、对提高信息素质方式的认识 4 个二级指标，信息能力指标之下包含计算机应用水平、常用信息资源、常用信息查找方式、主要信息获取渠道、科研活动能力、数据库利用、检索主要困难、需要培训的信息技能 8 个二级指标；信息观念与伦理指标之下包含引用他人论文的做法、对知识产权的态度、对信息服务适当收费的态度 3 个二级指标。

　　这些信息素养评价标准可以帮助大学生简单评价自身的信息素质能力，当然，也可以使用一些符合当前时代背景的方式，多角度地了解大学生应具备的信息素养与社会责任，如通过 AI 来了解。假设向通义千问提问"当代大学生应该具有哪些信息素养与社会责任？"，如图 7-7 所示，通义千问会结合各方面的信息给出一个结论。

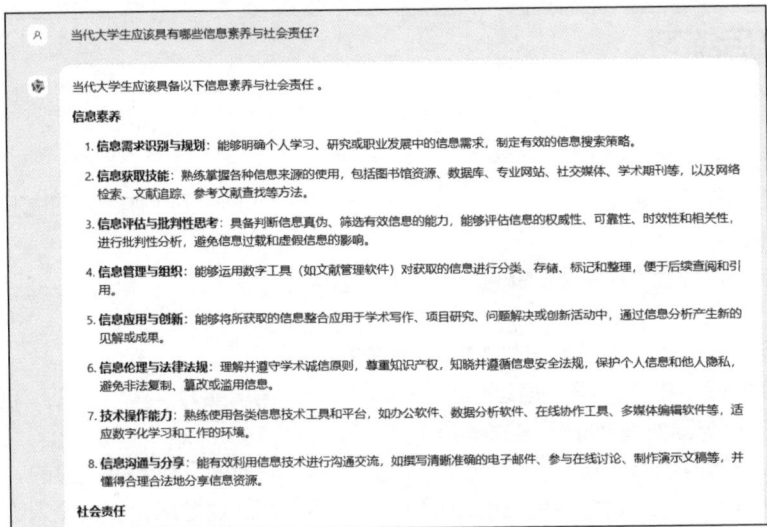

图 7-7　向通义千问提问"当代大学生应该具有哪些信息素养与社会责任？"

　　如果向通义千问提问"你认为 AIGC 可能带来哪些伦理和社会问题？"，如图 7-8 所示，通义千问也可以尝试从各个维度来探讨这个问题，并给出结论。信息素养与社会责任是一个综合课题，也是一个实践课题，大学生不妨从多角度、多渠道认识这一课题，加深对信息素养的理解，从而更有效、更全面地提升自身信息素养。

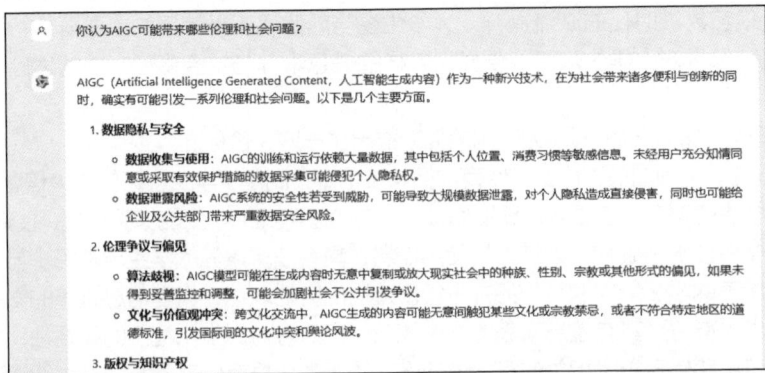

图 7-8　向通义千问提问"你认为 AIGC 可能带来哪些伦理和社会问题？"